전기응용기술사 電氣應用技術士

문제해설집 (4권)

강상문, 고현묵, 양재학, 오재형,
이성배, 정상봉 공저

전4권

Professional Engineer Electric Application

nt media

전기응용기술사(4권)

초 판	2015년 10월 1일
저 자	강상윤/ 고려대학교 전기공학과. 변리사. KBK 특허법률사무소
	고현욱/ 충남대학교 전기공학과 석사. 전기안전기술사. 한국전력공사 김해지점장
	양재학/ 한양대학교 전기공학과 석사. 발송배전기술사. 전기응용기술사. 건축전기설비기술사. 전기안전기술사.
	오재형/ 고려대학교 경영대학원 석사. 한국전력공사 배전처장. 대한전기협회전무이사
	이성배/ 한양대학교 전기공학과 석사. 발송배전기술사. 전기응용기술사. 성현INB 상무이사.
	정상봉/ 성균관 대학교 전기공학과. 전기안전기술사. 한국전력공사 대전충남 본부장.
감 수 자	박종복/ 충청대학 전기정보학과 겸임교수. 세광전기기술사 사무소 대표. 전기응용기술사
	민병훈/ 서울과학기술대학교 전기공학과 박사. 서울지하철공사 기술본부장 명지전문대학 초빙교수, d2엔지니어링 부사장, 전기응용기술사
표지디자인	곽민철
편집 및 그림	류아리
발 행 인	김기남
발 행 처	도서출판 NT미디어
주 소	서울시 영등포구 영등포동 618-79
대 표 전 화	02) 836-3543~5
팩 스	02) 835-8928
홈 페 이 지	www.ginam.co.kr

값 45,000원
ISBN 978-89-92657-90-7 (94560)
ISBN 978-89-92657-44-0 (94560) (세트)

이 책의 저작권은 도서출판 NT미디어에 있으며, 무단복제 할 수 없습니다.

상담전화 02) 836-3543~5
홈페이지 www.ginamedu.co.kr

Preface

2011년부터~2015년까지의 전기응용기술사 해석 및 예상문제 해석서는 2011년 4월 이후 많은 자료의 보완과 향후 예상문제를 동시에 다루어 보았습니다.

아시다시피 전기응용기술사 분야는 매우 다양하고, 고도의 지식을 요구하고 있습니다. 건축전기설비기술사들을 열심히 공부한 분들은 살짝 부드럽게 이 종목을 하면서 합격의 영광을 누리기도 한답니다. 즉, 타 종목과 많이 중복되는 경향도 높음을 말하고 있는 것입니다. 또한 국내서 최초로 전기응용기술사 해석집을 출간한 저자로서의 의무감도 동시에 느낀답니다. 이 책의 특징은 기존의 전기응용기술사(상)(중)(하)에서 이미 해석된 내용을 좀 더 다듬고 향후 2016부터~2020년까지의 예상문제를 동시에 나름대로의 지혜로 다루었으며, 좀 더 미래 지향적인 기술내용도 보여주려고 노력했습니다. 대부분의 전기기술사를 공부하시는 분들이 자료의 종합화와 예상문제의 정확도에 많은 관심을 갖고 있다고 생각합니다. 또한 기 출제문제의 분석에서 알 수 있는 기간기법을 고려하여 문제해석보다는 문제의 분석에 치중을 하고 있습니다. 따라서 이 책 중에 해석이 없는 부분은 기존의 상,중,하권으로 독자 스스로 학습할 것을 강조합니다. 결과적으로 학습자는 책 4권을 펼쳐놓고 본인 작성의 단권화 된 자료가 시험있는 2개월 전까지 최소한 자기 책상 앞에 보기 좋게 있어야 될 것입니다. 이렇게 하려면 시간이 부족하다고 난감해 하신 분들은 팀워크로 스터디그룹(3명 정도)을 통해서 분야별로 학습정리와 토론을 병행하면 매우 좋을 것이나, 전체 중 1/3만 확신감이 들것이나 어차피 혼자서 시험장가서 경쟁을 해야 되니 본인의 인간관계와 성격 등 을 면밀히 검토하여 결정해야 합니다. 그러면서도 우정도 쌓고, 경쟁과 서로의 장단점을 보완 할 수 있을 것으로 생각합니다. 그런데, 학습을 하다보면 자료 모으는 재미에 빠져 그 늪에 계속 시간 낭비요소가 생기는데, 이를 특히 주의하여 과감히 그런 학습태도를 수정하여야 조기에 목표에 도달할 것입니다. 즉, 이 책에서 바라는 것은 가능한 자료를 버리라는 것이고, 다만 이 책과 상중하로 된 단권화 된 본인이 만든 것으로 7번 이상 신속히 읽고, 쓰면 합격의 영광을 누릴 것으로 보입니다. 특히 주의할 사항은 자격취득의 목적이 타인보다 우월한 그 무엇인가를 소유하기 위해서라는 개념보다 자신과 가족과 자신의 조직에 조금이라도 보탬이 되려고 해야 합격의 신이 미소 지을 것으로 유추되기도 합니다. 참고로 기존의 상, 중, 하의 장별 목차는 아래와 같습니다.

上권		中권		下권	
제1장	소방관련	제8장	신재생 에너지 및 발전관련	제12장	조명공학
제2장	전자파	제9장	송전관련	제13장	전열공학
제3장	정전기	제10장	변전관련	제14장	동력공학
제4장	운송설비	제11장	배전관련	제15장	전기철도
제5장	전기화학			제16장	전력전자
제6장	제어 및 신뢰도 공학			제17장	부록 (과년도 문제해석)
제7장	계측공학				

2015년 9월.
김기남. 양재학 著者 일동

잔소리 또는 노파심에서

 전기응용기술사 합격하여 신분이 확 상승되거나 급격한 경제적 여유가 생기지는 않을 것이오. 이것은 다른 기술사에서 동일 할 것입니다.
합격 후 고급공무원을 바라는 분은 조금 도움이 될 것이나 너무 큰 기대는 하지 말고 노후 대비 및 회사에서 승진 등에 타인보다 좋은 카드를 내밀 수는 있을 것입니다.

 매년 전기응용기술사의 시험은 5월 초에 시행 된다.
 따라서 시험 경험을 사전에 있도록 해야 한다.
 이렇게 하려면 매년 2월초와 여름철 8월초에는 건축전기설비기술사나 발송배전기술사 또는 전기안전기술사 시험에 응시하여 경험을 축적해야 한다.
 그러므로 수험학습자들은 다음과 같은 순서로 정리하여 대비한다.

(1) 공부방법
  1) 예상문제만 대충 본다.(5일간) : 강박관념이 있는 사람들은 기존 문제전부와
                                 유사 기술사 문제와 답을 외우려고 아주 매우 어
                                 리석은 방법으로 덤벼들 것이나 이러면 백전백패
  2) 대충 신속히 전체를 본다(3일 간)
  3) 대충 큰 제목만 요약 노트에 기록해본다.(5일 간)
  4) 대충본다.(4일 간)
  5) 요약노트에 기록한 것에다 개략적인 내용을 살짝 삽입 기록한다.(4일 간)
  6) 대충본다 그러면서 목차를 중얼거리면서 신속히 읽어본다.(4일 간)
  7) 6)의 사항을 다시 한번 더 반복한다.(5일 간)

(2) 하루 공부 시간?
1) 자료 수색 후 정리하는 시간 ==> 이간을 낭비하는 강박관념이 강한 사람은 불합격함
    왜 : 자료를 분석하고 정리하는 고수는 책 저자 정도의 실력이 있어야 하므로
    왜 : 그럴 노력과 경비지출 동안 경쟁자는 벌써 이 책을 한권을 독파했다.
    왜 : 자료만 정리하고서 마치 합격한 것처럼 오만방자하므로 정신상태가 벌써 불합격
2) 그럼 하루 중 공부 시간은?
    : 매일 하라, 그것도 2시간에서 3시간 정도

Preface

(3) 그럼 인터넷 등에서 마치 고시 공부하듯이 하루 종일 기술사 공부해야 된다고 하는데?
  1) 그건 하수들이 하는 무식한 방법
  2) 그래 보았자 머리에 남는게 없고 이해부족으로 손끝에서 필기 이니 되오니, 특히 명심 할 것.
  3) 또 뭐니뭐니해도 건강이 제일 중요하니까, 건강을 해치면서 공부한다? 바보나 하는 짓임
  4) 주위사람(회사, 가족 등)에게 자신도 모르게 불편을 주면서 공부한다.
      ㉠ 대인관계 향후 안좋아서 오히려 역효과
      ㉡ 부드럽게 사람을 대하고, 이해를 개인적으로 살짝 비밀스럽게 소통하라.
      ㉢ 왜 공부하지 않는 사람들은 질투가 나며 알게 모르게 당신을 견제할 것이다.
  5) 건강관리 TIP
      : 발을 떨면서 한다(왜 혈액순환 원활로 뇌에 산소공급 충분하게)
      : 말을 하면서 읽고 기록한다.(왜 : 입체적 공부가 훨씬 효과적임, 옛날 선비들이 흔들면서 소리 내어 하늘 천 따지의 기법이 정말로 훌륭한 방법)
      : 1시간에 한번 씩 일어나서 간단한 체조와 스트레칭으로 몸의 균형을 바로 세운다.
      : 술 ==> 가능한 금주, 어쩔 수 없다면 한잔 정도, 사실 술이 합격당락 key?
      : 담배==> 가능한 금연, 어쩔 수 없다면 하루 공부 완료 후 1대정도로 하루의 공부 성취에 대한 보상유인책으로도 활용가능 함

(3) 기도의 시간
  1) 고시나 기술사나 팔자에 [사]가 들어있는 분이 훨씬 유리함, 향상심을 돈독히 기도 해요.
  2) 미신? 글쎄요. 의지로 의지로 하다가 아니 되는 경우도 있을 수 있음
  3) 그럼 간절히 갈망하세요. 자기가 믿는 종교에 ==>자기암시에 매우 좋은 효과발현 ?

(4) 머리의 아날로그화 모드
  1) 디지털 기기의 (스마트 폰, 컴퓨터) 가능한 멀리
  2) 어쩔 수 없이 디지털 기기를 업무적으로 활용할 경우도 가능한 손으로 메모하는 습관을 유지할 것
  3) 너무 디지털 기기를 하면 머리가 둔해지고 논리적이지 못하게 된다고 생각함.
  4) 그리고 시간 낭비가 매우 심하다고요(아니 컴퓨터나 스마트 폰 하면서 왜 연애인 기사는 보고, 스포츠 뉴스는 보고, 카톡은 왜 하는지 ???)
      ==> 이런 것이 모이면 엄청난 시간 낭비와, 무엇보다도 머리가 나빠진다는 것은 다들 아는 상식인데 ???

이 책을 활용하는 방법

1. 전체의 장별 목차을 10번 소리내어 속독한다.
2. 장별 목차와 예상문제의 목차를 복사하여 따로 가지고 있는다.
3. 예상 문제의 내용이 어디에 있는지 상, 중, 하 및 제4권의 페이지를 기록한다.
4. 3개월 이내에 3의 내용을 실제 답안양식에 기록하여 본다.
    (주의 사항 : 더 많은 내용이 어디에 있는지 다른 책을 두리번거려 보았자.
      소용없음==> 결국은 시험장서 자기가 기록한 것만이 생각나니까요)
   ==> 자료 수집광이 의외로 많음에 놀라지 않을 수가 없더군요.
   ==> 자료를 수집하고, 편집하고 요약하고 예상하는 과업은 책의 저자 몫이라우
   ==> 공연히 시간 낭하면 할수록 목표달성이 아예 아니 되는 경우도 있더군요.
   ==> 자료가 많다보면 흐트러지고 분실하고 하니 답안양식(26줄이 좋음)을 복사집서
        대량 복사(미농지의 약간 노르스러 한 거로) 플라스틱 스프링형태로 10만원
        정도 분량으로 구입하세요.
5. 4의 사항을 해보니 의외로 분량이 많다고 갑갑하다면?
   ==> 그 분량을 줄이려는 해법을 고민할 것인데?
   ==> 그건 간단하게 어느 장을 과감히 생략한다(예를 들어, 전기철도분야, 전력전자
        분야, 정전기분야, 운송설비분야, 자동제어분야, 계측공학 분야, 동력공학분야)
        또는 ● 로 표시된 전체 : 207개를 최우선 집중하여 공부한다.
6. 자세히 보면 전기응용과, 발송배전과, 건축전기설비기술사에 다루는 문제가
   복합적으로 많이 눈에 보일 것입니다. 즉, 이 응용기술사를 목표로 하는 분들은
   반드시 매년2월에 보는 발송배전기술사나, 건축전기시험에 무조건 응시하여서 시험
   현장 분위를 익히고 이책에서 나온 문항을 기록하는 아주 실전과 같은 연습 open
   game을 반드시 반드시 하시기 바랍니다. why? ==>각자 여러분의 직감과 느낌,
   마음 깊은 곳에서 우러나오는 그 뭔가에 솔직히 귀 기울이면 알 것입니다.
7. 최종적으로 적어도 시험 2달 전 3월 중순에는 반드시 본인만의 서브 노트가 책상
   위에 있어야 함은 당연한 것입니다.(약 500~600페이지 정도)
8. 또 7의 사항을 요약한 207문제의 207페이지 목차 및 요약서가 있어야함은 두말할
   나위가 없지요.
9. 8사항을 완료하고 나면, 절대로 정리한다고 시간 낭비하면 실패의 원인이 되니
   특별히 조심하세요.
10. 9번을 명심하시고, 3월 중순부터는 요약서를 5일에 한번은 독파한다는 독한
    마음으로 계속 되풀이하여 메모하고 소리내어 읽고 하면 저절로 그 내용은
    인식되니까요.
      잘 모르면 본인이 작성한 약 600페이지의 원본이 신속히 읽어보면 되니까요.

Preface

11. 예상문제의 학습과목순서
    ① 발전공학 ② 변전공학 ③ 송전공학 ④ 배전공학 ⑤ 소방관련 ⑥ 동력공학
    ⑦ 정전기 ⑧ 조명공학 ⑨ 전자파 관련 ⑩ 전력전자 ⑪ 운송설비 ⑫ 전열공학
    ⑬ 계측공학 ⑭ 제어공학 ⑮ 전기화학 16) 전기철도 17) 제4권의 과년도 해석

11-1. 역으로 말하면 아쉽지만 매우 가볍게 볼 학습과목은 다음과 같다.
    : 동력공학, 계측공학, 전기화학, 제어공학, 운송설비, 전력전자
    즉, ● 로 표시된 전체 : 207개를 최우선 집중하여 공부한다.

12. 학습과목순서를 반드시 지키도록 할 것
    ==> 왜 욕심부려 보았자 당신은 아직 아마추어니까.
    즉, ● 로 표시된 전체 : 207개를 최우선 집중하여 공부한다.

13. 의심하지 말고 이 순서대로 2월달 시험을 부담없이 경험하고 시험 친 날(2월1일에서
    2월 10일 사이) 바로 뒷날부터는 위의 학습한 방법으로 반복함
    즉, ● 로 표시된 전체 : 207개를 최우선 집중하여 공부한다.

14. 자기암시와 실천의 각오를 다지고 또 다지고, 그대로 실천하시길 바랍니다.
    괜히 나름대로 공부방법 강구한다고 복사하고, 다른 사람의 서브노트 다시 구하고,
    컴퓨터 기록하고 계획을 짜고 해보았자, 다 소용 없습니다.
    어차피 당신의 손끝에서 시험장에서 답이 기록되어야 하니까
    본인 경험으로 상기의 방법이 최고로 여겨지더군요!!!!!
    즉, ● 로 표시된 전체 : 207개를 최우선 집중하여 공부한다.

15. 최종적으로 시험 1개월 보름 전에는 207여 문제의 기록 답안 600페이지와
    요약 노트 207페이지의 단권화 된 보람찬 책의 반복 반복 반복 반복 반복입니다.
    이때 반복시에는 필기하려 들지말고, 요약메모 정도로 신속히 속독하되,
    하루에 2문제 정도(10점용, 25점용)만 실전 처럼으로 답안 양식에 하면(대충 이면지나
    백지에는 절대로 하지 말고 본인이 답안양식 복사한 책철에) 됩니다.
    즉, ● 로 표시된 전체 : 207개를 최우선 집중하여 공부한다.

Contents

Chapter 17　2011년~2015년 전기응용기술사 해석서 서문

1. 소방관련	16
2. 전자파	17
3. 정전기공학	18
4. 운송설비	26
5. 전기화학	27
6. 제어공학	28
7. 계측공학	31
8. 발전공학	33
9. 송전공학	41
10. 변전공학	43
11. 배전공학	54
12-1. 조명공학	59
12-2. 광원	65
12-3. 조명설계	66
13. 전기가열	69
14-1. 전기동력기초	73
14-2. 직류전동기	74
14-3. 유도전동기	75
14-4. 전동기 관리와 에너지 절약	79
14-5. 기타 전동기	81
15. 전기철도	83
16. 전력전자	91
17. 예상문항	96

Contents

Chapter 18 2011년 94회 문제 및 해석

11-94-1-0. 2011년 94회 문제	130
11-94-1-1. 전자유도	134
11-94-1-2. 전기철도의 회생제동	135
11-94-1-3. 강제조가방식	137
11-94-1-4. 태양광 채광시스템	138
11-94-1-5. 열전효과	139
11-94-1-6. EFFL 신형광등	140
11-94-1-7. 전기 2중층 캐패시터	141
11-94-1-8. 리튬전지	142
11-94-1-9. TBM과 CBM비교	143
11-94-1-10. 파동전파속도	144
11-94-1-11. 전기가열방식의 분류, 원리와 용도 등	145
11-94-1-12. 전기철도 SP.SSP.ATP.PW.FPW 용어 설명	148
11-94-1-13. 플라즈마	154
11-94-2-1. 초전도 변압기	156
11-94-2-2. 대기전력	161
11-94-2-3. 몰드변압기 제작방법	163
11-94-2-4. 단상유도기 종류 등	165
11-94-2-5. 전식방지	170
11-94-2-6. bess	174
11-94-3-1. 교류급전변압기 3상을 단상으로 결선방법	176
11-94-3-2. 서보모터 종류와 특성	180
11-94-3-3. 전력전자소자 비교	181
11-94-3-4. 감리범위. 대상. 제외 등	185
11-94-3-5. 최근 개정된 도로보명 목적과 조명기준	188
11-94-3-6. 교류전철변전소의 보호계전기 종류	202
11-94-4-1. UPS 2차 회로 PROTECTION	205
11-94-4-2. 조명 에너지 절약	209
11-94-4-3.반파. 전파정류회로 비교	214
11-94-4-4.직류 검지방법3가지	216
11-94-4-5. 차단기 정격과 동작책무	219
11-94-4-6.전기철도용 유도장해 확정	222

Chapter 19 2012년 97회 문제 및 해석

12-97-1-0. 2012년 97회 문제	228
12-97-1-1. 비례추이	233
12-97-1-2. 자외선	235
12-97-1-3. 사이리스식 UPS와 디젤발전기 병렬운전 문제점과 대책	236
12-97-1-4. 3상 전파정류의 직류평균출력전압	237
12-97-1-5. 열펌프사이클	238
12-97-1-6. 메탈 등	241
12-97-1-7. 원자수소 용접	243
12-97-1-8. 케이열의 정격전압	244
12-97-1-9. 태양광, 풍력의 축전지 선정	245
12-97-1-10. 전동기 진동과 소음	247
12-97-1-11. 열과 전기계의 대응성	248
12-97-1-12. 기술법 제23조.감리업무 범위	249
12-97-1-13. 밀만정리의 계산	250
12-97-2-1. 3상 유도전동기의 제동법과 주의사항	251
12-97-2-2. 재정리 분 SMES	253
12-97-2-3. 콘덴서에 직렬리액터 단자전압과 고조파 영향	255
12-97-2-4. 케이블 열화진단	258
12-97-2-5. 완벽정리. 신재생 에너지의 축전지 내장 연계시스템	260
12-97-2-6. 전기철도의 경제적 운행	262
12-97-3-1. 태양광발전의 계통연계	264
12-97-3-2. 터널의 조명설계	267
12-97-3-3. LED의 특성과 조명제어	272
12-97-3-4. 재정리 전기철도 주 전동기의 속도제어	274
12-97-3-5. 재정리 고주파 유도가열	275
12-97-3-6. 스마트그리드 5대 추진	277
12-97-4-1. 인버터의 보전	279
12-97-4-2. 전기철도의 점착계수	281
12-97-4-3. 전위강하법 이용 접지측정	283
12-97-4-4. 풍력발전의 피뢰대책	285
12-97-4-5. 광장해	287
12-97-4-6. 생체물리현상	228
12-96-1-3. 재정리. 직류고속차단기의 자기유지현상과 대책(참고분)	291

Chapter 20 2013년 100회 문제 및 해석

13-100-1-0. 2013년 100회 문제	296
13-100-1-1. 온도방사와 루미네센스	300
13-100-1-2. GPT 완전지락시	302
13-100-1-3. 순시전압강하원인과 대책	305
13-100-1-4. 콘덴서 개폐장치	308
13-100-1-5. IP	309
13-100-1-6. 변압기의 %임피던스	311
13-100-1-7. 유도전동기의 기동전류와 전류	312
13-100-1-8. 직류송전의 장단점	313
13-100-1-9. 한시 특성	314
13-100-1-10. 정전기 대전방지를 위한 접지에 대하여 논하시오.	315
13-100-1-11. 적외선 건조	316
13-100-1-12. 열화요인	317
13-100-1-13. 60hz의 모터를 50hz 사용	319
13-100-2-1. 유도전동기의 제동법	320
13-100-2-2. 고압케이블의 활선진단법	322
13-100-2-4. MTTR 용어 해석 등	323
13-100-2-5. 접지저항 저감법(물리적, 화학적)	325
13-100-2-6. 직류전기철도 정류기와 정류기용 변압기 용량이 다른 이유	328
13-100-3-1. 고장전류의 종류 등	330
13-100-3-2. 플리크	335
13-100-3-3. 정전기 정의. 완화시간	338
13-100-3-4. 연료전지	341
13-100-3-5. VVVF에서 발생하는 노이즈의 종류와 대책 설명	344
13-100-3-6. 전기자동차 기술기준	347
13-100-4-1. vcb 차단특성과 이상전압 발생원인	349
13-100-4-2. 스콧트 결선	352
13-100-4-3. 열전효과	354
13-100-4-4 / 건 11-94-3-6. 직렬리액터	356
13-100-4-5. 동력설비의 에너지절약을 논하라	358
13-100-4-6. 3상 유도기와 단상유도기의 회전자계 발생원리	362

Chapter 21 2014년 103회 문제 및 해석

14-103-1-0. 2014년 103회 문제	368
14-103-1-1. 전기화학의 양극. 음극	372
14-103-1-2. 알칼리 전해액 연료전지	373
14-103-1-3. 열전기 발전 간단	374
14-103-1-4. 광속발산도와 휘도의 관계	375
14-103-1-5. 과전류정수, 과전류강도, 부담	377
14-103-1-6. 전기철도 부하의 전기적 특성	378
14-103-1-7. 경관조명 장해와 대책	379
14-103-1-8. LED조명과 형광등 비교	380
14-103-1-9. 제강용 아크로 전극	381
14-103-1-10 / 건12-98-1-8. 에스컬레이터 안전장치	382
14-103-1-11. 눈부심 요인과 대책	384
14-103-1-12. 고조차 영향	385
14-103-1-13. 전기가열의 특성	386
14-103-2-1. 광속법 이용 전반조명 설계	387
14-103-2-2. 정전기방전, 영향, 대책 종합자료	390
14-103-2-3. 변압기 열화진단	392
14-103-2-4. UPS종류별 동작방식	394
14-103-2-5. 전기도금	397
14-103-2-6. 서지흡수기 이유와 위치	400
14-103-3-1. 변압기의 열화요인	402
14-103-3-2. 노이즈 대책	404
14-103-3-3. 공장조명에너지 절약	407
14-103-3-4. v-e기법	409
14-103-3-5. 자기부상열차 분류	412
14-103-3-6. GIS특징과 진단기술	414
14-103-4-1. 전기용접	416
14-103-4-2. 초전도 현상특징과 고온 초전도 응용	418
14-103-4-3 / 건14-103-4-5.저압차단기 및 차단기 협조	420
14-103-4-4. 하이브리드_변압기자료	423
14-103-4-5. 비상발전기 주의사항과 유지관리	427
14-103-4-6 / 발15-105-4-1 / 건14-102-4-4. 에너지 저장 원리 등	430

Chapter 22 2015년 106회 문제 및 해석

15-106-1-0. 2015년 106회 문제	436
15-106-1-1. 이선대책	440
15-106-1-2. CT과도특성	441
15-106-1-3. 전위경도 완화대책	442
15-106-1-4. 태양광 발전량 선정 절차	443
15-106-1-5. 정전기, ESD	447
15-106-1-6. 계장기기 선정시 고려사항	448
15-106-1-7. 차단기 정격	449
15-106-1-8. 조명용어해석	450
15-106-1-9. DPI	451
15-106-1-10. GIS종류	452
15-106-1-11. 지그재그 변압기	453
15-106-1-12. 기동전류와 역률	456
15-106-1-13. 콘덴서 용량 계산	457
15-106-2-1. 전철의 고조파	458
15-106-2-2. OLED	460
15-106-2-3. 전자파 적합성 시험	462
15-106-2-4. 전력전자 소자	464
15-106-2-5. ATS와 CTTS비교	467
15-106-2-6. 비상발전기보호방식	469
15-106-3-1. 트리잉과 트렉킹	471
15-106-3-2. 정지형과 디지털형 계전기 비교	474
15-106-3-3. 고주파 케이블의 용도, 성에너지 등	477
15-106-3-4. 벡터제어	479
15-106-3-5. 연색성	481
15-106-3-6. CNT조명	484
15-106-4-1. 전철의 AT급전방식	487
15-105-4-2. 태양광의 PCS	489
15-106-4-3. 리던던시, 용장도, 디레이팅, 페일세이프	492
15-106-4-4. 노이즈 대책용 소자들의 회로구성 및 특성	494
15-106-4-5. 전동기보호계전	496
15-106-4-6. 좋은 조명의 조건	498

Chapter 17

2011년~2015년
전기응용기술사 해석서 서문

[제1장. 소방관련 전기응용]

1. 합성수지(synthetic resin)의 분류에 있어서 열경화성 수지(thermosetting resin)와 열가소성 수지(thermoplastic resin)의 차이점에 대하여 설명하시오. (07-82-1-6)

2. 전기트리잉(treeing)과 트랙킹(tracking)현상을 설명하고 방지책에 대하여 기술하시오.

(07-82-3-6)
2-1. 응15-106-3-1. 케이블의 열화(劣化) 현상 중에서 전기 트리잉(treeing)과 트랙킹(tracking)에 대하여 설명하시오.

3. 대규모 석유화학 프랜트에 적용할 수 있는 전기설비의 방폭구조 종류에 대하여 설명하시오.(05-75-2-3)

3-1. 응13-100-2-3. 전기설비의 방폭대책에 대하여 설명하시오.

4. 방폭대책과 관련하여 다음 사항에 대해 기술하시오.(08-87-3-5)
　　　　가. 위험분위기의 생성방지 방법(2가지)/ 나. 전기기기 방폭의 기본(3가지)

**제1장. 소방관련 중 예 상 문 제 **

예1. 합성수지의 분류에 있어 열경화성수지와 열가소성 수지의 차이점에 대하여 설명하시오.
　　　==> 이 문제는 전기안전기술사에서도 기출 문제였음(상p　　)●

예2. 방폭대책과 관련하여 다음 사항에 대해 기술하시오.(87-3-5) (상p　　)●
　　　가. 위험분위기의 생성방지 방법(2가지)/ 나. 전기기기 방폭의 기본(3가지)

[제 2장. 전 자 파 문항 분석]

1. 전자파적합성시험(EMC test)의 항목을 크게 4가지로 구분하시오. (06-78-1-5)
1-1. 응15-106-2-3 전자파(EMC)시험에 대하여 설명하시오.
   ===> 전기안전기술사에도 나옴

2. 전기, 전자회로에 사용되는 노이즈(Noise)방지 대책 부품의 예를 들고 그에 대한 특성 및 용도 등에 대하여 설명하시오.(08-85-4-1): 독자 스스로 교정요(실제답은 5번문)

3. EMC, EMI, EMS 및 ESD의 용어 정의 및 회로보호 대책 부품에 대하여 설명하시오
   (04-72-2-6)
3-1. 응15-106-1-5. 전자회로 및 제품의 정전기 방지 대책 중 ESD에 대하여 설명하시오
3-2. 응15-106-4-4. 제어기기에서 노이즈 대책용 소자들의 회로구성 및 특성에 대하여
         설명하시오.
3-3. 전기, 전자회로에 사용되는 노이즈(Noise)방지 대책 부품의 예를 들고 그에 대한 특성 및 용도 등에 대하여 설명하시오.(08-85-4-1)

3-4. 응14-103-3-2. 전기 설비에 Noise 침입시 System의 이상현상에 대한 방지 대책을
         설명하시오.

4. 고주파 케이블의 사용용도, 문제점 및 성에너지 설계에 대하여 논하시오.(01-63-2-1)
4-1. 응15-106-3-3 고주파 케이블의 사용용도, 문제점 및 성(省)에너지 설계에 대하여 설명하시오.

5. NOISE 장해에 대하여 기술하시오

6. 전자차폐에 대하여 기술하시오
7. 응11-94-1-1. 전자유도 현상의 종류를 들고 설명하시오.

**제2장. 전자파 중 예상문제 **

예1) EMC, EMI, EMS 및 ESD의 용어에 대하여 정의하고 설명하시오(25점)(상p   )●
예2) NOISE 장해에 대하여 기술하시오(25점)(상p   )●
예3) 전자차폐에 대하여 기술하시오(10점)(상p   )
예4) 전자유도 현상의 종류를 들고 설명하시오.(상p   )

[3-1. 정전기의 개념 등]

문1. 정전기란 무엇인가? (01년-10점)
문2. 정전기에 대한 완화시간에 대하여 설명하시오.(02년25점)
문3. 정전기에 대한 완화시간(Relaxation time)에 대하여 설명하시오(07-81회10점)
3-1. 응13-100-3-3. 정전기 발생메카니즘과 정전기에 대한 완화시간(Relaxation time) 및 정전기의 종류(대전의 구분)에 대하여 설명하시오.
문4. 정전기 전하의 축적과 소멸을 ① 액체 ② 절연된 도체 ③절연물질 등으로 구분 설명하라(02-25)
문5. 두 물체의 접촉으로 전기이중층의 형성을 일함수(Work Function)관점에서 설명하고, 분리 시 발생되는 현상에 대하여 설명하시오. (78-25)

[3-2. 정전기의 대전과 방전]

문1. 정전기 대전의 종류에 대하여 설명하라(98년10점)
문2. 정전기가 발생하는 원인을 열거하시오(94-10)(95-10)
문3. 공장에서 생성되는 제품이나 설비에서 정전기가 발생되는 가장 큰 원인을 설명하라(97-10)
문4. 박리(剝離),적하(滴下),비말(飛沫),동결(凍結)대전에 대하여 설명하고 예를 드시오 08-86-25
문5. 물질마다 대전서열이 존재하여 두 물질을 마찰하면 각각 플러스와 마이너스로 대전하는데 그렇다면 같은 굵기의 고드름을 절연체로 된 집게로 잡고 한 쪽은 고정하고, 다른 한쪽만 움직여 마찰하면 대전은 이루어질지 판정하시오.
대전된다면 대전되는 이유, 안된다면 안되는 이유를 서술하시오.[77-25]
문6. 정전기 재해예방을 위한 배관 내 유속제한과 배관의 직경, 유속이 정전기 발생에 미치는 영향을 설명하시오.(95-25) (78-10)
문7. 고절연성의 인화성 액체를 탱크 내에 주입하고자 할 경우의 주의사항을 기술하라. (97년-25)(97년-25)
문8. 대형탱크에서 유류를 주입구에 주입 시 정전기 안전 대책을 기술하라(00-10)
문9. 정전기 발생에 영향을 주는 요인들을 기술하시오
문10. 정전기 발생에 미치는 영향 5가지를 서술하시오(07-81회-10)

문11. 분체의 표면적과 대전량과의 관계를 그림으로 나타내어 설명하시오.(84-10)
문12. 분체의 표면적과 대전량을 구입자와 미소입자로 예를 들어 해설하시오.[77-25][전문]

문13. 가정용 공기정화기(집진기)와 산업용 집진기에는 주로 직류전압을 사용하는데
　　　이때 각각 고압측에 사용하는 극성을 밝히고 왜 그런지 이유를 서술하시오 (77-10)
문13-1. 전기집진기장치가 갖는 특징(장단점)을 다른 집진장치와 비교 설명하시오(08-85-1-13)
문13-2. 고전압을 이용한 응용장치들에 대하여 설명하시오(04-72-3-1)

문14. 정전기 재해는 발생된 정전기의 물리적 현상에 기인하게 되는데,
　　　그 물리적 현상에 대하여 다음을 설명하시오(05-75-25)
　　　가. 역학적 현상(10점)　　나. 방전 현상(5점)　　다. 정전유도 현상(10점)

[정전기 측정]

문15. 전전하량(全電荷量)측정을 위한 Faraday Gauge의 측정원리 및 측정조건에
　　　대하여 논하시오.[05-77-25]
문16. 정전 용량의 크기에 따라 충격 전류에 대한 전격 감각이 달라 질수 있는데
　　　그렇다면 인체의 정전 용량 측정 요령을 해설하시오.(08-84-25)
문16-1. 재해·장해의 방지를 목적으로 하여 정전기 측정에 의해 안전진단을 하려고 하는데
　　　그리 간단하게 안전진단이 이루어지지 않는다. 그 이유를 네 개만 열거하시오.
　　　　　　　　　　　　　　　　　　　　　　　　　　　　　　(05-77-25)
문16-2. 안전진단을 하기 위해 비접촉식 전위계로 측정하려고 한다. 그런데 측정
　　　대상 가까이에 접지물이 있다. 이때 유의할 사항을 쓰시오(정전기)(01-63-25)

문16-3. 대전에 의한 폭발. 화재 위험의 진단척도를 측정시 유의사항에 대하여
　　　기술하시오
　-1. 대전에 의한 폭발. 화재 위험의 진단에 대하여 기술하시오

문17. 정전기의 대전은 물체의 전기 저항률에 의존하므로 대전 척도로 전기저항률을
　　　측정한다. 전기 저항률 측정시 유의 사항을 기술하시오.(08-84-25)

문18. 오일의 저항률과 대전경향 그래프를 활용한 $10^{13}[\varGamma\varPhi-m]$에서 대전 경향이
　　　큰 이유와 $10^{10}[\varGamma\varPhi-m]$ 이하에서의 대전경향을 설명하라.99-25[전문]

문19. 정전기 방전의 종류 4가지를 들고 설명하라(25)
문20. 정전기 방전(SPARK)에 대해 설명하시오(10)
문21. 대전 또는 충전된 물체의 종류 및 형태에 따라 방전양상을 분류하고 설명하시오
　　　　　　　　　　　　　　　　　　　　　　　　　　　　(06-80-25)
문22. 고전압 펄스전력(Pulsed power)의 특징을 열거하시오.(04-72-1-12)

[3-3. 정전기 관련 계산]

문1. 백금과 구리를 접촉시킨 경우의 접촉전위차 및 접촉면의 전하밀도[C/㎡]을 구하시오. 단, 백금 및 구리의 일함수(Work Function)은 각각 5.44 및 4.29[eV]이다. 접촉계면의 두께를 5×10^{-10}[m], 유전율은 진공의 유전율과 같다.[77회-25]

문2. 겨울철 어두운 방에서 옷을 벗을 때 겨우 식별할 정도의 방전불꽃이 발생한다. 이때의 최소방전 불꽃전압이 340[V]라면 옷과 옷이 박리될 때의 간격은 얼마인가.
   (파센의 법칙에 따르면 그때의 P?d≒5.5[mmHg·mm]였다 한다) (77-10)
  -1. 불꽃방전에 관한 파센의 법칙을 설명하시오

문3. 두께 10㎛의 단면 메타라이트필름이 100V로 대전된 경우 표준전하밀도 γ[C/㎡]와 도체 표면에 대전된 메타리이트 필름이 밀착하는 경우의 정전흡인력 F[kg/㎡]을 구하시오 (74-3-5) (단, 메타라이트의 비유전율은 2.5)

문4. 2×10^{-8}[C]으로 대전된 3개의 입자가 정삼각형을 이루고 8cm씩 떨어져 있다. 각 입자가 받는 힘을 구하고 어느 방향으로 움직일지 표시하시오.(80-10)

문5. 반경 a=1[mm], 비중(밀도) $\rho_s = 2 \times 10^3$[kg/㎡], 도전율 k=0.4×10^{-12}[s/m], 전하 q_0=0.4[nC]인 전하를 갖는 작은 구가 그림과 같이 도체판에 도착했다. 부착력(영상력) F의 시간변화를 나타내는 식을 구해 작은 구가 도체판으로부터 낙하할 때까지의 시간을 구하시오. 단지, 작은 구의 유전율은 1로 간주하고, 또 대전전하의 완화는 지수법칙에 따르는 것으로 한다.[77회-25점]

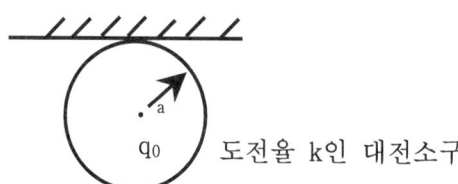

도전율 k인 대전소구

[3-4. 정전기 대책]

문1. 대전성 물질로부터 정전기를 제거하거나 대전성물질의 저항률을 감소시키는
　　　방안을 설명하시오.(96-25)(99-25)

문2. 정전기로 인한 화재폭발방지를 하여야 할 설비를 열거하고 설명하시오.
　　　　　(98-25)(91-40)(03-25)
문3. 정전기로 인한 화재폭발을 방지하기 위하여 필요한 조치를 취하여야 할 설비를
　　　7가지 이상 기술하라(02-10)

문4. 정전기 재해의 방지대책을 기술하라 (03-10)
-1. 정전기 발생방지 대책을 기술하시오 (97-25)
응14-103-2-2. 산업현장에서 정전기(靜電氣) 발생과 정전기 방지 대책에 대하여
　　　　　　설명하시오.
문5 인체에 대전된 정전기 제거방안에 대하여 설명하라(96-25)
문6. 인체의 대전방지 대책을 약술하시오 (01-10)

문7. 정전기점화 발생기구로 인한 정전기 화재의 원인조사와 정전기점화 원인분석 시
　　　사고보고서에 포함될 항목을 설명하시오. : 차후 출제될 우선순위가 매우 높다.

문8. 정전기 방지용 접지에 대하여 약술하시오.
문9. 물체가 갖는 전하가 외부로 유도되지 않게 하는 방법을 약술하시오(96-10)
문10. 전하를 갖는 물체를 금속구로 둘러쌓으면 외부에 어떤 영향이 있는가를
　　　약술하시오(94-10)

문11. 제전기의 설치에 관하여 종류별로 설명하라(93-25)
문12. 제전기의 설치방법을 구체적으로 설명하시오(96-25)
문13. 제전기의 종류를 들고 그 원리와 특징을 각각 설명하시오(02-25)
문14. 이온식 제전기에 대하여 약술하라(96-10)
문15. 산업설비에 정전기를 제거하기 위한 전압인가식 제전기의 종류를 들어 설명하시오.
문16. 정전기 재해를 예방하기 위하여 제전기를 설치시 유의사항을 약술하라(95 -10점)

문17. 부도체의 대전을 방지하기 위한 방법을 기술하시오(97-25)
문18. 부도체의 대전방지에 대하여 기술하시오의 문제 분석

■ 반도체 공정

ESD(Electrostatic Discharge) = 정전기 방전

문19. 반도체 등 정밀기기에서 정전기로 인한 장해(ESD)에 관한 다음을 설명하라
        가) ESD장해에 의한 반도체 손상원인(10점)
        나) ESD장해 예방(15점)
-19-1.응15-106-1-5. 전자회로 및 제품의 정전기 방지 대책 중 ESD에 대하여 설명하시오

문20. 반도체 조립 및 제조공정에서 반도체의 불량률이 높게 나타난다. 정전기 관리를 통한 불량률 감소대책을 수립하시오(30)

문21. 반도체 제조공정 및 취급공정에서의 정전기방전으로 인한 장해, 재해를 예방하기 위한 대책을 설명하라.(25)

문22. IC등 정전기에 민감한 부품 취급시의 안전대책을 기술하시오.(01-25)

문23. 반도체 소자 등 전자제품 제조공정의 정전기 장해의 제어대책을 작업자, 설비 및 재료 측면에서 상세히 기술하시오(02-25)

문24. 반도체(Semiconductor) 및 LCD(liquid crystal digital)제조공정에서 정전기 방전에 대한 제어 대책을 설명하시오. (74-4-5)
  -1. 정전기(ESD) 발생이 자동화 공정설비에 오동작 사고를 일으키는데, 이를 예방하기 위한 대책을 설명하시오(08-84-25)

문25. 반도체 공장의 정전기 장해요인 분석모델 3가지 기법에 대해 구분 설명하라(00-25)

문26. 정전기의 방전 에너지와 착화한계에 대하여 기술하라.(72-2-6)

문27. 반도체, 액정표시장치(LCD) 등과 같은 정전기가 발생하여서는 안되는 장소의 경우, 작업자의 대전방지대책 5가지를 서술하시오.(07-81-25)

[정전기 대전 방전 관련]

문28. 비닐 및 지류(종이류) 제조공정에서 높은 정전기가 발생하고 있다.
       이로 인한 문제점 및 개선방안을 논하시오(98년-30)

문29. 도전성 재료에 의한 정전기 대전 방지대책을 논하시오(93년25점)

문30. 정전기 방전의 종류 및 재해 방지대책을 설명하시오(07-83-25)
   -1. 정전기 재해의 방지대책을 기술하시오 (03년 10점)

문31. 고체에 대전되는 정전기의 발생원인과 제거대책을 기술하시오(92년25점)

문32. 작업자가 대전(帶電)되는 원인과 대전방지 대책을 설명하시오(08-86-25)

문33. 정전기에 의한 방전에너지를 도체와 부도체 그리고 접지된 도체 위의 절연막으로
       나누어 해설하시오.(06-80-10)

문34. 정전기 완화를 위한 본딩(Bonding) 접지방법에 관하여 기술하시오
   34-1. 응13-100-1-10. 정전기 완화를 위한 본딩접지

문35. 정치시간에 대하여 간단히 기술하시오.

문36. 대전 물체의 차폐 목적과 효과, 차폐방법에 관하여 설명하라.

문37. 컴퓨터실의 정전기 장애에 대한 예방대책을 기술하시오

문38. 정전기 방전에 의한 반도체소자의 고장형태를 기술하시오.

문39. 정전기 방전(ESD)에 의한 피해 메카니즘을 설명하고 대책을 간단히 기술하시오

문40. 반도체 공정에서 먼지오염에 의한 정전기의 영향을 간단히 설명하고,
       자동화설비 및 전자제품의 ESD(정전기 방전) 장해에 대하여 기술하시오

문41. 전전기 재전방지를 위한 접지에 대하여 논하시오

문42. IB에서의 정전기 장해의 발생과 대책에 대하여 기술하시오

문43. 분말로 인한 정전기 대전방지 방법에 대하여 논하시오(99년25점)
      -1. 분말의 대전방지 방법에 대하여 설명하시오 (05년-75회-10점)

문44. 도체의 대전방지에 대하여 기술하시오

문45. 연무체를 정의하고 발생상황이나 성상에 따라 분류하시오.(안84-1-1)

문46. 정전기 장해의 원인, 결과 및 방지대책을 설명하시오.(01-63-1-13)

문47. 정전기의 장해원인, 결과 및 방지대책에 대하여 논하시오.(04-72-3-2)

문48. 정전도장(Electrostatic Painting) 중 그리드법에 대해 설명하시오.(02-66-1-6)

문49. 고전압으로 충전된 장소로부터 일정거리 떨어져 작업할 경우 작업자의 자세에 따라 작업자에게 유도되는 전압은 차이가 날 수 있다. 그렇다면 대지로부터 30cm 떨어져 공중에 떠 있을 때 작업자(수험자 자신의 신체조건)의 정전용량은 대략 얼마나 될지 추산해보시오.(80회-안전-1-13)

제3장. 정전기 중 예상문제

[3-1. 정전기의 개념 등] 中에서

예1) 문3-1.응13-100-3-3.정전기 발생메카니즘과 정전기에 대한 완화시간(Relaxation time) 및 정전기의 종류(대전의 구분)에 대하여 설명하시오●

예2) 문5. 두 물체의 접촉으로 전기이중층의 형성을 일함수(Work Function)관점에서 설명하고, 분리 시 발생되는 현상에 대하여 설명하시오. (78-25)(상권 p)

[3-2. 정전기의 대전과 방전] 中에서

예3) 문13-1.08-85-1-13.전기집진기장치가 갖는 특징(장단점)을 다른 집진장치와 비교 설명하시오
(상권p)●

예4) 문13-2. 고전압을 이용한 응용장치들에 대하여 설명하시오(04-72-3-1)(상권 p)

예5) 문14. 정전기 재해는 발생된 정전기의 물리적 현상에 기인하게 되는데,
그 물리적 현상에 대하여 다음을 설명하시오(05-75-25)(상권 p)●
가. 역학적 현상(10점)   나. 방전 현상(5점)   다. 정전유도 현상(10점)

예6) 문21. 대전 또는 충전된 물체의 종류 및 형태에 따라 방전양상을 분류하고 설명하시오
(06-80-25) (상권 p)

예7) 문22. 고전압 펄스전력(Pulsed power)의 특징을 열거하시오.(04-72-1-12)(상p)●

[3-4. 정전기 대책]中에서

예8) 문2. 정전기로 인한 화재폭발방지를 하여야 할 설비를 열거하고 설명하시오(상권 p)
(98-25)(91-40)(03-25). (02-10) : 규정 변경됨, 전기안전기술사 참조

예9. 문4-2.응14-103-2-2.산업현장에서 정전기발생과 정전기방지대책에 대하여 설명하시오(상p)●

예10. 문34-1. 응13-100-1-10. 정전기 완화를 위한 본딩접지에 대하여 설명하시오.(상p)●

예11. 문35. 정치시간에 대하여 간단히 기술하시오.(상권p)

예12. 문39.정전기방전(ESD)에 의한 피해메카니즘을 설명하고 대책을 간단히 기술하시오(상권p)

예13. 문45. 연무체를 정의하고 발생상황이나 성상에 따라 분류하시오.(안84회-1-1)(상p)●

예14. 문48. 정전도장(Electrostatic Painting)중 그리드법에 대해 설명하시오(02-66-1-6)(상p)

[제 4장. 운송설비]

문1. 다중이용 시설에서 불특정 다수가 이용하는 대표적인 전기응용 설비로 엘리베이터가 있다. 이 중 가장 일반적으로 적용되고 있는 로프식 엘리베이터의 구성과 안전장치에 대하여 서술하시오. (07-82-3- 5)

문2. 엘리베이터의 안전장치에 대하여 상세히 설명하시오

문3. 엘리베이터에서 교류용 모터의 속도제어방식과 전기적, 기계적 안전장치에 대하여 설명하시오.(05-75-4-5)

3-1. 응10-91-3-6. 건축물의 수직교통수단으로 로프방식의 승강기가 가장 일반적으로 이용되고 있다. 로프방식의 승강기에 적용되는 안전장치에 대하여 설명하시오.

문4. 승강기의 과부하방지장치로 전기식 과부하방지장치를 사용하지 않는 이유에 대해 기술하시오.(87-3-2.)

　가. 전기식 과부하방지장치의 작동원리/　나. 사용하지 않는 이유

문5. 응10-91-4-2. 전동력을 이용하여 자동경사계단을 상승 또는 하강하기 위한 목적으로 에스컬레이터가 광범위하게 사용되고 있다. 에스컬레이터용 전동기의 소요 동력을 결정하기 위하여 고려할 사항에 대하여 설명하시오.

-5-1. 응14-103-1-10. 에스컬레이터(Escalator)의 안전장치에 대하여 설명하시오.

** 제4장. 운송설비 중 예 상 문 제 **

예1. 엘리베이터에서 교류용 모터의 속도제어방식과 전기적, 기계적 안전장치에 대하여 설명하시오.(05-75-4-5)(상권p　)●

예2. 전동력을 이용하여 자동경사계단을 상승 또는 하강하기 위한 목적으로 에스컬레이터가 광범위하게 사용되고 있다. 에스컬레이터용 전동기의 소요 동력을 결정하기 위하여 고려할 사항에 대하여 설명하시오.(응10-91-4-2)(상권p　)

[제 5장. 전기 화학 및 기타]

문1. 전기화학용 직류전원의 요구사항은 ? (03-69-1-4)
-1-1. 전기화학용 직류변환장치의 요구 사항을 설명하시오.

-1-2. 응14-103-1-1. 전기화학에서의 애노드(Anode) 및 캐소드(Cathode)에 대하여 설명하시오.

문2. 광통신 케이블에 대하여 기술하시오

문3. 광통신케이블 중 POF(Plastic Optical Fiber)에 대하여 간단히 기술하시오.(05-75-1-9)

문4. IEC/TC 64 제주 국제회의의 성격과 논의 분야는 ?(06-78-1-6)

문5. 친환경 전선에 대하여 설명하시오(06-78-2-6)

문6. 계면(界面:Interface)전기현상 중 전기침투(電氣浸透: Electro osmosis)와
   전기영동(또는 전기이동: Electrophoresis)을 비교 설명하시오.(09-88-4-2)

** 제5장. 전기화학 중 예 상 문 항 **

예1. 1-2. 응14-103-1-1. 전기화학에서의 애노드(Anode) 및 캐소드(Cathode)에 대하여 설명하시오.●

예2. 계면(界面:Interface)전기현상 중 전기침투(電氣浸透: Electro osmosis)와 ●
   전기영동(또는 전기이동: Electrophoresis)을 비교 설명하시오.(09-88-4-2)(상권p   )

[제 6장. 제어 및 신뢰도공학]

[Feedback 제어]

1. Feedback 제어시스템의 특징을 설명하시오.(03-69-1-12)
2. 제어시스템에서 궤환을 사용하는 이유 및 장.단점을 구분하여 설명하시오.(02-66-3-5)
3. 선형궤환(feedback)의 원리와 시스템에 미치는 영향에 대하여 기술하시오 (07-82-2-6)

4. 제어방식에서 D.D.C란 ?(04-72-1-3)

[신 뢰 도]

5. MTTR(Mean Time to Repair : 평균수리시간)에 대해 설명하시오. (07-82-1-8)
5-1. MTBF과 MTTF 및 MTTR에 대하여 계산 예를 들어서 비교 설명하시오.
 ~1-1. 응13-100-2-4. MTBF과 MTTF 및 MTTR?

5-2. 회로 및 시스템 설계시 고려해야 할 리던던시(Redundancy), 디레이팅(Derating), fail-safe 및 평균수명에 대해 용어 정의 및 특징을 설명하시오.(04-72-2-5)

~ 5-3. 응15-106-4-3. 회로 및 시스템설계시 사용하는 리던던시(Redundancy), 디레이팅(Derating) 및 페일세이프(Fail-safe)에 대하여 사용방법, 특징 및 적용사례를 설명하시오.

6. 제품의 수명주기와 신뢰도를 개괄적으로 보여주는 bath-tube 곡선(욕조곡선)에 대하여 간단히 설명하시오. (06-78-1-9)

[자동제어 관련]

7. FMS(Flexible Manufacturing System:유연생산시스템)에 대해 설명하시오.(08-85-1-7)

8. 제어시스템의 해석시 S-domain(라플라스변환)에서 해석을 하게 된다.
   그 이유 및 제한점은 무엇인가 ? (02-66-4-2)

9. 수학적 이론인 Laplace변환이 미분방정식으로 표시되는 물리계의 제어에
   응용되는 이유를 쓰시오. (06-78-1-7)

10. Feedback 제어시스템의 안정도(Stability) 판별법에 대하여 논하시오.(03-69-2-5)

10-1. 제어System의 안정도란 무엇이며, 안정도의 판별법에 대하여 기술하시오.

10-2. 응10-91-1-3-3. 출력신호를 입력측으로 피드백(feedback)하여 출력을 제어하기위한
   일반적인 폐루프(closed loop) 제어계의 구성을 블록도로 나타내고
   각 구성요소에 대하여 설명하시오.

11. 다음과 같은 입력신호에서 비례동작, 비례적분동작, 비례적분미분동작의
   출력파형을 그리고 설명하시오. (06-78-4-1)

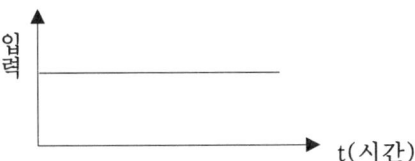

11-1. PI제어란 무엇이며, 그 목적과, I제어의 문제점과 대책을 기술하시오.

[PLC 제어와 PLC통신]

12. PLC(Programmable Logic Controller)의 주요 구성품(하드웨어 및 소프트웨어)과 기능,
    그리고 PLC제어의 신뢰도를 높이기 위한 이중화운전 방식에 대하여 설명하시오.
                                                    (06-78-3-3)

13. PLC(Programmable Logic Controller)의 구조를 하드웨어와 소프트웨어(Ladder
    Diagram 기준)로 구분해서 설명하시오.(08-85-4-6)

13-1. 응10-91-1-4. 산업현장의 공정제어에 이용되고 있는 PLC(Programmable Logic
    Controller)의 주요 기능을 설명하시오.

14. 응10-91-1-3-4. 전력선 통신기술(Power Line Communication Technology)의
    장단점과 적용분야에 대하여 설명하시오.

제6장. 제어공학 중 예상 문제

예1. Feedback 제어시스템의 특징을 설명하시오.(03-69-1-12)(상권P   )

예2. 제품의 수명주기와 신뢰도를 개괄적으로 보여주는 bath-tube 곡선(욕조곡선)에 대하여 간단히 설명하시오. (06-78-1-9)(상권P   )

예3. 응10-91-1-3-3. 출력신호를 입력측으로 피드백(feedback)하여 출력을 제어하기위한 일반적인 폐루프(closed loop) 제어계의 구성을 블록도로 나타내고 각 구성요소에 대하여 설명하시오.(상권P   )

예4. 응10-91-1-4. 산업현장의 공정제어에 이용되고 있는 PLC(Programmable Logic Controller)의 주요 기능을 설명하시오.(상권P   )

예5. 응10-91-1-3-4. 전력선 통신기술(Power Line Communication Technology)의 장단점과 적용분야에 대하여 설명하시오.(상권P   )

[제7장 계측공학] : 과감히 skip할 것

1. 고전압의 종류별 측정방법을 논하시오.(01-63-4-2)

2. 그림과 같은 회로에서 r을 조정하여 10[A]에서 30[A]로 변화시켰을 때 전압계의 지시가 30[mV]에서 600[mV]로 되었다. 도체에 흐르는 전류는 얼마인가?(03-69-3-3)

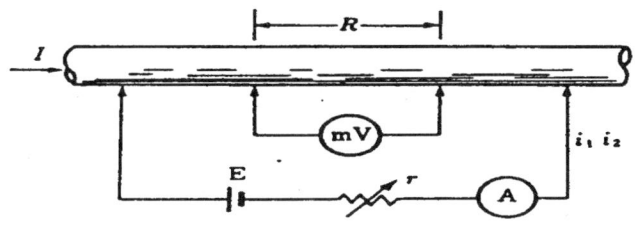

3. 직류회로에서 전류측정법을 들고 설명하시오.(03-69-4-4)

4. 플랜트(plant) 현장에 설치되는 계측기기를 선정하는데 있어서 주요 고려사항에 대하여 기술하시오. (07-82-2-4)

-1. 응15-106-1-6. 대형 플랜트(plant) 현장에 설치되는 계측기기를 선정하는데 있어서 주요 고려사항에 대하여 설명하시오.

5. 계측기의 선정 및 설계시 고려하여야 할 내용에 대하여 항목별로 나열하고 간단히 설명하시오
5-1. 계측기 선정시 고려해야 할 사항 중 다음에 관하여 설명하시오
    1)정확도   2)직선성   3)재현성   4)반복성   5)Drift
5-2. 계측기의 성능을 표시하는 다음 용어의 의미를 설명하시오
    1)정확도   2)정도   3)감도 혹은 분해

6. 계장시스템의 종류와 계장공사 방법을 설명하시오.

제7장. 계측공학 중 예상문제

예1.5. 계측기의 선정 및 설계시 고려하여야 할 내용에 대하여 항목별로 나열하고 간단히 설명하시오(상권P)

예2.5-2. 계측기의 성능을 표시하는 다음 용어의 의미를 설명하시오
      1)정확도   2)정도   3)감도 혹은 분해

제8장. 발전공학

<< 연료전지 >>

문1. 연료전지의 원리를 간단히 설명하시오.(01-63-1-7)

문2. 수소-산소 연료전지에 대해 설명하시오.(08-85-1-1)

문3. 연료전지의 개발동향과 과제에 대하여 설명하시오. (02-66-4-3)

3-1. 응10-91-4-3. 최근 지속가능한 성장과 지구온난화방지를 위해 다양한 종류의 신재생 에너지의 도입이 증가되고 있다. 연료가 가지는 화학적 에너지를 직접 전기적 에너지로 변환하는 연료전지 시스템의 발전원리와 종류 및 특징에 대하여 설명하시오.

3-2. 응14-103-1-2. 알칼리 전해액 연료전지에 대하여 설명하시오.

3-3. 응13-100-3-4. 연료전지에 대하여 설명하시오.

문4. 연료전지의 계통연계기술 중 단상변환기술과 3상변환기술에 대하여 각각의 종류와 특징을 설명하시오. (06-78-3-2)

<< 신재생에너지 >>

문5. 신재생에너지의 종류별 정의(개요) 및 특징에 대하여 기술하시오

문6. 우리나라 4대강 살리기 사업에 적용 될 수 있는 신·재생에너지의 종류를 들고 설명하시오.(응88-2-5)

문7. 우리나라에서 신·재생에너지의 정의, 구분, 특성, 중요성에 대하여 간단히 설명하시오(88-1-1)

(태양광 발전)

문8. 태양전지에 대하여 설명하시오.(05-75-1-10)
문9. 태양광발전 시스템의 구성요소 및 시스템에 대하여 설명하시오.
문10. 태양전지의 원리와 종류 및 특징에 대해 아는 바를 설명하시오 (07-82-2-2)

문10-1. 태양광발전 시스템의 구성요소 및 전력변환기 변조방식을 설명하시오.(08-85-1-9)

문11. 태양광 발전의 장단점을 각각 3가지씩 기술하시오.(87-1-5)

문12. 태양광 발전설비공사 시의 다음 사항에 대하여 설명하시오.(응88-3-2)
　　　1) 케이블 포설 시 주의사항　　2) 태양전지모듈(Module)설치 시 주의사항
　　　3) 태양전지모듈(Module)상호 연결 시 주의사항

문12-1. 전기설비기술기준의 판단기준에 의한 연료전지 및 태양전지 모듈의 절연내력과
　　　　태양전지 모듈 등의 시설에 대하여 설명하시오(안전2010-92-2-1)

문13. 태양전지의 유형에 대하여 아래 항목을 기술하시오
　　　가) 태양전지의 2가지로 대별(大別)하는 방법
　　　나) 태양전지의 유형별 종류에 대한 구조.
　　　다) 태양전지의 유형별 종류에 대한 원리
　　　라) 태양전지의 유형별 종류에 대한 특징

문14. 염료감응형 태양전지에 대한 작동원리 및 그 구조와 특징에 대하여 논하시오
문15. 태양광발전시스템의 설계 시에 필요한 기초자료 7개항과 설계순서를 나열하고,
　　　설계시에 기술적 고려사항에 대하여 설명하시오.
문15-1. 태양광발전에 적용되는 태양전지의 PN접합에 의한 발전원리 및 장단점을
　　　　설명하고 일반 주택용 시스템구성의 개념도를 그리시오.(응용2010-91회-2-6)
문15-2.응12-97-2-5. 태양광 발전설비 등의 신재생 에너지에서 축전지내장
　　　　계통연계시스템을 분류하여 설명하시오[자료 보강요]
문15-3.응12-97-3-1. 신재생에너지 중 태양광 발전의 장, 단점과 계통에 연계할 때 고려할
　　　　사항에 대하여 설명하시오
문15-4. 응15-106-4-2. 태양광 발전시스템에서 인버터회로 방식에 대하여 설명하시오.
문15-5. 응15-106-1-4. 태양광 발전시스템 설계 시 발전량을 산출하는 절차에 대하여
　　　　설명하시오.
문15-6.응12-97-1-9. 독립형전원(풍력발전, 태양광발전 등)시스템용 축전지 선정 시
　　　　고려할 사항을 설명하시오.

<< 열전현상>>

문16. 펠티에 효과 및 그 용도, 특성에 대하여 설명하시오.(01-63-1-10)
문17. 열전효과에 대하여 설명하시오.(04-72-2-3)
문18. 열전현상의 종류와 특성을 설명하시오. (06-78-3-4)
응11-94-1-5. 열전효과에 대하여 설명하시오.
응13-100-4-3. 열전효과에 대하여 설명하시오.
문19. 열전기발전방식에 대하여 기술하시오
~19-1. 응14-103-1-3. 열전기 발전(Thermoelectric Generation)에 대하여 설명하시오.

<< 2차 전지 및 에너지 저장 >>

문20. 2차 전지 중 연축전지에 대하여 설명하시오. (02-66-3-6)

문21. 1차 전지와 2차전지에 대하여 망간전지와 납축전지를 활용하여 간단히
      비교 기술하시오.

문22. 전지전력저장창치(BESS : Battery Energy Storage System)에 대하여 논하시오

문22-1. 전력공급 시스템에 있어서 에너지 저장의 필요성과 구비조건 및 종류,
        저장원리에 대하여 설명하시오.
문22-2. 초전도 자기 에너지 저장설비(SMES)에 대하여 설명하시오
문22-3. 응14-103-4-6. 전력저장시스템(Energy Storage System)을 종류별로 구분하여
                      특징을 설명 하시오.
문22-4.응11-94-2-6. 전기전력저장시스템(BESS : Battery Energy Storage System)에
        대하여 설명하시오.
문22-5. 응11-94-1-8. 리튬이온전지(Lithium Ion Battery)에 대하여 설명하시오.
문22-6. 응11-94-1-7. 전기 2중층 캐패시터(Capacitor)에 대하여 설명하시오.

<< 기계식 발전장치>>

문23. 동기발전기의 병렬운전에 따른 이점과 병렬운전조건, 병렬운전순서(수동기준)를
      설명하시오.(05-75-3-6)
문24. 피크부하 분담을 위해 ENGINE 발전기를 병행운전하고자 한다. 이 때 엔진발전기에
      필요한 기능과 동기투입, 부하분담을 위한 방법을 설명하시오. (06-78-4-4)
문25. 배전계통과 연계되는 소수력 발전소에 주로 적용되는 발전기의 특징에 대하여
      설명하시오.(05-75-1-2)

<<풍력 발전>>

문26. 풍력발전시스템의 운전방식에 따른 구분방법인 기어형과 기어리스형에
대해 다음 사항을 기술하시오. (전기안전09-87-25점)
　　　　　가. 형식별 시스템의 구성　　　나. 형식별 장단점(각각 3가지)
　-1. 풍력발전의 풍차의 종류에 대하여 기술하시오(발송배전72회-25점)

문26-2. 새로운 형태의 수직형 발전방식에 대하여 간단히 설명하시오

문26-3. 풍력용 발전기에 대하여 간단히 설명하시오

문26-4. 풍력발전 시스템을 회전축 방향에 따라 구분하고 설명하시오.(응용91회-1-7)

문26-5. 우리의 서해안은 전력부하 집중지역이 근접해있고 수심이 낮아 해상풍력단지에
적합한 조건을 갖추고 있다. 풍력발전의 원리, 장단점 및 전망에 대하여
설명하시오. (10-91-3-5)

문26-6. 응12-97-4-4. 풍력발전시스템의 낙뢰 피해와 피뢰대책에 대하여 설명하시오.

<< 에너지 절약 >>

문27. 건축물 설계시 인허가 과정 중 에너지절약 계획서의 제출이 의무화되어 있는데
전기설비 부문 설계기준 중 다음사항을 설명하시오.(건09-87-4-3)
　　　　1) 수변전설비　2) 조명설비　3) 전력간선 및 동력설비

문27-1. 전기설비 설계시 에너지절약 설계기준의 의무사항과 권장사항에 대하여 기술하시오

문28. 부하제어 방식에서 D.L.C란 ?(04-72-1-4)
　-1. 응11-94-2-2. 대기전력(Stand-By Power)의 종류와 저감 대책에 대하여
　　　　　설명하시오.

<<SMART GRID>>

문29. 전력산업의 녹색성장전략인 지능형 전력망(Smart Grid)에 대하여 아는 바를 기술하시오

문30. 스마트 그리드를 통한 전력사용의 패러다임의 예상할 수 있는 변화에 대하여 간단히 설명하시오

문31. 다음은 스마트 그리드에 관련된 용어이다 이를 간단히 설명하시오
  1) 스마트 홈 2) 스마트 빌딩 3) 스마트 FACTORY

문32. 최근 활발히 국내외적으로 논의되고 있는 스마트그리드 시스템은 기존의 전력망이 가진 여러 가지 한계점의 극복을 위한 목적을 가지고 있다. 이들 한계점들에 대하여 기술하시오.(발송09-89-10)

문33. 한국형 스마트 그리드에 대하여 논하시오

문33-1. 응10-91-1-8. 전력계통의 스마트 그리드(Smart Grid)에 대해 설명하시오.

문33-2. 응12-97-3-6. 우리나라는 2010년 1월 스마트그리드 국가로드맵을 발표한 바 있다. 그에 따른 스마트그리드를 정의하고 분야별 스마트그리드 구축계획상의 5대 기술 구분에 대하여 각각 설명하시오.

문33-3. 응13-100-3-6. 전기자동차 전원공급설비의 기술기준에 대하여 설명하시오

<< 초 전 도 >>

문34. 초전도 현상에 대한 원리와 그 응용 등에 대하여 간단히 기술하시오.

문34-1. 응12-97-2-2. 고온 초전도 전력저장시스템(SMES; Super Conducting Magnetic energy)개발배경, 원리 및 응용분야에 대하여 설명하시오

문34-2. 응14-103-4-2. 초전도현상(Superconductivity)의 특징과 고온 초전도체 응용에 대하여 설명하시오.

<< 발 전 기 보 호 >>

문35. 발전기의 전기자보호와 계자보호방식에 기술하시오

문35-1. 응15-106-2-6. 비상발전기 보호방식에 대하여 설명하시오.

문35-2. 응14-103-4-5. 비상발전기를 공장에 설치하는 경우 주의사항과 유지관리에 대하여 설명하시오.

<< 기 타 >>

문36. 응12-97-1-5. 냉동사이클(열펌프사이클)에 대하여 원리도를 그리고 설명하시오.

** 제8장. 발전공학 중 예상 문항 **

예1. 3-1. 응10-91-4-3. 최근 지속가능한 성장과 지구온난화방지를 위해 다양한 종류의 신재생
에너지의 도입이 증가되고 있다. 연료가 가지는 화학적 에너지를
직접 전기적 에너지로 변환하는 연료전지 시스템의 발전원리와 종류
및 특징에 대하여 설명하시오.(상권P)●

예2. 3-2. 응14-103-1-2. 알칼리 전해액 연료전지에 대하여 설명하시오.(상권P)●

예3. 7. 우리나라에서 신·재생에너지의 정의, 구분, 특성, 중요성에 대하여 간단히 설명하시오
(09-88-1-1)(상권P)●

예4. 문9. 태양광발전 시스템의 구성요소 및 시스템에 대하여 설명하시오.(상권P)
예5. 문12. 태양광 발전설비공사 시의 다음 사항에 대하여 설명하시오.(응09-88-3-2)(상권P)
  1) 케이블 포설 시 주의사항   2) 태양전지모듈(Module)설치 시 주의사항
  3) 태양전지모듈(Module)상호 연결 시 주의사항●
예6. 문12-1. 전기설비기술기준의 판단기준에 의한 연료전지 및 태양전지 모듈의 절연내력과
태양전지 모듈 등의 시설에 대하여 설명하시오(안전2010-92-2-1)

예7. 문14. 염료감응형 태양전지에 대한 작동원리 및 그 구조와 특징에 대하여 논하시오
예8. 문15. 태양광발전시스템의 설계 시에 필요한 기초자료 7개항과 설계순서를 나열하고,
설계시에 기술적 고려사항에 대하여 설명하시오. ●

예9. 문15-1. 태양광발전에 적용되는 태양전지의 PN접합에 의한 발전원리 및 장단점을
설명하고 일반 주택용 시스템구성의 개념도를 그리시오.(응용2010-91회-2-6)
예10. 문15-2. 응12-97-2-5. 태양광 발전설비 등의 신재생 에너지에서 축전지내장
계통연계시스템을 분류하여 설명하시오.

예11. 문15-3. 응12-97-3-1. 신재생에너지 중 태양광 발전의 장, 단점과 계통에 연계할 때
고려할 사항에 대하여 설명하시오(상권P)●

예12. 문15-4. 응15-106-4-2. 태양광 발전시스템에서 인버터회로 방식에 대하여 설명하시오(상P)●
예13. 문15-5. 응15-106-1-4. 태양광 발전시스템 설계 시 발전량을 산출하는 절차에 대하여
설명하시오.(상권P)●
예14. 문15-6. 응12-97-1-9. 독립형전원(풍력발전, 태양광발전 등)시스템용 축전지 선정 시
고려할 사항을 설명하시오.(상권P)●

예15.18-2. 응13-100-4-3. 열전효과에 대하여 설명하시오.(상권P   )●

예16.22-1. 전력공급 시스템에 있어서 에너지 저장의 필요성과 구비조건 및 종류,
        저장원리에 대하여 설명하시오.●

예17.문22-3. 응14-103-4-6. 전력저장시스템(Energy Storage System)을 종류별로 구분하여
        특징을 설명 하시오.●

예18.문22-4.응11-94-2-6. 전기전력저장시스템(BESS : Battery Energy Storage System)에
        대하여 설명하시오.●

예19.문22-5. 응11-94-1-8. 리튬이온전지(Lithium Ion Battery)에 대하여 설명하시오●
예20.문22-6. 응11-94-1-7. 전기 2중층 캐패시터(Capacitor)에 대하여 설명하시오.●

예21.문23. 동기발전기의 병렬운전에 따른 이점과 병렬운전조건, 병렬운전순서(수동기준)를
        설명하시오.(05-75-3-6)●

예21-1.문26. 풍력발전시스템의 운전방식에 따른 구분방법인 기어형과 기어리스형에
        대해 다음 사항을 기술하시오. (전기안전09-87-25점)
            가. 형식별 시스템의 구성   나. 형식별 장단점(각각 3가지)
 -1. 풍력발전의 풍차의 종류에 대하여 기술하시오(발송배전72회-25점)

예22.문26-5. 우리의 서해안은 전력부하 집중지역이 근접해있고 수심이 낮아 해상풍력단지에
        적합한 조건을 갖추고 있다. 풍력발전의 원리, 장단점 및 전망에 대하여
        설명하시오. (10-91-3-5)●
예23.문26-6. 응12-97-4-4. 풍력발전시스템의 낙뇌피해와 피뢰대책에 대하여 설명하시오.
예24. 28-1. 응11-94-2-2. 대기전력(Stand-By Power)의 종류와 저감 대책에 대하여
        설명하시오.(상권P   )

예25.문29. 전력산업의 녹색성장전략인 지능형 전력망(Smart Grid)에 대하여 아는 바를
        기술하시오(상권P   )

예26.문33-3.응13-100-3-6.전기자동차 전원공급설비의 기술기준에 대하여 설명하시오(상P   )●

예27.문34. 초전도 현상에 대한 원리와 그 응용 등에 대하여 간단히 기술하시오.●

예28.문34-1. 응12-97-2-2. 고온 초전도 전력저장시스템(SMES: Super Conducting
        Magnetic energy)개발배경, 원리 및 응용분야에 대하여 설명하시오●

예30. 문34-2. 응14-103-4-2. 초전도현상(Superconductivity)의 특징과 고온 초전도체응용에 대하여 설명하시오.(상권P   )●

예31. 문35. 발전기의 전기자보호와 계자보호방식에 기술하시오(상권P   )

예32. 문35-1. 응15-106-2-6. 비상발전기 보호방식에 대하여 설명하시오.(상권P   )●

예33. 문36. 응12-97-1-5. 냉동사이클(열펌프사이클)에 대하여 원리도를 그리고 설명하시오(상P   )●

[제9장. 송전공학 관련](모두 주요한 것으로 모조리 숙달요함)

[직류 송전 관련]

1. 다음 전압파형의 실효치는 얼마인가 ?(03-69-1-9)
   단, 주기(T)는 1[ms], 진폭(Vm)은 100[V], D는 듀티비(Duty ratio)로서 0.4이다.

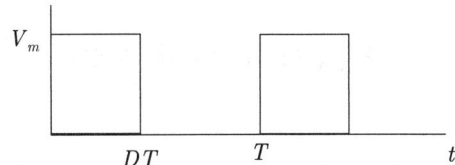

2. 에디슨이 최초 직류발전기를 발명한 이후 전기의 사용은 직류에서 교류로 또, 교류와 직류가 같이 사용되는 형태의 큰 변화가 있었다. 이러한 흐름을 가져온 핵심발명품을 쓰고 직류전원계통과 교류전원계통의 장·단점에 대하여 설명하시오. (06-78-2-3)●

3. 표피효과에 대하여 약술하시오.(04-72-1-13)●

3-1. 1) 도선에서 직류저항과 교류저항의 개념
   2) 도전률이 $5.8 \times 10^7 [S/m]$, 반지름이 2[cm], 길이 1[km], 주파수1[MHz]의 순동의 도체의 교류저항과 또, 이 경우의 직류저항을 구하시오
   3) 도전률이 $5.8 \times 10^7 [S/m]$, 반지름이 1[mm], 길이 1[km], 주파수60[Hz]의 순동의 도체의 교류저항과 또, 이 경우의 직류저항을 구하시오
   4) 상기1), 2)의 결과로 알 수 있는 의미를 해석하시오

[케이블 관련]

4. 전력용 CV(가교폴리에틸렌)케이블의 장·단점에 대하여 설명하시오(88-1-7)●

4-1. 응12-97-1-8. 450/750V 로 표기된 염화비닐 절연케이블의 정격전압에 대하여 설명하시오●

4-2. 응12-97-2-4. 케이블 열화진단 방법에 대하여 설명하시오●

4-3. 응13-100-2-2. 고압케이블의 활선 진단법●

4-4. 응15-106-3-1. 케이블의 열화(劣化) 현상 중에서 전기 트리잉(treeing)과 트랙킹(tracking)에 대하여 설명하시오.●

5. 고온초전도케이블의 특징과 종류를 설명하시오. (06-78-4-5)●

5-1. 초전도 전력 케이블 장점 및 특징에 대하여 기술하시오.●

[부식(전식) 관련]

6. 부식(腐蝕)현상 중에서 전식(電蝕)의 발생과 대책에 대하여 설명하시오.(08-85-25)●
7. 전식의 발생원인과 대책에 대해서 귀하가 경험한 바를 설명하시오.(05-75-3-5)

[이상전압 방지대책 관련]

8. 산화아연소자의 열폭주현상을 설명하시오. (06-78-1-3)●

9. 뇌서지 보호대책에 사용되는 뇌서지 보호장치(SPD : Surge Protective Device)의 선정방법과 적용기준, 설치방법을 설명하시오. (06-78-3-5)●

9-1. 응14-103-2-6. 서지흡수기(Surge Absorber)를 설치하는 이유와 설치위치 및 정격전류에 대하여 설명하시오.●

9-2. 응10-91-2-3. 전력계통의 전원선, 통신선 등에 발생되는 서지(surge)에 대하여 다음 각 물음에 답하시오.●
   가. 일반적인 파형을 그려서 설명하시오.
   나. 서지의 종류를 설명하시오.
   다. 전원용 서지보호기(SPD)의 선정에 대해 설명하시오.

10. 뇌서지 보호소자와 혼합형(Hybrid Circuit) 보호기에 대하여 설명하시오.(04-72-4-2)
11. 수변전설비에서 절연협조와 그 기준전압에 대해 기술하시오.(87-1-4)
12. 응13-100-3-1. 고장전류의 종류와 임피던스의 변화를 설명하시오.●

13. 응13-100-4-1. VCB의 차단성능과 차단시 이상전압 발생원인에 대하여 설명하시오.●

제10장 변전공학 (제10-6장. 축전지 관련 : 시험공부시는 생략해도 좋을 듯, 나머지는 전부다 예상문제임)

[제 10-1장. GIS 및 변압기 관련]

<< GIS >>

문1. GIS에 대하여 기술하시오.●
문2. 응15-106-1-10. 가스절연개폐장치(Gas Insulated Switching)의 종류에 대하여 설명하시오●
문3. SF6가스의 물리·화학적 성질 및 전기적 성질에 대하여 설명하시오.(08-85-1-12)●

문4. 대도시 주변이나 도심지의 변전소 등에 사용되고 있는 GIS의
    1) 기본구조 및 원리를 간단히 설명하고,
    2) 장·단점을 각각 3가지 이상 설명하시오. (07-82-1-1)

문5. GIS설비 진단기술에 대하여 설명하시오.(08-85-2-2)●
 ~1. 응14-103-3-6. GIS(Gas Insulated Switchgear)의 특징과 진단 기술을 설명하시오.
문6. 가스절연개폐장치(GIS)에서 SF6(육불화황) 가스의 수분(水分)관리에 대하여
    설명하시오(응09-88-3-4)

문7. 가스절연변전소(GIS)에 포함되는 전력기기를 쓰고, 주요 구성품과 그 기능에
    대해 설명하시오.(06-78-2-4)●

<< 변압기 >>
[변압기 절연방식, 철심 별 종류]

(유입변압기)

문8. 단권변압기의 구조와 특징에 대하여 설명하시오.(05-75-1-4)●
 ~1. 단권변압기를 2권선 변압기와 비교할 때 단권변압기의 장·단점을 설명하시오.(08-85-1-5)

 ~2. 응11-94-2-1. 초전도현상의 특성과 실제 전력용 변압기에서의 응용되는 예를 설명하시오.

(아몰퍼스 변압기, 자구미세화 변압기)

문9. 아몰퍼스(amorphous)변압기의 특성과 채용할 때 기술검토 사항에 대해 설명하시오(08-85-4-3)
문10. 최근 에너지효율 측면에서 많이 사용하는 아몰퍼스(Amorphous)변압기에
    대하여 설명하시오(88-2-4)●

문11. 자구미세화 변압기에 대하여 기술하시오●

(몰드 변압기)

문12. 우리나라에서 많이 사용하고 있는 전력용 몰드변압기의 특성과,
변압방식(직접강압 방식과 이단강압방식)의 장단점을 비교하여 설명하시오(07-82-3-2)

~1. 응10-91-4-1. 일반 몰드형 변압기, 자구미세화 적용 고효율 몰드변압기 및
아몰퍼스 몰드형 변압기를 상호 비교하여 설명하시오.●
~2. 응11-94-2-3. 몰드(Mold)변압기의 제작방법에 대하여 설명하시오.

문13. 수전변전소에서 사용되는 변압기는 그의 용도, 구조 및 냉각방식으로부터
여러 가지로 분류되는 바
1) (특)고압 수전변압기를 절연방식에 따라 4종류로 분류하여 간단히 설명하고,
2) 그 중 몰드변압기의 특징을 유입변압기와 비교표로 설명하고
3) 일반적인 변압기 기술동향, 사용시 유의사항(특히 VCB 적용 선로 등)을
간략하게 설명하시오.(08-85-2-3)●

문14. 22.9kV 수전설비의 변압기로 사용되는 몰드변압기와 관련하여 다음 사항을
기술하시오.(안전 87-4-1)
가. 몰드변압기의 특성(5가지)   나. 유입변압기와 비교할 때 장단점(각각 5가지)

(변압기의 특성 등)

문15. 단상변압기를 사용하여 3상결선을 할 때 다음 각 결선방식의 장단점을 설명하시오.
(08-85-4-4)
(1) △-△ 결선의 장단점.   (2) Y-Y 결선의 장단점
(3) △-Y 결선, Y-△ 결선의 장단점.   (4) V 결선의 장단점
~1. 응10-91-1-5. 변압기의 정격(政格)에 대하여 설명하시오.

~2. 응14-103-4-4. 수전용 자가용 변전소에서 적용하는 특고압(22.9kV/저압)변압기로서
적용이 증가되는 하이브리드 변압기의 개념과 권선법을 설명하고, 그
특성을 일반 변압기 및 저소음 고효율 변압기와 비교하여 설명하시오.●
~3. 응15-106-1-11. 변압기의 Y-Zig Zag 결선에 대하여 설명하시오●

문16. 변압기 병렬운전 시 꼭 만족해야 하는 조건과 어느 정도 만족만 하여도 되는
것에 대하여 설명하고 각각의 이유를 설명하시오.●
문17. 변압기유가 갖추어야 할 조건에 대하여 설명하시오(06-78-10)●

문18. 수변전설비에서 가장 중심이 되는 중요한 설비는 무엇이며, 그 이유는?(06-80-10)

문19. 변압기 1차측과 2차측의 %Z가 동일하게 되는 것을 설명하시오.(07-72-1-1)

문20. 변압기의 % 임피던스에 대하여 약술하시오.
~1. 변압기 선정에 있어서 %Z가 어떤 영향을 미치는가에 대하여 설명하시오.●
~2. 응13-100-1-6. 변압기의 % 임피던스에 대하여 약술하시오.

문21. 효율을 η, 변압기용량을 P, 역률을 $\cos\theta$, 부하율을 m이라 할 때, 변압기가 최고 효율이 되는 조건은? 단, 철손은 부하율에 관계없이 일정, 동손은 부하율의 제곱에 비례한다.(03-69-4-3)●

문22. 154/22.9 kV, 60MVA, 60Hz, 유입자냉식 3상 변압기를 구입할 때 필요한 시험에 대하여 기술하시오.(04-72-2-2)

문23. 변압기의 주요 소음원인에 대하여 기술하시오.(89-1-10)

문24. 자가용 변전소에 설치된 유입 변압기가 과부하 운전될 수 있는 경우를 3가지 이상 예시하고 간략하게 설명하시오.(90년25점)
~1.응10-91-3-2.국내에서 운용중인 공장설비를 상용주파수 50Hz인 동남아시아로 이전하여 변압기를 그대로 사용하려 할 때 전기적 특성에 대하여 설명하시오.●

(내진 대책)

문25. 지진 발생시 수·변전설비를 보호할 수 있는 내진대책에 대하여 기술하시오.(89-2-5)●

(접 지 공 사)

문26. 접지공사시의 주의사항과 접지공사가 생략되는 장소에 대해 기술하시오.(87-3-3)
가. 접지공사시의 주의사항(4가지)/ 나. 접지공사가 생략되는 장소(5가지)

문26-1. 접지공법에서 물리적 방법 및 화학적방법에 대하여 간략히 기술하시오●
-2. 접지저항 저감방법에 대하여 기술하시오(06-80-25)
-3. 응13-100-2-5. 접지공법에서 물리적 방법 및 화학적방법에 대하여 기술하시오.
~4. 응12-97-4-3 전위강하법을 이용한 접지저항 측정방식에 대하여 설명하시오.●
~5. 응15-106-1-3. 접지설계시 보폭전압 및 접촉전압이 감전방지 한계치보다 높을 경우 전위경도 완화대책에 대하여 설명하시오.●

[제 10-2장. 차단기 관련]

문27. 차단기의 정격 선정시 고려해야 할 사항 중 정격전압, 정격전류, 정격차단전류, 정격차단시간에 대해 설명하시오. (전기 응용 07-82-1-9) (06-80-10)●
 -1. 전력용차단기의 정격전류, 정격차단전류, 정격차단시간에 대해 설명하시오.(72-10.87-3-1)
 -2. 차단기의 1) 정격전류,   2) 정격 단시간 전류   3) 정격차단시간
            4) 정격재극시간   5) 정격투입 조작전압 (발송 81회-25점)●

문28. 전기기기의 정격이란 무엇이며, 어떠한 종류가 있는 가 (02-66-1-1)
~28-1. 응15-106-1-7. 전력용차단기(CB)의 정격구분에 대하여 설명하시오

문29. 과전류와 과부하전류의 차이를 설명하시오. (06-78-1-2)

문30. 한전계통에서 사용되는 고압차단기의 동작책무와 관련하여 아래사항에 대해 기술하시오.(87-2-3)●
        가. 동작책무를 규정하는 이유
        나. 동작책무의 표기법 및 기호의 의미
        다. 고속도 재투입용 차단기의 표준 동작책무
~1.응11-94-4-5. 차단기 선정 시 고려할 사항 및 동작책무에 대하여 설명하시오.

문31. 차단기의 TRIP FREE와 반복투입 방지(Anti-pumping)회로를 설명하시오.●
                            (안전08-87-1-1)   (응용 75-1-5)
 -1. 차단기가 가져야 할 기능 중 트립자유(Trip free)와 반복투입방지(Anti pumping) 기능에 대하여 설명하시오.(05-75-1-5)

문32. 변압기 보호용 전력퓨즈에 대하여 논하시오.(02-66-25. 03-71-25)

문33. 전력퓨즈에 대하여 기술하시오 (장단점은 10점) (안87-1-6)

문34. 자가용 수변전 설비에서 사용되는 고압차단기를
        1) 소호방식에 따라 분류하고 소호원리를 간단히 설명하시오.
        2) 특징 및 적용시 유의사항을 설명하시오. (08-85-3-4)

문35. 산업안전기준에 관한 규칙 제343조에 따르면, 고압 또는 특별고압의 단로기 (D.S) 또는 선로개폐기(L·S)를 개·폐로 하는 때에는 당해 전로가 무부하임을 확인하도록 하는 등의 조치를 요구하고 있다. (03-72-3-3)
        그 이유를 단로기/선로개폐기, 부하개폐기, 차단기의 특성 차이점을 기준으로 설명하시오.

문36. 전기단선도 작성시 단락용량 계산의 목적, 종류 및 방법에 대하여 기술하시오(01-65-25)

문37. 대전류 차단현상에 대하여 설명하시오.(04-72-3-6)

문38. 전력계통의 규모가 확대됨에 따라 수요급증에 따른 발전기, 송변전설비의 증가로
    인하여 계통의 고장시 단락전류가 증가하는 문제가 심각해지고 있다.
    이는 고장전류를 차단하여 사고파급을 최소화하기 위한 대책방안들을 요구하고 있다.
    송전계통, 단락전류 계산 원리와 단락전류 저감을 위한 계통구성 및 설비차원에서의
    대책방안을 기술하고, 장단점을 아울러 기술하시오(80-25점)●

문39. 대형 건축물의 수전변전소에 3상변압기(용량 30KVA, 3상, 154/6.9kV, %X=6%, R=0)
    2차 측에 주 차단기 (정격 40KA, sym rms, 1 sec)가 설치되어 있다. 차단기에
    설치된 변류기(100/5A, C200)에는 순시과전류계전기(CT2차전류 100A에 정정)와
    강반한시 과전류 계전기 (CT 2차전류 40A 1초에 동작하도록 정정)가 연결되어 있다.
    CT 2차 측 전선은 0.1[Ω/m], 왕복거리 20 m 이다.
    순시/한시 과전류 계전기의 총 임피던스는 2Ω이다.
    고장 직전의 변압기 2차측 전압은 6.9 kV이고 154kV 수전 전원 측의
    고장용량은 3000 MVA (X/R=무한대)이다
    2차측 모선에 발생한 3상 단락고장전류를 차단기가 성공적으로 차단 가능한지
    여부를 다음 2단계를 통해서 판별하시오●
    (1) 차단기의 차단용량의 적정여부 확인
    (2) 순시 및 한시 과전류 계전기의 동작여부

[제 10-3장. 열화관련]

문40. 전기절연재료의 열화(성능저하) 요인을 약술하시오.(05-75-4-6)(13-100-1-12)●
 -1. 전력용 전기기기에 사용되는 절연물의 열화원인 5가지 이상을 들고 설명하시오(07-81-25)
 -2. 절연재료의 열화원인을 외부로부터 받는 요인에 따라 분류하고 각각에 대하여
     설명하시오.(06-78-25)(05-75-25)
문40-3. 전기절연재료의 부분 방전 열화 현상에 대하여 설명하시오.(08-85-1-6)
문41. 변압기의 열화(劣化) 요인에 대하여 기술하시오(09-88-1-6)●
 -1. 전력용 변압기의 경년열화에 대해 설명하고 그 원인 9가지를 쓰시오.(발09-89-1-12)
 -2. 응14-103-3-1. 유입변압기 열화 원인에 대하여 설명하시오.

문42. 절연전선의 절연열화 원인 4가지를 기술하시오.(04-74-10)

문43. 교류전기기기의 절연진단을 위한 내전압 시험방법에 관하여 설명하시오.(05-75-25)

문44. 변압기 사고를 미연에 방지하기 위하여 현재 많이 이용되고 있는 변압기 진단
     기술 4가지를 열거하고 설명하시오. (03-69-4-5)●
 -1. 전력설비 중 변압기의 유지보수는 전력공급의 안정도 및 신뢰도 측면에서
     중요하다. 변압기사고를 사전에 방지(on-line) 하기 위한 방법? (발송 53회)
 -2. 변압기의 이상 상태를 진단하는 여러 가지 기법 가운데, 절연유에 용해되어
     있는 가스를 분석하는 기법인 "유중가스분석기법"의 활용이 확대되고 있다.
     분석가스에 따른 이상상태의 종류와 고장발생 유형에 대해 기술하시오.(발72회)
 -3. 변압기의 예방보전활동 중 변압기 열화진단 방법에 대하여 설명하시오.(05-75-2-5)

문44-4.응14-103-2-3. 전력용 변압기의 내부 이상 검출을 위한 방법 중 예방보전 최신
     기술에 대하여 설명하시오.●

문44-5.응11-94-1-9. TBM(Time Based Maintenance) 및 CBM(Condition Based
     Maintenance)에 대하여 설명하시오.●

문45. 전기기기의 권선 등 도전부에 적용되는 절연물에서 절연의 종류, 허용최고
     온도 및 주요재료를 간단히 설명하시오(09-88-1-5)●
 -1. 전기절연 재료에 있어 절연불량의 주요 요인을 간단히 설명하고,
     절연물의 절연계급에 따라 구분 설명하시오
 ~2. 응10-91-3-1. 전기기기에 적용되는 절연계급을 허용온도에 따라 설명하고
     적용되는 기기에 대하여 설명하시오.
 ~3. 전기절연재료와 전기절연재료의 내열성 등급에 대하여 설명하시오(92-1-1)(최초 문2-1.)

 ~4. 전기절연재료 중 기체재료에 대하여 설명하시오.(05-75-3-2)(최초 문2)
문46. 전력용 콘덴서 절연성능에 대한 진단법에 대하여 기술하시오
문46-1. 응13-100-1-5. IEC-529에 의한 외함 보호등급(IP)과 표기방법을 설명하시오.●

[제 10-4장. 보호협조 관련]

문47. 유도원판형 과전류계전기의 레버(Lever)와 탭에 대하여 설명하시오.(05-75-1-3)

문48. 과전류계전기(OCR)의 탭 변경시 유의 사항을 기술하시오(02-66-1-13)●

문49. 과전류계전기 한시특성의 종류를 열거하고 각각에 대하여 설명하시오.(발09-89-1-11.)
~49-1. 응13-100-1-9. 과전류계전기 한시특성에 대하여 설명하시오.●

문50. 보호계전기에서 과전류 차단시 순시·한시·정시가 있다. 이 의미 및 왜 이러한
    구분이 필요한가를 설명하시오. (02-66-3-3)

문51. 전력용 변압기의 과전류 보호계전기의 정정(整定)기준에 대하여 설명하라(90년25점)

문51-1. 대용량변압기의 여자돌입전류의 발생원인과 발생 및 영향과 대책을 기술하시오.●

문52. 전력계통을 보호하는 보호계전기를 용도(기능)상으로 분류하고 보호계전기의
    구비조건에 대하여 설명하시오.(08-86-25)●

문53. 보호계전기의 동작상태에서 정부동작과 오부동작을 설명하고 그 대책을
    제시하시오.(07-83-10)
  -1. 아래 그림에서 A점 사고시 계전기의 정부동작과, 오부동작에 대한 용어를 기술하시오

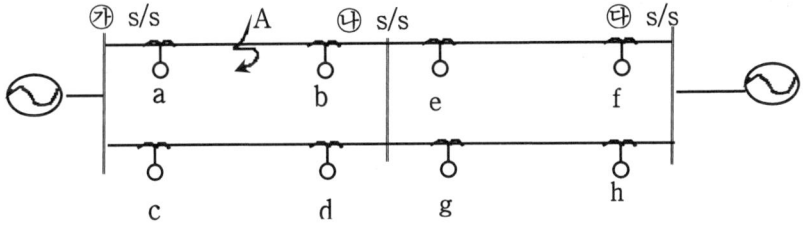

문54. 선로의 보호 협조는 효율적인 보호를 위해서 매우 중요하다.
    다음 배전 보호장치 설치시의 기본적인 고려사항을 =, ≤, ≥, <, >로서
    "( )" 부위에 표시하고 그 사유를 설명 하시오.
    1) 배전계통의 BIL   ( )   보호장치의 BIL
    2) 배전계통의 전압   ( )   보호장치의 정격전압
    3) 보호장치의 정격전류   ( )   보호장치 설치점 최대부하전류
    4) 보호장치의 최소동작전류 ( )   보호장치 보호구간 최소고장전류
    5) 보호장치의 최대차단정격전류 ( ) 보호장치 보호구간 최대고장전류

문55. 전력계통에서 사고제거를 주목적으로 한 보호계전방식의 주보호 방식과
    후비보호계전방식에 대하여 설명하시오.●
  -1. 전력계통 보호시스템에서 후비보호에 대해 설명하시오.(04-72-10)

56. 변전소의 주요 기기중 하나인 주변압기와 모선의 보호방식을 설명하시오.(90년.25점)●

문57. 전력용(특별고압수전용)변압기의 고장원인 및 예방대책과 그 보호장치를 기술하시오.
(단, 용량 5000kVA, 5000kVA~10000kVA, 10000kVA 이상 각각 기술)(08-84-25)●

문58. 변압기의 전기적 보호 장치에는 과전류계전기, 비율차동계전기를 들 수 있다.
변압기의 기계적 보호 장치에 대하여 종류를 들고 설명하시오.(09-88-3-6)

문59. 상결선이 D_{yn}인 변압기보호를 위해 사용하는 기계식 비율차동계전방식의 변류기 결선도를 그리고, 계전기의 동작원리와 적용 시 유의사항에 대하여 설명하시오.(발89-2-6)●

문60. 전기설비의 지락보호에 대하여 논하시오.(안전69회-25)
 -1. 배전용 변전소 22.9/3.3[kV], 3상4선식 다중접지식 급전선 1회선과 비접지식 1회선이 각기 단독 변압기 뱅크로부터 인출되고 있다.
 이에 대한 접지보호방식에 대하여 자세하게 기술하라(발송17회-25점)

문61. 변압기 권선의 지락보호 방법에 대하여 기술하시오.(04-72-25)

문62. 수전용변압기의 보호장치와 고장원인 및 점검방법, 예방대책에 관하여 기술하시오(02-69-25)

문63. 사용 중인 변압기의 고장원인과 변압기보호계전방식에 대하여 설명하시오.(08-86-25)
 -1. 변압기 내부보호방식에 대해 설명하시오(99년10점)
 -2. 특별고압 수전용변압기와 관련하여 다음 사항을 상세하게 설명하시오.(97년25점)
  가. 전기설비 기술 기준에서 정하는 보호장치 설치기준(10점)
  나. 변압기의 고장원인과 그 예방대책(15점)

문64. 고압이상의 수전설비에서 주차단장치의 종류에 의한 보호협조 방식을 3가지로 대별하고, PF-CB형의 보호협조를 설명하시오.(02-66-25)

문65. 전력계통의 지락 과전압 계전기의 동작을 위한 영상전압 검출에 대하여 다음을 설명하시오.(01-63-25)
  가) 검출방법의 종류   나) 계기용 변압기의 접속방법 및 검출원리

문66. 영상전압을 검출하기 위한 방법에 대하여 기술하시오.
 -1. CLR에 대하여도 논하시오
 -2.응10-91-1-2. GPT(접지변성기) 2차 측에 결선하는 전류제한 저항기(CLR)에 대하여 설명하시오.●
 -3.응13-100-1-2. 한상이 완전 지락시 GPT에 연결된 CLR에 걸리는 전압? ●

문67. 저압회로의 캐스케이드(Cascade) 보호협조 적용이유와 보호협조 조건에 대하여 설명하시오.(발08-85-2-5) (응99년-10점)

문68. 최근 자가용 전기설비의 보호계전기 시스템으로 사용 중인 디지털보호계전기 (Digital Protective Relay)를 기존의 유도형 및 정지형 보호계전기 방식과 비교하여 설명하시오. (07-81-25)●

~68-1. 응15-106-3-2. 보호계전기의 신뢰도 향상방법과 정지형(static type) 및
 디지털(digital type)계전기에 대하여 설명하시오.

문69. 22.9[kV-y] 배전선로에 자동고장구분 개폐기(ASS: Automatic Section Switch)를
 설치하는 이유를 설명하시오.(88-1-13)

문70. 최근 공공 및 대형 시설에 많이 적용되고 있는 전자화 배전반에 대하여
 핵심 되는 디지털형 집중표시감시제어장치를 중심으로
 1) 개요(구성/기능/종류)를 간단히 설명하고,
 2) 주요특징을 설명하시오.   (07-82-1-13) ●

[제10-5장. 변성기 관련]

문71. 계기용변류기의 특성, 접속방법 및 종류, 특성향상 방안에 대하여 설명하시오(08-85-3-5)
 -1. 변류기의 열적 기계적 과전류강도에 대하여 설명하시오(07-83-25)

문72. 계측용 및 계전기용 변류기의 특성 차이에 대하여 설명하시오(02-72-10)

문73. 계기용 변류기(CT)의 과전류 정수에 대하여 설명하시오.(05-75-1-11) ●
 -1. 변류기(CT)의 과전류정수를 설명하고 과전류정수의 종류를 제시하시오.(06-80-10)
 ~2.응15-106-1-2. 변전소에 설치하는 계기용 변류기(CT)의 과도특성에 대하여 설명하시오

문74. CT의 과전류정수와 과전류강도, 부담에 대하여 기술하시오.(00-25. 02-25)
 ~1.응14-103-1-5. 변류기(CT)의 과전류정수(Over current Constant) 및 부담(Burden),
 CT의 과전류정수와 부담과의 관계에 대하여 설명하시오.

문75. 변류기에 대하여 다음을 설명하시오. (03-69-25)
    가. 부담(5점)   나. 과전류 정수(10점)
    다. 2차측에 부하를 접속하지 않으면 단락하는 이유(10점)

문76. 보정과 오차를 설명하시오.(03-69-1-7)

문77. 회로에 흐르는 전류를 측정할 수 있는 소자 및 원리를 설명하시오(02-66-1-1)
         (직접식, 간접식으로 구분)

문78. 정격이 161[kV]:115[V]인 PT를 개방 삼각결선 (Open delta connection)으로
 그림과 같은 극성으로 연결되었을 때 PT 2차측 전압 V_{AB}, V_{BC}, V_{CA} 를
 각각 구하시오.(08-85-1-2)(단, PT 1차전압 $V_{RS} = 154,000 \angle 0°$ [V],
 $V_{ST} = 154,000 \angle -120°$ [V], $V_{TR} = 154,000 \angle 120°$ [V] 이다.)

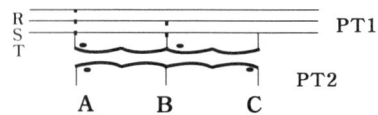

문78-1. 아래 그림과 같이 결선된 CT의 3상 평형회로에서 전류계가 10[A]를
　　　　지시하였다. CT의 변류비가 40인 경우 선로의 전류는 몇 [A] 인지 구하시오●

문79. 계기용변압기(PT)의 접속 종류 및 방법에 대하여 접속도를 그리고 설명하시오(09-88-4-4)

　　　　　　　[제10-6장. 축전지 관련] : 시험 공부시는 생략해도 좋을 듯
문80. 연축전지의 설페이션(Sulphation)현상을 설명하시오. (06-78-1-1)
문81. 연 축전지를 구조, 양극, 음극, 격리판, 전해액, 특성, 최근경향 등으로 나누어
　　　간략히 기술하시오.(03-69-3-2)
문82. 전기자동차용 축전지의 충전방식으로 사용되고 있는 정전류·정전압 충전방식과
　　　계단충전 방식에 대하여 설명하시오.(04-72-4-4)
문83. 소방시설용 축전지설비의 종류를 들고 그에 따른 충전방식 중 5가지를
　　　나열하고 설명하시오.
　　　-1. 축전지 설비의 충전방식의 종류 및 각 종류별 특징을 설명하시오(전기78/2/5)

문84. 축전지 용량계산의 중심이 되는 k정수 시간을 결정하는 요소를 기술하시오
문85. 전기실 정류기반 설계 시 축전지 용량 산출방법에 대하여 설명하시오
문86. 비상전원중 축전지설비의 종류, 구조, 충전장치,충전방식 등에 대하여 기술하시오(08-84-25)

　　　　　　　　　[제10-7장. 콘덴서 관련]
문87. 고압전동기 및 특고압 진상용 콘덴서의 시설방법 및 주의사항에 대하여
　　　　논하시오. (01-63-2-4)

문88. 특고압 변전소의 조상용 콘덴서 회로의 개폐특징을 들고, 선정 시 고려할
　　　　사항을 논하시오.(응08-88회-25점) ●
~1.응09-88-3-5. 진상용 콘덴서를 투입할 때와 개방할 때 나타나는 현상과 대책을 설명하시오.
~2.응13-100-1-4. 조상용 콘덴서 조작용 차단기의 선정시 고려사항?

~3.응13-100-4-4. 직렬리액터 설치시 콘덴서의 단자전압과의 관계에 대하여 설명하시오●
~4.응12-97-2-3. 역율개선용 전력용콘덴서의 전압파형 개선을 위하여 설치하는 직렬리액터의
　　　　　용량에 따른 콘덴서 단자전압과 고조파에 대한 영향을 설명하시오●
문89. 전력용 콘덴서의 설치효과와 과보상시의 문제점을 설명하시오.(08-86-10)●
문90. 전력용 콘덴서의 시험종류와 그 방법에 대해서 논하시오.(05-75-25)
문91.응15-106-1-13. 어떤 코일에 단상 100 V의 전압을 인가하면 20 A의 전류가 흐르고
　　　　　1.5kW의 전력을 소비한다. 이 코일과 병렬로 콘덴서를 접속하여
　　　　　　　합성역률이 1이 되기 위한 용량리액턴스를 구하시오.

문92. 응10-91-4-4. 전동기 등의 유도성부하에 의해 저하되는 역률을 보상하기 위해 사용되는 진상용 콘덴서의 역률개선 효과를 전력공급자의 측면과 수용가 측면에서 각각 설명하고, 부하의 유효전력이 P[kW]인 경우 역률개선 실현하기 위하여 필요한 콘덴서의 용량Q[kVA]를 산정하시오(단, 개선 전후의 역률을 각각 $\cos\theta_1$, $\cos\theta_2$)●

제 11 장. 배 전 공 학 (모두 주요한 것으로 모조리 숙달요함)

[11-1. 누전 차단기]

문1. 누전 차단기가 필요한 이유 및 기본동작 원리를 설명하시오. (응02-66-1-1)

문2. 1) 누전차단기의 설치목적을 설명하고, 2) 욕실 등 인체가 물에 젖어있는 상태에서 물을 사용하는 장소에 콘센트를 시설하는 경우에 적합한 누전차단기에 대하여 설명하시오. (07-82-1-10)

[11-2. 감리관련]

문3. 국토해양부 고시 2008-872(2008.12.31)호 제37조에 정하고 있는 감리원의 검측업무 중 다음 사항에 대해 기술하시오.(87-2-5)
    가. 체크리스트의 작성·제공 목적
    나. 검측절차(가능한 블록도로 표기)

문4. 공사감리(工事監理) 시에 전력기술 관리법에 따른 다음 사항을 설명하시오 (09-88-4-3)
    1) 감리원의 업무내용
    2) 책임감리원이 작성하여 발주자에 제출하여야 하는 보고서의 종류 및 보고서의 내용 ●

~1.응10-91-4-6. 전력시설물공사감리(工事監理)시에 전력기술법에 따른 공사 시공단계의 감리원의 업무내용을 아래 5항목 중 2개를 선택하여 설명하시오.●
    (1)품질관리   (2)시공관리   (3)공정관리
    (4)안전 및 환경관리   (5)설계변경

~2.응11-94-3-4. 전력시설물의 설치, 보수공사의 품질확보 및 향상을 위하여 공사감리을 발주한다. 전력기술관리법상의 감리원의 업무범위, 감리대상 및 제외대상에 대하여 설명하시오.●

~3.응12-97-1-12. 전력시설물 공사감리 시 전력기술관리법 시행령 제23조에서 정한 감리원의 업무범위에 대하여 10가지이상을 나열하고 설명하시오

~4.응14-103-3-4. 최근 건축물 또는 시설물 프로젝트 등에서 적용하는 VE(Value Engineering)에 대하여 1)정의 2)특징 3)적용대상 4)추진단계 5)시행효과에 대하여 설명하시오.

[11-3. 전 기 회 로]

문5. 변경 전 회로에서 5[Ω] 일 때 8[A]의 전류가 흐르고 있는 회로에서 외부저항을 15[Ω]으로 변경하였더니 4[A]의 전류가 흘렀다.
이 회로의 E는 얼마인가?(05-75-1-13)

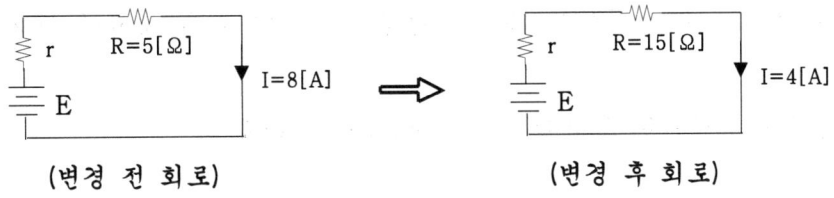

(변경 전 회로)   (변경 후 회로)

문6. 다음 그림과 같은 회로에서 S/W on/off시 발생되는 문제점을 설명하고 해결 방법을 쓰시오. (02-66-2-3)(발송09-89회 25점)

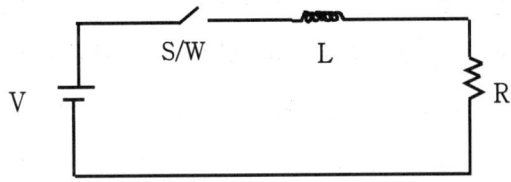

~1.응12-97-1-13. 다음 그림과 같은 회로의 단자 ab간의 전압을 밀만의 정리를 이용하여 구하시오

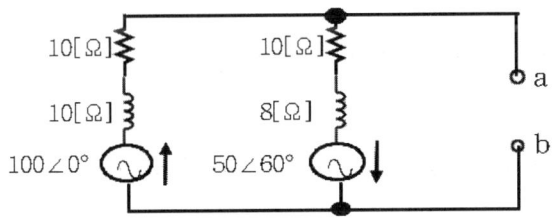

[11-4. 전기품질]

문7. 플리커의 발생원인, 기준, 영향과 크기 및 대책에 대하여 기술하시오.
~1. 응13-100-3-2. 플리커의 정의 및 경감대책에 대하여 기술하시오.●

문8. 비선형 부하 발생시 중성선의 과부하 현상 및 역률저하에 대하여 기술하시오

문9. 능동필터와 수동필터의 특징을 비교하시오.(04-72-4-3)

문10. 교류회로에서 역률이란 무엇이며, 어떤 영향을 미치는 가? (02-66-1-1)

문11. ●
1) 근래 전력계통에서 전력품질 문제가 중요하게 인식되고 있으며, 그중 고조파의 영향이 점차로 증대되고 있는 실정이다. 어떤 배전계통에서 고조파를 측정한 결과 각 조파의 스펙트럼이 다음 표와 같이 측정되었다.
최대부하전류가 100[A]인 경우 TDD(Total Demand Distortion)를 구하라
[표. 측정된 조파에 따른 스펙트럼]

조파	0	1	2	3	4	5	6	7	8	9	10	11
Ampere (RMS)	0	50	0	43	0	29	0	18	0	10	0	3

2) THD와 EDC의 정의 및 그 기준을 설명하시오

문12. 전력계통에서 고조파의 발생원인, 영향, 대책에 대해 설명하시오(09-88-2-6)●

문13. 서지억제를 위한 회로 및 부품의 종류, 구조 및 특성에 대하여 논하시오(01-63-2-5)

문14. 단상전원에 적용되는 라인필터(line filter)의 내부구조와 원리에 대해 설명하시오
(07-82-4-4)

[11-4-1. U P S 및 전기품질 향상장치]

문15. 회전형UPS(Uninterruptible Power Supply system)와 정지형 UPS의 원리와
    구조 및 특성을 설명하시오.(응용05-75-4-2)
 -1. 공간과 성능면에서 다이내믹UPS와 정지형UPS를 비교 설명하시오.(건01-66-1-8)

문16. 전원을 안정적으로 공급하기 위한 무정전전원설비(UPS)의 기본 구성, 동작방식에
    따른 장점 및 단점, 무정전전원설비 선정시 고려 사항에 대하여 설명하시오
    (07-82-3-1)

문17. 부하에 전류를 공급하는 방식에 따른 온라인(On-Line)과 오프라인(Off-Line)
    방식의 UPS 회로구성과 특징에 대하여 설명하시오.(응08-85-2-6)●
 -1. On-Line UPS와 Off-Line UPS의 동작특성을 설명하시오(건 02-63-4-2)
 -2. 응14-103-2-4. 무정전 전원장치(UPS)의 On-Line 방식과 Off-Line 방식의 동작특성을
       설명하시오.

문18. 무정전 전원 장치(UPS)설비의 2차회로의 단락 및 지락사고 보호에 대하여 기술하시오.●
                              (건축전 기출문답)
 -1. 응11-94-4-1. 무정전 전원설비(UPS)의 2차 회로의 단락보호에 대하여 설명하시오.

 -2. 응12-97-1-3. 사이리스터식UPS와 비상용디젤발전기를 동시에 병렬운전하여 전기부하에
       전력공급할 때 예상되는 문제점과 대처방안에 대하여 설명하시오●

문19. 전원 교란의 원인, 영향, 대책에 대하여 기술하시오.

문20. 전력품질 개선을 위한 CUSTOM POWER기기의 필요성과 종류별 특징에
    대하여 기술하시오.●
 ~1. 응13-100-1-3. 순시전압강하의 원인과 대책을 설명하시오.●

 ~2. 응15-106-1-9. 제어 전원 측 Sag대책으로 설치하는 DPI(Voltage-Dip Proofing
       Inverters)의 구성 및 동작원리에 대하여 설명하시오.●

[11-5. 옥내 접지방식, 옥내 계량장치, 저압기기]

문21. 저압배전계통의 IEC 접지방식에 대하여 기술하시오. ●

문22. 국제전기기술위원회(IEC)에서의 전력계통 TN, TT, IT방식의 특징과 감전방지 대책에 대하여 계통별로 도시하여 설명하시오. 건축전기(08-83-4-1)

 -1. KSC IEC 60364-3 규격의 배전계통접지방식 중 TT방식과 TN방식에 대하여 설명하시오. (발08-83-4-1)

 -2. KS C IEC 60364-2-21(2002)에서 규정하고 있는 접지계통에 대한 다음 사항을 기술하시오.(안07-80-2-2)

　　　가. 접지계통의 종류.　　나. 우리나라에서 채택하고 있는 접지계통의 개요도

문23. 배전선을 이용한 PLC(Power Line Communication)에 대하여 기술하시오
　　　(이 문제는 6장에도 있음==> 6장 문제를 우선하여 공부할 것)

문24. 응14-103-4-3. 배선용저압차단기(MCCB)의 특징, 시설개소, 단락보호 협조방식에 대하여 설명하시오.

문25. 응15-106-2-5. ATS(Automatic Transfer Switch)와 CTTS(Closed Transition Transfer Switch)의 특징 및 차이점에 대하여 설명하시오.●

제12-1장. 조명공학 기초

문1. 조명공학에 있어 각종 측광량에 단위의 개념을 기술하시오

 -1. 완전 확산면으로 되어 있는 밀폐 구내에 광원을 두었을 때 그 면의 확산조도는 구의 지름과 어떤 관계를 갖는지 설명하시오(01-63-4-6)
 -2. 완전확산면에서 휘도 B, 광속발산도를 R이라고 할 때 $R=\pi B$됨을 증명하시오. (06-78-1-8)
 -3. 응14-103-1-4. 휘도가 $B[cd/m^2]$인 무한대의 한 평면이 있다. 이것과 일정한 거리에서 평행한 평면의 조도 $E[lx]$를 구하시오.
 -4. 조명광원의 특징을 나타내는 측광량 중 휘도(Brightness)에 대하여 설명하시오.
  10-91-1-6.

 -5. 광속발산도와 휘도 및 조도의 관계를 설명하시오

 -6. 조도계산에 적용되는 입사각 여현의 법칙에 대하여 간단히 설명하시오

 -7. 실내에서의 평균조도의 정의와 계산식에 대하여 설명하시오.(10-91-2-4)

문2. 색온도(color temperature)에 대해 설명하시오. (07-82-1-2)

 2-1. 광원의 색온도(Color Temperature) 결정방법과 조도와의 관계에 대하여 설명하시오.(건10-92-2-3)

 2-2. 응15-106-3-5.광원의 연색성(Color Rendition)평가와 연색성이 물체에 미치는 영향에 대하여 설명하시오.

문3. 시감도 및 비시감도에 대하여 설명하시오.(01-63-1-11)

문4. 퍼킨제 효과(Purkinje -effect)를 설명하시오(09-88-1-11)

문4-1. 조명에 대한 순응(Adaptation) 및 퍼킨제 효과에 대하여 기술하시오.

문5. 물체의 보임을 좌우하는 조건?(조명의 5대 요소) (03-69-1-1)
 -1. 명시론에서 물체의 보임 요소에 대하여 설명하시오(09-88-1-9)

문6. 좋은 조명의 조건에 대해 설명하시오. (02-66-1-1)
 -1. 응15-106-4-6. 좋은 조명요건에 대하여 설명하시오.

문7. PSALI(Permanent Supplementary Artificial Lighting in Interiors)를
     간단히 설명하시오. (06-78-1-11)

문8. 눈부심의 원인, 영향, 대책에 대하여 설명하시오(09-88-4-5)
문8-1. 건축물의 조명설계시 눈부심 방지대책에 대하여 설명하시오.
(건10-91-1-12)
문9. 눈부심을 설명하는 불쾌글래어와 불능글래어를 비교 설명하시오.(06-78-3-6)
 -1. 응14-103-1-11. 조명설계시 눈부심을 좌우하는 요소와 억제대책에 대하여 설명하시오.

문10. 균제도에 대하여 설명하시오
 -1. 조명률에 대하여 기술하시오

문11. 페닝효과 설명하시오(03-69-1-2)

문12. 불꽃방전에 관한 파센의 법칙을 설명하시오

문13. 방전관에서의 방전의 종류에 대하여 기술하시오. 또 타운젠트방전이란?

문14. 방전등의 점등원리를 1)전자방출, 2)기체의 전리(電離), 3)방전개시로
      나누어 설명하시오.(09-88-2-1)
 -1. 방전램프의 방전특성에 대하여 논하시오.(01-63-3-2)
 -2. 방전(discharge)현상을 응용한 광원(光源)의 원리를 기술하시오.
     (07-82-4-6)

문15. 유지율(보수율) / 감광보상률에 대하여 기술하시오.

문15-1. 실내 조명설비에 있어서 LLF(Light Loss Factor)에 대하여 설명하시오.(건10-92-1-1)

15-2. 응15-106-1-8. 다음 용어를 기호와 단위가 포함된 내용으로 설명하시오
              (광속, 광효율, 광도, 조도, 조도 균제도, 광속유지율)

문16. 조명설계에 있어 방지수와 조명률에 대하여 기술하시오

문17. 조명의 질이 작업능률에 미치는 영향에 대하여 설명하시오(10-91-1-11)

** 제12-1장. 조명공학 기초 중 예상 문항 **

문1. 조명공학에 있어 각종 측광량에 단위의 개념을 기술하시오●
 -1. 완전 확산면으로 되어 있는 밀폐 구내에 광원을 두었을 때 그 면의 확산조도는
    구의 지름과 어떤 관계를 갖는지 설명하시오(01-63-4-6)
 -2. 완전확산면에서 휘도 B, 광속발산도를 R이라고 할 때 R=πB됨을 증명하시오 (06-78-1-8)
 -3. 휘도가 B[cd/m²]인 무한대의 한 평면이 있다. 이것과 일정한 거리에서
    평행한 평면의 조도 E[lx]를 구하시오.(응14-103-1-4)
 -4. 조명광원의 특징을 나타내는 측광량 중 휘도(Brightness)에 대하여 설명하시오(10-91-1-6)
 -5. 광속발산도와 휘도 및 조도의 관계를 설명하시오●
 -6. 조도계산에 적용되는 입사각 여현의 법칙에 대하여 간단히 설명하시오●
 -7. 실내에서의 평균조도의 정의와 계산식에 대하여 설명하시오.(10-91-2-4)●

2-1. 광원의 색온도(Color Temperature) 결정방법과 조도와의 관계에 대하여
    설명하시오.(건10-92-2-3)●
2-2. 광원의 연색성(Color Rendition)평가와 연색성이 물체에 미치는 영향에 대하여
    설명하시오. (응15-106-3-5)●
문3. 시감도 및 비시감도에 대하여 설명하시오.(01-63-1-11)

문4-1. 조명에 대한 순응(Adaptation) 및 퍼킨제 효과에 대하여 기술하시오.●

5-1. 명시론에서 물체의 보임 요소에 대하여 설명하시오(09-88-1-9)

6-1. 좋은 조명요건에 대하여 설명하시오.(응15-106-4-6)

문8. 눈부심의 원인, 영향, 대책에 대하여 설명하시오(09-88-4-5)●
문11. 페닝효과 설명하시오(03-69-1-2)●

문12. 불꽃방전에 관한 파센의 법칙을 설명하시오
문14. 방전등의 점등원리를 1)전자방출, 2)기체의 전리(電離), 3)방전개시로
    나누어 설명하시오.(09-88-2-1)●
 -1. 방전램프의 방전특성에 대하여 논하시오.(01-63-3-2)
 -2. 방전(discharge)현상을 응용한 광원(光源)의 원리를 기술하시오.(07-82-4-6)
문15-1. 실내 조명설비에 있어서 LLF(Light Loss Factor)에 대하여 설명하시오.(건10-92-1-1)
 15-2. 다음 용어를 기호와 단위가 포함된 내용으로 설명하시오(응15-106-1-8)●
       (광속, 광효율, 광도, 조도, 조도 균제도, 광속유지율)
문16. 조명설계에 있어 방지수와 조명률에 대하여 기술하시오●
문17. 조명의 질이 작업능률에 미치는 영향에 대하여 설명하시오(10-91-1-11)

[12-2-1. 온도방사]

문1. 백열전구의 경제적 점등전압에 대해서 기술하시오.(04-72-3-5)
　　단, 전구의 광속, 전력, 수명에 관한 특성은 다음과 같다.

문2. 할로겐(Halogen) 램프에 대하여 다음 주제를 설명하시오.(03-69-4-1)
　　(할로겐 재생 사이클, 적외선 반사막응용 할로겐 램프)

[12-2-2. 루미네슨스]

문3. 파이로 루미네선스란 무엇이며 응용분야를 설명하시오. (01-63-1-2)

-1. 응13-100-1-1. 온도방사와 루미네센스? (10점이면 간단히 요약하여 1페이지로 할 것)

[12-2-3. 형광등]

문4. 형광 방전등의 효율을 온도와 관련지어 설명하시오.(01-63-1-3)

문5. 형광등을 사용함에 따라서 광속이 감소하는 원인을 쓰시오.(04-72-1-7)

문6. 냉음극형광램프(CCFL)와 외부전극형광램프(EEFL)의 구조, 원리, 동작 등을
　　비교 설명하시오
　-1. C.C.F.L 형광등의 구조, 특성 및 용도를 설명하시오.(04-72-1-1)

　-2. 응11-94-1-6. 외부전극형광램프(EFFL: External Electrode Fluorescent Lamp)에
　　　대하여 설명하시오.

문7. 형광램프의 종류와 특징에 대해 기술하고, 전자식안정기의 원리를 설명하시오.(07-82-4-5)

7-1. 형광등 안정기의 최근 동향에 대하여 설명하시오.(건10-92-1-11)

문8. 방전램프에서 안정기(Ballast)가 필요한 이유를 설명하시오.(05-75-1-6)

[12-2-4. E.L램프와 CNT 광원]

문9. E.L 램프의 종류, 구조 및 특징을 설명하시오.(01-63-1-12)

문10. 탄소 나노 튜브(CNT ; carbon nano tube)에 대하여 기술하시오
　-1. 응15-106-3-6. CNT(Carbon Nano Tube)광원에 대하여 설명하시오.

[12-2-5. 무전극 램프]

문11. 무전극램프의 구동원리와 특징 및 시스템의 구성에 대해서 설명하시오.(08-85-2-4)

문12. 무전극 형광램프의 원리와 특징을 설명하시오.(05-75-4-3)

문13. 무전극 형광등 시스템의 구조, 동작원리 및 특징을 설명하시오.(04-72-4-6)

[12-2-6. L E D]

문14. LED(Lighting Emitting Diode)광원의 기본원리와 최근동향을 설명하시오.(05-75-2-2)

문15. 최근 현장에 널리 사용되고 있는 LED(Light Emitting Diode) 램프의 발광원리와 특징, 사용용도에 대하여 설명하시오.(08-85-1-8)

-1. 에너지 절약효과가 뛰어난 LED(Light Emitting Diode) 광원의 특성과 조명시스템의 설계 시 고려할 사항 및 형광램프와 비교하여 효과적인 조명제어가 가능한 이유를 설명하시오.

문15-2. LED는 에너지 절감과 친환경적인 장점으로 인하여 신성장 산업으로 주목받고 있다. 최근 응용이 확대되고 있는 LED광원의 발광원리와 특징을 설명하시오.(응10-91-4-5)

문16. 최근에 많이 사용되고 있는 LED 교통신호등과 기존 전구식 교통신호등의 특징을 비교 설명하시오(09년-88-1-8)

문16-1. 정부는 최근 녹색성장 정책의 일환으로 공공부문의 조명용 광원을 LED 조명으로 교체를 시도하고 있다. 조명용 광원으로 적용되고 있는 백색LED의 구현방법과 장점에 대하여 설명하시오.(건10-91-1-12)

문16-2. LED(Light Emitting Diode)조명분야와 관련된 인증제도에 대해서 설명하시오.(건11-93-1-5)

문16-3. LED(Light Emitting Diode)의 장·단점을 설명하고, LED조명과 전통조명 (형광등, 백열등)을 비교 설명하시오.(건10-91-1-13)

-4. 응14-103-1-8. LED조명의 장·단점을 설명하고 LED조명과 형광등과의 특성을 비교 설명하시오

-5. 응10-91-1-12. 정부는 최근 녹색성장 정책의 일환으로 공공부문의 조명용 광원을 LED조명으로 교체를 시도하고 있다. 조명용 광원으로 적용되고 있는 백색LED의 구현방법과 장점에 대하여 설명하시오.

-6. 응12-97-3-3. LED 광원의 특성과 조명제어방법을 설명하시오.

[12-2-7. L E D]

문17. 유기발광다이오드(OLED : Organic Light Emitting Diode)소자의 구조를 그림으로 그리고 동작을 설명하시오. (07-82-2-3)

문17-1. OLED(Organic Light Emitting Diode)의 장점에 대하여 설명하시오.
　　　　(10-91-1-11)

-2. 응15-106-2-2. 유기발광다이오드(OLED) 대하여 설명하시오.

[12-2-7. Metalhalide Lamp]

문18. 최근 많이 적용되는 CDM(Ceramic Discharge Metalhalide Lamp)에 대한 구조, 원리, 특성(장·단점)을 기술하시오.(건축87-10점)

문18-1. 최근 가로등이나 보안등에 새로운 광원으로 적용되고 있는 세라믹 메탈램프 계열인 코스모폴리스(Cosmopolis)램프의 특성 및 적용시 이점(利點)에 대하여 설명하시오.(건10-91-4-6)

~18-2. 응12-97-1-6. 메탈 하이라이트 등의 특성과 발광원리에 대하여 설명하시오

[12-2-8. 터널 조명 광원]

문19. 최근 우리나라 터널 조명에 사용되는 광원이 바뀌고 있다. 이에 대해 설명하시오.
　　　　　　　　　　　　　　　　　　　　　　　　　　　　(02-66-3-2)

문20. 유도등 광원 중 냉음극관형광등과 LED 광원을 비교하시오.

문21. PLS(Plasma Lighting System) 조명기기에 대하여 설명하시오.

-1. 응11-94-1-13. 플라즈마 생성원리와 응용에 대하여 설명하시오.

[12-2-9. 산업용 조명광원]

문22. 응12-97-1-2. 자외선등을 산업일반에 응용할 때 자외선의 장단점에 대하여 설명하시오

제12-2장. 광원
@@ 제12-2장. 광원 중 핵심 문항 @@

문3. 파이로 루미네선스란 무엇이며 응용분야를 설명하시오. (01-63-1-2)

문3-1. 응13-100-1-1. 온도방사와 루미네센스를 비교 설명하시오.●

문14. LED(Lighting Emitting Diode)광원의 기본원리와 최근동향을 설명하시오.(05-75-2-2)

문15. 최근 현장에 널리 사용되고 있는 LED(Light Emitting Diode) 램프의
    발광원리와 특징, 사용용도에 대하여 설명하시오.(08-85-1-8)

 -1. 에너지 절약효과가 뛰어난 LED(Light Emitting Diode) 광원의 특성과 조명시스템의
    설계 시 고려할 사항 및 형광램프와 비교하여 효과적인 조명제어가 가능한
    이유를 설명하시오.●

문15-2. LED는 에너지 절감과 친환경적인 장점으로 인하여 신성장 산업으로 주목받고 ●
        있다. 최근 응용이 확대되고 있는 LED광원의 발광원리와 특징을 설명하시오.(응10-91-4-5)

문16-3. LED(Light Emitting Diode)의 장·단점을 설명하고, LED조명과 전통조명
        (형광등, 백열등)을 비교 설명하시오.(건10-91-1-13)●

문16-6. 응12-97-3-3. LED 광원의 특성과 조명제어방법을 설명하시오.●

문17-2. 응15-106-2-2. 유기발광다이오드(OLED) 대하여 설명하시오.●

문18. 최근 많이 적용되는 CDM(Ceramic Discharge Metalhalide Lamp)에 대한
      구조, 원리, 특성(장·단점)을 기술하시오.(건축87-10점)

문19. 최근 우리나라 터널조명에 사용되는 광원이 바뀌고 있다.
      이에 대해 설명하시오(02-66-3-2)

문21. PLS(Plasma Lighting System) 조명기기에 대하여 설명하시오.

문21-1. 응11-94-1-13. 플라즈마 생성원리와 응용에 대하여 설명하시오.●

제 12-3. 조명설계

[12-3-1. 조명 설계의 기초]

문1. 조명의 결정요소를 들고 설명하시오.(03-69-2-1) (조명의 질과 양)
 -1. 조명의 질과 양에 대한 요소항목에 관하여 기술하시오

문2. 조명설계시 설계의 기본검토 사항을 순서대로 쓰시오

문3. 업무용빌딩의 좋은 조명의 조건을 들고, VDT(Visual Display Terminal) 조명에 대하여 설명하시오(건07-87-4-2).

[12-3-2. 공항 조명]

문4. 공항 조명 중 정일 진입각 지시등(PAPI)에 대하여 설명하시오. (02-66-1-1)

문5. 활주로등의 설치기준에 대하여 설명하시오.

문6. 공항의 항공등화(Airfield lighting)회로 구성 시 검토되어야 할 주요항목에 대하여 설명하시오. (02-66-4-4)
 -1. 활주로 항공등화 전원 공급장치, 전기회로구성방식 설명하시오

[12-3-3. 경관 조명]

문7. 경관조명에서 장해광의 종류와 대책에 대해 설명하시오.(08-85-3-6)
 -1. 경관조명 설계시 고려사항에 대하여 설명하시오
 ~2. 응14-103-1-7. 경관조명에서 장해광의 종류와 방지 대책에 대하여 설명하시오.

문8. 경관 조명을 창출하는 기법에 대하여 설명하시오. (07-82-1-3)

문9. 경관조명 설계 시 설계 단계 및 고려할 사항에 대하여 설명하시오.(09-88-3-1)
 -1. 경관조명에서 장해광의 종류와 대책에 대해 설명하시오.(08-85-3-6)
 -2. 경관조명 설계시 고려사항에 대하여 설명하시오
 -3. 경관 조명을 창출하는 기법에 대하여 설명하시오. (07-82-1-3)

 -4. 옥외조명이 주변환경에 장해광으로 미치는 영향을 나열하고, 장해광 방지대책을 설명하시오.(10-91-1-10)

 -5. 응12-97-4-5. 최근 지자체별로 광해조례를 발표하여 관리를 하는 등 빛 공해에 관한 관심이 높아지고 있다. 이와 관련하여 빛 공해의 종류를 대별하고 생태계에 미치는 영향 및 빛 공해 방지대책에 대하여 설명하시오.

[12-3-4. 건축화 조명과 학교조명]

문10. 건축화 조명의 매입방법에 따른 종류를 들고, 각각에 대하여 설명하시오.
(09-88-2-2)

 -1. 응11-94-1-4. 건축조명 시스템 중 태양광 채광 시스템의 종류 및 구성에 대하여
     설명하시오.

문10-2. 학교조명 설계시 다음 사항에 대하여 설명하시오.(건10-92-2-4)
    1) 설계 요건
    2) 칠판 조명
    3) 교실 조명
    4) 강당 및 기타시설조명

[12-3-5. 도 로 조 명]

문11. 도로 조명에 대한 설계 순서를 설명하시오. (02-66-4-6)

문12. 도로, 가로등 설비의 설치목적, 기대효과, 도로조명기준, 광원의 선정, 조명기구의
     선정, 제어회로 구성 등에 대해 설명하시오(건축83-3-6)

문13. 최근 국토해양부고시에 의한 도로조명의 목적과 조명기준을 설명하시오

문14. KS 에서 규정하고 있는 도로터널 조명을 설계 때 고려해야 할 터널조명의
     기능적·구간적 구성에 대해 설명하시오.

 -1. 응11-94-3-5. KSA 3701에 의거하여 도로조명설계 기준에 대하여 설명하시오.

 -2. 응12-97-3-2. 긴터널(1,000m이상)의 조명설계를 하고자 할 때 고려사항에 대하여
     설명하시오

[12-3-6. 옥 내 조 명 설 계]

문15. 실내조명 설계시 에너지 보존 법칙을 응용한 광속법(Lumen Method)을 이용하여
     조명설계를 하려고 한다. 광속법에 의한 설계순서에 따라 정리하고 과정별로 설명하시오.
     (건83-4-6)

 -1. 응14-103-2-1. 실내에서 광속법을 이용하여 전반조명 설계시 설계방법을 순서대로 설명하시오

문16. 조명설비 에너지 Saving(절약)에 대하여 기술하시오.

[12-3-7. 공장 조명]

문17. 공장조명에 대하여 논하시오

문18. 작업현장에서 생산성 향상과 사고예방을 위한 좋은 조명의 조건을 기술하시오. (건80회-25점)

문19. 공장에서 작업환경 개선을 위하여 조명설비를 개선하고자 한다. 공장의 조명설비 개선을 위한 계획 시 고려할 사항과 개선 후의 효과에 대해서 설명하시오(78회-25)

-1. 응14-103-3-3. 공장의 조명 설계 시 에너지 절약 방안에 대하여 설명하시오.

문20. 공장 내의 조도기준(KS기준)에 관하여 설명하시오(95년25점)

문21. 검사의 정밀도와 조명은 어떤 관계가 있는지 설명하시오(응06-78-4-6)

@@ 제 12-3장. 조명설계 中 예상문제 @@

문1. 조명의 결정요소를 들고 설명하시오.(03-69-2-1) (조명의 질과 양)

문2. 조명설계시 설계의 기본검토 사항을 순서대로 쓰시오

문7. 경관조명에서 장해광의 종류와 대책에 대해 설명하시오.(08-85-3-6)

문9-5. 응12-97-4-5. 최근 지자체별로 광해조례를 발표하여 관리를 하는 등 빛 공해에 관한 관심이 높아지고 있다. 이와 관련하여 빛 공해의 종류를 대별하고 생태계에 미치는 영향 및 빛 공해 방지대책에 대하여 설명하시오.●

문10-1. 응11-94-1-4. 건축조명 시스템 중 태양광 채광 시스템의 종류 및 구성에 대하여 설명하시오.

문14-1. 응11-94-3-5. KSA 3701에 의거하여 도로조명설계 기준에 대하여 설명하시오.

문15-1. 응14-103-2-1. 실내에서 광속법을 이용하여 전반조명 설계시 설계방법을 순서대로 설명하시오●

문16. 조명설비 에너지 Saving(절약)에 대하여 기술하시오.●

문19-1. 응14-103-3-3. 공장의 조명 설계 시 에너지 절약 방안에 대하여 설명하시오.●

[제 13장. 전열 공학]
<< 13-1. 전열공학 이론 기초 >>

1. 전기가열이 다른 열원에 의한 가열방법에 비하여 어떤 특성이 있는 가?(03-69-1-3)
   -1. 응14-103-1-13. 열원으로 전기에너지를 사용하는 경우 다른 열원과 비교하여
       어떤 특성을 갖는지 설명하시오.

2. 발열체의 전극재료의 구비조건에 대하여 설명하시오.(02-66-1-1)
   -1. 전기로용 전극으로 사용하기 위한 탄소재료 전극의 조건에 대하여 기술하시오

3. 전열계산에 있어 아래 사항에 대하여 기술하시오. [매우 중요한 내용임]
   1) 열량의 단위
   2) 열의 이동
   3) 열에 의한 상태 변화
   4) 열효율
   5) 전기회로와 열계산의 유사성
       (1) 정상상태의 열의 흐름과 오옴의 법칙
       (2) 비정상태의 열의 흐름과 열용량
       (3) 물체의 가열과 냉각
   6) 대류 및 방사에 의한 열의 발산
       (1) 대류에 의한 열의 발산
       (2) 방사에 의한 열의 발산 (즉, 빛과 열의 상호관계)

3-1. 응12-97-1-11. 열에 대한 옴(Ohm)법칙과 열계와 전기계의 양에 있어 상호대응관계를 설명하시오

4. 열전달 기구 중 전도와 대류에서 열전달 계수를 정의하고 설명하시오.(01-63-3-1)

5. 발열체의 표면온도 900[℃]인 전열기 발열체의 지름이 250[H]에 2[%]의 비율로
   감소한다. 발열체의 온도가 700[℃]로 저하되는 시간을 구하여라.(03-69-2-2)
   단, 발열체 표면온도는 단위 길이당 소비전력에 비례하고, 사용 전압은 일정.

6. 전기저항 가열용 발열체에 관하여 설명하시오.(05-75-2-6)

7. 고온용 전열재료와 전극재료의 결정시 고려사항을 기술하시오
   -1. 응14-103-1-9. 제강용 아크로와 같이 전류를 조절하기 위해 속도가 빠른 가동전극을
       사용하는 경우에 고온용 전극재료가 갖추어야 할 구비요건에 대하여
       설명하시오.

8. 온도제어에 대하여 간단히 기술하시오

<< 13-2. 아크 관련 >>

9. 불활성가스아크용접(Inert gas arc welding)과 탄산가스아크용접(CO_2 gas arc welding)을 간단히 비교 설명하시오. (06-78-1-12)

-1. 응14-103-4-1. 전기용접 방식의 특징과 기계적 접합방식 및 가스용접방식의 특징을 비교하여 장점만을 설명하시오.

10. 아크 용접에 대하여 간단히 설명하시오.

11. 직류아크와 교류아크를 비교 설명하고 교류아크용접기(AC arc welder)와 직류아크용접기(DC arc welder)를 간단히 설명하시오. (06-78-2-1)

12. 아크 가열의 원리 및 종류, 특징, 용접법, 용도를 간단히 설명하시오.

12-1. 응12-97-1-7. 아크용접 중 원자수소용접에 대하여 설명하시오

<< 13-3. 고주파 가열 관련 >>

13. 전기에너지로 열을 발생시키는 방법 중 전기로와 전자레인지가 있다. 장치구성도와 가열원리를 설명하시오. (02-66-3-1)

14. 마이크로파 가열의 특징을 논하시오.(04-72-1-2)

15. 초음파를 이용한 ME(Medical Electronics)기기를 5가지만 쓰시오.(04-72-1-5)

16. 초음파 가열의 특성, 강도, 파장 및 용접과 응용에 대하여 설명하시오(07-83-25)

17. 고주파 가열의 종류 및 장단점을 논하시오.(01-63-3-5)

-1. 응12-97-3-5. 유도가열(Induction Heating) 에 대하여 그림으로 원리를 설명하고 특징과 적용사례를 설명하시오.

18. 유전가열에서 발열의 원리를 설명하시오.(09-88-1-12)

19. 다음을 간단히 설명하시오.(04-72-1-8)
    1) 충격비(Impulse ratio)
    2) 유도가열시 유도전력의 임계주파수(Critical Frequency)

<< 13-4. 전기가열 종합 및 기타 >>

20. 적외선 건조의 적용분야 및 특징을 설명하시오.(01-63-1-6)
 -1. 응10-91-2-1. 산업현장에서 많이 이용되고 있는 적외선 건조에 사용되는 전구,
      적외선 건조의 특징 및 산업에서의 용도를 설명하시오.

21. 전기적으로 가열하는 전열방식을 분류하고 원리와 용도를 비교 설명하시오.(07-82-3-3)
 -1. 전기가열방식을 종류별로 분류하여 원리 및 용도, 특징 등을 설명하시오(건77-2-6)
 -2. 응11-94-1-11. 전기가열방식에 대하여 설명하시오.

22. 방전가공의 종류 및 특징에 대하여 설명하시오.(01-63-1-8)

23. 대용량전기로는 3상전력을 사용하지만 구조상 단상을 필요로 하는 전기로가 있다.
    3상전원으로부터 단상부하를 사용할 수 있는 방법을 3가지 기술하시오.(06-78-4-3)

24. 고전압 펄스전력(Pulsed power)이란 무엇이며 그것의 응용 및 특징을
    간단히 기술하시오

@@ 제 13장. 전열 공학 중 예상문항 @@

3. 전열계산에 있어 아래 사항에 대하여 기술하시오. ●
   6) 대류 및 방사에 의한 열의 발산
      (1) 대류에 의한 열의 발산
      (2) 방사에 의한 열의 발산 (즉, 빛과 열의 상호관계)

9-1. 응14-103-4-1. 전기용접 방식의 특징과 기계적 접합방식 및 가스용접방식의 특징을 비교하여 장점만을 설명하시오.●

12. 아크 가열의 원리 및 종류, 특징, 용접법, 용도를 간단히 설명하시오.

12-1. 응12-97-1-7. 아크용접 중 원자수소용접에 대하여 설명하시오

15. 초음파를 이용한 ME(Medical Electronics)기기를 5가지만 쓰시오.(04-72-1-5)? 과년도 재차

응12-97-4-6. 생체 물리현상의 계측에 대하여 설명하시오?●

17. 고주파 가열의 종류 및 장단점을 논하시오.(01-63-3-5)

21. 전기적으로 가열하는 전열방식을 분류하고 원리와 용도를 비교 설명하시오.(07-82-3-3)●

22. 방전가공의 종류 및 특징에 대하여 설명하시오.(01-63-1-8)

24. 고전압 펄스전력(Pulsed power)이란 무엇이며 그것의 응용 및 특징을 간단히 기술하시오●

제 14장. 동력 공학

[제 14-1장. 전동기 해석 기초]

문1. 출력 P[kW]의 플라이휠이 N[rpm] 으로 운전시, 전동기 축토오크는 T[kg·m] 얼마?

문2. 유도전동기의 GD^2[kg·m²]의 플라이 휠이 N[rpm]으로 회전 시 플라이휠에
　　 축적되는 회전운동에너지 W[J]을 구하시오

문3. 전동력응용의 장·단점을 기술하시오.
　-1. 응10-91-1-1. 산업계에서 일반적으로 적용하는 전동력 응용의 장단점을 각 5항목 이상 들고
　　　설명하시오.

문4. 양수량 Q[m³/h], 총양정 H[m], 펌프효율이 ε인 경우에 펌프용 전동기에
　　 필요한 출력 P[kW]는 얼마인가?

문5. Motor를 전체 분류하시오

문6. 유도기에서 구동토크와 운전토크의 차이에 대한 안정성을 기술하시오(60회-25)

** 제14-1장. 전기동력 기초 중 예상문항 **

문1. 출력 P[kW]의 플라이휠이 N[rpm] 으로 운전시, 전동기 축토오크는 T[kg·m] 얼마?

문2. 유도전동기의 GD^2[kg·m²]의 플라이 휠이 N[rpm]으로 회전 시 플라이휠에
　　 축적되는 회전운동에너지 W[J]을 구하시오

문6. 유도기에서 구동토크와 운전토크의 차이에 대한 안정성을 기술하시오(60회-25)

[제 14-2장. 직류전동기]

문1. 직류전동기의 구조와 원리 및 종류와 특성에 대하여 논하시오

문2. 직류전동기의 구조. 원리. 특성. 속도제어 방식에 대하여 설명하시오.

문3. 직류전동기의 전기자 반작용에 관하여 설명하시오(48회-10점)

문4. 직류전동기의 시동에 대하여 기술하시오

문5. 직류기의 속도제어법에 대하여 기술하시오

문6. 직류기의 등가회로를 그리고, 회전속도(n)와 회전력(T) 사이의 관계를 설명하시오.
 (분권형 직류기) (02-66-1-1)

문7. 직류전동기의 토크와 속도와 특성을 설명하고, 그 적용에 대하여 기술하시오

문8. 전기자 저항 0.05 [Ω]인 직류 분권 발전기가 있다. 회전수는 매분 1,000 회전으로 단자 전압이 220[V]일 때, 전기자 전류는 100[A]를 나타낸다.
 지금 이것을 전동기로 사용하여, 단자전압과 전기자 전류를 위의 값과 동일하게 할 때, 회전수를 계산하여(소수점 이하 반올림하여 정수로) 구하시오.
 (단, 전기자 반작용은 무시한다.) (응용08-85-1-3)

** 제 14-2장. 직류전동기 중 예상문제 **

문6. 직류기의 등가회로를 그리고, 회전속도(n)와 회전력(T) 사이의 관계를 설명하시오.
 (분권형 직류기) (02-66-1-1)

제 14-3장. 유도전동기
[14-3-1. 유도전동기 기초]

문1. 3상 유도전동기 구조와 원리 및 특성 등에 대하여 기술하시오

문2. 유도전동기의 동작원리 및 특징 및 3농형유도전동기의 기동법에 대하여 간단히 기술하시오.

문3. 3상 유도전동기와 단상유도전동기의 회전자계 발생원리에 대하여 설명하시오

 3-1. 응13-100-4-6. 3상 유도전동기와 단상유도전동기의 회전자계 발생원리에 대하여 설명하시오

 3-2. 응11-94-2-4. 단상유도전동기의 회전원리 및 기동방법에 대하여 설명하시오.

문4. 유도 전동기의 슬립과 속도 변동율의 관계를 기술하시오(01-60-10점)

문5. 유도전동기 기동장치 시간내량에 대하여 기술하시오

문6. 단상유도전동기의 기본원리 및 기동방법의 종류와 특징을 설명하시오

[14-3-2. 교류전동기 기동방법]

문7. 농형 3상 유도전동기의 기동방법에 대하여 간단히 설명하시오.

 -1. 응15-106-1-12. 유도전동기 기동 시 기동전류와 역률의 상관관계를 설명하시오.
 -2. 응13-100-1-7. 유도전동기의 기동시 기동전류와 역률의 상관관계를 설명하시오.

문8. 농형유도전동기 기동법을 들고 비교 설명하시오(09-88-4-6)

문9. 유도전동기 기동방식의 종류를 열거하고 장단점을 간단히 설명하시오

문10. 3상 유도전동기의 기동방법에 대하여 상세히 기술하시오

문11. 리액터 기동장치, 콘돌퍼 기동장치의 원리와 탭 전압에 따른 전류 및 토오크
     특성 차이에 대하여 상세히 기술하시오 (건축 52회, 40점)

문12. 장대터널의 환기용 모터의 구동방식 등에 대하여 기술하시오(00년60회-25점)
문13. 장대터널의 환기용 모터 Jet Fan 운전방식 등에 대하여 기술하시오
문14. 중소형 유도전동기의 운전취급 시에 기동준비, 기동 및 정지에 따른 운전조건을
     설명하시오.(95년-25점)

[14-3-3. 권선형 유도기 및 동기전동기]

문15. 권선형 유도전동기에 대하여 기술하시오

문16. 3상 농형유도전동기와 권선형 유도전동기의 특성을 비교 설명하시오(31회35점)

문17. 농형, 권선형, 동기전동기의 특성을 비교 설명하시오

  17-1. 응12-97-1-1. 유도전동기에서 비례추이 특성을 설명하시오

문18. 동기전동기에 원리 및 구조와 특성 및 기동법, 적용 등에 대하여 기술하시오

문19. 동기 전동기의 주요 특징에 대하여 간단히 기술하시오(10점)

[14-3-4. 유도전동기의 속도제어 및 역전·제동방법]

문20. 유도전동기 속도제어 종류에 대하여 기술하시오

문21. 전동기의 역전법에 대하여 기술하시오

문22. 운전 중인 3상 유도전동기의 제동(Braking)법에 대하여 설명하시오(08-86-25)

문23. 전동기의 제동방법에 대하여 기술하시오

  23-1. 회생제동이란 무엇인가?(56회10점, 60회 25점)

  23-2. 응12-97-2-1. 3상유도전동기의 제동방법과 제동방법 선정 시 유의점에 대하여 설명하시오

  23-3. 응13-100-2-1. 유도전동기의 제동방법을 설명하시오.

  23-4. 응10-91-1-13. 각종 동력설비로 사용되는 전동기의 정지나 속도제한 등에 일반적으로 적용되고 있는 전동기의 전기적 제동방법에 대하여 설명하시오.

문24. 전동기의 제어요소(장치)와 제어방법에 대하여 기술하시오

[14-3-5. 유도전동기 관리]

문25. 유도전동기 단자전압이 정격보다 낮은 경우의 현상을 설명하시오

문26. 3상 유도전동기의 정격 및 사용에 대하여 구분설명하고, 유도전동기의 온도특성에 대해 설명하시오.

문27. 3상 유도전동기의 정격과 온도상승의 관계에 대하여 간단히 기술하시오

[14-3-6. Vector 제어]

문28. 유도전동기의 Vector 제어법과, 그 목적, 원리에 대하여 기술하시오

  28-1. 응15-106-3-4. 유도전동기 벡터제어에 대하여 설명하시오.

문29. 폐루프 제어 시스템에 벡터제어 인버터를 적용한 것에 대하여 기술하시오

문30. 벡터제어법, 그 목적, 원리에 대하여 기술하시오 (00년-60회 25점)

  -1. 직접벡터제어에 대하여 기술하시오.   -2. 간접벡터제어에 대하여 기술하시오.

[14-3-7. VVVF 제어]

문31. VVVF에 대하여 기술하시오

문32. 전동기 구동 System에 인버터를 적용한다면 유리한점에 관하여 논하고,
기본사양 선정 시 고려사항을 열거하시오 (58회-50점)

문33. VVVF Inverter 제어 System의 구성, 특징, 전압, 주파수관계, 적용 등을 간단히
기술하시오.(10점용)

문34. 유도전동기의 제어방식에서 VVVF와 VVCF에 대하여 비교하여 기술하시오

문35. 전동기의 기동시 기동전류를 저감하기 위한 방법 중 소프트-스타터(Soft-start)에
대해 설명하시오.

문36. VVVF장치와 그 효과적인 사용방법에 대하여 논하시오

문37. 인버터(VVVF)의 보호 및 선정 시 주의사항에 대하여 기술하시오

문38. VVVF 인버터에서 이상적인 출력전압과 주파수를 얻기 위한 제어법과 그 제어의
원리를 설명하시오.(응용 60회-25점)

문39. 유도전동기를 VVVF기동방식으로 할 경우, 발생 노이즈의 종류와 대책 설명하시오

문40. 인버터의 속도제어(VVVF)에 대한 아래 항목에 대하여 논하시오
   1) 개요   2) 속도제어 원리   3) 적용효과
   4) 전압형과 전류형의 비교   5) 전압형 중 PAM과 PWM방식의 비교
   6) 구조   7) 장단점   8) 인버터보호
   9) 인버터 용량 선정   10) 인버터 적용 시 주의사항   11) 인버터의 최근동향

40-1. 응13-100-3-5. 유도전동기를 VVVF기동방식으로 할 경우, 발생 노이즈의 종류와
대책을 설명하시오

40-2. 응12-97-4-1. 가변속도의 구동기로서 Inverter와 유도전동기의 조합이 많이 사용되고
있다. 현장에서 Inverter의 사용 보전(Operation & maintenance)상의
유의사항에 대하여 설명하시오.

문41. 유도전동기의 속도 제어 시스템에 사용되는 (1) 전압형과 전류형 인버터의 특성,
(2) 폐루프 VVVF(Closed Loop Variable Voltage Variable Frequency)속도제어
시스템의 구성도, (3) 제어원리 및 효과에 대해 설명하시오

문42. 소형 전동기의 향후 동향과 해결해야 할 기술적 과제에 대하여 기술하시오

** 제 14-3장. 유도전동기 중 예상문제 **

3-1. 응13-100-4-6. 3상 유도전동기와 단상유도전동기의 회전자계 발생원리에 대하여 설명하시오 ●

3-2. 응11-94-2-4. 단상유도전동기의 회전원리 및 기동방법에 대하여 설명하시오.

문4. 유도 전동기의 슬립과 속도 변동율의 관계를 기술하시오(01-60-10점) ●

문5. 유도전동기 기동장치 시간내량에 대하여 기술하시오

7-1. 응15-106-1-12. 유도전동기 기동 시 기동전류와 역률의 상관관계를 설명하시오. ●

문8. 농형유도전동기 기동법을 들고 비교 설명하시오(09-88-4-6)

17-1. 응12-97-1-1. 유도전동기에서 비례추이 특성을 설명하시오 ●

23-2. 응12-97-2-1. 3상유도전동기의 제동방법과 제동방법 선정 시 유의점에 대하여 설명하시오 ●

문25. 유도전동기 단자전압이 정격보다 낮은 경우의 현상을 설명하시오

문26. 3상 유도전동기의 정격 및 사용에 대하여 구분설명하고, 유도전동기의 온도특성에 대해 설명하시오.

28-1. 응15-106-3-4. 유도전동기 벡터제어에 대하여 설명하시오. ●

문38. VVVF 인버터에서 이상적인 출력전압과 주파수를 얻기 위한 제어법과 그 제어의 원리를 설명하시오.(응용 60회-25점)

문39. 유도전동기를 VVVF기동방식으로 할 경우, 발생 노이즈의 종류와 대책 설명하시오

40-1. 응13-100-3-5. 유도전동기를 VVVF기동방식으로 할 경우, 발생 노이즈의 종류와 대책을 설명하시오

40-2. 응12-97-4-1. 가변속도의 구동기로서 Inverter와 유도전동기의 조합이 많이 사용되고 있다. 현장에서 Inverter의 사용 보전(Operation & maintenance)상의 유의사항에 대하여 설명하시오. ●

문41. 유도전동기의 속도 제어 시스템에 사용되는 (1) 전압형과 전류형 인버터의 특성, (2) 폐루프 VVVF(Closed Loop Variable Voltage Variable Frequency)속도제어 시스템의 구성도, (3) 제어원리 및 효과에 대해 설명하시오

제 14-4장. 전동기 관리와 동력에너지 절약 및 보호

[전동기 관리]

문1. 전동기 안전 점검의 종류를 들고 설명하시오(92년 25점)

문2. 건물의 동력설비에 대한 감시방법 및 역할을 기술하고, 시퀀스(SEQUENCE) 예를 그림으로 표시하시오(95년44회25점)

문3. 동력설비의 구성 및 동력간선, 분기선의 선정방법에 대하여 기술하시오

문4. 유도전동기 제어반에서의 전기재해 예방을 위한 점검사항 중 외관점검 항목을 5가지 기술하시오. (87-1-13)

문5. 전동기 진동과 소음의 원인에 대하여 기술하시오
 5-1. 응12-97-1-10. 전동기 운전 중에 발생하는 진동과 소음에 대하여 발생원인별로 분류하여 설명하시오.

문6. 전동기의 열화진단에 있어 전기적 시험방법 중 비파괴 시험방법에 대하여 기술하시오 (응60회-25)

[동력 에너지 절약]

문7. 전동기 설비의 에너지 절약 방안을 간단히 설명하시오

문8. 전동기의 손실과 효율에 대하여 간단히 설명하시오

문9. 건축물에 시설하는 전동기의 효율적 운용 방안 및 제어방식에 대하여 설명하시오.(78회 건축전기4교시 5번)

문10. 고효율 전동기의 특징, 손실의 종류와 저감기술에 대하여 기술하시오(58회-25점)

문11. 동력설비 에너지 Saving에 대하여 논하시오

 -11-1. 응13-100-4-5. 전기 동력설비의 에너지 Saving에 대하여 설명하시오.

[전동기 보호]

문12. 전동기 선정 및 정격선정방침과 보호방식에 간단히 기술하시오.

문13. 전동기의 보호방식에 대하여 고찰하시오.

문14. 유도전동기의 과부하보호(과전류, 온도)에 대하여 설명하시오 (71-25)

문15. 전동기 보호방법에 대하여 기술하시오.

문16. 4E 계전기는 어떤 요소를 보호하기 위한 계전기인가?

문17. 3상 농형유도전동기의 Y-△ 기동방식과 보호협조에 대해서 설명하시오

문18. 응15-106-4-5. 고압 유도 전동기의 보호를 위한 계전기 정정에 대하여 설명하시오.

** 제 14-4장. 전동기 관리와 동력에너지 절약 및 보호 중 예상문제 **

5-1. 응12-97-1-10. 전동기 운전 중에 발생하는 진동과 소음에 대하여 발생원인별로 분류하여 설명하시오.●

문6. 전동기의 열화진단에 있어 전기적 시험방법 중 비파괴 시험방법에 대하여 기술하시오   (응60회-25)

-11-1. 응13-100-4-5. 전기 동력설비의 에너지 Saving에 대하여 설명하시오.●

문12. 전동기 선정 및 정격선정방침과 보호방식에 간단히 기술하시오.●

문16. 4E 계전기는 어떤 요소를 보호하기 위한 계전기인가?●

문18. 응15-106-4-5. 고압 유도 전동기의 보호를 위한 계전기 정정에 대하여 설명하시오.●

제14-5장. 기타 전동기 관련

[14-5-1. 서보 motor 및 특수 전동기]

문1. 서보모터와 일반모터의 차이점을 기술하시오(60회 ~10점)

문2. 서어보전동기와 일반전동기의 차이점을 2相 교류서보 모타와 단상유도전동기의
    비교로 상세히 기술하시오(25점용)

문3. 전기서보시스템에 대하여 기술하시오

문4. 서어보 기구에 대하여 기술하시오.
4-1. 응11-94-3-2. 서보전동기(Servo moter)가 갖추어야 할 특성과 종류에 대하여 설명하시오.

문5. STEPPING MOTOR(또는 Pulse Motor : 위치제어)의 원리, 특징, 종류 등에
    대하여 기술하시오.

문6. 유니버셜 전동기에 대하여 기술하라. (25점) - 구조,특성,변속회로,특징,용도

문7. 스핀들 모터 (Spindle Motor)와 FDD(Floppy Disk Drive)에 대하여 간략히 기술하시오.

[14-5-2. 브러시리스 모터, 전자커플링]

문8. 브러시리스 모터(Brushless Motor)의 원리 방식, 용도 등을 기술하시오.
 -1. 응10-91-2-5. 최근 각종산업 분야에서 기존의 정류자형 직류전동기 대신에 브러시리스
      직류전동기(BLDC motor)의 사용이 확대되고 있다.
      브러시리스 직류전동기의 특징과 동작원리에 대하여 설명하시오.

문9. 전자 커플링의 원리 및 특징에 대하여 논하시오(58회~2-4-25)

[14-5-3. 산업용 모터]

문10. 기중기, 엘리베이터, 송풍기, 압연기의 목적과 구동 시스템을 간략히 설명하시오

문11. 공장(60Hz 전원)에서 사용하던 농형유도 전동기를 중국공장(50Hz 전원)으로 이전하여 동일한 정격전압을 인가한 경우 나타날 수 있는 현상에 대하여 기술하시오

-1. 응13-100-1-13. 60Hz 모터를 50Hz에서 운전할 경우 특성변화를 설명하시오.

문12. 200[m³/h]으로 생산되는 물을 5[m] 높이의 수조에 양수하고자 한다. 여기에 7.5[kW]의 전동기를 사용한다면 매시간 얼마나 운전하면 되는가? 단, 펌프의 효율은 75[%], 관로 손실계수는 1.1로 한다.(03-69-3-1)

문13. MCC(Motor Control Center)에 대하여 기술하시오.

문14. 단상교류 M-G set에서 전동기 입력이 1[kW]인데, 발전기의 부하로 팬을 구동하니, 단상 200[V], 전류 6[A]가 측정되었다. 이런 시스템이 존재할 수 있는 근거를 쓰시오(06-78-1-13)

@@제14-5장. 기타 전동기 관련 중 예상 문항 @@

문1. 서보모터와 일반모터의 차이점을 기술하시오(60회 ~10점)

4-1. 응11-94-3-2. 서보전동기(Servo moter)가 갖추어야 할 특성과 종류에 대하여 설명하시오.●

8-1. 응10-91-2-5. 최근 각종산업 분야에서 기존의 정류자형 직류전동기 대신에 브러시리스 직류전동기(BLDC motor)의 사용이 확대되고 있다. 브러시리스 직류전동기의 특징과 동작원리에 대하여 설명하시오.●

11-1. 응13-100-1-13. 60Hz 모터를 50Hz에서 운전할 경우 특성변화를 설명하시오●

제 15-1. 전기 철도 기초

문1. 전기철도에서 확도(slack) 에 대해 설명하시오. (02-66-1-1)

~1-1. 응12-97-4-2. 전기철도에서 점착력을 설명하고 점착계수를 크게 할 수 있는 방법을 설명하시오.

문2. 표정속도를 설명하고, 표정속도를 향상시키기 위한 방법을 제시하시오.(03-69-1- 6)

~2-1. 응11-94-1-10. 전기철도에서 열차속도향상을 위하여 고려하는 파동전파속도에 대하여 설명하시오.

~2-2. 응12-97-2-6. 전기철도의 경제적인 운전방법에 대하여 운전과 설비로 구분하여 설명하시오.

문3. 전기철도 전식방지대책 중 레일측과 매설관측으로 구분하여 설명하시오.(06-78-3-1)
~3-1. 응11-94-2-5. 직류식 전기철도에서 전기부식의 피해를 최소화하기 위한 방안을 설명하시오.

문4. 전동차를 가속도 a [km/h/s]로 가속시키는데 필요한 중량 1[ton]당의 힘(kg/ton)을 구하시오? (04-72-1-11)

[제 15-2장. 전기 철도용 전동기 및 자기부상 관련]

[전기철도용 모터 관련]

문1. 전기철도용 전기차의 견인용 주전동기 요구조건(특성)에 대하여 설명하시오.(09-88-1-2)

문2. 전기철도의 부하의 전기적 특성을 간략하게 설명하시오.(03-69-1-5)

~2-1.응14-103-1-6. 현재 운용중인 전기철도에서 부하 급전계통의 특성을 요약하여 설명하시오.

문3. 전기차의 속도제어의 종류와 회로도 및 특징에 대하여 기술하시오.

 3-1. 전기차 전동기의 제어원리에 대하여 직류방식과 교류방식으로 분류하여
     설명하시오. (68-2-6)

 3-2. 전기철도 차량의 초퍼제어방식을 설명하시오.(05-75-3-1)

 3-3.응12-97-3-4. 전기 철도에서 전기차의 주전동기 속도제어 방법 중 직 병렬 제어에
     대하여 설명하시오

 3-4.응11-94-1-2. 전기철도에서 사용되는 회생제동의 원리와 장단점에 대하여 설명하시오.

문4. 팬터그래프로부터 단상교류를 공급받는 전철은 유도전동기의 구동, 조명 및 냉난방전원,
    각종 제어전원 등을 필요로 하고 있다. 필요한 전력변환장치 구성에 대하여 설명하시오.
    (06-78-2-5)

문5. 전기철도에서 추진력을 얻기 위하여 사용되는 선형전동기(LM; Linear Motor)방식의
    철도에 대하여 설명하시오.(08-85-1-4)

문6. 자기부상열차의 추진방식(LIM, LSM)을 설명하시오.(88-4-1)
문6-1. 직선형 유도 전동기(Linear induction motor)의 단부효과에 대해 설명하고
      단부효과가 미치는 영향을 설명하시오.(08-85-3- 1)

[자기부상 열차]

문7. 자기부상열차의 기본구조, 원리 및 각종방식에 대하여 논하시오(01-63-25)
문8. 자기부상열차에서 초전도반발식의 부상원리 및 장단점을 기술하시오(08-85-25)
문9. 자기부상 열차의 부상방식에 대하여 약술하시오(05-75-25)
문10. 현존하는 자기부상 열차 모델들을 부상방식, 전기방식, 재료방식의 관점에서
     구분하여 설명하시오(06-78-25)
     1) 부상방식(EDS, EMS)   2) 전동기방식 : LIM. LSM
     3) 재료방식 : 초전도, 상전도
~10-1.응09-88-4-1. 자기부상열차의 추진방식(LIM, LSM)을 설명하시오.

문11. 자기부상의 기본구조 및 원리?

[제15-3장. 전기철도의 급전시스템]

1. 국내 전기철도에서 선로의 전기공급 방식에 대하여 설명하시오. (02-66-2-4)

2. 교류전기철도 급전방식의 개요 및 특징을 설명하고, 직류급전방식에 대하여 일반적인 특징에 대하여도 기술하시오

 2-1. 전기 철도 설비에서 급전회로의 일반적 특성을 설명하시오.(04-72-3-3)

 2-2.응11-94-3-6. 교류전철변전소의 보호계전기 종류 및 역할에 대하여 설명하시오.

3. 전기철도 교류급전 방식 중 BT(Booster Transformer) 방식과 AT(Auto Transformer)을 약술하시오. (05-75-1-7)
 -1. 응15-106-4-1. 교류 전기철도에 사용하는 단권변압기(AT)에 대하여 설명하시오.

4. 교류 단권변압기(AT :Auto-Transformer) 급전 방식을 설명하고, AT간 1/3지점에 전기차가 있는 경우의 전류분포를 회로로 나타내시오.(03-69-4-2)

5. 전기철도에서 직류급전구분소(SP: Sectioning-Post)와 교류급전구분소(SP: Sectioning-Post)의 차이점을 설명하시오. (09-88-3-3)
 5-1. 급전구분소, 보조급전구분소, 변압기 포스트를 설명하시오

 5-2.응11-94-1-12. 전기철도에서 많이 사용되고 있는 아래 설비의 용어에 대하여 설명하시오.
    (SP.   SSP.   ATP.   PW,   FPW)

6. 교류급전방식의 전기철도에서 3상 전원을 2상으로 변환하여 급전하는
    스콧트(Scott)결선 변압기에 대하여 설명하시오. (07-82-3-1) (응13-100-4-2)

6-1.응11-94-3-1. 교류전기철도의 변전소에서 3상전원을 단상으로 공급하는
          방식(4가지)에 대하여 설명하시오.
7. 직류고속도차단기(HSCB)의 차단원리, 최대차단전류, 돌진율 및 최근동향에 대하여
    설명하시오(74-4-3) (62-1-1) (65-1-5) (68-1-2)70-2-2) (76-3-4-) (83-1-12) (86-1-9)
7-1. 직류고속도 차단기의 저기유지현상을 설명하시오(건축전기 94회?)
8. 직류고속도 차단기의 특성을 나타내는 다음 용어를 설명하고 주어진 조건에서
    그 값을 구하시오. 계산조건 : $E=1500[V]$, $R=0.03[\Omega]$, $L=0.5[mH]$ (03-69-2-3)
       1) 돌진율   2) 추정단락 전류의 최대값

9. 철도 신호 시스템에서 ATC와 CTC에 대하여 논하시오.(04-72-4-5)
   -1. ATS, ATC, ATO의 비교 설명하시오

10. CTC장치 및 신호장치의 최근 동향에 대하여 기술하시오

11. 철도 신호제어 System을 분류하여 설명하시오

12. 철도신호의 분류에 대하여 설명하시오

13. 직류1500[V] 전기철도에서 전동차에 전력을 공급하기 위해서 설치한 정류설비의 정류기 용량과 정류기용 변압기 용량이 서로 다른 이유를 설명하시오.
    여기서 정류기의 정류방식은 3상 전파정류 방식, 정류기의 정격용량은
    DC1500[V]/6000[kW] 이다 (전철 63-2-1)

 13-1.응13-100-2-6. 직류1500V 전기철도에서 전동차에 전력을 공급하기 위해서 설치한
    정류설비의 정류기 용량과 정류기용 변압기 용량이 서로 다른 이유를 설명하시오.
    (단, 정류기는 직류전압 DC 1500 V, 용량 6000kW)

14. 급전 타이포스트의 설치목적에 대하여 기술하시오.

15. 직류 급전구분소를 설치 시 전압강하 개선 효과를 설명하시오(전철73회 기출)

16. 전기철도 신호 시스템에서 임피던스본드(Impedance Bond)에 대하여 회로도와 함께 간단히 설명하시오.(09-88-1-4)

[제 15-4 장. 전차선로 등]

문1. 장력 조정장치에 대하여 간단히 설명하시오

문2. 인류장치와 장력조정장치에 대하여 기술하시오 (종합)

문3. 전차선의 장력조정장치의 직선로 조정거리를 800m로 제한하는 이유를 설명하시오

문4. 전기철도에서 가공전차선의 조가방식(操架方式)에 대하여 설명하시오.(09-88-2-3)
4-1. 응11-94-1-3. 지하터널구간에서 주로 적용되는 교류 및 직류 강체조가방식에
　　　　　　　　 대하여 설명하시오.

문5. 전차선의 이선(離線)과 이선 방지대책에 대하여 설명하시오. (07-82-1-4)
-1. 전차선로의 이선의 종류 및 전차선에 미치는 영향과 이선장애 대책에
　　 대하여 설명하시오. (76-4-4)(74-1-4)(73-1-13)(67-3-5)(67-1-13)(79-1-5)
-2. 응15-106-1-1. 전기철도에서 이선(異線)방지 대책에 대하여 설명하시오.

제 15-5장. 전기철도용 유도장해와 고조파

문1. 교류전철에서 발생하기 쉬운 통신유도장해의 종류, 장해내용 및 경감대책에 대해
　　 설명하시오.(08-85-4-2)
~1-1. 응11-94-4-6. 전기철도에서 유도장해의 종류와 경감대책에 대해 설명하시오.

문2. 전기철도에서 유도장해의 대책을 2가지이상 제시하고 설명하시오.(01-63-2-3)

문3. 전기철도 시스템에서의 고조파 발생요인과 대책을 기술하시오. (07-82-4-2)
~3-1. 응15-106-2-1. 전기철도의 교류 급전계통에서 발생하는 고조파 억제대책에 대하여
　　　　　　　　　　 설명하시오.

** 제 15장. 전기철도 중 예상 문제 **

제 15-1. 전기 철도 기초

~1-1.응12-97-4-2. 전기철도에서 점착력을 설명하고 점착계수를 크게 할 수 있는
방법을 설명하시오.●

문2. 표정속도를 설명하고, 표정속도를 향상시키기 위한 방법을 제시하시오.(03-69-1- 6)

~2-1.응11-94-1-10. 전기철도에서 열차속도향상을 위하여 고려하는 파동전파속도에
대하여 설명하시오.●

~2-2.응12-97-2-6. 전기철도의 경제적인 운전방법에 대하여 운전과 설비로 구분하여 설명하시오.

~3-1.응11-94-2-5. 직류식 전기철도에서 전기부식의 피해를 최소화하기 위한 방안을 설명하시오.●

[제 15-2장. 전기 철도용 전동기 및 자기부상 관련]

[전기철도용 모터 관련]

문1.전기철도용 전기차의 견인용 주전동기 요구조건(특성)에 대하여 설명하시오.(09-88-1-2)●

문2. 전기철도의 부하의 전기적 특성을 간략하게 설명하시오.(03-69-1-5)

~2-1.응14-103-1-6. 현재 운용중인 전기철도에서 부하 급전계통의 특성을 요약하여
설명하시오.●

3-3.응12-97-3-4. 전기 철도에서 전기차의 주전동기 속도제어 방법 중 직 병렬 제어에
대하여 설명하시오●

3-4.응11-94-1-2. 전기철도에서 사용되는 회생제동의 원리와 장단점에 대하여 설명하시오.●

문5. 전기철도에서 추진력을 얻기 위하여 사용되는 선형전동기(LM; Linear Motor)방식의
철도에 대하여 설명하시오.(08-85-1-4)●

문6. 자기부상열차의 추진방식(LIM, LSM)을 설명하시오.(88-4-1) ●

문6-1. 직선형 유도 전동기(Linear induction motor)의 단부효과에 대해 설명하고
단부효과가 미치는 영향을 설명하시오.(08-85-3- 1)●

[자기부상 열차]

문10. 현존하는 자기부상 열차 모델들을 부상방식, 전기방식, 재료방식의 관점에서
  구분하여 설명하시오(06-78-25)●
    1) 부상방식(EDS, EMS)   2) 전동기방식 : LIM. LSM
    3) 재료방식 : 초전도, 상전도
~10-1.응09-88-4-1. 자기부상열차의 추진방식(LIM, LSM)을 설명하시오.

[제15-3장. 전기철도의 급전시스템]

2. 교류전기철도 급전방식의 개요 및 특징을 설명하고, 직류급전방식에 대하여 일반적인 특징에
  대하여도 기술하시오●

2-1. 전기 철도 설비에서 급전회로의 일반적 특성을 설명하시오.(04-72-3-3)●

2-2.응11-94-3-6. 교류전철변전소의 보호계전기 종류 및 역할에 대하여 설명하시오.

3. 전기철도 교류급전 방식 중 BT(Booster Transformer) 방식과 AT(Auto Transformer)
  을 약술하시오. (05-75-1-7)●
 -1. 응15-106-4-1. 교류 전기철도에 사용하는 단권변압기(AT)에 대하여 설명하시오.

5. 전기철도에서 직류급전구분소(SP: Sectioning-Post)와 교류급전구분소(SP: Sectioning-Post)
  의 차이점을 설명하시오. (09-88-3-3)●
 5-1. 급전구분소, 보조급전구분소, 변압기 포스트를 설명하시오

 5-2.응11-94-1-12. 전기철도에서 많이 사용되고 있는 아래 설비의 용어에 대하여 설명하시오.●
        (SP. SSP, ATP. PW, FPW)

6. 교류급전방식의 전기철도에서 3상 전원을 2상으로 변환하여 급전하는
  스콧트(Scott)결선 변압기에 대하여 설명하시오. (07-82-3-1) (응13-100-4-2)●

6-1.응11-94-3-1. 교류전기철도의 변전소에서 3상전원을 단상으로 공급하는
        방식(4가지)에 대하여 설명하시오.●

7. 직류고속도차단기(HSCB)의 차단원리, 최대차단전류, 돌진율 및 최근동향에 대하여
  설명하시오(74-4-3)(62-1-1)(65-1-5)(68-1-2)70-2-2)(76-3-4-)(83-1-12) (86-1-9)
7-1. 직류고속도 차단기의 자기유지현상을 설명하시오.● : (97회 해석 마지막에 있음)

8. 직류고속도 차단기의 특성을 나타내는 다음 용어를 설명하고 주어진 조건에서
   그 값을 구하시오. 계산조건 : E=1500[V], R=0.03[Ω], L=0.5[mH] (03-69-2-3)●
   1) 돌진율   2) 추정단락 전류의 최대값

9. 철도 신호 시스템에서 ATC와 CTC에 대하여 논하시오.(04-72-4-5)
  -1. ATS, ATC, ATO의 비교 설명하시오

13-1.응13-100-2-6. 직류1500V 전기철도에서 전동차에 전력을 공급하기 위해서 설치한
       정류설비의 정류기 용량과 정류기용 변압기 용량이 서로 다른 이유를 설명하시오.
       (단, 정류기는 직류전압 DC 1500 V, 용량 6000kW)●

14. 급전 타이포스트의 설치목적에 대하여 기술하시오.

15. 직류 급전구분소를 설치 시 전압강하 개선 효과를 설명하시오(전철73회 기출)

16. 전기철도 신호 시스템에서 임피던스본드(Impedance Bond)에 대하여 회로도와 함께
    간단히 설명하시오.(09-88-1-4) ●

[제 15-4 장. 전차선로 등]

문4. 전기철도에서 가공전차선의 조가방식(操架方式)에 대하여 설명하시오.(09-88-2-3)●
4-1.응11-94-1-3. 지하터널구간에서 주로 적용되는 교류 및 직류 강체조가방식에
                대하여 설명하시오.

문5. 전차선의 이선(離線)과 이선 방지대책에 대하여 설명하시오. (07-82-1-4)
 -1. 전차선로의 이선의 종류 및 전차선에 미치는 영향과 이선장애 대책에
     대하여 설명하시오. (76-4-4)(74-1-4)(73-1-13)(67-3-5)(67-1-13)(79-1-5)●
 -2. 응15-106-1-1. 전기철도에서 이선(異線)방지 대책에 대하여 설명하시오.

제 15-5장. 전기철도용 유도장해와 고조파

문1. 교류전철에서 발생하기 쉬운 통신유도장해의 종류, 장해내용 및 경감대책에 대해
     설명하시오.(08-85-4-2)●
~1-1. 응11-94-4-6. 전기철도에서 유도장해의 종류와 경감대책에 대해 설명하시오.
문3. 전기철도 시스템에서의 고조파 발생요인과 대책을 기술하시오. (07-82-4-2)

제 16장. 전력전자

문1. 대용량 전력변환장치용 소자와 시스템에 대하여 설명하시오.

문2. 전력용 반도체의 종류인 Thyrister, TRIAC, SSS, IGBT 4가지를 각각
      그림 기호를 그리고 간단히 설명하시오(77-1-4)

문3. 아래의 전력용 반도체 소자에 대하여 각각 기호(symbol)를 그리고
      동작원리를 기술하시오.(81-4-4)
      ① SCR   ② TRIAC   ③ SSS   ④ IGBT
      ⑤ GTO   ⑥ POWER MOSFET

문4. 전력용반도체소자의 종류(5가지 이상)를 들고, 그 소자의 원리와 특성을 설명하시오
                                                          (05-75-3-4)
~4-1. 응11-94-3-3. 전력용 반도체 소자 중에서 Diode, SCR, GTO, IGBT, BJT에 대하여
          비교 설명하시오.
~4-2. 응15-106-2-4. 전력용 반도체 스위칭 소자에 대하여 설명하시오.

문5. Triac에 대하여 기술하시오

문6. 전력용반도체 IGBT(Insulated Gate Bipolar Transistor)의 특성과 적용분야에
      대해 설명하시오. (07-82-1-5)
~6-1. 응10-91-1-3. 인버터를 비롯한 각종 전력변환장치에 폭넓게 활용되고 있는
          IGBT 소자의 기호를 그리고 특징에 대하여 설명하시오.

문7. IGBT에 대하여 논하시오.

문8. 전력용 반도체 스위칭 소자로 Transistor와 MOSFET를 이용할 경우 특징을
      비교 설명하시오.(03-69-1-11)

문9. 전력용 반도체 소자 중 최근에 많이 사용되는 것 중에 IGBT라는 것이 있다.
      이것을 SCR, Tr과비교하여 설명하시오. (02-66-2-6)

문10. 전력용 반도체 소자(素子) 중에서 GTO 사이리스터(Gate Turn Off Thyristor)에
      대하여 설명하시오(09-88-1-3)

문11. Thyristor를 보호하기 위해 사용하는 스너버(snubber) 회로의 구성과 설치방법, 목적에 대하여 기술하시오(06-78-1-10)

문12. 사이리스터의 전류(commutation:轉流)방식의 종류와 원리를 기술하시오(45회10점)

~12-1. 응10-91-2-2. 교류전원의 제어에 대표적으로 사용되고 있는 SCR소자의 기본구조와 특징에 대하여 설명하시오.

문13. 스위칭 레귤레타에 대하여 간략히 기술하시오

문14. 정류회로의 종류를 제시하고 각각 설명하시오(건80-1-13)

문15. SMPS (Switched Mode Power Supply)의 종류와/ 역율 개선회로에 대해 설명하시오 (건축전기68-4-4)

문16. 직류전원 장치로 SMPS가 많이 사용되고 있다. 이 장치의 기본구성을 설명하고, 특징을 설명하시오. (02-66-1-11)

문17. 3펄스, 6펄스, 12펄스 방식의 3상 정류회로를 그리고 간술하시오.(08-52회-30점)

문18. Chopper에 대하여 기술하시오

문19. Operational Amplifier에 대한 특성 및 종류 등을 기술하시오

문20. 회로설계시 고려해야 할 리던던시(Redundancy)와 디레이팅(Derating)에 대하여 설명하시오.(01-63-1-9)

문21. Redundancy, Redundant (리던던시, 용장도, 중복성, 용장성, 잉여)

~21-1. 응15-106-4-3. 회로 및 시스템설계시 사용하는 리던던시(Redundancy), 디레이팅(Derating) 및 페일세이프(Fail-safe)에 대하여 사용방법, 특징 및 적용사례를 설명하시오.

문22. 부호화율(Coding Rate)이란?

문23. FACTS설비의 종류, 적용, 보상대상과 제어목적에 대하여 비교 기술하시오

문24. 사이리스트(Thyristor) 단상전파 정류Rectification 에서 저항부하시의
　　　전류맥동률 ($\frac{\sqrt{I_s^2 - I_{av}^2}}{I_{av}} \times 100\%$)은 몇 [%]인가 ?(04-72-1-9)

~24-1.응11-94-4-3. 단상반파 및 전파정류회로에서 전압변동률, 맥동률, 정류효율,
　　　최대역전압(PIV)에 대하여 설명하시오.

~24-2.응10-91-1-9. 교류 단상 입력전원에 저항성 부하가 연결된 경우를 기준으로 한 단상
　　　전파정류 회로의 직류 평균전압을 산출하시오.

문25. 정현파의 교류 전기에 있어 실효값, 평균값, 파고율, 파형율을 기술하시오

문26. 온도측정방식 중 비접촉방식과 직접접촉식을 비교하여 설명하시오.(05-75-1-12)
　-1. 온도측정용 센서에서 측정원리에 따라 3가지 이상을 예를 들고 그 원리를 설명.(01-63-4-1)
　-2. 온도감지하기 위한 온도센서 종류 3가지를 열거하고 특징을 설명하시오.(03-69-3-5)

문27. 전력용 반도체(사이리스터)기기의 점검Point에 대하여 논하시오.

문28. ME(Medical Electronics) 분야에서 생체발전현상에 대한 계측시스템(3가지
　　　이상)에 대하여 원리를 설명하시오

~28-1.응12-97-4-6. 생체 물리현상의 계측에 대하여 설명하시오.

문29. 아나로그 신호를 디지털 신호로 처리하기 위한 A/D변환에 대하여 논하시오

문30. LED 등 반도체 소자들의 고용량화로 인한 발열로 회로의 열적소손이 문제화
　　　되고 있다. 이를 위한 2차적 냉각방법에 대하여 설명하시오.(07-83-2-6)

문31. MEMS(Micro Electro Mechanical Systems)의 기본 기술 중 Micro machining
　　　기술이 있다. 이는 무엇이며 어떠한 종류가 있는지 설명하시오.(01-63-2-6)

문32. $v_1(t)$와 $v_2(t)$의 신호를 OP-amp 소자를 사용하여 다음의 식을 처리하는
　　　회로를 설계하시오(03-69-3-6).　　$v_0(t) = \int (2v_{1(t)} - v_2(t))\,dt$

** 제 16장. 전력전자 중 예상문제 **

~4-2.응15-106-2-4. 전력용 반도체 스위칭 소자에 대하여 설명하시오.●
    (아래 문제(문3.4.4-1.6-1.10)는 4-2를 살짝살짝 문제이름만 변형하여 출제 되므로 4-2만 완벽히하면 됨)

문3. 아래의 전력용 반도체 소자에 대하여 각각 기호(symbol)를 그리고
    동작원리를 기술하시오.(81-4-4)
    ① SCR   ② TRIAC   ③ SSS   ④ IGBT
    ⑤ GTO   ⑥ POWER MOSFET

문4. 전력용반도체소자의 종류(5가지 이상)를 들고, 그 소자의 원리와 특성을 설명하시오(05-75-3-4)

~4-1.응11-94-3-3. 전력용 반도체 소자 중에서 Diode, SCR, GTO, IGBT, BJT에 대하여 비교 설명하시오.

~6-1.응10-91-1-3. 인버터를 비롯한 각종 전력변환장치에 폭넓게 활용되고 있는
               IGBT 소자의 기호를 그리고 특징에 대하여 설명하시오.

문10. 전력용 반도체 소자(素子) 중에서 GTO 사이리스터(Gate Turn Off Thyristor)에 대하여 설명하시오(09-88-1-3)

문11. Thyristor를 보호하기 위해 사용하는 스너버(snubber) 회로의 구성과
     설치방법, 목적에 대하여 기술하시오(06-78-1-10)●

~12-1.응10-91-2-2. 교류전원의 제어에 대표적으로 사용되고 있는 SCR소자의 기본구조와
               특징에 대하여 설명하시오.

문15. SMPS (Switched Mode Power Supply)의 종류와/ 역율 개선회로에
     대해 설명하시오 (건축전기68-4-4)

문17. 3펄스, 6펄스, 12펄스 방식의 3상 정류회로를 그리고 간술하시오.(08-52회-30점)

~21-1.응15-106-4-3. 회로 및 시스템설계시 사용하는 리던던시(Redundancy), 디레이팅
              (Derating) 및 페일세이프(Fail-safe)에 대하여 사용방법, 특징 및
              적용사례를 설명하시오.●

문22. 부호화율(Coding Rate)이란?

문23. FACTS설비의 종류, 적용, 보상대상과 제어목적에 대하여 비교 기술하시오●

문24. 사이리스트(Thyristor) 단상전파 정류Rectification 에서 저항부하시의
 전류맥동률 ($\frac{\sqrt{I_s^2 - I_{av}^2}}{I_{av}} \times 100\%$)은 몇 [%]인가 ?(04-72-1-9)

~24-1.응11-94-4-3. 단상반파 및 전파정류회로에서 전압변동률, 맥동률, 정류효율,
 최대역전압(PIV)에 대하여 설명하시오.

~24-2.응10-91-1-9. 교류 단상 입력전원에 저항성 부하가 연결된 경우를 기준으로 한 단상
 전파정류 회로의 직류 평균전압을 산출하시오.

문25. 정현파의 교류 전기에 있어 실효값, 평균값, 파고율, 파형율을 기술하시오

문28. ME(Medical Electronics) 분야에서 생체발전현상에 대한 계측시스템(3가지
 이상)에 대하여 원리를 설명하시오●

~28-1.응12-97-4-6. 생체 물리현상의 계측에 대하여 설명하시오.

문31. MEMS(Micro Electro Mechanical Systems)의 기본 기술 중 Micro machining
 기술이 있다. 이는 무엇이며 어떠한 종류가 있는지 설명하시오.(01-63-2-6)●

제1장. 소방관련 중 예상문제

예1. 합성수지의 분류에 있어 열경화성수지와 열가소성 수지의 차이점에 대하여 설명하시오.
==> 이 문제는 전기안전기술사에서도 기출 문제였음(상p   )●

예2. 방폭대책과 관련하여 다음 사항에 대해 기술하시오.(08-87-3-5) (상p   )●
가. 위험분위기의 생성방지 방법(2가지)/ 나. 전기기기 방폭의 기본(3가지)

제2장. 전자파 중 예상문제 4

예1) EMC, EMI, EMS 및 ESD의 용어에 대하여 정의하고 설명하시오(25점)(상권   p   )●
예2) NOISE 장해에 대하여 기술하시오(25점)(상권   p   )●
예3) 전자차폐에 대하여 기술하시오(10점)(상권   p   )
예4) 전자유도 현상의 종류를 들고 설명하시오.(상권   p   )

제3장. 정전기 중 예상문제 14

[3-1. 정전기의 개념 등] 中에서

예1)문3-1.응13-100-3-3.정전기   발생메카니즘과   정전기에   대한   완화시간(Relaxation time) 및 정전기의 종류(대전의 구분)에 대하여 설명하시오(상p   )●
예2)문5. 두 물체의 접촉으로 전기이중층의 형성을 일함수(Work Function)관점에서 설명하고, 분리 시 발생되는 현상에 대하여 설명하시오. (78-25)(상p   )

[3-2. 정전기의 대전과 방전] 中에서

예3)문13-1.08-85-1-13.전기집진기장치가 갖는 특징(장단점)을 다른 집진장치와 비교 설명하시오
(상p   )●
예4)문13-2. 고전압을 이용한 응용장치들에 대하여 설명하시오(04-72-3-1)(상p   )
예5)문14. 정전기 재해는 발생된 정전기의 물리적 현상에 기인하게 되는데,
그 물리적 현상에 대하여 다음을 설명하시오(05-75-25)(상p   )●
가. 역학적 현상(10점)   나. 방전 현상(5점)   다. 정전유도 현상(10점)
예6)문21. 대전 또는 충전된 물체의 종류 및 형태에 따라 방전양상을 분류하고 설명하시오
(06-80-25) (상p   )
예7)문22. 고전압 펄스전력(Pulsed power)의 특징을 열거하시오.(04-72-1-12)(상p   )●

[3-4. 정전기 대책]中에서

예8) 문2. 정전기로 인한 화재폭발방지를 하여야 할 설비를 열거하고 설명하시오(상권 p   )
(98-25)(91-40)(03-25). (02-10) : 규정 변경됨, 전기안전기술사 참조

예9. 문4-2. 응14-103-2-2. 산업현장에서 정전기발생과 정전기방지대책에 대하여 설명하시오(4p   )●

예10. 문34-1. 응13-100-1-10. 정전기 완화를 위한 본딩접지에 대하여 설명하시오.(4권p   )●

예11. 문35. 정치시간에 대하여 간단히 기술하시오.(상권p   )

예12. 문39. 정전기방전(ESD)에 의한 피해메카니즘을 설명하고 대책을 간단히 기술하시오(상권p   )

예13. 문45. 연무체를 정의하고 발생상황이나 성상에 따라 분류하시오.(안84회-1-1)(상권p   )●

예14. 문48. 정전도장(Electrostatic Painting)중 그리드법에 대해 설명하시오(02-66-1-6)(상권p   )

** 제4장. 운송설비 중 예 상 문 제 ** 2

예1. 엘리베이터에서 교류용 모터의 속도제어방식과 전기적, 기계적 안전장치에 대하여
설명하시오.(05-75-4-5)(상권p   )●

예2. 전동력을 이용하여 자동경사계단을 상승 또는 하강하기 위한 목적으로 에스컬레이터가
광범위하게 사용되고 있다. 에스컬레이터용 전동기의 소요 동력을 결정하기 위하여
고려할 사항에 대하여 설명하시오.(응10-91-4-2)(상권p   )

** 제5장. 전기화학 중 예 상 문 항 ** 2

예1. 1-2. 응14-103-1-1. 전기화학에서의 애노드(Anode) 및 캐소드(Cathode)에 대하여 설명하시오●

예2. 계면(界面:Interface)전기현상 중 전기침투(電氣浸透: Electro osmosis)와 ●
전기영동(또는 전기이동: Electrophoresis)을 비교 설명하시오.(09-88-4-2)(상권p   )

**제6장. 제어공학 중 예상 문제 ** 5

예1. Feedback 제어시스템의 특징을 설명하시오.(03-69-1-12)(상권P   )

예2. 제품의 수명주기와 신뢰도를 개괄적으로 보여주는 bath-tube 곡선(욕조곡선)에
대하여 간단히 설명하시오. (06-78-1-9)(상권P   )●

예3. 응10-91-1-3-3. 출력신호를 입력측으로 피드백(feedback)하여 출력을 제어하기위한 일반적인
폐루프(closed loop) 제어계의 구성을 블록도로 나타내고 각 구성요소에
대하여 설명하시오.(상P   )●

예4. 응10-91-1-4. 산업현장의 공정제어에 이용되고 있는 PLC(Programmable Logic
Controller)의 주요 기능을 설명하시오.(상권P   )●

예5. 응10-91-1-3-4. 전력선 통신기술(Power Line Communication Technology)의
장단점과 적용분야에 대하여 설명하시오.(상권P   )●

제7장. 계측공학 중 예상문제 2

예1.5. 계측기의 선정 및 설계시 고려하여야 할 내용에 대하여 항목별로 나열하고 간단히
　　　 설명하시오.(4권P)

예2.5-2. 계측기의 성능을 표시하는 다음 용어의 의미를 설명하시오
　　　　 1)정확도　　2)정도　　3)감도 혹은 분해

제8장. 발전공학 중 예상 문항

예1. 3-1. 응10-91-4-3. 최근 지속가능한 성장과 지구온난화방지를 위해 다양한 종류의 신재생
　　　　　　 에너지의 도입이 증가되고 있다. 연료가 가지는 화학적 에너지를
　　　　　　 직접 전기적 에너지로 변환하는 연료전지 시스템의 발전원리와 종류
　　　　　　 및 특징에 대하여 설명하시오.(상권P)●

예2. 3-2. 응14-103-1-2. 알칼리 전해액 연료전지에 대하여 설명하시오.(4권P)●

예3.7. 우리나라에서 신·재생에너지의 정의, 구분, 특성, 중요성에 대하여 간단히 설명하시오
　　　 (09-88-1-1)(상권P)●

예4.문9. 태양광발전 시스템의 구성요소 및 시스템에 대하여 설명하시오.(상권P)

예5.문12. 태양광 발전설비공사 시의 다음 사항에 대하여 설명하시오.(응09-88-3-2)(상권P)
　　　　　 1) 케이블 포설 시 주의사항　　2) 태양전지모듈(Module)설치 시 주의사항
　　　　　 3) 태양전지모듈(Module)상호 연결 시 주의사항●

예6.문12-1. 전기설비기술기준의 판단기준에 의한 연료전지 및 태양전지 모듈의 절연내력과
　　　　　　 태양전지 모듈 등의 시설에 대하여 설명하시오(안전2010-92-2-1) (상권P)

예8.문15. 태양광발전시스템의 설계 시에 필요한 기초자료 7개항과 설계순서를 나열하고,
　　　　　 설계시에 기술적 고려사항에 대하여 설명하시오.(상권P)●

예9.문15-1. 태양광발전에 적용되는 태양전지의 PN접합에 의한 발전원리 및 장단점을
　　　　　　 설명하고 일반 주택용 시스템구성의 개념도를 그리시오.(응2010-91회-2-6)(상권P)

예10.문15-2.응12-97-2-5. 태양광 발전설비 등의 신재생 에너지에서 축전지내장
　　　　　　　 계통연계시스템을 분류하여 설명하시오(4권P)●

예11.문15-3.응12-97-3-1. 신재생에너지 중 태양광 발전의 장단점과 계통에 연계할 때
　　　　　　　 고려할 사항에 대하여 설명하시오(4권P)●

예12.문15-4. 응15-106-4-2. 태양광 발전시스템에서 인버터회로 방식을 설명하시오(4권P)●

예13.문15-5. 응15-106-1-4. 태양광 발전시스템 설계 시 발전량을 산출하는 절차에 대하여
　　　　　　　 설명하시오.(4권P)●

예14.문15-6.응12-97-1-9. 독립형전원(풍력발전, 태양광발전 등)시스템용 축전지 선정 시
　　　　　　　 고려할 사항을 설명하시오.(4권P)●

예15.18-2. 응13-100-4-3. 열전효과에 대하여 설명하시오.(4권P)●

예16.22-1. 전력공급 시스템에 있어서 에너지 저장의 필요성과 구비조건 및 종류,
　　　　　 저장원리에 대하여 설명하시오.(4권P)●
예17.문22-3. 응14-103-4-6. 전력저장시스템(Energy Storage System)을 종류별로 구분하여
　　　　　 특징을 설명 하시오.(상권P)
예18.문22-4.응11-94-2-6. 전기전력저장시스템(BESS : Battery Energy Storage System)에
　　　　　 대하여 설명하시오.(4권P)●
예19.문22-5. 응11-94-1-8. 리튬이온전지(Lithium Ion Battery)을 설명하시오.(4권P)●
예20.문22-6. 응11-94-1-7. 전기 2중층 캐패시터(Capacitor)에 대하여 설명하시오(4권P)●

예21.문23. 동기발전기의 병렬운전에 따른 이점과 병렬운전조건, 병렬운전순서(수동기준)를
　　　　　 설명하시오.(05-75-3-6)(상권P)●

예1.문26. 풍력발전시스템의 운전방식에 따른 구분방법인 기어형과 기어리스형에
　　　　　 대해 다음 사항을 기술하시오. (전기안전09-87-25점)(상권P)
　　　　　　가. 형식별 시스템의 구성　　　　　나. 형식별 장단점(각각 3가지)
　-1. 풍력발전의 풍차의 종류에 대하여 기술하시오(발송배전72회-25점)

예22.문26-5. 우리의 서해안은 전력부하 집중지역이 근접해있고 수심이 낮아 해상풍력단지에
　　　　　 적합한 조건을 갖추고 있다. 풍력발전의 원리, 장단점 및 전망에 대하여
　　　　　 설명하시오. (10-91-3-5)(상권P)●
예23.문26-6. 응12-97-4-4. 풍력발전시스템의 낙뢰 피해와 피뢰대책을 설명하시오.(4권P)
예24. 28-1. 응11-94-2-2. 대기전력(Stand-By Power)의 종류와 저감 대책에 대하여
　　　　　 설명하시오.(4권P)

예25.문29. 전력산업의 녹색성장전략인 지능형 전력망(Smart Grid)에 대하여 아는 바를
　　　　　 기술하시오(상권P)

예26.문33-3.응13-100-3-6. 전기자동차 전원공급설비의 기술기준에 대해 설명하시오(4권P)●

예27.문34. 초전도 현상에 대한 원리와 그 응용 등에 대하여 간단히 기술하시오(4권P)●
예28.문34-1. 고온 초전도 전력저장시스템(SMES; Super Conducting Magnetic energy)
　　　　　 개발배경, 원리 및 응용분야에 대하여 설명하시오 응12-97-2-2.(4권P)●
예30.문34-2. 응14-103-4-2. 초전도현상(Superconductivity)의 특징과 고온 초전도체응용에
　　　　　 대하여 설명하시오.(4권P)●
예31.문35. 발전기의 전기자보호와 계자보호방식에 기술하시오(상권P)
예32.문35-1.응15-106-2-6. 비상발전기 보호방식에 대하여 설명하시오.(4권P)●
예33.문36.응12-97-1-5.냉동사이클(열펌프사이클)에 대하여 원리도를 그리고 설명하시오(4권P)●

[제9장. 송전공학 관련]

[직류 송전 관련]

1. 다음 전압파형의 실효치는 얼마인가 ?(03-69-1-9)

   단, 주기(T)는 1[ms], 진폭(Vm)은 100[V], D는 듀티비(Duty ratio)로서 0.4이다.

   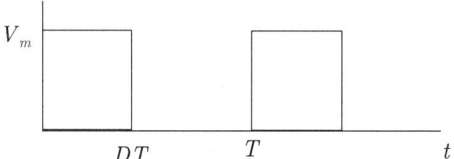

2. 에디슨이 최초 직류발전기를 발명한 이후 전기의 사용은 직류에서 교류로 또, 교류와 직류가 같이 사용되는 형태의 큰 변화가 있었다. 이러한 흐름을 가져온 핵심 발명품을 쓰고 직류전원계통과 교류전원계통의 장·단점에 대하여 설명하시오. (06-78-2-3)●

3. 표피효과에 대하여 약술하시오.(04-72-1-13)●

3-1. 1) 도선에서 직류저항과 교류저항의 개념

   2) 도전률이 $5.8 \times 10^7 [S/m]$, 반지름이 2[cm], 길이 1[km], 주파수1[MHz]의 순동의 도체의 교류저항과 또, 이 경우의 직류저항을 구하시오

   3) 도전률이 $5.8 \times 10^7 [S/m]$, 반지름이 1[mm], 길이 1[km], 주파수60[Hz]의 순동의 도체의 교류저항과 또, 이 경우의 직류저항을 구하시오

   4) 상기1), 2)의 결과로 알 수 있는 의미를 해석하시오

[케이블 관련]

4. 전력용 CV(가교폴리에틸렌)케이블의 장·단점에 대하여 설명하시오(88-1-7)●

4-1. 응12-97-1-8. 450/750V 로 표기된 염화비닐 절연케이블의 정격전압에 대하여 설명하시오●

4-2. 응12-97-2-4. 케이블 열화진단 방법에 대하여 설명하시오●

4-3. 응13-100-2-2. 고압케이블의 활선 진단법에 대하여 설명하시오●

4-4. 응15-106-3-1. 케이블의 열화(劣化) 현상 중에서 전기 트리잉(treeing)과 트랙킹(tracking)에 대하여 설명하시오.

5. 고온초전도케이블의 특징과 종류를 설명하시오. (06-78-4-5)●

5-1. 초전도 전력 케이블 장점 및 특징에 대하여 기술하시오.●

전기응용기술사

[부식(전식) 관련]

6. 부식(腐蝕)현상 중에서 전식(電蝕)의 발생과 대책에 대하여 설명하시오. (08-85-25) ●
7. 전식의 발생원인과 대책에 대해서 귀하가 경험한 바를 설명하시오. (05-75-3-5)

[이상전압 방지대책 관련]

8. 산화아연소자의 열폭주현상을 설명하시오. (06-78-1-3) ●

9. 뇌서지 보호대책에 사용되는 뇌서지 보호장치(SPD : Surge Protective Device)의 선정방법과 적용기준, 설치방법을 설명하시오. (06-78-3-5) ●

9-1. 응14-103-2-6. 서지흡수기(Surge Absorber)를 설치하는 이유와 설치위치 및 정격전류에 대하여 설명하시오. ●

9-2. 응10-91-2-3. 전력계통의 전원선, 통신선 등에 발생되는 서지(surge)에 대하여 다음 각 물음에 답하시오. ●
     가. 일반적인 파형을 그려서 설명하시오.
     나. 서지의 종류를 설명하시오.
     다. 전원용 서지보호기(SPD)의 선정에 대해 설명하시오.

10. 뇌서지 보호소자와 혼합형(Hybrid Circuit) 보호기에 대하여 설명하시오. (04-72-4-2)

11. 수변전설비에서 절연협조와 그 기준전압에 대해 기술하시오. (87-1-4)

12. 응13-100-3-1. 고장전류의 종류와 임피던스의 변화를 설명하시오. ●

13. 응13-100-4-1. VCB의 차단성능과 차단시 이상전압 발생원인에 대하여 설명하시오. ●

[제 10장. 변전공학]

[10-1장. GIS 및 변압기 관련]

<< GIS >>

문1. GIS에 대하여 기술하시오.●

문2. 응15-106-1-10. 가스절연개폐장치(Gas Insulated Switching)의 종류에 대하여 설명하시오●

문3. SF6가스의 물리·화학적 성질 및 전기적 성질에 대하여 설명하시오.(08-85-1-12)●

문4. 대도시 주변이나 도심지의 변전소 등에 사용되고 있는 GIS의
  1) 기본구조 및 원리를 간단히 설명하고,
  2) 장·단점을 각각 3가지 이상 설명하시오. (07-82-1-1)

문5. GIS설비 진단기술에 대하여 설명하시오.(08-85-2-2)●
  ~1. 응14-103-3-6. GIS(Gas Insulated Switchgear)의 특징과 진단 기술을 설명하시오.

문6. 가스절연개폐장치(GIS)에서 SF6(육불화황) 가스의 수분(水分)관리에 대하여
       설명하시오(응09-88-3-4)

문7. 가스절연변전소(GIS)에 포함되는 전력기기를 쓰고, 주요 구성품과 그 기능에
       대해 설명하시오.(06-78-2-4)●

<< 변압기 >>

[변압기 절연방식, 철심 별 종류]

(유입변압기)

문8. 단권변압기의 구조와 특징에 대하여 설명하시오.(05-75-1-4)●
  ~1. 단권변압기를 2권선 변압기와 비교할 때 단권변압기의 장·단점을 설명하시오.(08-85-1-5)

  ~2. 응11-94-2-1. 초전도현상의 특성과 실제 전력용 변압기에서의 응용되는 예를 설명하시오.

(아몰퍼스 변압기, 자구미세화 변압기)

문9. 아몰퍼스(amorphous)변압기의 특성과 채용할 때 기술검토 사항에 대해 설명하시오(08-85-4-3)

문10. 최근 에너지효율 측면에서 많이 사용하는 아몰퍼스(Amorphous)변압기에
       대하여 설명하시오(88-2-4)●

문11. 자구미세화 변압기에 대하여 기술하시오●

(몰드 변압기)

문12. 우리나라에서 많이 사용하고 있는 전력용 몰드변압기의 특성과,
변압방식(직접강압 방식과 이단강압방식)의 장단점을 비교하여 설명하시오.(07-82-3-2)

~1. 응10-91-4-1. 일반 몰드형 변압기, 자구미세화 적용 고효율 몰드변압기 및
아몰퍼스 몰드형 변압기를 상호 비교하여 설명하시오.●
~2. 응11-94-2-3. 몰드(Mold)변압기의 제작방법에 대하여 설명하시오.

문13. 수전변전소에서 사용되는 변압기는 그의 용도, 구조 및 냉각방식으로부터
여러 가지로 분류되는 바
1) (특)고압 수전변압기를 절연방식에 따라 4 종류로 분류하여 간단히 설명하고,
2) 그 중 몰드변압기의 특징을 유입변압기와 비교표로 설명하고
3) 일반적인 변압기 기술동향, 사용시 유의사항(특히 VCB 적용 선로 등)을
간략하게 설명하시오.(08-85-2-3)●

문14. 22.9kV 수전설비의 변압기로 사용되는 몰드변압기와 관련하여 다음 사항을
기술하시오.(안전 87-4-1)
가. 몰드변압기의 특성(5가지)   나. 유입변압기와 비교할 때 장단점(각각 5가지)

(변압기의 특성 등)

문15. 단상변압기를 사용하여 3상결선을 할 때 다음 각 결선방식의 장단점을 설명하시오.
(08-85-4-4)
(1) △-△ 결선의 장단점.   (2) Y-Y 결선의 장단점
(3) △-Y 결선, Y-△ 결선의 장단점.   (4) V 결선의 장단점
~1. 응10-91-1-5. 변압기의 정격(政格)에 대하여 설명하시오.

~2. 응14-103-4-4. 수전용 자가용 변전소에서 적용하는 특고압(22.9kV/저압)변압기로서
적용이 증가되는 하이브리드 변압기의 개념과 권선법을 설명하고, 그
특성을 일반 변압기 및 저소음 고효율 변압기와 비교하여 설명하시오.●
~3. 응15-106-1-11. 변압기의 Y-Zig Zag 결선에 대하여 설명하시오●

문16. 변압기 병렬운전 시 꼭 만족해야 하는 조건과 어느 정도 만족만 하여도 되는
것에 대하여 설명하고 각각의 이유를 설명하시오.●

문17. 변압기유가 갖추어야 할 조건에 대하여 설명하시오(06-78-10)●

문18. 수변전설비에서 가장 중심이 되는 중요한 설비는 무엇이며, 그 이유는?(06-80-10)

문19. 변압기 1차측과 2차측의 %Z가 동일하게 되는 것을 설명하시오.(07-72-1-1)

문20. 변압기의 % 임피던스에 대하여 약술하시오.
~1. 변압기 선정에 있어서 %Z가 어떤 영향을 미치는가에 대하여 설명하시오.●
~2. 응13-100-1-6. 변압기의 % 임피던스에 대하여 약술하시오.

문21. 효율을 η, 변압기용량을 P, 역율을 $\cos\theta$, 부하율을 m이라 할 때, 변압기가 최고 효율이 되는 조건은? 단, 철손은 부하율에 관계없이 일정, 동손은 부하율의 제곱에 비례한다.(03-69-4-3)●

문22. 154/22.9 kV, 60MVA, 60Hz, 유입자냉식 3상 변압기를 구입할 때 필요한 시험에 대하여 기술하시오.(04-72-2-2)

문23. 변압기의 주요 소음원인에 대하여 기술하시오.(89-1-10)

문24. 자가용 변전소에 설치된 유입 변압기가 과부하 운전될 수 있는 경우를 3가지 이상 예시하고 간략하게 설명하시오.(90년25점)●
~1. 응10-91-3-2. 국내에서 운용중인 공장설비를 상용주파수 50Hz인 동남아시아로 이전하여 변압기를 그대로 사용하려 할 때 전기적 특성에 대하여 설명하시오.●

(내진 대책)

문25. 지진 발생시 수·변전설비를 보호할 수 있는 내진대책에 대하여 기술하시오(89-2-5)●

(접 지 공 사)
문26. 접지공사시의 주의사항과 접지공사가 생략되는 장소에 대해 기술하시오.(87-3-3)
가. 접지공사시의 주의사항(4가지)/ 나. 접지공사가 생략되는 장소(5가지)

문26-1. 접지공법에서 물리적 방법 및 화학적 방법에 대하여 간략히 기술하시오●
-2. 접지저항 저감방법에 대하여 기술하시오(06-80-25)
-3. 응13-100-2-5. 접지공법에서 물리적 방법 및 화학적 방법에 대하여 기술하시오.

~4. 응12-97-4-3 전위강하법을 이용한 접지저항 측정방식에 대하여 설명하시오.●
~5. 응15-106-1-3. 접지설계시 보폭전압 및 접촉전압이 감전방지 한계치보다 높을 경우 전위경도 완화대책에 대하여 설명하시오.

[제 10-2장. 차단기 관련]

문27. 차단기의 정격 선정시 고려해야 할 사항 중 정격전압, 정격전류, 정격차단전류, 정격차단시간에 대해 설명하시오. (전기 응용 07-82-1-9) (06-80-10)●
 -1. 전력용차단기의 정격전류, 정격차단전류, 정격차단시간에 대해 설명하시오.(72-10.87-3-1)
-2. 차단기의 1) 정격전류,   2) 정격 단시간 전류   3) 정격차단시간
              4) 정격개극시간 5) 정격투입 조작전압 (발송 81회-25점)●

문28. 전기기기의 정격이란 무엇이며, 어떠한 종류가 있는 가 (02-66-1-1)
 ~28-1. 응15-106-1-7. 전력용차단기(CB)의 정격구분에 대하여 설명하시오

문29. 과전류와 과부하전류의 차이를 설명하시오. (06-78-1-2)

문30. 한전계통에서 사용되는 고압차단기의 동작책무와 관련하여 아래사항에 대해
      기술하시오.(87-2-3)●
            가. 동작책무를 규정하는 이유
            나. 동작책무의 표기법 및 기호의 의미
            다. 고속도 재투입용 차단기의 표준 동작책무
~1.응11-94-4-5. 차단기 선정 시 고려할 사항 및 동작책무에 대하여 설명하시오.

문31. 차단기의 TRIP FREE와 반복투입 방지(Anti-pumping)회로를 설명하시오.●
                                          (안전08-87-1-1)   (응용 75-1-5)
 -1. 차단기가 가져야 할 기능 중 트립자유(Trip free)와 반복투입방지(Anti pumping)
     기능에 대하여 설명하시오.(05-75-1-5)

문32. 변압기 보호용 전력퓨즈에 대하여 논하시오.(02-66-25. 03-71-25)

문33. 전력퓨즈에 대하여 기술하시오 (장단점은 10점) (안87-1-6)

문34. 자가용 수변전 설비에서 사용되는 고압차단기를
      1) 소호방식에 따라 분류하고 소호원리를 간단히 설명하시오.
      2) 특징 및 적용시 유의사항을 설명하시오. (08-85-3-4)

문35. 산업안전기준에 관한 규칙 제343조에 따르면, 고압 또는 특별고압의 단로기
      (D.S) 또는 선로개폐기(L·S)를 개·폐로 하는 때에는 당해 전로가 무부하임을
      확인하도록 하는 등의 조치를 요구하고 있다. (03-72-3-3)
      그 이유를 단로기/선로개폐기, 부하개폐기, 차단기의 특성 차이점을 기준으로
      설명하시오.

문36. 전기단선도 작성시 단락용량 계산의 목적, 종류 및 방법에 대하여 기술하시오.(01-65-25)

문37. 대전류 차단현상에 대하여 설명하시오.(04-72-3-6)

문38. 전력계통의 규모가 확대됨에 따라 수요급증에 따른 발전기, 송변전설비의 증가로 인하여 계통의 고장시 단락전류가 증가하는 문제가 심각해지고 있다.
이는 고장전류를 차단하여 사고파급을 최소화하기 위한 대책방안들을 요구하고 있다.
송전계통, 단락전류 계산 원리와 단락전류 저감을 위한 계통구성 및 설비차원에서의 대책방안을 기술하고, 장단점을 아울러 기술하시오(80-25점)●

문39. 대형 건축물의 수전변전소에 3상변압기(용량 30KVA, 3상, 154/6.9kV, %X=6%, R=0) 2차 측에 주 차단기 (정격 40KA, sym rms, 1 sec)가 설치되어 있다. 차단기에 설치된 변류기(100/5A, C200)에는 순시과전류계전기(CT2차 전류 100A에 정정)와 강반한시 과전류 계전기 (CT 2차 전류 40A 1초에 동작하도록 정정)가 연결되어 있다.
CT 2차 측 전선은 0.1[Ω/m], 왕복거리 20 m 이다.
순시/한시 과전류 계전기의 총 임피던스는 2Ω이다.
고장 직전의 변압기 2차측 전압은 6.9 kV이고 154kV 수전 전원 측의 고장용량은 3000 MVA (X/R=무한대)이다
2차측 모선에 발생한 3상 단락고장전류를 차단기가 성공적으로 차단 가능한지 여부를 다음 2단계를 통해서 판별하시오●
(1) 차단기의 차단용량의 적정여부 확인
(2) 순시 및 한시 과전류 계전기의 동작여부

[제 10-3장. 열화관련]

문40. 전기절연재료의 열화(성능저하) 요인을 약술하시오.(05-75-4-6)(13-100-1-12)●
 -1. 전력용 전기기기에 사용되는 절연물의 열화원인 5가지 이상을 들고 설명하시오(07-81-25)
 -2. 절연재료의 열화원인을 외부로부터 받는 요인에 따라 분류하고 각각에 대하여 설명하시오.(06-78-25)(05-75-25)

문40-3. 전기절연재료의 부분 방전 열화 현상에 대하여 설명하시오.(08-85-1-6)

문41. 변압기의 열화(劣化) 요인에 대하여 기술하시오(09-88-1-6)
 -1. 전력용 변압기의 경년열화에 대해 설명하고 그 원인 9가지를 쓰시오.(발09-89-1-12)●
 -2. 응14-103-3-1. 유입변압기 열화 원인에 대하여 설명하시오.

문42. 절연전선의 절연열화 원인 4가지를 기술하시오.(04-74-10)

문43. 교류전기기기의 절연진단을 위한 내전압 시험방법에 관하여 설명하시오.(05-75-25)

문44. 변압기 사고를 미연에 방지하기 위하여 현재 많이 이용되고 있는 변압기 진단
      기술 4가지를 열거하고 설명하시오. (03-69-4-5)●
 -1. 전력설비 중 변압기의 유지보수는 전력공급의 안정도 및 신뢰도 측면에서
      중요하다. 변압기사고를 사전에 방지(on-line) 하기 위한 방법? (발송 53회)
 -2. 변압기의 이상 상태를 진단하는 여러 가지 기법 가운데, 절연유에 용해되어
      있는 가스를 분석하는 기법인 "유중가스분석기법"의 활용이 확대되고 있다.
      분석가스에 따른 이상상태의 종류와 고장발생 유형에 대해 기술하시오.(발72회)
 -3. 변압기의 예방보전활동 중 변압기 열화진단 방법에 대하여 설명하시오.(05-75-2-5)

문44-4. 응14-103-2-3. 전력용 변압기의 내부 이상 검출을 위한 방법 중 예방보전 최신
         기술에 대하여 설명하시오.●

문44-5. 응11-94-1-9. TBM(Time Based Maintenance) 및 CBM(Condition Based
         Maintenance)에 대하여 설명하시오.●

문45. 전기기기의 권선 등 도전부에 적용되는 절연물에서 절연의 종류, 허용최고
      온도 및 주요재료를 간단히 설명하시오(09-88-1-5)●
 -1. 전기절연 재료에 있어 절연불량의 주요 요인을 간단히 설명하고,
      절연물의 절연계급에 따라 구분 설명하시오
 ~2. 응10-91-3-1. 전기기기에 적용되는 절연계급을 허용온도에 따라 설명하고
      적용되는 기기에 대하여 설명하시오.
 ~3. 전기절연재료와 전기절연재료의 내열성 등급에 대하여 설명하시오(92-1-1)(최초 문2-1.)
 ~4. 전기절연재료 중 기체재료에 대하여 설명하시오.(05-75-3-2)(최초 문2)

문46. 전력용 콘덴서 절연성능에 대한 진단법에 대하여 기술하시오
문46-1. 응13-100-1-5. IEC-529 에 의한 외함 보호등급(IP)과 표기방법을 설명하시오.●

[제 10-4장. 보호협조 관련]

문47. 유도원판형 과전류계전기의 레버(Lever)와 탭에 대하여 설명하시오.(05-75-1-3)

문48. 과전류계전기(OCR)의 탭 변경시 유의사항을 기술하시오(02-66-1-13)●

문49. 과전류계전기 한시특성의 종류를 열거하고 각각에 대하여 설명하시오.(발09-89-1-11)
~49-1. 응13-100-1-9. 과전류계전기 한시특성에 대하여 설명하시오.●

문50. 보호계전기에서 과전류 차단시 순시·한시·정시가 있다. 이 의미 및 왜 이러한
      구분이 필요한가를 설명하시오. (02-66-3-3)

문51. 전력용 변압기의 과전류 보호계전기의 정정(整定)기준에 대하여 설명하라(90년25점)

문51-1. 대용량변압기의 여자돌입전류의 발생원인과 발생 및 영향과 대책을
        기술하시오.●

문52. 전력계통을 보호하는 보호계전기를 용도(기능)상으로 분류하고 보호계전기의
      구비조건에 대하여 설명하시오.(08-86-25)●

문53. 보호계전기의 동작상태에서 정부동작과 오부동작을 설명하고 그 대책을
      제시하시오.(07-83-10)●
 -1. 아래 그림에서 A점 사고시 계전기의 정부동작과, 오부동작에 대한 용어를 기술하시오

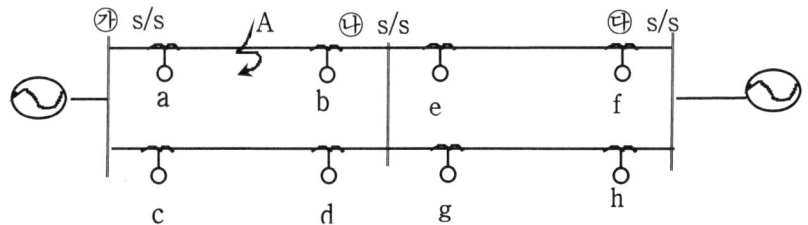

문54. 선로의 보호 협조는 효율적인 보호를 위해서 매우 중요하다.
      다음 배전 보호장치 설치시의 기본적인 고려사항을 =, ≤, ≥, <, >로서
      "( )" 부위에 표시하고 그 사유를 설명 하시오.
      1) 배전계통의 BIL   ( )   보호장치의 BIL
      2) 배전계통의 전압   ( )   보호장치의 정격전압
      3) 보호장치의 정격전류   ( )   보호장치 설치점 최대부하전류
      4) 보호장치의 최소동작전류   ( )   보호장치 보호구간 최소고장전류
      5) 보호장치의 최대차단정격전류 ( ) 보호장치 보호구간 최대고장전류

문55. 전력계통에서 사고제거를 주목적으로 한 보호계전방식의 주보호 방식과
      후비보호계전방식에 대하여 설명하시오.●
 -1. 전력계통 보호시스템에서 후비보호에 대해 설명하시오.(04-72-10)

56. 변전소의 주요 기기중 하나인 주변압기와 모선의 보호방식을 설명하시오.(90년.25점)●

문57. 전력용(특별고압수전용)변압기의 고장원인 및 예방대책과 그 보호장치를 기술하시오.
      (단, 용량 5000kVA, 5000kVA~10000kVA, 10000kVA 이상 각각 기술)(08-84-25)●

문58. 변압기의 전기적 보호 장치에는 과전류계전기, 비율차동계전기를 들 수 있다.
      변압기의 기계적 보호 장치에 대하여 종류를 들고 설명하시오.(09-88-3-6)

문59. 상결선이 D_{yn}인 변압기보호를 위해 사용하는 기계식 비율차동계전방식의 변류기 결선도를
      그리고, 계전기의 동작원리와 적용 시 유의사항에 대하여 설명하시오(발89-2-6)●

문60. 전기설비의 지락보호에 대하여 논하시오.(안전69회-25)
 -1. 배전용 변소소 22.9/3.3[kV], 3상4선식 다중접지식 급전선 1회선과 비접지식
      1회선이 각기 단독 변압기 뱅크로부터 인출되고 있다.
      이에 대한 접지보호방식에 대하여 자세하게 기술하라(발송17회-25점)

문61. 변압기 권선의 지락보호 방법에 대하여 기술하시오.(04-72-25)

문62. 수전용변압기의 보호장치와 <u>고장원인</u> 및 점검방법, 예방대책에 관하여 기술하시오(02-69-25)

문63. 사용 중인 변압기의 고장원인과 변압기보호계전방식에 대하여 설명하시오.(08-86-25)
 -1. 변압기 내부보호방식에 대해 설명하시오(99년10점)
 -2. 특별고압 수전용변압기와 관련하여 다음 사항을 상세하게 설명하시오.(97년25점)
   가. 전기설비 기술 기준에서 정하는 보호장치 설치기준(10점)
   나. 변압기의 고장원인과 그 예방대책(15점)

문64. 고압이상의 수전설비에서 주차단장치의 종류에 의한 보호협조 방식을 3가지로
   대별하고, PF-CB형의 보호협조를 설명하시오.(02-66-25)

문65. 전력계통의 지락 과전압 계전기의 동작을 위한 영상전압 검출에 대하여
   다음을 설명하시오.(01-63-25)
   가) 검출방법의 종류   나) 계기용 변압기의 접속방법 및 검출원리

문66. 영상전압을 검출하기 위한 방법에 대하여 기술하시오.
 -1. CLR에 대하여도 논하시오
 -2.응10-91-1-2. GPT(접지변성기) 2차 측에 결선하는 전류제한 저항기(CLR)에
         대하여 설명하시오. ●
 -3.응13-100-1-2. 한상이 완전 지락시 GPT에 연결된 CLR에 걸리는 전압?●

문67. 저압회로의 캐스케이드(Cascade) 보호협조 적용이유와 보호협조 조건에
   대하여 설명하시오.(발08-85-2-5) (응99년-10점)

문68. 최근 자가용 전기설비의 보호계전기 시스템으로 사용 중인 디지털보호계전기
   (Digital Protective Relay)를 기존의 유도형 및 정지형 보호계전기 방식과
   비교하여 설명하시오. (07-81-25) ●
~68-1. 응15-106-3-2. 보호계전기의 신뢰도 향상방법과 정지형(static type) 및
         디지털(digital type)계전기에 대하여 설명하시오.●

문69. 22.9[kV-y] 배전선로에 자동고장구분 개폐기(ASS: Automatic Section Switch)를
   설치하는 이유를 설명하시오.(88-1-13)

문70. 최근 공공 및 대형 시설에 많이 적용되고 있는 <u>전자화 배전반</u>에 대하여
   핵심 되는 디지털형 집중표시감시제어장치를 중심으로
   1) 개요(구성/기능/종류)를 간단히 설명하고,
   2) 주요특징을 설명하시오.   (07-82-1-13)●

[제10-5장. 변성기 관련]

문71. 계기용변류기의 특성, 접속방법 및 종류, 특성향상 방안에 대하여 설명하시오(08-85-3-5)
　-1. 변류기의 열적 기계적 과전류강도에 대하여 설명하시오(07-83-25)

문72. 계측용 및 계전기용 변류기의 특성 차이에 대하여 설명하시오(02-72-10)

문73. 계기용 변류기(CT)의 과전류 정수에 대하여 설명하시오.(05-75-1-11)●
　-1. 변류기(CT)의 과전류정수를 설명하고 과전류정수의 종류를 제시하시오.(06-80-10)
　~2. 응15-106-1-2. 변전소에 설치하는 계기용 변류기(CT)의 과도특성에 대하여 설명하시오●

문74. CT의 과전류정수와 과전류강도, 부담에 대하여 기술하시오.(00-25. 02-25)
　~1. 응14-103-1-5. 변류기(CT)의 과전류정수(Over current Constant) 및 부담(Burden),
　　　　CT의 과전류정수와 부담과의 관계에 대하여 설명하시오.●

문75. 변류기에 대하여 다음을 설명하시오. (03-69-25)
　　가. 부담(5점)　　　　　나. 과전류 정수(10점)
　　다. 2차측에 부하를 접속하지 않으면 단락하는 이유(10점)

문76. 보정과 오차를 설명하시오.(03-69-1-7)

문77. 회로에 흐르는 전류를 측정할 수 있는 소자 및 원리를 설명하시오(02-66-1-1)
　　　　(직접식, 간접식으로 구분)

문78. 정격이 161[kV]:115[V]인 PT를 개방 삼각결선 (Open delta connection)으로
　　그림과 같은 극성으로 연결되었을 때 PT 2차측 전압 V_{AB}, V_{BC}, V_{CA} 를
각각 구하시오.(08-85-1-2)(단, PT 1차전압 $V_{RS} = 154,000\angle 0°$ [V],
$V_{ST} = 154,000\angle -120°$ [V], $V_{TR} = 154,000\angle 120°$ [V] 이다.)

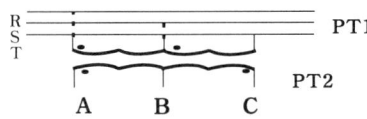

문78-1. 아래 그림과 같이 결선된 CT의 3상 평형회로에서 전류계가 10[A]를
　　　지시하였다. CT의 변류비가 40인 경우 선로의 전류는 몇 [A] 인지 구하시오●

문79. 계기용변압기(PT)의 접속 종류 및 방법에 대하여 접속도를 그리고 설명하시오(09-88-4-4)

[제10-6장. 축전지 관련] : 시험 공부시는 생략해도 좋을 듯

[제10-7장. 콘덴서 관련]

문87. 고압전동기 및 특고압 진상용 콘덴서의 시설방법 및 주의사항에 대하여
　　　논하시오. (01-63-2-4)

문88. 특고압 변전소의 조상용 콘덴서 회로의 개폐특징을 들고, 선정 시 고려할
사항을 논하시오.(응08-88회-25점)●
~1.응09-88-3-5. 진상용 콘덴서를 투입할 때와 개방할 때 나타나는 현상과 대책을 설명하시오.
~2.응13-100-1-4. 조상용 콘덴서 조작용 차단기의 선정시 고려사항?

~3.응13-100-4-4. 직렬리액터 설치시 콘덴서의 단자전압과의 관계에 대하여 설명하시오●
~4.응12-97-2-3. 역율개선용 전력용콘덴서의 전압파형 개성을 위하여 설치하는 직렬리액터의
용량에 따른 콘덴서 단자전압과 고조파에 대한 영향을 설명하시오●

문89. 전력용 콘덴서의 설치효과와 과보상시의 문제점을 설명하시오.(08-86-10)●
문90. 전력용 콘덴서의 시험종류와 그 방법에 대해서 논하시오.(05-75-25)

문91.응15-106-1-13. 어떤 코일에 단상 100 V의 전압을 인가하면 20 A의 전류가 흐르고
1.5kW의 전력을 소비한다. 이 코일과 병렬로 콘덴서를 접속하여
합성역률이 1이 되기 위한 용량리액턴스를 구하시오.
문92.응10-91-4-4. 전동기 등의 유도성부하에 의해 저하되는 역률을 보상하기 위해 사용되는
진상용 콘덴서의 역률개선 효과를 전력공급자의 측면과 수용가 측면에서
각각 설명하고, 부하의 유효전력이 P[kW]인 경우 역률개선 실현하기 위하여
필요한 콘덴서의 용량Q[kVA]를 산정하시오(단, 개선 전후의 역률을 각각 $\cos\theta_1$, $\cos\theta_2$)●

[11장. 배전공학]

[11-1. 누전 차단기]

문1. 누전 차단기가 필요한 이유 및 기본동작 원리를 설명하시오. (응02-66-1-1)

문2. 1) 누전차단기의 설치목적을 설명하고, 2) 욕실 등 인체가 물에 젖어있는 상태에서 물을 사용하는 장소에 콘센트를 시설하는 경우에 적합한 누전차단기에 대하여 설명하시오. (07-82-1-10)

[11-2. 감 리 관 련]

문3. 국토해양부 고시 2008-872(2008.12.31)호 제37조에 정하고 있는 감리원의 검측업무 중 다음 사항에 대해 기술하시오.(87-2-5)
  가. 체크리스트의 작성·제공 목적
  나. 검측절차(가능한 블록도로 표기)

문4. 공사감리(工事監理) 시에 전력기술 관리법에 따른 다음 사항을 설명하시오(09-88-4-3)●
  1) 감리원의 업무내용
  2) 책임감리원이 작성하여 발주자에게 제출하여야 하는 보고서의 종류 및 보고서의 내용

~1.응10-91-4-6. 전력시설물공사감리(工事監理)시에 전력기술법에 따른 공사 시공단계의 감리원의 업무내용을 아래 5항목 중 2개를 선택하여 설명하시오.●
  (1)품질관리   (2)시공관리   (3)공정관리
  (4)안전 및 환경관리   (5)설계변경

~2.응11-94-3-4. 전력시설물의 설치, 보수공사의 품질확보 및 향상을 위하여 공사감리을 발주한다. 전력기술관리법상의 감리원의 업무범위, 감리대상 및 제외대상에 대하여 설명하시오.●

~3.응12-97-1-12. 전력시설물 공사감리 시 전력기술관리법 시행령 제23조에서 정한 감리원의 업무범위에 대하여 10가지이상을 나열하고 설명하시오

[11-3. 전 기 회 로]

문6. 다음 그림과 같은 회로에서 S/W on/off시 발생되는 문제점을 설명하고 해결 방법을 쓰시오. (02-66-2-3)(발송09-89회 25점)

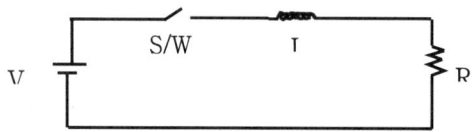

[11-4. 전 기 품 질]

문7. 플리커의 발생원인, 기준, 영향과 크기 및 대책에 대하여 기술하시오.●
~1. 응13-100-3-2. 플리커의 정의 및 경감대책에 대하여 기술하시오.

문8. 비선형 부하 발생시 중성선의 과부하 현상 및 역률저하에 대하여 기술하시오

문10. 교류회로에서 역률이란 무엇이며, 어떤 영향을 미치는 가? (02-66-1-1)

문11. ●
1) 근래 전력계통에서 전력품질 문제가 중요하게 인식되고 있으며, 그중 고조파의 영향이 점차로 증대되고 있는 실정이다. 어떤 배전계통에서 고조파를 측정한 결과 각 조파의 스펙트럼이 다음 표와 같이 측정되었다.
최대부하전류가 100[A]인 경우 TDD(Total Demand Distortion)를 구하라

[표. 측정된 조파에 따른 스펙트럼]

조파	0	1	2	3	4	5	6	7	8	9	10	11
Ampere (RMS)	0	50	0	43	0	29	0	18	0	10	0	3

2) THD와 EDC의 정의 및 그 기준을 설명하시오

문12. 전력계통에서 고조파의 발생원인, 영향, 대책에 대해 설명하시오 (09-88-2-6)●

문13. 서지억제를 위한 회로 및 부품의 종류, 구조 및 특성에 대하여 논하시오 (01-63-2-5)

[11-4-1. U P S 및 전기품질 향상장치]

문15. 회전형UPS(Uninterruptible Power Supply system)와 정지형 UPS의 원리와
구조 및 특성을 설명하시오.(응용05-75-4-2)

-1. 공간과 성능면에서 다이내믹UPS와 정지형UPS를 비교 설명하시오.(건01-66-1-8)

문16. 전원을 안정적으로 공급하기 위한 무정전전원설비(UPS)의 기본 구성, 동작방식에
따른 장점 및 단점, 무정전전원설비 선정시 고려 사항에 대하여 설명하시오
(07-82-3-1)

문17. 부하에 전류를 공급하는 방식에 따른 온라인(On-Line)과 오프라인(Off-Line)
방식의 UPS 회로구성과 특징에 대하여 설명하시오.(응08-85-2-6)●

-1. On-Line UPS와 Off-Line UPS의 동작특성을 설명하시오(전 02-63-4-2)

-2. 응14-103-2-4. 무정전 전원장치(UPS)의 On-Line 방식과 Off-Line 방식의 동작특성을
설명하시오.

문18. 무정전 전원 장치(UPS)설비의 2차회로의 단락 및 지락사고 보호에 대하여 기술하시오.●
(건축전 기출문답)

-1. 응11-94-4-1. 무정전 전원설비(UPS)의 2차 회로의 단락보호에 대하여 설명하시오.

-2. 응12-97-1-3. 사이리스터식UPS와 비상용디젤발전기를 동시에 병렬운전하여 전기부하에
전력공급할 때 예상되는 문제점과 대처방안에 대하여 설명하시오●

문19. 전원 교란의 원인, 영향, 대책에 대하여 기술하시오.

문20. 전력품질 개선을 위한 CUSTOM POWER기기의 필요성과 종류별 특징에
대하여 기술하시오.●

~1. 응13-100-1-3. 순시전압강하의 원인과 대책을 설명하시오.●

~2. 응15-106-1-9. 제어 전원 측 Sag대책으로 설치하는 DPI(Voltage-Dip Proofing
Inverters)의 구성 및 동작원리에 대하여 설명하시오.●

[11-5. 옥내 접지방식, 옥내 계량장치, 저압기기]

문21. 저압배전계통의 IEC 접지방식에 대하여 기술하시오.
문22. 국제전기기술위원회(IEC)에서의 전력계통 TN, TT, IT방식의 특징과 감전방지
 대책에 대하여 계통별로 도시하여 설명하시오. 건축전기(08-83-4-1)●
 -1. KSC IEC 60364-3 규격의 배전계통접지방식 중 TT방식과 TN방식에 대하여
  설명하시오. (발08-83-4-1)
 -2. KS C IEC 60364-2-21(2002)에서 규정하고 있는 접지계통에 대한 다음 사항을
  기술하시오.(안07-80-2-2)
   가. 접지계통의 종류.   나. 우리나라에서 채택하고 있는 접지계통의 개요도

문23. 배전선을 이용한 PLC(Power Line Communication)에 대하여 기술하시오
  (이 문제는 6장에도 있음==> 6장 문제를 우선하여 공부할 것)

문24. 응14-103-4-3. 배선용저압차단기(MCCB)의 특징, 시설개소, 단락보호 협조방식에 대하여
  설명하시오.●

문25. 응15-106-2-5. ATS(Automatic Transfer Switch)와 CTTS(Closed Transition
  Transfer Switch)의 특징 및 차이점에 대하여 설명하시오.●

** 제12장. 조명공학
12-1장. 조명공학 기초 중 예상 문항 **

문1. 조명공학에 있어 각종 측광량에 단위의 개념을 기술하시오●
  -1. 완전 확산면으로 되어 있는 밀폐 구내에 광원을 두었을 때 그 면의 확산조도는
      구의 지름과 어떤 관계를 갖는지 설명하시오(01-63-4-6)
  -2. 완전확산면에서 휘도 B, 광속발산도를 R이라고 할 때 R=πB됨을 증명하시오 (06-78-1-8)
  -3. 휘도가 B[cd/m²]인 무한대의 한 평면이 있다. 이것과 일정한 거리에서
      평행한 평면의 조도 E[lx]를 구하시오.(응14-103-1-4)
  -4. 조명광원의 특징을 나타내는 측광량 중 휘도(Brightness)에 대하여 설명하시오(10-91-1-6)
  -5. 광속발산도와 휘도 및 조도의 관계를 설명하시오●
  -6. 조도계산에 적용되는 입사각 여현의 법칙에 대하여 간단히 설명하시오●
  -7. 실내에서의 평균조도의 정의와 계산식에 대하여 설명하시오.(10-91-2-4)●

 2-1. 광원의 색온도(Color Temperature) 결정방법과 조도와의 관계에 대하여
      설명하시오.(건10-92-2-3)●
 2-2. 광원의 연색성(Color Rendition)평가와 연색성이 물체에 미치는 영향에 대하여
      설명하시오. (응15-106-3-5)●
문3. 시감도 및 비시감도에 대하여 설명하시오.(01-63-1-11)

문4-1. 조명에 대한 순응(Adaptation) 및 퍼킨제 효과에 대하여 기술하시오.●

 5-1. 명시론에서 물체의 보임 요소에 대하여 설명하시오(09-88-1-9)

 6-1. 좋은 조명요건에 대하여 설명하시오.(응15-106-4-6)

문8. 눈부심의 원인, 영향, 대책에 대하여 설명하시오(09-88-4-5)●
문11. 페닝효과 설명하시오(03-69-1-2)●

문12. 불꽃방전에 관한 파센의 법칙을 설명하시오●
문14. 방전등의 점등원리를 1)전자방출, 2)기체의 전리(電離), 3)방전개시로
      나누어 설명하시오.(09-88-2-1)●
  -1. 방전램프의 방전특성에 대하여 논하시오.(01-63-3-2)
  -2. 방전(discharge)현상을 응용한 광원(光源)의 원리를 기술하시오.(07-82-4-6)
문15-1. 실내 조명설비에 있어서 LLF(Light Loss Factor)에 대하여 설명하시오(건10-92-1-1)
 15-2. 다음 용어를 기호와 단위가 포함된 내용으로 설명하시오(응15-106-1-8)●
              (광속, 광효율, 광도, 조도, 조도 균제도, 광속유지율)

문16. 조명설계에 있어 방지수와 조명률에 대하여 기술하시오●
문17. 조명의 질이 작업능률에 미치는 영향에 대하여 설명하시오(10-91-1-11)

@@ 제12-2장. 광 원 중 핵심 문항 @@

문3. 파이로 루미네선스란 무엇이며 응용분야를 설명하시오. (01-63-1-2)

문3-1. 응13-100-1-1. 온도방사와 루미네센스를 비교 설명하시오.●

문14. LED(Lighting Emitting Diode)광원의 기본원리와 최근동향을 설명하시오.(05-75-2-2)

문15. 최근 현장에 널리 사용되고 있는 LED(Light Emitting Diode) 램프의
　　　발광원리와 특징, 사용용도에 대하여 설명하시오.(08-85-1-8)

 -1. 에너지 절약효과가 뛰어난 LED(Light Emitting Diode) 광원의 특성과 조명시스템의
　　　설계 시 고려할 사항 및 형광램프와 비교하여 효과적인 조명제어가 가능한
　　　이유를 설명하시오.●

문15-2. LED는 에너지 절감과 친환경적인 장점으로 인하여 신성장산업으로 주목받고 있다. 최근 응용이 확대되고 있는 LED광원의 발광원리와 특징을 설명하시오.(응10-91-4-5)●

문16-3. LED(Light Emitting Diode)의 장·단점을 설명하고, LED조명과 전통조명
　　　　(형광등, 백열등)을 비교 설명하시오.(건10-91-1-13)●

문16-6. 응12-97-3-3. LED 광원의 특성과 조명제어방법을 설명하시오.●

문17-2. 응15-106-2-2. 유기발광다이오드(OLED) 대하여 설명하시오.●

문18. 최근 많이 적용되는 CDM(Ceramic Discharge Metalhalide Lamp)에 대한
　　　구조, 원리, 특성(장·단점)을 기술하시오.(건축87-10점)

문19. 최근 우리나라 터널조명에 사용되는 광원이 바뀌고 있다.
　　　이에 대해 설명하시오(02-66-3-2)

문21. PLS(Plasma Lighting System) 조명기기에 대하여 설명하시오.

문21-1. 응11-94-1-13. 플라즈마 생성원리와 응용에 대하여 설명하시오.●

@@ 제 12-3장. 조명설계 中 예상문제 @@

문1. 조명의 결정요소를 들고 설명하시오.(03-69-2-1) (조명의 질과 양)

문2. 조명설계시 설계의 기본검토 사항을 순서대로 쓰시오

문7. 경관조명에서 장해광의 종류와 대책에 대해 설명하시오.(08-85-3-6)

문9-5.응12-97-4-5. 최근 지자체별로 광해조례를 발표하여 관리를 하는 등 빛 공해에 관한 관심이 높아지고 있다. 이와 관련하여 빛 공해의 종류를 대별하고 생태계에 미치는 영향 및 빛 공해 방지대책에 대하여 설명하시오. ●

문10-1.응11-94-1-4. 건축조명 시스템 중 태양광 채광 시스템의 종류 및 구성에 대하여 설명하시오.

문14-1.응11-94-3-5. KSA 3701에 의거하여 도로조명설계 기준에 대하여 설명하시오.

문15-1.응14-103-2-1. 실내에서 광속법을 이용하여 전반조명 설계시 설계방법을 순서대로 설명하시오 ●

문16. 조명설비 에너지 Saving(절약)에 대하여 기술하시오. ●

문19-1. 응14-103-3-3. 공장의 조명 설계 시 에너지 절약 방안에 대하여 설명하시오.●

@@ 제 13장. 전열 공학 중 예상문항 @@

3. 전열계산에 있어 아래 사항에 대하여 기술하시오. ●
    6) 대류 및 방사에 의한 열의 발산
        (1) 대류에 의한 열의 발산
        (2) 방사에 의한 열의 발산 (즉, 빛과 열의 상호관계)

9-1. 응14-103-4-1. 전기용접 방식의 특징과 기계적 접합방식 및 가스용접방식의 특징을 비교하여 장점만을 설명하시오.●

12. 아크 가열의 원리 및 종류, 특징, 용접법, 용도를 간단히 설명하시오.

12-1. 응12-97-1-7. 아크용접 중 원자수소용접에 대하여 설명하시오

15. 초음파를 이용한 ME(Medical Electronics)기기를 5가지만 쓰시오.(04-72-1-5)? 과년도 재차

응12-97-4-6. 생체 물리현상의 계측에 대하여 설명하시오??●

17. 고주파 가열의 종류 및 장단점을 논하시오.(01-63-3-5)

21. 전기적으로 가열하는 전열방식을 분류하고 원리와 용도를 비교 설명하시오.(07-82-3-3)●

22. 방전가공의 종류 및 특징에 대하여 설명하시오.(01-63-1-8)

24. 고전압 펄스전력(Pulsed power)이란 무엇이며 그것의 응용 및 특징을 간단히 기술하시오●

** 제14장. 동력공학 **

14-1장. 전기동력 기초 중 예상문항 **

문1. 출력 P[kW]의 플라이휠이 N[rpm] 으로 운전시, 전동기 축토오크는 T[kg·m] 얼마?

문2. 유도전동기의 GD^2[kg·m²]의 플라이 휠이 N[rpm]으로 회전 시 플라이휠에 축적되는 회전운동에너지 W[J]을 구하시오

문6. 유도기에서 구동토크와 운전토크의 차이에 대한 안정성을 기술하시오(60회-25)

** 제 14-2장. 직류전동기 중 예상문제 **

문6. 직류기의 등가회로를 그리고, 회전속도(n)와 회전력(T) 사이의 관계를 설명하시오. (분권형 직류기) (02-66-1-1)

** 제 14-3장. 유도전동기 중 예상문제 **

3-1. 응13-100-4-6. 3상 유도전동기와 단상유도전동기의 회전자계 발생원리에 대하여 설명하시오●

3-2. 응11-94-2-4. 단상유도전동기의 회전원리 및 기동방법에 대하여 설명하시오.

문4. 유도 전동기의 슬립과 속도 변동율의 관계를 기술하시오(01-60-10접)●

문5. 유도전동기 기동장치 시간내량에 대하여 기술하시오

7-1. 응15-106-1-12. 유도전동기 기동 시 기동전류와 역률의 상관관계를 설명하시오.●

문8. 농형유도전동기 기동법을 들고 비교 설명하시오(09-88-4-6)

17-1. 응12-97-1-1. 유도전동기에서 비례추이 특성을 설명하시오●

23-2. 응12-97-2-1. 3상유도전동기의 제동방법과 제동방법 선정 시 유의점에 대하여 설명하시오●

문25. 유도전동기 단자전압이 정격보다 낮은 경우의 현상을 설명하시오

문26. 3상 유도전동기의 정격 및 사용에 대하여 구분설명하고, 유도전동기의 온도특성에
대해 설명하시오.

28-1. 응15-106-3-4. 유도전동기 벡터제어에 대하여 설명하시오.●

문38. VVVF 인버터에서 이상적인 출력전압과 주파수를 얻기 위한 제어법과 그 제어의
원리를 설명하시오.(응용 60회-25점)

문39. 유도전동기를 VVVF기동방식으로 할 경우, 발생 노이즈의 종류와 대책 설명하시오

40-1. 응13-100-3-5. 유도전동기를 VVVF기동방식으로 할 경우, 발생 노이즈의 종류와
대책을 설명하시오

40-2. 응12-97-4-1. 가변속도의 구동기로서 Inverter와 유도전동기의 조합이 많이 사용되고
있다. 현장에서 Inverter의 사용 보전(Operation &
maintenance)상의 유의사항에 대하여 설명하시오.●

문41. 유도전동기의 속도 제어 시스템에 사용되는 (1) 전압형과 전류형 인버터의 특성,
(2) 폐루프 VVVF(Closed Loop Variable Voltage Variable
Frequency)속도제어 시스템의 구성도, (3) 제어원리 및 효과에 대해
설명하시오

** 제 14-4장. 전동기 관리와 동력에너지 절약 및 보호 중 예상문제 **

5-1. 응12-97-1-10. 전동기 운전 중에 발생하는 진동과 소음에 대하여 발생원인별로
분류하여 설명하시오.●

문6. 전동기의 열화진단에 있어 전기적 시험방법 중 비파괴 시험방법에 대하여
기술하시오   (응60회-25)

-11-1. 응13-100-4-5. 전기 동력설비의 에너지 Saving에 대하여 설명하시오.●

문12. 전동기 선정 및 정격선정방침과 보호방식에 간단히 기술하시오.●

문16. 4E 계전기는 어떤 요소를 보호하기 위한 계전기인가? ●

문18. 응15-106-4-5. 고압 유도 전동기의 보호를 위한 계전기 정정에 대하여 설명하시오.●

@@제14-5장. 기타 전동기 관련 중 예상 문항 @@

문1. 서보모터와 일반모터의 차이점을 기술하시오(60회 ~10점)

4-1. 응11-94-3-2. 서보전동기(Servo moter)가 갖추어야 할 특성과 종류에 대하여 설명하시오.●

8-1. 응10-91-2-5. 최근 각종산업 분야에서 기존의 정류자형 직류전동기 대신에 브러시리스 직류전동기(BLDC motor)의 사용이 확대되고 있다.
브러시리스 직류전동기의 특징과 동작원리에 대하여 설명하시오.●

11-1. 응13-100-1-13. 60Hz 모터를 50Hz에서 운전할 경우 특성변화를 설명하시오●

** 제 15장. 전기철도 중 예상 문제 **
제 15-1. 전기 철도 기초

~1-1.응12-97-4-2. 전기철도에서 점착력을 설명하고 점착계수를 크게 할 수 있는
　　　　　　방법을 설명하시오.●

문2. 표정속도를 설명하고, 표정속도를 향상시키기 위한 방법을 제시하시오.(03-69-1- 6)

~2-1.응11-94-1-10. 전기철도에서 열차속도향상을 위하여 고려하는 파동전파속도에
　　　　　　대하여 설명하시오.●

~2-2.응12-97-2-6. 전기철도의 경제적인 운전방법에 대하여 운전과 설비로 구분하여 설명하시오.

~3-1.응11-94-2-5. 직류식 전기철도에서 전기부식의 피해를 최소화하기 위한 방안을 설명하시오●

[제 15-2장. 전기 철도용 전동기 및 자기부상 관련]

[전기철도용 모터 관련]

문1.전기철도용 전기차의 견인용 주전동기 요구조건(특성)에 대하여 설명하시오(09-88-1-2)●

문2. 전기철도의 부하의 전기적 특성을 간략하게 설명하시오.(03-69-1-5)

~2-1.응14-103-1-6. 현재 운용중인 전기철도에서 부하 급전계통의 특성을 요약하여
　　　　　　설명하시오.●

3-3.응12-97-3-4. 전기 철도에서 전기차의 주전동기 속도제어 방법 중 직 병렬 제어에
　　　　　　대하여 설명하시오●

3-4.응11-94-1-2. 전기철도에서 사용되는 회생제동의 원리와 장단점에 대하여 설명하시오.●

문5. 전기철도에서 추진력을 얻기 위하여 사용되는 선형전동기(LM; Linear Motor)방식의
　　　철도에 대하여 설명하시오.(08-85-1-4)●

문6. 자기부상열차의 추진방식(LIM, LSM)을 설명하시오.(88-4-1) ●

문6-1. 직선형 유도 전동기(Linear induction motor)의 단부효과에 대해 설명하고
　　　단부효과가 미치는 영향을 설명하시오.(08-85-3- 1)●

[자기부상 열차]

문10. 현존하는 자기부상 열차 모델들을 부상방식, 전기방식, 재료방식의 관점에서
구분하여 설명하시오(06-78-25)●
    1) 부상방식(EDS, EMS)   2) 전동기방식 : LIM. LSM
    3) 재료방식 : 초전도, 상전도
~10-1.응09-88-4-1. 자기부상열차의 추진방식(LIM, LSM)을 설명하시오.

[제15-3장. 전기철도의 급전시스템]

2. 교류전기철도 급전방식의 개요 및 특징을 설명하고, 직류급전방식에 대하여 일반적인
특징에 대하여도 기술하시오●

 2-1. 전기 철도 설비에서 급전회로의 일반적 특성을 설명하시오.(04-72-3-3)●

 2-2.응11-94-3-6. 교류전철변전소의 보호계전기 종류 및 역할에 대하여 설명하시오.

3. 전기철도 교류급전 방식 중 BT(Booster Transformer)방식과 AT(Auto Transformer)
  을 약술하시오. (05-75-1-7)●
 -1. 응15-106-4-1. 교류 전기철도에 사용하는 단권변압기(AT)에 대하여 설명하시오.

5. 전기철도에서 직류급전구분소(SP: Sectioning-Post)와 교류급전구분소(SP:
Sectioning-Post)의 차이점을 설명하시오. (09-88-3-3)●
  5-1. 급전구분소, 보조급전구분소, 변압기 포스트를 설명하시오

  5-2.응11-94-1-12. 전기철도에서 많이 사용되고 있는 아래 설비의 용어에 대하여 설명하시오.●
       (SP, SSP, ATP, PW, FPW)

6. 교류급전방식의 전기철도에서 3상 전원을 2상으로 변환하여 급전하는
    스콧트(Scott)결선 변압기에 대하여 설명하시오. (07-82-3-1) (응13-100-4-2)●

6-1.응11-94-3-1. 교류전기철도의 변전소에서 3상전원을 단상으로 공급하는
       방식(4가지)에 대하여 설명하시오.●

7. 직류고속도차단기(HSCB)의 차단원리, 최대차단전류, 돌진율 및 최근동향에 대하여●
    설명하시오(74-4-3)(62-1-1)(65-1-5)(68-1-2)70-2-2)(76-3-4-)(83-1-12)(86-1-9)

7-1. 직류고속도 차단기의 자기유지현상을 설명하시오(건축전기 94회?) ●
8. 직류고속도 차단기의 특성을 나타내는 다음 용어를 설명하고 주어진 조건에서
    그 값을 구하시오. 계산조건 : E=1500[V], R=0.03[Ω], L=0.5[mH] (03-69-2-3)
       1) 돌진율   2) 추정단락 전류의 최대값   ●

9. 철도 신호 시스템에서 ATC와 CTC에 대하여 논하시오.(04-72-4-5)
 -1. ATS, ATC, ATO의 비교 설명하시오

13-1.응13-100-2-6. 직류1500V 전기철도에서 전동차에 전력을 공급하기 위해서 설치한
            정류설비의 정류기 용량과 정류기용 변압기 용량이 서로 다른 이유를 설명하시오.
            (단, 정류기는 직류전압 DC 1500 V, 용량 6000kW)●

14. 급전 타이포스트의 설치목적에 대하여 기술하시오.
15. 직류 급전구분소를 설치 시 전압강하 개선 효과를 설명하시오(전철73회 기출)

16. 전기철도 신호 시스템에서 임피던스본드(Impedance Bond)에 대하여 회로도와 함께
    간단히 설명하시오.(09-88-1-4) ●

[제 15-4 장. 전차선로 등]

문4. 전기철도에서 가공전차선의 조가방식(操架方式)에 대하여 설명하시오.(09-88-2-3)●
4-1.응11-94-1-3. 지하터널구간에서 주로 적용되는 교류 및 직류 강체조가방식에
            대하여 설명하시오.

문5. 전차선의 이선(離線)과 이선 방지대책에 대하여 설명하시오. (07-82-1-4)
-1. 전차선로의 이선의 종류 및 전차선에 미치는 영향과 이선장애 대책에
    대하여 설명하시오. (76-4-4)(74-1-4)(73-1-13)(67-3-5)(67-1-13)(79-1-5)●
 -2. 응15-106-1-1. 전기철도에서 이선(異線)방지 대책에 대하여 설명하시오.

제 15-5장. 전기철도용 유도장해와 고조파

문1. 교류전철에서 발생하기 쉬운 통신유도장해의 종류, 장해내용 및 경감대책에 대해
    설명하시오.(08-85-4-2)●
~1-1. 응11-94-4-6. 전기철도에서 유도장해의 종류와 경감대책에 대해 설명하시오.
문3. 전기철도 시스템에서의 고조파 발생요인과 대책을 기술하시오. (07-82-4-2)

** 제 16장. 전력전자중 예상문제 **

~4-2. 응15-106-2-4. 전력용 반도체 스위칭 소자에 대하여 설명하시오.●
  (아래 문제(문3.4.4-1.6-1.10)는 4-2를 살짝쌀짝 문제이름만 변형하여 출제 되므로 4-2만 완벽히하면 됨)

문3. 아래의 전력용 반도체 소자에 대하여 각각 기호(symbol)를 그리고
  동작원리를 기술하시오.(81-4-4)
   ① SCR ② TRIAC ③ SSS ④ IGBT
   ⑤ GTO ⑥ POWER MOSFET

문4. 전력용반도체소자의 종류(5가지 이상)를 들고, 그 소자의 원리와 특성을 설명하시오(05-75-3-4)

~4-1. 응11-94-3-3. 전력용 반도체 소자 중에서 Diode, SCR, GTO, IGBT, BJT에 대하여 비교 설명하시오.

~6-1. 응10-91-1-3. 인버터를 비롯한 각종 전력변환장치에 폭넓게 활용되고 있는
   IGBT 소자의 기호를 그리고 특징에 대하여 설명하시오.

문10. 전력용 반도체 소자(素子) 중에서 GTO 사이리스터(Gate Turn Off Thyristor)에 대하여 설명하시오(09-88-1-3)

문11. Thyristor를 보호하기 위해 사용하는 스너버(snubber) 회로의 구성과
  설치방법, 목적에 대하여 기술하시오(06-78-1-10)●

~12-1. 응10-91-2-2. 교류전원의 제어에 대표적으로 사용되고 있는 SCR소자의 기본구조와
   특징에 대하여 설명하시오.

문15. SMPS (Switched Mode Power Supply)의 종류와/ 역율 개선회로에
  대해 설명하시오 (건축전기68-4-4)

문17. 3펄스, 6펄스, 12펄스 방식의 3상 정류회로를 그리고 간술하시오.(08-52회-30점)

~21-1. 응15-106-4-3. 회로 및 시스템설계시 사용하는 리던던시(Redundancy), 디레이팅
   (Derating) 및 페일세이프(Fail-safe)에 대하여 사용방법, 특징 및
   적용사례를 설명하시오.●

문22. 부호화율(Coding Rate)이란?

문23. FACTS설비의 종류, 적용, 보상대상과 제어목적에 대하여 비교 기술하시오 ●

문24. 사이리스트(Thyristor) 단상전파 정류Rectification 에서 저항부하시의
  전류맥동률 ($\frac{\sqrt{I_s^2 - I_{av}^2}}{I_{av}} \times 100\%$)은 몇 [%]인가 ?(04-72-1-9)

~24-1. 응11-94-4-3. 단상반파 및 전파정류회로에서 전압변동률, 맥동률, 정류효율,
   최대역전압(PIV)에 대하여 설명하시오.

~24-2.응10-91-1-9. 교류 단상 입력전원에 저항성 부하가 연결된 경우를 기준으로 한 단상 전파정류 회로의 직류 평균전압을 산출하시오.

문25. 정현파의 교류 전기에 있어 실효값, 평균값, 파고율, 파형율을 기술하시오

문28. ME(Medical Electronics) 분야에서 생체발전현상에 대한 계측시스템(3가지 이상)에 대하여 원리를 설명하시오

~28-1.응12-97-4-6. 생체 물리현상의 계측에 대하여 설명하시오.●

문31. MEMS(Micro Electro Mechanical Systems)의 기본 기술 중 Micro machining 기술이 있다. 이는 무엇이며 어떠한 종류가 있는지 설명하시오.(01-63-2-6)●

페이지	중요 문항 수
1	8
2	10
3	11
4	12
5	8
6	7
7	8
8	6
9	7
10	4
11	2
12	7
13	6
14	6
15	5
16	6
17	6
18	6
19	3
20	3
21	13
22	7
23	4
24	5
25	5
26	7
27	3
28	10
29	9
30	7
31	4
32	2
합계	207

● 전체 : 207개

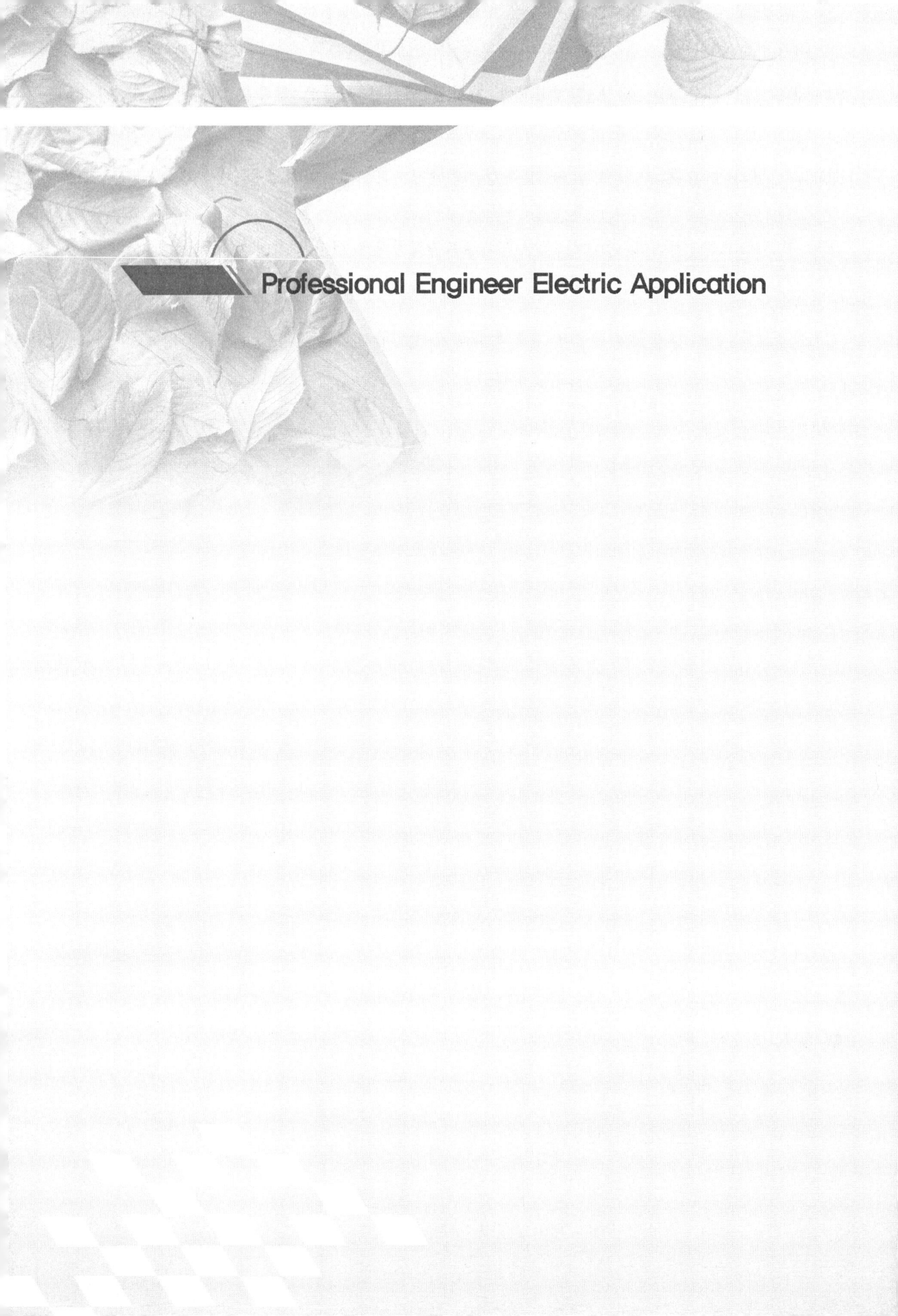
Professional Engineer Electric Application

Chapter 18 2011년 94회 문제 및 해석

분야	전기	자격종목	건축전기	수험번호		성명	

[제 1교시] (시험시간: 각 교시별 100분)

국가기술자격검정시험문제 (기술사. 제94회(2011년 5월22일 시행)

※ 다음 문제 중 10문제를 선택하여 설명하시오. (각10점)

응11-94-1-1. 전자유도 현상의 종류를 들고 설명하시오.

응11-94-1-2. 전기철도에서 사용되는 회생제동의 원리와 장단점에 대하여 설명하시오.

응11-94-1-3. 지하터널구간에서 주로 적용되는 교류 및 직류 강체조가방식에 대하여 설명하시오.

응11-94-1-4. 건축조명 시스템 중 태양광 채광 시스템의 종류 및 구성에 대하여 설명하시오.

응11-94-1-5. 열전효과에 대하여 설명하시오.

응11-94-1-6. 외부전극형광램프(EFFL: External Electrode Fluorescent Lamp)에 대하여 설명하시오.

응11-94-1-7. 전기 2중층 캐패시터(Capacitor)에 대하여 설명하시오.

응11-94-1-8. 리튬이온전지(Lithium Ion Battery)에 대하여 설명하시오.

응11-94-1-9. TBM(Time Based Maintenance) 및 CBM(Condition Based Maintenance)에 대하여 설명하시오.

응11-94-1-10. 전기철도에서 열차속도향상을 위하여 고려하는 파동전파속도에 대하여 설명하시오.

응11-94-1-11. 전기가열방식에 대하여 설명하시오.

응11-94-1-12. 전기철도에서 많이 사용되고 있는 아래 설비의 용어에 대하여 설명하시오.
    (SP. SSP, ATP. PW, FPW)

응11-94-1-13. 플라즈마 생성원리와 응용에 대하여 설명하시오.

[제 2교시] (시험시간: 100분)

※ 다음 문제 중 4문제를 선택하여 설명하시오. (각 25점)

응11-94-2-1. 초전도현상의 특성과 실제 전력용 변압기에서의 응용되는 예를 설명하시오.

응11-94-2-2. 대기전력(Stand-By Power)의 종류와 저감 대책에 대하여 설명하시오.

응11-94-2-3. 몰드(Mold)변압기의 제작방법에 대하여 설명하시오.

응11-94-2-4. 단상유도전동기의 회전원리 및 기동방법에 대하여 설명하시오.

응11-94-2-5. 직류식 전기철도에서 전기부식의 피해를 최소화하기 위한 방안을 설명하시오.

응11-94-2-6. 전기전력저장시스템(BESS : Battery Energy Storage System)에 대하여 설명하시오.

[제 3교시] (시험시간: 100분)

※ 다음 문제 중 4문제를 선택하여 설명하시오. (각 25점)

응11-94-3-1. 교류전기철도의 변전소에서 3상전원을 단상으로 공급하는 방식(4가지)에 대하여 설명하시오.

응11-94-3-2. 서보전동기(Servo moter)가 갖추어야 할 특성과 종류에 대하여 설명하시오.

응11-94-3-3. 전력용 반도체 소자 중에서 Diode, SCR, GTO, IGBT, BJT에 대하여 비교 설명하시오.

응11-94-3-4. 전력시설물의 설치, 보수공사의 품질확보 및 향상을 위하여 공사감리 을 발주한다. 전력기술관리법상의 감리원의 업무범위, 감리대상 및 제외대상에 대하여 설명하시오.

응11-94-3-5. KSA 3701에 의거하여 도로조명설계 기준에 대하여 설명하시오.

응11-94-3-6. 교류전철변전소의 보호계전기 종류 및 역할에 대하여 설명하시오.

[제 4교시] (시험시간: 100분)

※ 다음 문제 중 4문제를 선택하여 설명하시오. (각 25점)

응11-94-4-1. 무정전 전원설비(UPS)의 2차 회로의 단락보호에 대하여 설명하시오.

응11-94-4-2. 에너지 절감을 위한 조명설계에 대하여 설명하시오.

응11-94-4-3. 단상반파 및 전파정류회로에서 전압변동률, 맥동률, 정류효율, 최대역전압(PIV)에 대하여 설명하시오.

응11-94-4-4. 변전소에서 직류(DC)전류 검지 방법 3가지를 들고 설명하시오.

응11-94-4-5. 차단기 선정 시 고려할 사항 및 동작책무에 대하여 설명하시오.

응11-94-4-6. 전기철도에서 유도장해의 종류와 경감대책에 대해 설명하시오.

응11-94-1-1. 전자유도 현상의 종류를 들고 설명하시오.

답)

1. 전자유도 현상의 정의

   1) 코일 속을 통과하는 자속(磁束)이 변하면, 코일에 기전력이 생기는 현상.
   $$V = k \frac{\Delta \phi}{\Delta t}$$
   2) 도체에 전류가 흐르게 되면 도체 주변으로 자기장이 형성되는데 이때 자기장 내에 다른 도체가 존재하면 그 도체에서 전류가 유도되는 현상(페러데이 법칙)

2. 전자유도 현상의 종류

   1) 변압기(단권변압기 제외) : 1차 권선과 2차권과의 전자 유도에 의하여 승압 또는 강압시키는 전기기기
   2) 발전기 : 기계적 힘에 의하여 자속을 절단할 때 기전력이이 발생되는 전기기기로서 플레밍의 오른손 법칙에 의함
   3) 전동기 : 전기적인 입력에 의하여 유도현상이 발생하여 기계적 힘을 발생시키는 장치로서 플레밍의 오른손 법칙에 의함

응11-94-1-2. 전기철도에서 사용되는 회생제동의 원리와 장단점에 대하여 설명하시오.
답)
1. 회생제동의 정의

   : 전동기에서 발생되는 역기전력을 전동기 단자전압보다 높게 하여 발전기(유도발전기)로서 동작시켜, 회전부의 운동에너지가 전력에너지로 바뀌게 되어, 전원 측으로 이 에너지를 되돌려 보내는 방법

2. 회생제동의 원리

    1) 개념 : 전동기는 접속되어 있는 전원의 상태를 바꿈으로써 발전기로 동작
              시킬 수가 있다.
    2) 슬립 해석 상 회생제동 영역(그림3의 ⓑ영역)
        ① s<0 인 유도발전기 운전영역
        ② 유도전동기를 동기속도 이상으로 회전하면, 유도발전기가 되어
           마이너스 토크가 발생되어 동기속도에 근접되는 방향으로 제동이 된다.
    3) 회생제동 방법
        ① 직류전동기의 경우 :
            ㉠ 전기자전압을 급감 또는 계자전류를 급히 상승시킬 때
            ㉡ 중력부하를 하강시키는 경우 속도가 빠를 때, 전동기의 유기기전력이
               전원전압보다 높아지면 회생제동을 함
            ㉢ 단, 직권전동기나 복권전동기의 경우는 직권권선의 접속을 바꾸어야 함
            ㉣ 직류전동기의 회생제동시 각속도 : $W_0 = \dfrac{V}{K \cdot \Phi}[rad/s]$

              여기서, V : 전기자전압[V], Φ : 1극의 자속[Wb],
                     K : 전동기에 의해서 결정되는 상수)
            ㉤ Φ는 계자전류에 의해서 변화하기 때문에 무부하 속도는 전기자 전압과
               계자전류에 의해서 정해지고 이 속도보다 저 속도에서는 전동기로서,
               높은 속도에서는 발전기로서 동작한다.
        ② 유도전동기의 회생제동방법
            ㉠ 전동기의 회생제동시 각속도 : $W_0 = \dfrac{2\pi f}{P}[rad/s]$
            ㉡ 어떤 운전상태에 있어서 갑자기 주파수 f를 낮추면 동기속도가
               회전속도에 비하여 낮아지므로 슬립은 "-"가 된다.

3. 회생제동의 장점

1) 제동할 때 손실이 가장 적어 에너지 소모를 줄일 수 있음.
2) 효율이 높은 제동법 이다.
3) 회생제동을 채택하는 곳은 전동차 운행구간처럼 열차가 금방 금방 뒤따라 오는 경우에 가장 효과적이라 할 수 있다.

4. 회생제동의 단점

1) 회생제동을 하려면 전동기에서 발전된 전기를 전차선의 전기와 성질이 같게 만들어야 하기 때문에 장치가 복잡하여진다.
2) 고속철도처럼 열차간의 간격이 긴 경우는 회생제동의 효과가 많이 떨어진다

5. 회생제동 용도

1) 권상기, 엘리베이터, 기중기 등으로 물건을 내릴 때
2) 전차가 언덕을 내려가는 경우 전동기가 가지는 운동에너지로 전동기를
3) 동작시켜 발생한 전력을 반환하면서 과속을 방지하는 방식이다.

6. 발전제동과 회동제동의 개념 비교

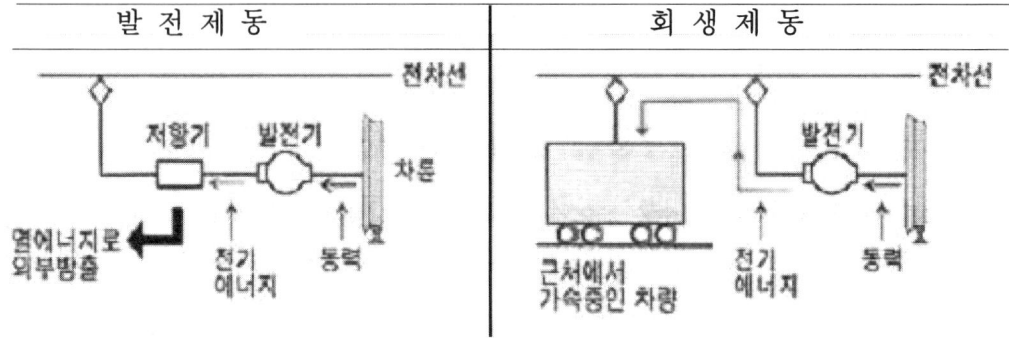

응11-94-1-3. 지하터널구간에서 주로 적용되는 교유 및 직류 강체조가방식에 대하여 설명하시오.

답)

1. 강체조가식의 구조

: 터널 천정 또는 벽체에 단브래킷이나 지지애자로 절연하여 전차선을 고정함
  알루미늄 R-Bar 방식과 T-Bar로 전차선을 구성

2. 특징

① 장점 : 터널 높이를 낮게할 수 있다. 부속장치가 적다. 단선의 염려가 없다
         유지 보수가 쉽다. 별도의 급전선이 필요 없다.

② 단점 : 집전특성이 나쁘다. 유연한 가요성이 없다. 고도의 시공 정밀도가 요구됨

3. 지하전차선의 조가방식 중 R-Bar 방식과 T-Bar방식의 특성비교

구 분	R-Bar	T-Bar	비 고
단면적	2,214㎟	2,642㎟ 본체+이어 (2,100+542)	Long Ear 271㎟ × 2
단위중량	5.8kg/m	5.6kg/m	
허용응력	16kg f/㎟	11kg f/㎟	
전차선 지지방식	R-Bar 직접지지	Long Ear 부착지지	
구 조	간단하다	복잡하다 - Long Ear 부착지지 250mm마다 볼트 조임	
강체 지지간격	10m	5m	
강체연결	12m마다 특수판 연결	10m마다 알곤용접연결	
평행개소	평균 400m마다 설치 자동신축 조절(Expansion Element) [최대 500m]	평균 200m마다 설치 [최대 250m]	1구간
전차선 가선방법	자동가선 [1일 15km]	수동가선 [1일 5km]	
곡선반경에 따른 강체 구부리기	자동굴곡 R=120m까지	특수공구사용 굴곡	
허용속도	160km/h	80km/h	
비 고	유지보수, 시공이 쉽다		

응11-94-1-4. 건축조명 시스템 중 태양광 채광 시스템의 종류 및 구성에 대하여 설명하시오.

답)

1. 태양광 채광 시스템의 종류

1) 정의 : 태양광 채광시스템이란, 자연광의 유입이 어려운 실내에 여러 가지 기술력을 적용시켜 부족한 자연광을 실내로 도입하는 system이다
2) 목적 : 지구온난화를 방지하고 sdpsj지 절약 및 지속가능한 건축을 위한 다양한 태양에너지 활용시스템의 하나이다
3) 종류
   (1) 자연광 채광(고정방식): 주광조명 용
      ①창, ②반사루버, ③광선반, ④프리즘 라이트
   (2) 설비형 채광(추미+구동방식) : 태양광 채광시스템
      ① 반사거울방식, ②프리즘방식, ③프리즘·거울방식, ④랜즈·광섬유방식

2. 태양광 채광시스템의 구성

1) 추미 및 채광부 : 센서나 프로그램에 의해 태양광을 추적하고 빛을 채광하는 부분
2) 전송부 : 채광된 빛을 실내로 전송하는 역할
3) 산광부 : 실내공간에 전송된 태양광을 산란하는 부분

그림. 태양광 채광시스템의 구성

응11-94-1-5. 열전효과에 대하여 설명하시오.
==> 표를 풀어서 시간절약 할 것

	제백 효과	펠티에 효과	톰슨 효과
1)개념	① 금속 또는 반도체에 온도차를 주면 기전력이 발생한다. ② 이것은 열을 전기에너지로 변환할 경우의 기초가 되는 현상이다 ③ 또, 종류가 다른 두 도체를 접합하여 폐회로를 만들고 두 접합점의 온도차를 달리한 경우 폐회로에 열기전력이 발생되는 현상으로도 말함 ④ 즉, 열기전력을 발생하는 한쌍의 금속을 열전대라 하며, 이 열전대에서 일어나는 열기전력 현상을 말함.	① 열전현상의 반대 현상으로서, 두 종류의 금속을 조합시킨 회로에 전류를 통과시키면 접속점에 열의 흡수 또는 발생이 나타나는 가역적인 현상	① 동일한 금속 중에서도 그 중의 접점간의 온도차가 있다면, 전류의 통과에 의해 열의 발생 또는 흡수가 일어나는 현상
2)개념도	(그림: A, B 도체, T_h 가열, T_c 냉각, 콘스탄탄, 구리, $T_1 > T_2$)	(그림: 열전소자 A, 열전소자 B, 전류I, 흡열 또는 발열)	(그림: T1, T2, I, 흡열 또는 발열, $T_1 > T_2$)
적용	용광로 속의 온도 측정, 온도제어 등에 이용, 열전기 발전 열전도 반도체 화재감지기 등	전자 냉동에 이용	

응11-94-1-6. 외부전극형광램프(EFFL: External Electrode Fluorescent Lamp)에 대하여 설명하시오.

답)

1. 구조 및 원리

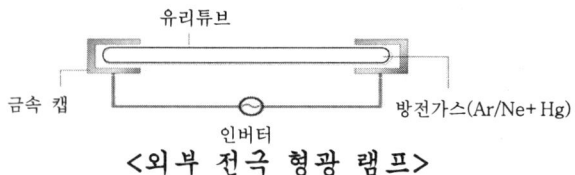
<외부 전극 형광 램프>

① 외부전극형광램프(Exerior. Electrode Flourescent Lamp)의 약자로서 일반 형광등과 달리 전극이 램프 외부에 있으며, 외부 전극의 전계에 의해서 램프 내에 플라즈마를 유도하여 빛을 내는 방식으로
② 열이 없으며, 수명이 일반 형광등에 비해 5배 이상인 차세대 조명용 형광램프.

2. 특징

① EEFL 간경이 8mm 슬림형 : 보통 18~20cm두께인 광고판을 최소 3cm로 축소가능
② 냉열성 : 열이 없으므로 열로 인한 에너지 선실이 없음, 사진, 필름, 상품에 대한 손실을 최소화
③ 병렬 구동방식 : Lamp의 수와 관계없이 2개의 Inverter소요로 경제적
④ 고효율성 : 일반형광등에 비해 약 10배, CCFL Lamp에 비해 약 5배의 에너지 효율
⑤ Lamp,자체의 수명이 탁월하다(약 30,000시간 이상)
⑥ 밝고 균일한 조도 실현 : 직하형 방식채용으로 Black Line현상을 해소
⑦ 광고, 홍보효과 극대화
⑧ 구동시스템은 기존보다 월씬 낮은 1.500V 정도로 여러 개의 램프를 동시에 병렬 구동할 수 있어, 기존의 CCFL 방식에 비하여 전력 소비를 최대 50%까지 절감하며 전극이 외부에 있으므로 램프의 수명도 대폭 연장된다.
⑨ 일반 형광등과 달리 전극이 램프 외부에 있고, 전극에 가해진 전계에 의해서 램프 내에 플라즈마 방전을 유도하여 빛을 내는 방식으로, 관 자체가 열을 발생하지 않아 방열이 적으며, 수명이 연장된 플라즈마 형광 램프.

3. 용도: 관공서나 지하철 기둥 광고판, 최근 지하철 2호선 을지로역에 공급

4. 최근추세

① 무전극의 신 광원 EEFL 시스템 방식은 NEON의 기존 제품이 15,000V의 고전압으로 구동하던 방식과는 달리 1,500V의 저전압으로 구동시키는 기술.
② 고전압으로 인한 사고의 위험부담을 안전성을 극대화시킨 EEFL 시스템은 기존 내부전극방식의 개념을 뛰어넘은 신개념 외부전극 방식을 이용한 시스템.
③ 무전극 신광원 EEFL 시스템은 관외전극 방식으로 구동되는 시스템으로서 기존의 CCFL 방식에 비하여 전력의 소비를 최대 50%까지 절감시킬 수 있으며 전극이 외부에 있으므로 내부전극방식과는 달리 네온의 수명을 대폭 연장가능 함.

응11-94-1-7. 전기 2중층 캐패시터(Capacitor)에 대하여 설명하시오.

답)

1. 정의

　　고체 전극과 전해질 용액에 직류전압을 흘리면 그 접한 면에 전기를 저장할 수 있는 전기이중층 현상을 적용한 축전기다.

2. 적용

　1) 슈퍼 축전기로도 불리며 친환경적이고 무한한 충·방전이 가능해 여러 분야에서 활용될 수 있다.

　2) 대체에너지 시장에서의 커패시터: 고유가 시대에 주목받고 있는 대체에너지가 대부분 전기 에너지로 전환돼 사용되기 때문에 전기에너지의 효율 개선과 저장을 위한 부품인 커패시터의 중요성도 함께 부각되고 있다.

　3) 특히 최근엔 하이브리드차 양산 계획이 속속 발표됨에 따라 슈퍼 커패시터가 큰 시장으로 떠오르고 있다.

　4) 하이브리드차는 엑셀레이터에서 발을 떼거나 브레이크를 밟으면 관성의 법칙에 따라 남는 운동에너지를 전기에너지로 전환해 저장했다가 보조 동력원으로 사용한다. 이 때 전기에너지로 저장해주는 역할을 하는 것이 슈퍼커패시터이다.

　5) 하이브리드차용 커패시터는 기본적으로 높은 출력을 내야 하기 때문에 밀도를 높이고, 초대용량의 요건을 가지어야 함

응11-94-1-8. 리튬이온전지(Lithium Ion Battery)에 대하여 설명하시오.
답)

1. 정의
   : 리튬 이온 전지(Lithium-ion battery)는 2차 전지의 일종으로서, 방전 과정에서 리튬 이온이 음극에서 양극으로 이동하는 전지이다.

2. 특성

 1) 충전시에는 리튬이온이 양극에서 음극으로 다시 이동하여 제자리를 찾게 된다.
 2) 리튬 이온 전지는 충전 및 재사용이 불가능한 1차전지인 리튬 전지와는 다름.   3) 전해질로서 고체 폴리머를 이용하는 리튬 이온 폴리머 전지와도 다르다.
 4) 리튬 이온 전지는 에너지 밀도가 높고 기억 효과가 없으며, 사용하지 않을 때에도 자연방전이 일어나는 정도가 작기 때문에 시중의 휴대용 전자 기기들에
     많이 사용되고 있다.
 5) 이 외에도 에너지밀도가 높은 특성을 이용하여 방산업이나 자동화시스템,
     그리고 항공산업 분야에서도 점점 그 사용 빈도가 증가하는 추세이다.
 6) 그러나 일반적인 리튬 이온 전지는 잘못 사용하게 되면 폭발할 염려가 있어
     주의해야 한다.
 7) 음극, 양극과 전해질로 어떤 물질을 사용하느냐에 따라 전지의 전압과 수명,
     용량, 안정성 등이 크게 바뀔 수 있다.
 8) 최근에는 나노기술을 응용한 제작으로 전지의 성능을 높이고 있다.

3. 구성

 1) 리튬 이온 전지는 크게 양극, 음극, 전해질의 세 부분으로 나눌 수 있는데,
     다양한 종류의 물질들이 이용될 수 있다.
 2) 상업적으로 가장 많이 이용되는 음극 재질은 흑연이다.
 3) 양극에는 층상의 리튬코발트산화물(lithium cobalt oxide)과 같은 산화물,
     인산철리튬(lithium iron phosphate, $LiFePO_4$)과 같은 폴리음이온,
     리튬망간 산화물, 스피넬 등이 쓰이며, 초기에는 이황화티탄(TiS_2)도 쓰였다.

4. 용량 및 용도

 1) 전지의 용량은 mAh(밀리암페어시) 또는 Ah(암페어시)로 표시하는데,
 2) 휴대폰에 사용하는 전지는 800~1000mAh가 가장 많이 쓰이며,
 3) 스마트폰에는 1100~1950mAh도 사용된다.
 4) 노트북에 사용되는 전지는 2400~5500mAh가 가장 많이 사용된다.
 5) 전기자동차 용

응11-94-1-9. TBM(Time Based Maintenance) 및 CBM(Condition Based Maintenance)에 대하여 설명하시오.

답)

1. 예방보전(preventive maintenance ; PM)

   1) 개념
      ① 예정된 시기에 점검 및 시험, 급유, 조정 및 분해정비(overhaul), 계획적 수리 및 부분품 갱신 등을 하여, 설비성능의 저하와 고장 및 사고를 미연에 방지함으로써 설비의 성능을 표준 이상으로 유지하는 보전활동을 의미한다.
      ② 현재의 PM은 생산보전(productive maintenance)의 성격이 강하며,
         ㉠잘 훈련된 보전요원. ㉡정기적인 점검 및 서비스
         ㉢정확한 점검기록 체계를 필요로 함.

2. 목표
   : 설비고장을 감소시키고 설비성능을 향상시켜서 안전 위생, 환경 등을 정비, 개선하고 품질보증과 이익개선 또는 원가절감에 기여토록 한다.

3. 예방보전비용
   ㉠ 점검 노무비 ㉡ 부품교체비용 ㉢ 점검에 따른 수리비용
   ㉣ 예방보전 기간 중의 기계유휴비용

4. 효과
   ㉠ 생산시스템의 정지시간이 줄게 되고 이에 따른 유휴손실이 감소된다.
   ㉡ 수리작업의 횟수 및 기계수리비용이 감소된다.
   ㉢ 납기지연으로 인한 고객 불만이 없어지고 매출이 신장된다.
   ㉣ 예비기계를 보유할 필요가 없어지고, 결국 제조원가가 절감된다.

5. 예방보전의 방식으로서 TBM 및 CBM

   5-1. TBM(시간기준 보전 : Time Based Maintenance)방식
      ①돌발고장, 프로세스 트러블을 예방하기 위하여 정기적으로 설비를 검사, 정비 청소하고 부품을 교환하는 보전방식이다.
      ②타임베이스드 메인터넌스는 이전부터 행해지고 있던 전통적인 방법으로, 시간을 기준으로 하여 보전의 시기를 정하는 방법이다.
      ③이 방법은 정기보전 또는 fixed time maintenance라고도 불리운다.

   5-2. CBM(상태기준 보전 : Condition Based Maintenance)
      ① CBM을 예측보전 또는 예지보전(predictive or conditional Maintenance)라함.
      ② 고장이 일어나기 쉬운 부분에 진동분석장치 광학측정기 온도측정기 저항측정기 등 감도가 높은 계측장비를 연결하여 기계설비의 트러블을 예측함으로써 사전에 고장위험을 검출하는 보전활동으로 설비상태를 기준으로 한 보전방식이다.

응11-94-1-10. 전기철도에서 열차속도향상을 위하여 고려하는 파동전파속도에 대하여 설명하시오.

답)

1. 열차속도향상 방법

 1) 이선 현상의 방지
 2) 파동전파속도의 증대

2. 파동전파속도

 1) 정의 :
  전기차량이 진행함에 따라 판타그라프의 압상력에 의하여 전차선을 진동, 변형시키게 되는데 이로 인한 파동은 전차선로를 따라 전파되는 속도.

 2) 파동전파속도와 집전성능의 관련성
  ① 열차의 고속화를 위해서는 전차선의 장력을 크게하고, 선밀도를 작게하여 파동전파속도를 증가시켜야 함
  ② 가선 후 시간경과로 요크 각도(일종의 연결되는 기계축의 각도)가 기울어 져 장력변화가 발생되어 파동전파속도(C)값이 변화됨
  ③ 집전계통의 성능을 지속적으로 유지하기 위해 장력관리가 중요하다.

 3) 열차속도(V)와 파동전파속도(C)의 관계
  ① V<C 인 경우 : 팬터그래프 압상력에 의해 상하의 기준치 이내로 안정적 집전
  ② V≒C 인 경우 : 열차속도(V)와 파동전파속도(C)가 같을 경우
  ③ V>C 인 경우 :
   ㉠전차선은 강체와 같은 성질을 갖게 됨
   ㉡팬터그래프의 접촉력이 비정상적으로 팬터의 후방에는 진동이 발생하고, 전방의 압상력은 "0"이 됨
  ④ ∴ 과도한 압상력으로 인해 가선금구의 접촉과 파괴를 동반하고, 전차선의 급격한 굴곡개소에는 전차선의 소형변형과 단선을 일으키게 함

 4) 파동전파속도의 계산식과 적용
  ① 파동전파속도의 계산식 : $C = \sqrt{\dfrac{T}{\rho}}$ [m/s]
   단. T: 전차선의 장력[N], ρ: 전차선 단위 길이당 질량[kg/m]
  ② 주행속도가 전차선의 파동전파속도의 70% 이상이 되면 이선 및 응력이 급증하므로, 실용상 영업속도는 파동전파 속도의 70% 이하로 정함.

응11-94-1-11. 전기가열방식에 대하여 설명하시오. (아래는 25점용이므로 점수에 맞추어 요약요)

답.

1. 개요

   1) 전기가열은 전기 에너지를 열에너지로 변환시켜서 열을 사용하는 것이다
   2) 장점: 연료를 연소시키지 않기 때문에 산소를 소비하지 않고, 연기가 나지 않아서 깨끗하며 온도조정이 용이하고, 전기로 등에서는 노 내의 분위기 조정이 용이하다는 을 가지고 있다
   3) 단점: 일반적으로 연료를 연소시켜 가열하는 것보다 비용이 많이 든다
   4) 전기 가열방식을 분류함에 있어서는 ①발열원리에 따른 분류, ②용도에 따른 분류, ③발열온도에 따른 분류 등이 있겠으나 발열원리에 따른 분류가 가장 적정함
   5) 발열원리에 따라 (1) 저항가열 (2) 아크가열 (3) 유도가열 (4) 유전가열 (5) 적외선 가열 (6) 전자빔 가열 등으로 분류할 수 있는데 이들에 대해 각각 설명하면 다음과 같다

2. 저항가열

   1) 발열원리

      : R[Ω]의 저항 에 I[A]의 전류가 흐르면 $Q = 0.24 \times I^2 Rt$[cal]의 Joule 열이 발생하는데 저항가열은 이 줄열을 이용하는 것이다

   2) 용도

      ① 저항가열에는 직접가열과 간접가열의 두가지가 있다
      ② 직접가열은 피열체에 직접 전류를 흘려서 가열하는 방식이고, 간접가열은 니크롬선 등과 같은 저항체에 전류를 흘려서 발생하는 열을 피열체에 조사하는 방식이다
      ③ 직접가열방식의 용도: 전기로, 흑연화로, 카바이드로, 알루미늄 전해로 등
      ④ 간접가열방식은 저항로, 전기히터, 전기장판, Heating Cable 등에 사용된다

   3) 특성 : 설비가 간단하고 저온에서 고온까지 광범위하게 사용할 수 있다

3. 아크가열

   1) 발열원리

      ① 공기 중에서 1cm의 전극 사이에 직류 30[kV] 또는 교류 21.2[kV] 이상의 전압을 가하면 공기의 절연이 파괴되어 아크가 발생한다.
      ② 아크가 발생하면 아크저항 R를 통해서 아크전류 I[A]가 흐르는데 이때도 $Q = 0.24 I^2 RT$의 열이 발생한다

   2) 아크가열의 용도

① 아크가열에도 직접가열과 간접가열의 두가지가 있다
② 직접가열은 피열물 자체를 전극 또는 아크의 매질로 이용하여 가열하는 방식
③ 간접가열은 아크열을 복사, 전도, 대류의 방법으로 피열체에 전달해서 가열하는 방식.
④ 아크가열은 아크용접, 플라즈마 용접, 제강용 아크로 등에 사용된다

3) 아크가열의 특성

① 아크가열의 가장 큰 특성은 매우 높은 온도를 얻을 수 있다는 것이다.
② 공기 중에서의 아크가열은 3000~6000K의 온도를 얻을 수 있고
   플라즈마 기체 중에서는 10,000K 이상의 온도도 얻을 수 있다

4. 유도가열

1) 발열원리

① 교번자계 내에 도전성 물체를 두면 전압이 유기되고 이 전압에 의해서
   도전성 물체 내에는 와류(Eddy Current)가 흐른다
② 유도가열은 이 와류에 의한 저항손으로 발생하는 줄열과 히스테리시스 손을
   이용하는 것이다

2) 용도 : 금속의 열처리, 열가공, 표면처리 등에 사용된다

3) 특성 : 전극을 필요로 하지 않는 무접촉 가열이고, 급속가열 및 고온가열이 가능하다.

5. 유전가열

1) 발열원리

① 유전체에 고주파 전계를 가하면 다음 식으로 표시되는 열이 발생한다
$I_c = 2\pi f c V,\ R = \dfrac{V}{I_R},\ P = VI_R = VI_c \tan\delta = 2\pi f C V^2 \tan\delta,$

② 전극면적 A[cm²], 유전체 두께 d[cm], 유전율 $\epsilon = \epsilon_0 \cdot \epsilon_s$ 라 하면 용량 C는
$C = \dfrac{\varepsilon A}{4\pi d} \cdot \dfrac{1}{9 \times 10^{11}}[F].$ P: 단위체적당 소비전력[W/cm^3]

$\epsilon_0 = \dfrac{1}{4\pi \times 9} \times 10^{-9}[F/m]$: 진공중의 유전율, ϵ_s : 비유전율

③ 그러므로 용량을 대입하면, $P = KE^2 = \dfrac{5}{9}f\epsilon_s E^2 \cdot \tan\delta \times 10^{-12}[W/cm^3]$

여기서 K: 등가 도전율, E: 전계 세기($E = \dfrac{V}{d}$), f : 유전체 손실각

④ 이 열은 유전체 내부에 발생한 전기쌍극자를 고속으로 회전시켜
   분자간의 마찰에 의해서 발생하는 것이다

2) 용도 : 목재, 합판 등의 건조, 비닐 시트 등의 용접 등에 사용된다

3) 특성 : 피열체 내부를 균일하게 가열할 수 있고, 표면이 손상되지 않으며 가열시간이
   짧아도 된다

6. 적외선 가열

1) 발열원리

: 적외선 전구 또는 비금속 발열체에서 복사되는 열을 피열체의 표면에 조사하여 가열하는 방식이다

2) 용도 : 페인트 도장후의 건조, 식품가공, 난방용 적외선 히터 등에 사용된다

3) 특성 : 가열된 물체의 온도방사를 이용하는 것으로 주로 저온에 사용되고 고온을 얻기는 어렵다

7. 전자빔 가열

1) 발열원리

: 고진공 중에서 직류 고전압에 의해 발생된 전자를 가속기로 가속시켜 피열체 표면에 투사하면 투사된 부분에 전자의 충돌에 의한 열이 발생한다

2) 용도 : 고융점 물질의 용접, 절단, 증착 등에 사용된다

3) 특성

: 전자빔에는 열음극을 전자 공급원으로 하는 전자빔과, 기체의 전리로 발생하는 플라즈마를 하전입자 공급원으로 하는 전자빔의 두 가지가 있다

8. 레이저 가열

1) 발열원리

: 레이저(Laser)는 여러 파장을 가진 빛을 루비, 헬륨, 탄산가스 등의 활성물질에 쏘이면 그 물질에서 단일파장의 빛이 얻어지는데 이 레이저를 렌즈에 의해 아주 작은 면적에 조사하여 가열하는 방식이다

2) 용도 : 금속의 절삭, 용접, 표면처리 및 의료 수술 등에 사용된다

3) 특성 : 미소한 면적을 국부적으로 가열하는 것이 가능하다

응11-94-1-12. 전기철도에서 많이 사용되고 있는 아래 설비의 용어에 대하여 설명하시오.
(SP, SSP, ATP, PW, FPW)

답)

1. Sectioning Post(SP : 給電區分所)

   1) 급전구분소 : 급전구간의 구분과 연장을 위하여 개폐장치를 시설한 곳
      : S/S와 S/S 간에 설치하여 S/S. 간의 同相 및 異相의 전원을 구분하여
       급전계통의 구분, 連長 등을 하는 설비이다.
      ① 사고시 또는 복구시 단전구간을 축소시키고 작업을 용이하게 함
      ② Voltage drop를 輕減하고 平均化한다
      ③ 상시 OFF상태(개방)로 되어 있다

2. 보조 급전구분소(SSP : Sub Sectioning Post)

   1) 역할
      ① 변전소와 구분소 중간위치에 시설하여 선로작업의 구분, 고장구분,
       또는 급전계통의 분리를 한다
      ② 차단기는 항상 ON 즉, 투입상태로 운용한다
   2) 주요구성설비 : 급전구분소와 동일하다

3. 변압기 포스트(ATP : Auto Transformer Post)

   전차선로에 있어서 전압강하의 보상과 통신유도장애 경감을 위하여
   말단에 단권변압기(AT)만 설치된 곳으로 개폐장치는 설치하지 않는다.

4. 보호선(PW)

   : 단권변압기 방식에서 애자의 부측을 연접하여 귀선레일에 접속하는 가공전선으로서
    대지에 대하여 절연한 전선

5. FPW

   : 비절연보호선(FPW)" 이라 함은 단권변압기 방식의 지하구간 및 공용접지방식구간에서
    섬락보호를 위하여 철재·지지물을 연접하여 귀선레일에 접속하는 가공전선으로서 대지에
    대하여 절연하지 아니하는 전선.

참고 : 전기철도 급전계통 예

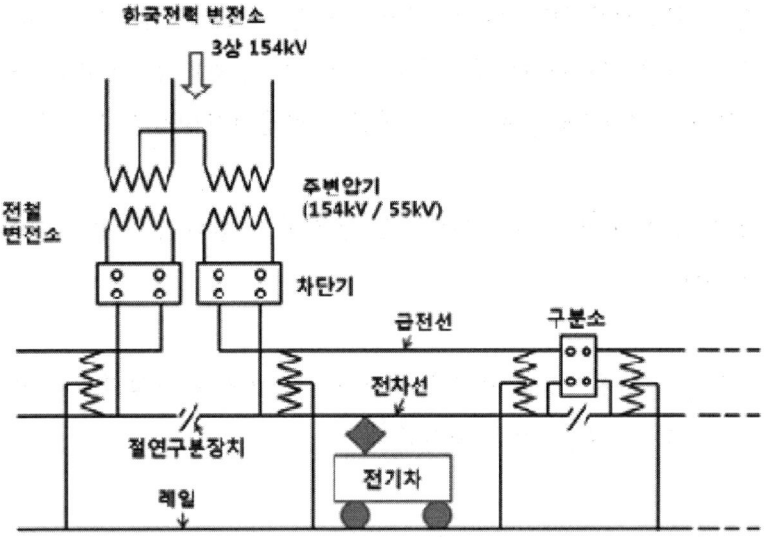

[전 기 철 도 용 어 해 석]

1. "급전선"이라 함은 합성전차선에 전기를 공급하는 전선[AT급전방식의 경우 변전소 등 인출 전차선급전선(TF), 주변압기와 단권변압기간을 연결하는 단권변압기급전선(AF)과 BT급전방식에서 주변압기의 2차측 또는 BT에서 전차선에 이르는 정급전선(PF)을 포함한다.]을 말한다.

2. "급전선로"라 함은 급전선 및 이를 지지 또는 보장하는 설비(전주·완철·문형완철·애자·관로 등)를 총괄한 것을 말한다.

3. "부급전선"이라 함은 통신유도장해 경감을 위하여 귀선레일에 병렬로 시설하여 운전용 전기를 변전소로 통하게 하는 전선을 말한다.

3. "귀선"이라 함은 운전용 전기를 통하는 귀선레일·보조귀선·부급전선·흡상선·중성선· 보호선용접속선 및 변전소 인입귀선을 총괄한 것을 말한다.

4. "귀선로"라 함은 귀선 및 이를 지지 또는 보장하는 설비를 총괄한 것을 말한다.

5. "전차선로"라 함은 가공전차선로·급전선로·귀선로 및 이에 부속하는 설비를 총괄한 것

6. "급전회로"라 함은 전기철도에 있어서 급전선·합성전차선·레일(부급전선 또는 보호선) 등으로 구성되는 전기회로를 말한다.

7. "배전선로"라 함은 전철설비 이외의 전선로 및 이에 속하는 개폐장치 등 기타의 시설물

8. "간선"이라 함은 인입구로 부터 분기 과전류 차단기에 이르는 배선으로서 분기회로의 분기점으로부터 전원측의 부분을 말한다.

9. "분기회로"라 함은 간선으로부터 분기하여 분기 과전류 차단기를 거쳐서 부하에 이르는 사이의 배선을 말한다.

10. "제어회로"라 함은 계전기 또는 이와 유사한 기구를 통하여 다른 회로를 제어하는 회로
11.. "약전류 전선"이라 함은 약전류 전기의 전송에 사용하는 전기도체, 절연물로 피복한 전기도체, 절연물로 피복한 위를 보호 피복으로 보호한 전기도체를 말한다.

12. "약전류 전선로"라 함은 약전류 전선 및 이를 지지하거나 보장하는 설비(조영물의 옥내 또는 옥측에 시설하는 것 제외)를 말한다.

13. "급전구간"이라 함은 차단장치에 의하여 구분할 수 있는 급전회로의 1구간을 말한다.

14. "급전점"이라 함은 변전소의 전력을 급전회로에 공급하는 점을 말한다.

15. "병렬급전"이라 함은 1급전 구간에 2이상의 급전점을 가진 급전방식을 말한다.

16. "연장급전"이라 함은 2이상의 급전점에서 급전할 수 있는 급전구간을 1급전점에서 급전하는 방식을 말한다.

17. "흡상변압기"라 함은 통신유도장해 경감을 위하여 급전회로에 직렬로 연결하여 레일에 통하는 운전전류를 부급전선으로 흐르게 하는 변압기를 말한다.

18. "단권변압기"라 함은 교류전차선로에서 전압강하 및 유도장해 등을 경감시킬 목적으로 전차선로에 설치하는 변압기를 말한다.

19. "흡상선"이라 함은 흡상변압기방식에서 부급전선과 귀선레일을 접속하는 전선을 말한다.

20. "중성선"이라 함은 단권변압기의 중성점과 귀선레일을 접속하는 전선을 말한다.

21. "섬락보호지선"이라 함은 섬락으로부터 여객 및 기타 전선로를 보호하기 위하여 비임·철주 등 철지지물을 연접하여 접지시키는 가공전선을 말한다.

22. "가공지선"이라 함은 가공전선로의 뇌격방지를 위하여 전선로 상부에 설치하는 접지전선을 말한다.

23. "지락도선"이라 함은 애자의 부측을 섬락보호지선·부급전선 또는 보호선에 접속하는 전선(애자보호선)과 콘크리트주 등에 취부한 가동브래키트·비임등의 설치밴드와 섬락보호지선·부급전선 또는 보호선에 접속하는 전선(지락 유도선)을 말한다. 또한, 섬락보호지선에 연결되지 아니한 인접 철지지물 상호간을 연결하는 연접가공접지선(연접지선)을 포함한다.

24. "전차선로용 보안기"라 함은 한쪽은 대지와 접지 또는 섬락보호지선에 연결 일정한 간극을 유지하고 다른 한쪽의 부급전선 또는 보호선에 접속하여 대지의 정격전압을 제한하기 위하여 삽입하는 방전간격장치를 말한다.

25. "인류구간"이라 함은 가공전차선의 한 인류지점에서 맞은편 인류지점까지의 구간(흐름방지장치 제외)을 말한다.

26. "장력구간"이라 함은 가공전차선의 한 인류지점에서 장력조정장치의 힘이 미치는 구간을 말한다.

27. "장력조정장치"라 함은 전차선과 조가선을 일괄 인류하는 장치와 전차선 또는 조가선을 개별로 인류하는 장치(자동식 및 수동식포함)를 말한다.

28. "이행구간"이라 함은 카티너리 가선구간과 강체가선구간의 접속 구간을 말한다.

29. "가고"라 함은 합성전차선의 지지점에서 조가선과 전차선과의 수직중심간격을 말한다.

30. "보호선용 접속선"이라 함은 단권변압기 방식에서 보호선과 귀선레일을 접속하는 전선을

31. "직렬콘덴서"라 함은 인덕턴스에 의한 전압강하의 경감을 위하여 급전선·부급전선 또는 전차선에 직렬로 접속하는 콘덴서를 말한다.

32. "영구신장조성(Prestretch)"라 함은 합성전차선을 정상적으로 인류하기 전에 합성전차선에 영구신장이 생기도록 미리 과장력을 가하여 주는 것을 말한다

33. "건식게이지(Gauge)"이라 함은 전주중심과 궤도중심과의 직선 이격거리를 말한다.

34. "보조조가선"이라 함은 합성전차선의 지지점에서 조가선의 가고를 조정하기 위하여 보조로 설치한 조가선을 말한다. 또한, 콤파운드 가선방식에서 본 조가선 밑에 설치한 조가선도 이에 포함한다.

35. "이중조가선"이라 함은 합성전차선의 지지점(과선교 하부 등)에서 조가선의 손상을 방지하기 위하여 2중으로 설치한 조가선을 말한다.

36. "보조곡선당김장치"란 곡선로의 경간내 또는 건널선에서 중간편위를 조정하기 위하여 보조로 설치하는 곡선당김장치를 말한다.

37. "공용접지방식"이라 함은 레일과 병행하여 지중에 매설접지선을 포설하여 변전소로 돌아오는 전류의 귀환을 용이하게 하는 방식으로 모든 전기설비를 등전위 접지망으로 구성하여 레일 및 귀선을 연결시키는 접지방식을 말한다.

38. "횡단접속선"이라 함은 상하선 각 궤도에 대한 귀선전류 평형단락 또는 지락사고 발생시 대지전위의 감소를 목적으로 설치하는 전선을 말한다.

39. "매설접지선"이라 함은 공용접지방식에서 레일과 병행하여 양쪽 또는 한쪽에 매설하는 접지용 전선을 말한다.

40. "인입선"이라 함은 배전선로로 부터 분기하여 수용장소의 인입구에 이르는 부분의 전선

41. "인하선"이라 함은 배전선로의 지지점으로부터 분기하여 지지물을 따라 옥외시설의 제표지등·역명표·외등 및 기타 시설물의 인입구에 이르는 부분의 전선을 말한다.

응11-94-1-13. 플라즈마 생성원리와 응용에 대하여 설명하시오.
답)
1. 플라즈마(Plasma)란
   1) 극도로 이온화된 기체상태를 지칭하는 것으로, 기체가 수만℃ 이상의 고온이 되면서 만들어지기 시작하고, 보통의 기체와 다른 독특한 성질을 갖기 때문에 물질의 제4상태라 부른다.
   2) 물질의 제4의 상태도

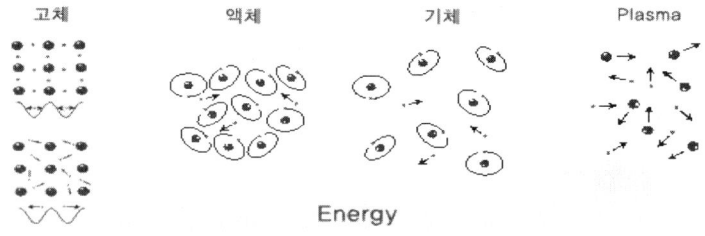

그림) 물질의 제4의 상태

   3) 플라즈마는 열적으로 매우 고온의 성질을 가지고 있으며 전자와 이온, 여기된 원자 및 분자로 구성돼 화학적으로 매우 활성이 강한 상태이므로 전기전도, 대전류를 흘릴 수 있고 큰 힘을 전기력에 의해 발생시킬 수도 있으며 자체로서 빛을 발광한다.
   4) 플라즈마는 기체원자를 이온화시켜 생성되는데 대부분 전기적으로 직류방전이나 수백kHz~수GHz의 고주파 마이크로웨이브를 사용하는 고주파 방전, 강한 레이저나 입자빔을 조사해 만들 수 있다.
   5) 대개의 경우 진공 용기에 특정 기체를 채우고 수mTorr~수백mTorr의 저압에서 전자파나 입사빔을 인가해 만들게 되며 사용되는 특정 기체 가스의 종류에 따라 고유한 빛을 방출하게 된다
   6) 현재 지구상의 물질은 고체와 액체, 기체의 상태로 존재하고 자연적인 플라즈마는 매우 드물며, 주위에서 쉽게 접할 수 있는 플라즈마로는 전기아크나 번개 등이 있다.

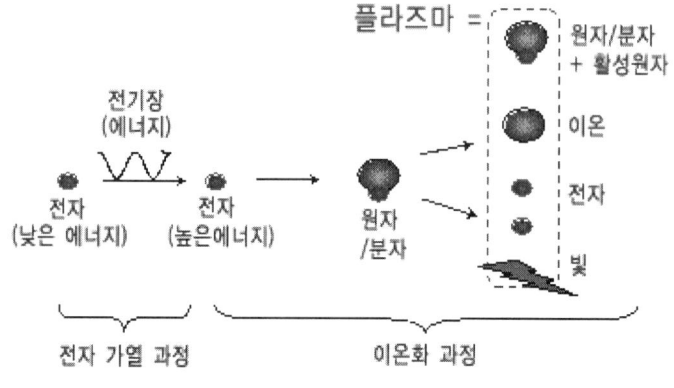

그림2. 플라즈마 생성과정

2. 플라즈마의 응용

1) PLS(Plasma Lighting System) 조명기기
   (1) PLS는 마이크로웨이브를 이용한 무전극 램프시스템으로 기존의 램프에 비해 장수명 및 고효율과 높은 연색성을 나타내고 있어 에너지 자원의 효율적인 사용과 사용자의 편의성 측면 등 양쪽을 모두 만족 시킬 수 있는 신개념의 광원이며,
   (2) 전극이 없는 전구(bulb)에 고주파를 입사해 플라즈마를 발생시키고 이 플라즈마로부터 가시광선이 방출되는 기본 원리를 응용한 조명 장치임
2) 플라즈마의 열분해 : clean 하수처리 및 쓰레기 처리장
3) 고온플라즈마 : 핵폐기물의 용융 분해로 폐기물 물질 대폭축소(8톤트럭 폐기물이 입력되면 플라즈마 열분해로 벽돌 크기만큼의 생성물질로 변형됨)
4) 의료용 : 각종 암치료, 수술봉합 등
5) 오염물질의 분해처리 : 매력있는 분야로서 각종 연구소서 활발히 연구 중임
6) 반도체 공정의 에칭, 생명공학에의 응용.
7) 마이크로 플라즈마을 이용한 엑시머 광원, 연료전지용 수소 합성, 가스 분해 등

응11-94-2-1. 초전도현상의 특성과 실제 전력용 변압기에서의 응용되는 예를 설명하시오.

답)

1. 초전도현상의 특성

1-1. 초전도 도체의 개념

1) 초전도: 어떤 물질이 일정온도이하(약 4K)에서 갑자기 전기저항이 없어지는 현상

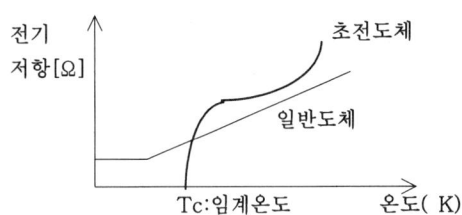

그림1. 초전도 도체와 일반도체의 온도에 따른 저항특성

2) 실제적인 초전도 도체의 활용예상
    ① 극저온을 생성하기 위한 비용이 과대하여 일정온도이상에서 초전도현상이 나타나는 물질의 개발이 실용적임.
    ② 현재 90[K]근방의 고온초전도체가 개발 중에 있음.

1-2. 초전도 도체의 Quench 현상

1) 초전도체는 3가지 임계값(Critical Value)을 갖는다.
2) 이 임계값 이란, 임계전류밀도(Critical Current Density:c), 임계자장(Critical Magnetic Field : Hc), 임계온도(Critical Temperature :Tc)를 말하며, 초전도체는 이 범위 안에 존재하여야만 성질을 유지할 수 있다.
3) 즉, 초전도체는 이 범위 안에 존재해야지만 전기저항이 0인 초전도체가 되는 것이다.
4) 만약 아래 그림1과 같이 세가지 임계값 중 하나라도 범위를 넘어서게 되면 초전도체는 상도전도체(일반적인 도전체)로 변화하게 되는데 이를 Quench 현상이라고 한다. 세가지 임계값의 대략적인 관계는 아래 그림1와 같다.
5) 세가지 임계값의 관계

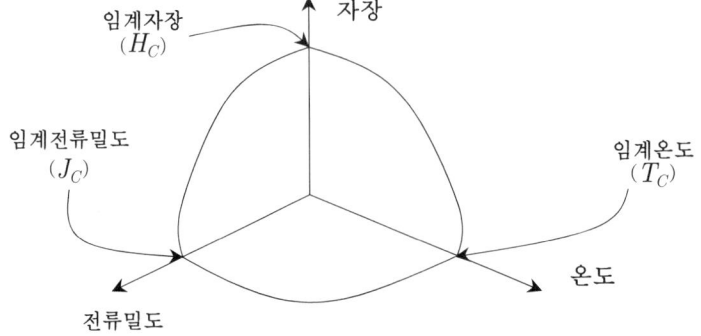

그림1. 초전도체의 임계값

1-3. Meissner Effect

1) 정의

정상 전도 상태에서 전도 물질의 내부에 흐르던 자속이 초전도 전이 온도 이하까지 냉각되면 완전히 외부로 배제되어 전도 물질 내부의 자속 밀도가 0이 되어 완전한 반자성체가 되는 자기효과로서, 초전도체 속에는 자기력선이 들어갈 수 없는 현상.

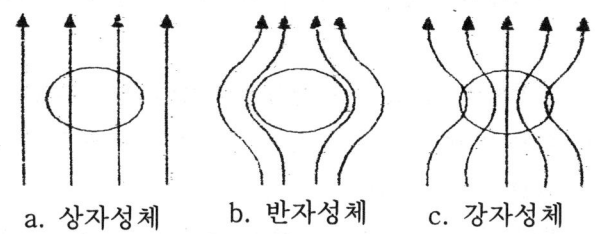

a. 상자성체   b. 반자성체   c. 강자성체
그림2. Meissner Effect(b).완전반자성체

2) 특성 및 현상의 예

① 어떤 물질이 초전도 상태에 있는지 여부의 판단은 전기 저항이 0이 되는 성질보다 마이스너 효과가 본질적인 판단 기준이 된다.
② 초전도 상태에 있는 전도 물질에 자계를 가하여 자속 밀도가 어느 값 이상으로 상승하면 초전도 성질이 상실되어 비초전도(정상 속도) 상태로 된다
③ 예 : 액체헬륨이 담긴 그릇 바닥에 니오브, 납 등으로 만든 접시를 가라앉힌 다음 페라이트 등으로 만든 영구자석을 위로부터 떨어뜨리면 그것이 접시에 떨어지지 않고 공중에 뜨게 된다. 납 등으로 만든 접시가 정상전도 상태가 되면 자석이 접시에 떨어진다. 그러나 다시 접시가 초전도상태가 되면 자석은 위로 뜨게 된다.
④ 즉 초전도체는 자석에서 나오는 자기력선을 통과시키지 않고 외부로 밀어내는데 그 까닭은 이와 같은 상태가 대단히 큰 반자성(反磁生) 상태이기 때문이다.

1-4. 자기장 보존

1) 초전도 회로에서 나타나는 현상으로 초전도 상태가 되기 전의 초전도 회로 내부의 자기장은 냉각되어 초전도체가 되고,
2) 자기장의 변화가 있어도 초전도회로의 **磁氣場**은 원래 냉각되기 **前**의 자기장을 유지함

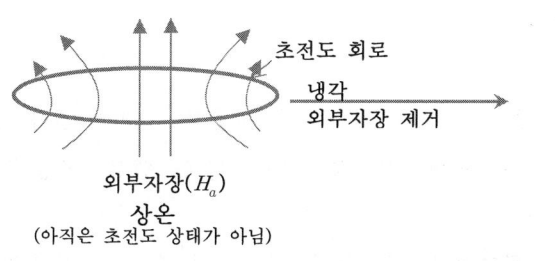
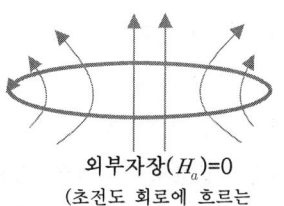

그림 4. 초전도회로에서의 자기장보존

Ⅱ. 초전도 변압기

1. 초전도변압기의 기본 구조
1) 일반변압기와 크게 차이가 없다.
2) 1차 권선과 2차 권선 사이에 자기결합이 잘 되도록 철심을 두고, 철심의 단면적 등을 설계하는 기준은 일반변압기와 동일한 기준을 적용한다.
3) 열적 또는 기계적인 측면에서 초전도선을 냉각시키고 온도를 유지하기 위해 극저온 용기가 필요하다.
4) 철심과 권선을 함께 냉각시킬 수 있지만 철심에서 발생하는 열로 냉매가 기화하면 이를 다시 액화하는 데는 20배 정도의 전력이 필요하므로 전체 효율면에서 철심을 냉각시키는 방법은 바람직하지 않다.
5) 그러므로, 철심은 상온에 두고 1차, 2차 권선만 냉각시켜야 하며 가운데가 빈 저온 용기에 권선을 설치하고 철심은 저온 용기의 중심으로 통과시키는 구조를 가져야 한다.

2. 초전도변압기의 장점
일반변압기의 권선을 초전도화 함으로서 얻을 수 있는 장점으로는 크게 아래 4가지이다.

1) 효율상승
① 초전도체의 대표적인 특징은 저항이 0라는 점이다. 저항이 없으므로 전류가 흐를 때 발생하는 주율열손실 0, 즉 동손이 없어 초전도변압기는 일반변압기보다 효율이 높다.
② 그러나 일반 변압기의 경우에도 변전소 등에서 사용하는 대용량 변압기의 효율은 현재 99%이상이므로 초전도화 함으로써 개선할 수 있는 효율상승폭은 0.2~0.4% 정도이다.

2) 무게 및 부피 감소
① 초전도변압기의 다른 장점으로는 무게와 부피의 감소를 들 수 있다.
② 변압기 권선을 초전도 선으로 대체하면 손실이 줄 뿐만 아니라 같은 단면적의 선에 10~20 배의 전류를 흘릴 수 있으므로 선의 양을 크게 줄일 수 있다.
③ 실제 30MVA급 변압기에 사용되는 구리선은 수천kg 정도인데 비해 고온초전도변압기에서는 수십kg의 초전도 선으로 충분한 것으로 밝혀졌다.
④ 개발된 3가지 형태의 변압기 모두 30MVA(138kV/13.8kV) 용량으로서, 고온초전도 변압기의 중량은 순환 방식의 경우에는 일반변압기의 1/2, 비순환 방식의 경우에는 일반변압기의 1/3로 감소함을 알 수 있다.

3) 안전하고 환경친화적
① 일반 변압기에서는 권선의 냉각과 절연을 위해 절연유를 사용한다. 30MVA급 변압기에 들어가는 절연유는 대략 23,000 리터나 되며 이 절연유는 환경오염과 변압기 과열시 화재나 폭발 위험이라는 문제점이 있다.
② 고온초전도변압기는 냉각을 위해 액체질소를 사용한다. 꼭 액체 질소를 사용할 필요는 없으나 20 ~ 77 K의 온도 범위에서 값싸고 안전한 냉매로서 액체질소가 가장 적합함.
③ 냉매인 액체 질소는 고온초전도 변압기 권선의 절연도 담당한다.

4) 과부하내력 증가
　① 중용량급 이상의 변압기 수명은 대략 30 ~ 40년 정도로 보고 있다.
　② 변압기를 30년 이상 사용하기 위해서는 변압기 내부에서 온도가 가장 높은 지점이 110℃를 넘어서는 안 된다.
　③ 만일 이 한계를 20℃ 이상 초과해서 사용한 기간이 총 100일을 넘긴다면 변압기 수명은 25% 감소한다.
　④ 초과 사용 기간이 10%를 넘어서면 수명은 절반 이하로 줄어든다.
　　한 여름철의 전력 수요는 이 기간을 제외한 일년 중 평균 수요의 2배 가까이 된다. 이 기간의 수요에 맞춰 용량이 결정된 변압기는 그 결과 일년 중 대부분의 기간
　　동안 정격의 50% 정도밖에 사용하지 못하며 이에 따라서 운전 효율도 나빠질 수밖에 없다. 그렇지 않고 변압기 용량을 낮추어서 설치한다면 변압기 수명이 급격히 감소하므로 현재의 일반변압기로는 이 문제를 해결할 수 없다.
　⑤ 고온초전도 변압기의 경우, 정격 전류를 넘어서는 부하 전류를 흘린다고 해서 일반 변압기와 마찬가지로 절연이 열화되는 일은 발생하지 않는다. 정격의 200% 정도인 부하전류가 흘러도 변압기 수명에는 아무 영향이 없으므로 일년 중 몇 주밖에 되지
　　않는 피크 부하에 맞춰 변압기 용량을 결정할 필요가 없으며
　　이에 따라 연간 운전 효율은 일반 변압기보다 더 좋아지게 된다.
　⑥ 위와 같이 고온초전도 변압기는 기존의 변압기에 비해서 성능이 우수하고 경제성이
　　높기 때문에 선진 외국에서는 이에 대한 연구가 활발히 수행되고 있다.

3. 기술개발 현황

　초전도 관련산업은 여러 분야의 기술이 고도의 기술력을 바탕으로 효율적으로 집적되어야 성공을 거둘 수 있는 산업이다. 초전도 기술의 선두에 있는 미국, 일본 등은 이미 정부주도 하에 초전도 관련 기기들의 대부분을 포함하는 종합적인 거대 프로젝트들을 진행 중이다. 미국의 SPI 프로젝트나 일본의 sunshine 프로젝트가 그 예이다. 이 프로젝트들은 에너지 효율증대를 통한 이윤추구와 더불어 계속 확대될 초전도 시장을 선점하기 위한 목적으로, 정부, 관련연구소들 그리고 개발된 기술을 사용하게될 기업체들이 유기적으로 조화를 이루며 진행되고 있다.
　미국의 에너지성(DOE)과 Waukesha에서 수행한 경제성 평가에 관한 연구결과에 의하면 30MVA급 이상의 고온초전도변압기가 경제성이 있으며, 현재까지는 1MVA급 변압기를 제작하여 고온초전도변압기의 제작가능성을 확인하였으므로 현재는 상업운전이 가능한 대용량화에 주력하고 있다.
　· 일본
　일본은 1996년 Kyushu대학, Fuji전기, Sumitomo전공, KEPCO(큐슈전력)의 공동연구로 단상 500kVA(6.6kV/3.3kV) 고온초전도 변압기를 개발하였다. 본 큐슈대학, 후지전기 연구팀은 이미 자체적으로 삼상 20MVA(66kV/6.6kV) 고온초전도 변압기 개념설계를 완성한 것으로 알려져 있

다. 일본에서 개발한 고온초전도 변압기에 사용된 선재는 모두 Bi2223를 사용하였으며, 운전온도를 66K의 과냉각 상태에서 운전시험을 한 결과 77K에 비하여 60%정도로 용량이 증가하는 것이 입증되었다. 일본에서 개발된 고온초전도 변압기의 용기는 모두 GFRP재료를 사용하여 외부 용기와의 전기절연적인 문제를 방지하였다. JR總研에서는 HTS를 이용하여 경량화를 노린 신간선차량용 주변압기의 초전도변압기화에 대한 검토를 실시 중에 있다.

· 유럽

유럽의 고온초전도 변압기 연구는 1997년 ABB, EDF, ASC가 공동으로 3상 630kVA(18.7kV/420V) 고온초전도 변압기를 개발하였다.

4. 향후전망

변압기는 이미 98%에 이르는 고효율의 기기이기는 하나 아직도 전체 송·배전 계통에서 발생하는 손실의 반을 차지하는 기기이다. 이러한 변압기를 고온초전도 선재를 이용하여 제작함으로서 줄일 수 있는 에너지의 양은 막대하다. 또한 소형·경량화가 가능하기 때문에 수송이나 설치부지의 면적을 혁신적으로 줄여줄 수 있고, 환경오염물질이 변압기유를 사용하지 않기 때문에 환경친화적이며 과부하에 대한 대처능력이 일반변압기에 비하여 월등히 좋은 점 등에 큰 이점이 있다. 또한, 국내 전력수요의 상승이 지속적으로 증가하고 있는 상황에서 이러한 고효율의 고온초전도 변압기와 같은 새로운 개념의 변압기가 개발된다면 그 파급효과는 엄청날 것으로 예상된다.

응11-94-2-2. 대기전력(Stand-By Power)의 종류와 저감 대책에 대하여 설명하시오.

답)

1. 개요

에너지 절약 설계기준의 대기전력이 종전에는 권장사항이었으나 2010. 6. 8 개정 때에는 의무사항으로 변경됨.

2. 대기전력의 정의

1) 전원의 끈 상태에서도 전기제품에서 소비되는 전력
2) 즉, 기기(器機)가 외부 전원과 연결된 상태에서 해당 기기의 주기능을 수행하지 않거나 내외부의 켜짐 신호를 기다리는 상태에서 소비되는 전력임.
3) 가구당 연간 306kWh(35,000원)를 소비하여 우리나라 가정 전력소비량의 11%정도가 대기전력으로 사라짐.
4) 2004년 에너지관리공단에 따르면 우리나라에서 사용되는 전자기기의 평균 대기전력은 3.6W로 총 100만kW전력을 소비한다.
5) 낭비되는 에너지를 줄이기 위해 세계적으로 '대기전력1W이하 운동'이 추진되고 있으며, 우리나라도 전자제품 대기전력을 2010년까지 1W 이하로 낮추기 위한 국가 로드맵(스탠바이 코리아 2010)을 2005년 확정했다.

3. 대기전력의 종류

구분	개념	해당기기
무부하 모드 (No Load)	플러그가 꽂혀있는 상태에서 소비되는 전력	어댑터(직류전원장치, 교류어댑터, 휴대전화, 충전기, 전기충전기)
OFF 모드	전원버튼을 이용해 전원을 꺼도 소비되는 전력. 0~3W 전력소비	TV,비디오,DVD플레이어,전자레인지, PC, 모니터, 프린터, 복사기)
수동 대기Mode	리모컨을 이용해 전원을 꺼도 소비되는 전력. 3W수준	TV, 비디오, DVD, 플레이어, 오디오, 휴대전화, 충전기
능동(Active) 대기 Mode	네트워크로 연결된 디지털기기는 전원을 꺼도 20~40W의 전력이 소비된다. 사용자는 꺼진 것으로 착각	홈네트워크, 셋톱박스(아나로그TV로도 디지털 HD방송을 수신할 수 있게 만든 것)
슬립모드 (수면Sleep)	기기가 작동중 사용하지 않는 대기상태에서 소비되는 전력	PC, 모니터, 프린터, 팩시밀리, 복사기, 스캐너, 복합기

4. 대기전력 저감 대책

4-1. 대기전력 차단장치 설치 의무사항 적극 준수

1) 공동주택은 거실, 침실, 주방에는 대기전력자동화차단콘센트 또는 대기전력차단 스위치를 1개 이상 설치하여야 하며, 대기전력자동차단콘센트 또는 대기전력 차단스위치를 통해 차단되는 콘센트 개수가 전체 콘센트 개수의 30% 이상이 되어야 한다.

2) 공동주택 외의 건축물은 대기전력자동차단콘센트 또는 대기전력차단스위치를 설치하여야 하며, 대기전력자동차단콘센트 또는 대기전력차단스위치를 통해 차단되는 콘센트 개수가 전체 콘센트 개수의 30% 이상이 되어야 한다.

4-2. 대기전력 차단장치 적용철저

1) 대기전력자동차단콘센트
 : 건물 매입형 배선용 꽂음접속기로서 지식경제부고시「대기전력저감프로그램운용규정」 에 의하여 대기전력저감우수제품으로 등록된 자동절전제어장치를 말한다.

2) 대기전력차단스위치
 : 대기전력 차단을 위해 2개 이상의 콘센트가 연결되어 있고, 연결된 전체 콘센트를 한꺼번에 전원을 켜고 끌 수 있는 일괄 제어기능과 개별 콘센트를 분리하여 전원을 켜고 끌 수 있는 개별 제어기능 등 2가지 기능을 모두 갖춘 수동 또는 자동스위치를 말한다.

3) 대기전력 저감형 도어폰
 : 세대내의 실내기기와 실외기기간의 호출 및 통화를 하는 기기로서 지식경제부 고시 대기전력저감프로그램운용규정에 의하여 대기전력저감우수제품으로 등록된 제품을 말한다.

4) "홈게이트웨이"
 : 홈네트워크 서비스를 제공하는 기기로서 지식경제부 고시 대기전력 저감 프로그램 운용 규정에 의하여 대기전력저감우수제품으로 등록된 제품을 말한다.

5) "일괄소등스위치"
 : 층 단위 또는 세대 단위로 설치되어 층별 또는 세대 내의 조명 등을 일괄적으로 켜고 끌 수 있는 스위치를 말한다.

응11-94-2-3. 몰드(Mold)변압기의 제작방법에 대하여 설명하시오.

답)
1. 제작공정

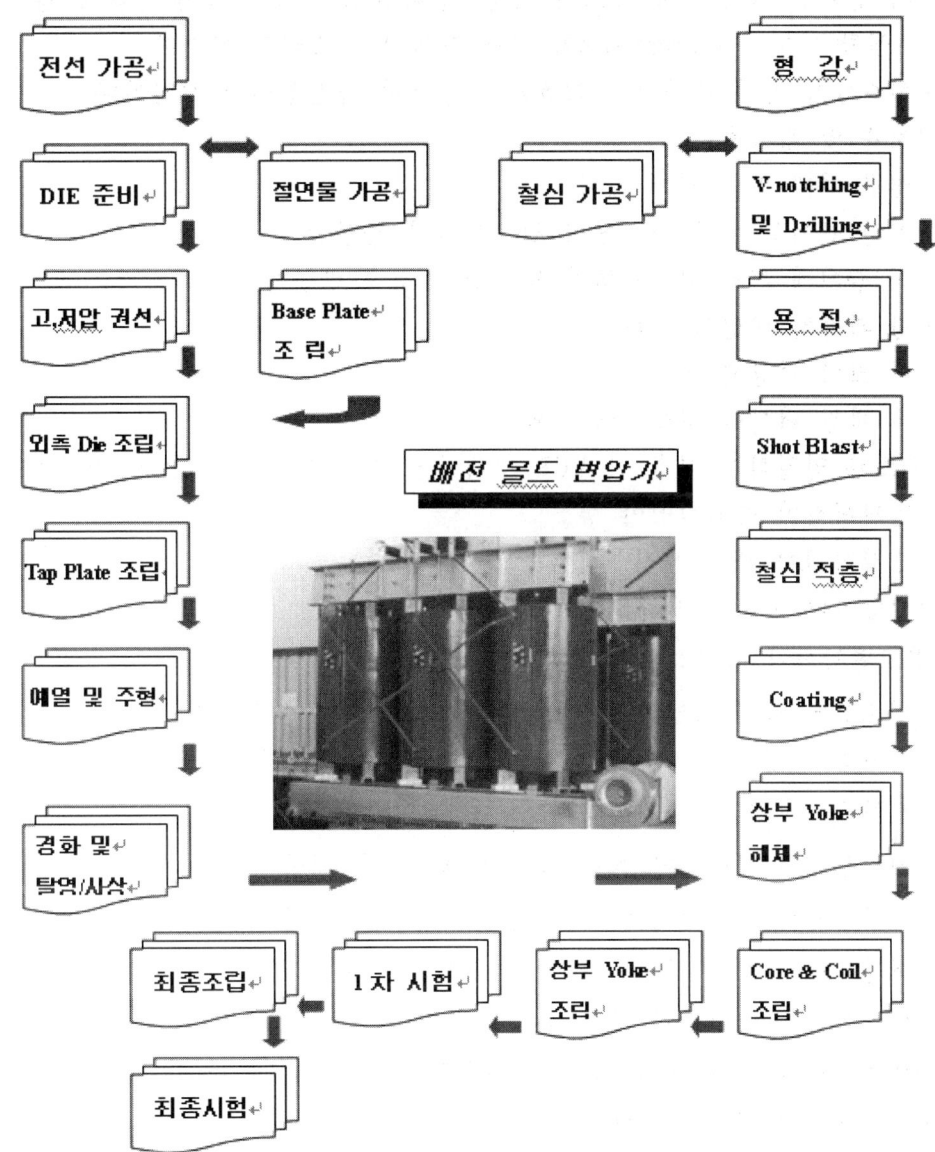

2. 전력용 몰드변압기의 특성 : 87회 전기안전 기출문임

1) 난연성 : 에폭시 수지에 무기물의 충진제가 혼입되어 있어 자기소화성이 있으며, 외부의 불꽃에 의해 착화하지 않음
2) 절연의 신뢰성 향상 : 내 코로나 특성, 임피던스 특성이 좋아 신뢰도 향상
3) 소형, 경량 : 철심이 compact화 되어 면적이 축소되고 가볍다
4) 무부하손실이 적어 에너지 절약효과가 있으며 운전경비가 절감된다
5) 유지보수 및 점검용이
   ① 절연유 여과 및 교체가 없다
   ② 장기간 운저정지 후 재사용시 건조작업이 간단함
   ③ 먼지 습기에 의한 절연내력이 영향을 극소수 받는다
6) 단시간 과부하 내량이 크다
7) 소음이 크나 무공해 운전
8) 서지에 대한 대책이 설립되어야 함
   ① VCB와 연결하여 사용 시 VCB 개폐시에 발생되는 개폐 Surge 에 대한 방지대책이 수립되어야 함
   ② 변압기 1차 측에 서지옵서버를 설치 함
9) 유입변압기와 비교할 때 장단점 (각각 5가지)
   (1) 몰드변압기가 유입식보다 유리한 점(장점)
      ① 연소성에 있어 유입식은 가연성이나 몰드식은 난연성임
      ② 폭발성에 있어 유입식은 폭발성이나 몰드식은 비폭발성
      ③ 전력손실에 있어 유입식은 크나 몰드식은 적음
      ④ 단락강도에 있어 유입식은 강하나 몰드식은 매우 강함
      ⑤ 외형치수와 중량에 있어 유입식은 대형 몰드식은 소형
      ⑥ 내진성에 있어 유입식은 강하나 몰드식은 매우 강함
      ⑦ 단시간 과부하내량에 있어 유입식은 150% 부하로 15분이나 몰드식은 200%로 15분 정도로 유리함
   (2) 몰드변압기가 유입식보다 불리한 점(단점)

비교항목	유입식	몰드식
절연계급	A종	B종, F종
권선의 온도상승온도	권선 :55℃ 절연유:50℃	B종: 75℃ F종 : 95℃
사용장소	옥내. 옥외	옥내
소음	小	大
절연내력	강함	중 정도
충격파 내전압	150[kV]	95[kV]
상용주파 내전압	16[kV]	10[kV]

응11-94-2-4. 단상유도전동기의 회전원리 및 기동방법에 대하여 설명하시오.
답)
1. 단상유도전동기의 기본 회전원리

1) 교번자계
   단상유도전동기는 단순하게 교번만하므로 기동 Torque=0이 됨으로 기동 보조장치 필요
2) 불평형 자계 필요
   (1) 기동 Torque=ϕ이므로 T을 얻기 위해 불평형 자계 필요($\Phi = \Phi_m \cos wt$)
   (2) S=1(기동시) : T=ϕ
       ① $T_a > T_b$: 회전 → 시계방향으로 회전
       ② $T_a < T_b$: 회전 → 반시계 방향으로 회전
   (3) r를 증가시키면 T_m감소(비례추이 무시)
   (4) r를 너무 크게 하면 T(제동기) : 단상제동기 가능
       ① $\phi_1 = Ns - N = SNs$
       ② $\phi_2 = Ns + N = (2-S)Ns$

2. 단상유도전동기의 일반적 특성

1) 단상유도전동기는 기동토크없이 기동할 수 없음
2) 어떤 방향으로나 약간이라도 회전하면 그 방향으로 가속하는 토크가 생겨서 회전하기 시작한다.
3) 기동할 경우 필요한 기동토크를 확보함과 동시에 회전방향이 항상 일정 방향으로 회전하도록 하여야 한다.

3. 구조

1) 주권선 : 단상유도 전동기 본래의 권선
2) 보조권선 : 기동을 위해 필요한 권선
   ① 고저항으로 단시간 운전할 수 있도록 설계
   ② 주권선보다 전기각으로 $\pi/2$만큼 권선축에 떼어서 배치하여 앞선 위상이 되도록 하여 회전자계를 발생

4. 기동방법의 종류 및 특징

1) 분상 기동형

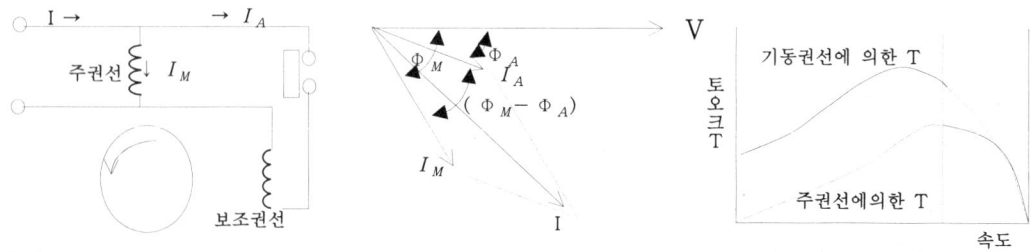

(1) 원리

① 기동시에만 주권선과 보조권선으로 회전자계를 만들어 기동하고 가속되면 보조권선을 분리해서 주권선만으로 운전하는 방식이다.

② 주 권선과 보조 권선의 전류는 20~30도의 위상차 유지로 불완전하지만 회전자계가 생긴다.

③ 주권선과(W_M) 보조권선(W_A)를 전기각으로 2π 떨어뜨려 배치

④ 보조권선의 권수 : 주권선의 1/2(임피던스를 적게) 주권선보다 상당히 가는 선 사용하여 저항을 크게 함.

⑤ 단자전압 V에 대한 주권선 전류 I_M 의 뒤진 역률각 ϕ_M 보다 보조권선 전류 I_A 의 뒤진 역률각 ϕ_A 쪽이 적게 됨

⑥ 보조권선전류가 $A_M - A_A$ 만큼 앞서게 된다.

(2) 특징

① 장점 : 비교적 저렴하다.

② 단점 : 기동전류가 크다(500~600%) 따라서 대출력은 제작 불가능

③ 출력은 20~400W의 소용량   ④ 단점 : 기동토오크가 작다(150~200%)

(3) 적용 : 얕은 샘 펌프, fan, 송풍기, Blower 등에 사용

2) 콘덴서 기동형

(1) 원리

① 보조권선에 직렬로 콘덴서를 접속하고 시동 시는 주권선과 보조권선 및 콘덴서로 전류를 송류 하고 시동이 되면 원심력으로 보조권선과 콘덴서를 분리하여 주권선만으로 운전한다.

② 보조권선의 권수를 주권선의 1~1.5로 하고 기동시에만 콘덴서 접속

③ 콘덴서는 기동시 극히 짧은 기간 사용 → 소형 염가의 콘덴서를 사용

④ I_A 가 I_M 보다 $\phi_M + \phi_A$ 만큼 앞선 위상이 되어 회전자계가 생긴다

⑤ 즉, 기동전류를 작게 하고↓, 기동토크 크게 함↑

⑥ 보조권선 위상을 주권선 위상보다 앞선 위상을 만든다

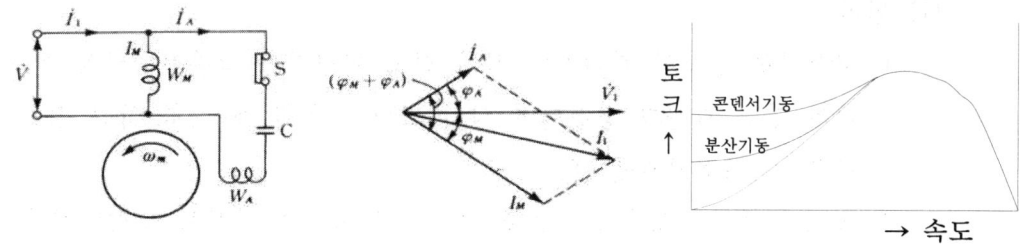

콘덴서기동형

(2) 콘덴서 기동형 단상 유도전동기의 특징
① 역률이 양호.   ② 시동전류가 작다.
③ 시동토크가 크므로 시동이 무거운 기기나 전원전압 변동이 큰 곳에 적합
(3) 용도 : 펌프, 콤프레샤, 공업용세탁기, 냉동기, 농사용기계, 콘베어

3) 콘덴서 모터형 전동기
(1) 원리: 시동시와 운전시도 같은 용량의 콘덴서를 보조권선에 직렬로 넣는 방법
(2) 특징
① 주권선과 보조권선에 흐르는 전류의 위상차가 적어서 시동토오크가 적다.
② 시동전류, 全부하전류 모두 적고 운전 특성이 좋다.
③ 시동 스위치가 없으므로 고장이 적다.

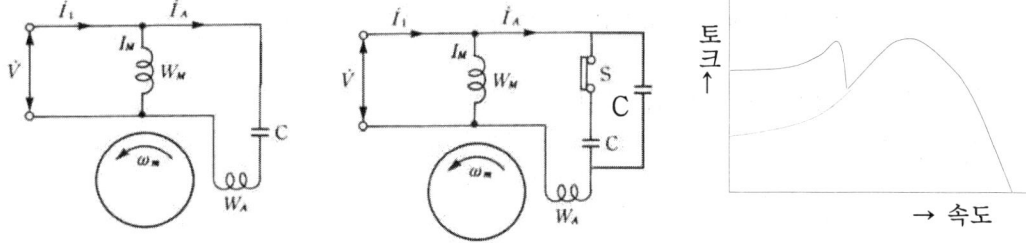

그림3. 콘덴서 모터용 전동기. 그림4. 콘덴서 모터 콘덴서 기동형 전동기의 개념과 속도-토크 특성

(3) 용도 : 팬, 세탁기, 사무기기(시동토오크를 요하지 않는 용도에 적합)

4) 콘덴서 모터 콘덴서 기동형 전동기
(1) 원리
① 보조권선에 직렬로 넣은 콘덴서 용량을 시동시와 운전시로 변화시켜
   콘덴서시동형의 특징과 콘덴서 모터형의 특징을 겸비한 방식이다.
② 즉, 콘덴서 기동형과 콘덴서 모터형의 장점만 살린 형태이다.
(2) 특징: ① 시동토오크가 크다(250~300%) ②시동전류는 중간쯤이다(400~500%)
       ③ 출력 100~400W
(3) 용도 : 펌프, 콤프레샤, 냉동기, 농사용기계

5) 반발기동

(1) 원리
① 고정자는 단상의 주권선이 감겨 있고 회전자는 직류전동기의 전기자와 거의 같은 권선과 정류자로 되어 있어 기동할 때 직류 직권 전동기와 같은 큰 기동토크를 낸다.

② 속도가 동기속도의 70~80% 정도까지 커지면 원심력장치로 정류자를 단락해서 농형 회전자로 된다.

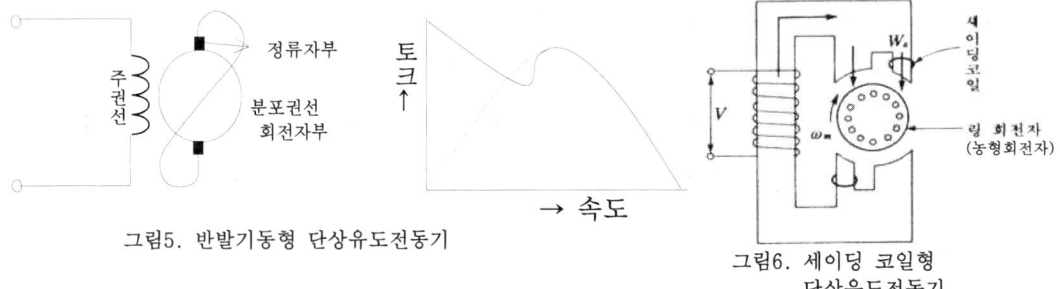

그림5. 반발기동형 단상유도전동기

그림6. 세이딩 코일형 단상유도전동기

(2) 특징
① 시동토크가 극대(400~600%) ② 시동전류가 작다.(300~400%)
③ 출력 100~750W정도

(3) 용도
① 시동 토오크가 크게 필요한곳, 전압강하가 큰 장소에 필요.
② 펌프, 콤프레샤, 냉동기, 공업용세탁기, 농사용기계, 문 개폐, 전동공구 등

6) 우취형 (Shading coil, 세이딩코일형)

(1) 원리
① 1차권선에 전압을 가하면 자극철심내의 교번자속에 의해 세이딩 밴드 코일에 2차 단락 전류가 흐른다

② 2차단락전류는 자속의 흐름을 방해하도록 작용하므로 비 세이딩 부분에서 세이딩된 부분으로 자계가 이동 하게 되어 결과적으로 회전자계가 발생 하게 된다(즉, 세이딩코일 無 → 세이딩 코일 有)

③ 이 회전자계에 의해 2차 도체에는 유도 기전력에 의한 2차 전류와 자속에 의해 기동 토오크가 발생하게 된다

④ 단, 세이딩 밴드는 기계적인 구조이므로 이 전동기는 회전방향을 바꿀 수 없는 결점이 있다.

(2) 특징
① 기동토오크가 가장 작다(40-50%) ② 기동전류 중간(400-500%)
③ 효율이 낮다. ④ 속도 변동률이 크다. ⑤ 역전 불가능 ⑥ 출력이 10w정도

(3) 용도 : 레코드 플레이어, 천장 선풍기(주로 소형기기에 사용)

응11-94-2-5. 직류식 전기철도에서 전기부식의 피해를 최소화하기 위한 방안을 설명하시오. 문3. 전기철도 전식방지대책 중 레일측과 매설관측으로 구분하여 설명하시오.(06-78-3-1)

답)

1. 개요

1) 직류식 전철은 가공 단선식 또는 제3궤조식으로 하므로 주행레일을 귀선회로로 이용할 수 밖에 없어 귀선전류의 일부분은 대지로 누설된다.

2) 누설전류는 전기차(+)와 변전소(-)가 전위차가 발생되어 지중매설 금속체가 있으면 저항의 금속체를 타고 누설전류가 유입 유출된다.

3) 이때 누설전류는 전기차(+)측에서 변전소(-) 측으로 귀환하며, 이때 금속체의 유출지점에서 ion화 현상으로로 부식이 진행되는 것을 電蝕이라 함

2. 전기부식의 Mechanism

1) 누설전류 분포도

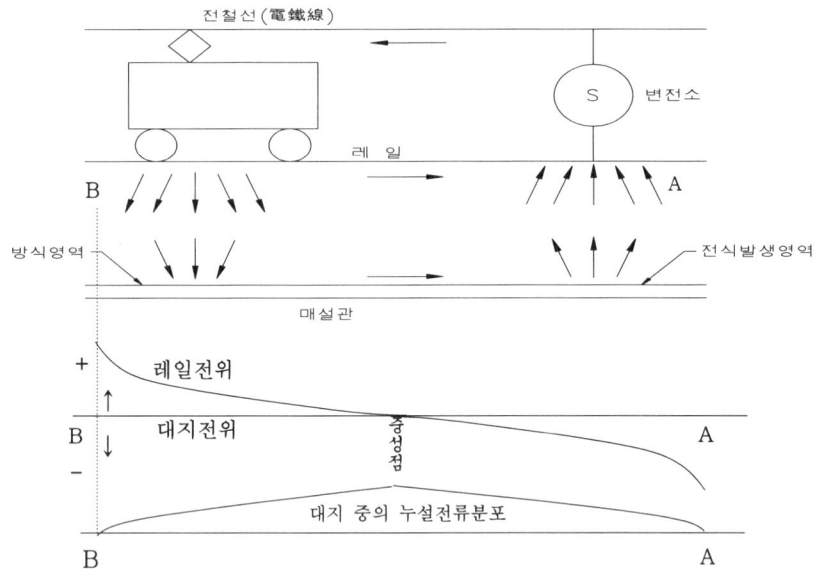

2) 지하수가 전해액 역할을 하여 매설 금속체에 직류누설전류가 통전되고 유출부에는 이온화현상으로 전기분해되어 전기부식이 발생함

3) 누설전류의 유입지점은 "-"이온상태로 전식은 없다

4) 전식발생 량

① 누설전류(i_l) : $i_l = k \cdot \dfrac{r}{R} \cdot I \cdot L^2 [A]$, 단, k : 상수, r : 궤선레일저항,
   R : 궤전레일과 대지간의 절연저항, I : 부하전류, L : 변전소 간격

② 전식량 : $M = Z \cdot i_l \cdot t$ 단, Z : 전식화학당량, t : 시간

3. 전기 부식 방지 대책

3-1. 전기설비 기준상 적합하게 시설을 다음과 같이 시행함

1) 충분한 이격거리 유지
2) 전식방지용 귀선의 시설
3) 전식방지용 귀선용 궤조의 설치
4) 가공 직류 절연귀선의 시설
5) 전식방지를 위한 절연(도복장 : 도복장에는 Coating, Lining, Tapping 등)

3-2. 레일측의 대책 수립(즉, 전철측 대책)

1) 기본 개념 : 누설전류(i_l) : $i_l = k \cdot \dfrac{r}{R} \cdot I \cdot L^2 [A]$ 에서 식의 요소를 조정한 것
2) 궤도전류의 경감 : 궤도전류는 전차선 전압에 반비례하므로 전압상승이 되나 절연의 문제점과 건설비가 막대하다
3) 레일의 저항의 감소 : 즉, 누설전류의 감소를 말하며, 궤도교체, 궤도의 용접, 레일본드 설치, 보조 귀선의 설치(굵기가 50㎟ 이상의 동선을 레일의 30cm 지하에 설치)
4) 누설저항의 증대 : 즉, 레일과 대지간의 절연저항을 증대시키는 것을 말하며, 궤도와 체결부에는 누설전류를 줄이기 위해 절연 pad사용, 절연침목, 도상부분, 노반부분에 있어 대지에 대한 레일의 절연저항을 크게 할 것
5) 변전소 간격축소 : 급전구간 축소로, 변전소 증가가 있어 현실적 적용 곤란함
6) 기타 : 가공절연 귀선 설치 및 구조물과 금속체 등에 정기적 Bonding

3-3. 매설 금속측의 대책

1) 매설관 표면 또는 접속부를 피복절연시켜 절연저항을 증대시켜 누설전류의 유입방지
2) 이격증대로 궤도와 접근거리를 증가되게 가능한 장거리로 이격하여 매설시행
3) 금속도체에 의해 차폐 : 매설 금속관 등을 차폐시켜 누설전류의 방지를 시행
4) 매설 금속체 접속부를 전기적 절연시키면 전기저항이 증대되므로 유입전류가 감소됨
5) 레일과 매설금속체 간에 전기적 방식설비를 시설함.

3-4. 전기적 방식 설비의 시설

1) 희생 양극식 (Sacrificial Anode System): 유전양극법

(1) 금속 배관에 상대적으로 전위가 높은 금속을 직접 또는 도선에 의해 접속시키는 방식이다.

(2) 즉, 이종 금속간의 이온화 경향 차이를 이용하여 소방배관이 음극이 되도록 하고, 접속시킨 금속이 양극이 되어 대신 부식되도록 하는 것이다.

(3) Anode의 재질은 Fe보다 고전위인 Mg, Zn, Al 등을 사용하며, 이 양극은 서서히 소모된다.

(4) 이러한 희생양극(Anode)는 접지저항을 낮춰 발생전류를 많게 하기 위하여 벤토나이트 계통의 양극(Backfill)재료를 넣어 사용한다.

(5) 장점
① 별도의 전원 공급이 필요하지 않다.   ② 설계 및 설치가 매우 쉽다.
③ 유지보수가 거의 필요없다.   ④ 주위 시설물에 대한 간섭이 거의 없다.
⑤ 전류 분포가 균일하다.   ⑥ 도장된 배관이나 다수로 분산된 배관에 적합.

(6) 단점
① 적은 방식전류가 필요한 경우에만 사용 가능하다.
② 토양 저항이 크거나, 수중에는 부적합하다.
③ 유효 전위가 제한된다.

2) 외부전원법 : 강제 전원식 (Impressed current system)

(1) 원리

① 금속배관에 DC전원의 음극을 연결하고, 외부 Anode에 전원의 양극을 연결시켜서 전해질을 통해 방식전류를 공급하는 방식.

② Anode의 재질:
 : 외부 전원에서 전류를 공급하므로, Anode는 금속의 이온화 경향보다 내구성이 강한 재질을 사용할 수 있다.
 → 고규소 철, 백금 전극 등을 사용함.

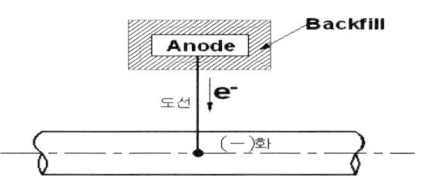

그림5. 외부전원법

(2) 외부전원법의 장점
  ① 대용량의 방식전류를 사용할 수 있다. ② 전압, 전류의 조절이 용이하다.
  ③ 방식 소요전류의 대소에 관계가 없다. ④ 자동화가 가능하다.
  ⑤ 내 소모성 양극을 사용하여 수명을 길게 할 수 있다.
  ⑥ 토양저항의 크기에 관계없이 적용 가능하다.
(3) 단점
  ① 설계가 복잡하다.   ② 타 시설물에 대한 방식전류의 간섭이 발생.
  ③ 설치 및 유지관리 비용이 소요. ④ 과도한 방식이 될 수 있다.

3) 배류방식
  ① 전기철도로부터의 누설전류를 대지에 유출시키지 않고, 직접레일에 되돌려 주는 방법
  ② 종류 : 직접법, 선택법, 강제 배류법이 있으나, 선택배류법을 많이 사용함
  ③ 선택배류법 : 최근에는 실리콘 다이오우드를 사용함
    ㉠ 전동차의 회생제동일 경우, 변전소의 ⊖극과 지하매설과의 전극사이에
       다이오우드를 연결하여 누설전류 방향을 선택함으로써 부식 방지시킴

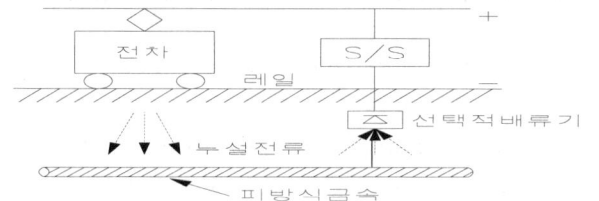

<그림6. 선택배류법>

    ㉡ 지중의 금속과 전철 rail을 전선으로 접속하여 전기방식하는 방법
    ㉢ Rail의 전위가 자주 변하므로, 방식효과가 항상 얻어지지는 않는다.
  ④ 강제 배류법
    ㉠ 직류전원장치에 의해 레일에 강제적으로 배류시키는 것으로서 선택배류법과
       외부전원법의 중간적 성질을 갖고 있으며 이 방식법은 비교적 새로운 기술임
    ㉡ 강제배류법은 레일을 양극으로 하여 매설물을 방식시킴과 동시에 배류시킴
       으로써 외부전원식 전기방식법과 같은 원리이다.
    ㉢ 강제배류법의 특징은 다음과 같다.
      ⓐ 선택배류법에 비하여 항상 배류하기 때문에 누설전류의 강한 유출에
         의한 전식방지를 포함하여 관로를 항상 방식시키는 것이 가능하다.
      ⓑ 레일을 전극으로 이용하기 때문에 외부전원법의 경우와 같이 전극의
         설치장소가 불필요하므로 경제적으로 유리한 점이 많다.
      ⓒ 레일부근의 관로가 과방식으로 되기 쉽다.
      ⓓ 전철이 가까이 없으면 적용하기 어렵다.
      ⓔ 강제배류법에서 주의해야 할 것은 전철의 신호장해에 대하여 충분한
         검토가 있어야 한다.

응11-94-2-6. 전기전력저장시스템(BESS : Battery Energy Storage System)에 대하여 설명하시오.

답.

1. 개요 및 원리

1) 신형전지전력 저장장치는 충방전의 반복 이용이 가능한 전지(2차전지)
2) 전력을 직접 화학에너지로 변환 저장, 필요시 방전할 때 화학에너지를 전기에너지로 변환하여 이용하는 장치

2. 구성

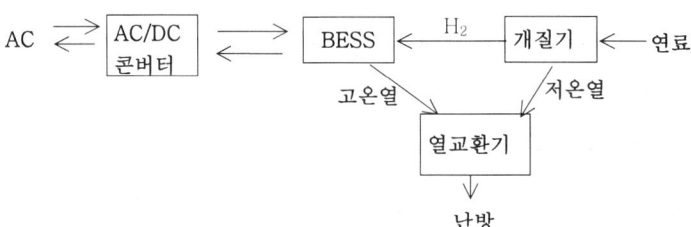

3. 개발 중인 신형전지의 종류 및 특징

종류	특징
① 나트륨 - 유황전지(NaS 전지) ② 아연 - 브롬전지(ZnBr 전지) ③ 리튬전지(Li전지) ④ 레독스 플로전지(RF 전지)	① 자원에 제한이 없다. ② 에너지 밀도가 연축전지에 비해 3~5배높다 ③ Compact화 및 대량생산 할 수 있다. ④ 소음, 분진등과 같은 환경장해가 거의 없어 수요지 근방의 분산배치용 전원 사용

4. 장점

1) 높은 에너지 밀도를 가지고 있고, 에너지 변환 효율이 높다.
2) 기동정지 및 부하추종 등의 운전특성이 우수하여 첨두부하 전원으로 적용 가능.
3) 모듈 구조로 분산 배치가 가능하다.
4) 진동, 소음이 적고 환경에 끼치는 영향이 거의 없다.
5) 저장효율이 비교적 우수하다.
6) 입지제약이 없어 수요지 근방에 설치가능하다.
7) 모듈구조로 양산될 수 있어 건설기간이 짧고, 비용절감(Cost Down)이 될 가능성이 높다.
8) 자원적인 문제에 있어서 공급이 무난하다.
9) 적용범위가 광범위하며, 가까운 시기에 실현 가능성이 높다.
10) Module 구성이므로 고장시 처리 및 복구가 용이함.
11) 적용범위가 광범위하며, 가까운 시기에 실현 가능성 높다.
12) CO_2, NO_X 등 대기오염 물질 배출 및 소음이 적고, 환경 대책상 유리 함.
13) 전지의 효율이 규모에 의하지 않고, 대규모 발전소 수준까지의 에너지 변환이 가능.

5. 단점
1) 부식성 물질의 사용으로 인해서 다른 설비보다 내용 년수(전지수명)가 짧다
2) 다수의 단전지로 구성된 System이기 때문에 고도의 유지, 보수관리 기술이 요구
3) 반응가스 중의 불순물에 민감하여 이의 제거 기술이 필요함
4) Cost가 높고 내구성에 문제가 있다

6. 전력계통에서의 활용방안
1) BESS는 저장과 발전능력을 모두 있기 부하평준화(Load Shifting)의 기능이 강함.
   - 부하평준화의 대상 : ① 전력계통 ② 지역전력 ③ MTr Bank
2) 따라서 전력회사는 BESS의 한정된 시간과 한정된 용량 범위 內 부하평준화 효과의 도모할 수 있도록 운용해야 할 것임.
3) 실제 적용 시 그 대상선정 및 적정용량을 결정하고자 할 때에는 ①, ③의 공동조건을 만족시켜 주어야 한다.
4) MTr Bank의 년도 월별일 부하 패턴이 배전지역의 부하특성상 대부분이 일정치 않기 때문에 이에 따라 월별 충방전 시간, 충방전 용량, 기동용량이 변화함으로 적정용량과 운용방안의 결정에 어려움이 있다.
5) 이점은 BESS의 적용대상 지역을 배전용 배전반에 적용하는 피할 수 없는 과제이며, 고압수용가에 적용할 경우에는 그 월별 일부하 패턴이 연중을 통해 거의 일정치 않다면 적용시 어려움이 따르게 된다.
6) 첨두부하 억제. 7) 주파수 안정화   8) 전력계통 안정화 9) 부하변동 억제 10) 조상용
11) 분산형전원 등에 이용할 수 있다.
   ① 일본의 경우: 1990년 Moon Light Program에 의해 1MW 전지전력저장시스템의 운전
   ② 독일의 경우 : 주파수 제어용으로 95MW System 운전

7. 他 에너지저장 기술와의 비교

도입형태	설 치 규 모	경쟁될 수 있는 전력저장기술	양수발전 (Pumped cycle)
대용량 집중배치	10~100MW(8시간)	○ 양수발전 ○ SMES ○ 증기저장 △ 압축증기저장	○ : 경쟁 △ : 경쟁은 되지만 가능성이 비교적 적음
분산 배치	1~5MW(4시간)	△ 초전도 저장 기술 △ 증기 저장 기술	
수용가설치	100~500kW(4시간)	○ Flywheel	
단독 또는 낙도설치	10~500kW(4시간)		
간헐 출력제어	10kW(8시간)		

8. 향후전망
전력저장 기술은 하계 수요의 주야간 격차가 심화되고 있는 우리나라의 경우 전원설비의 이용율을 높이는 측면에서 대단히 중요한 의의를 가지는 기술이다.
특히 심야의 잉여전력을 유효하게 이용하고, 값싼 순동 예비력 확보로 발전원가 절감을 목적으로 하는 전력저장 기술이 필요성이 더욱 증가하고 있는 추세이다.

응11-94-3-1. 교류전기철도의 변전소에서 3상전원을 단상으로 공급하는 방식(4가지)에 대하여 설명하시오.

답)

1. 개요

1) 전철용 교류 급전시스템의 문제점으로는
   (1) 3상 전력계통에서 대용량의 단상전력을 사용하면 3상측에 불평형 전압이 발생하고 3상기기에 역상전류가 흐르게 된다.
   (2) 회전기는 이 영향을 가장 받기 쉬우며 과열 또는 토크의 감소가 발생한다.

2) 일반적 대책
   (1) 3상측의 전류를 가능한 한 평형시키는 것이 바람직하며 교류 전기철도에서는 일반적으로 연속 2시간의 평균부하에서 전압 불평형률 3% 이내로 하도록 지정되어 있다.
   (2) 3상전력을 2상전력으로 변환하고 급전회로를 방면별 또는 상하선별로 하여 3상측 3선의 전류를 거의 동등하게 하고 있다.
   (3) 전기차 부하는 변동이 크므로 급전용 변압기의 과부하 내량으로 정격전류의 300%에 상당하는 부하에서 2분간 연속 사용하여도 이상이 없도록 하고 있다.
   (4) 3상 2상 변환 변압기에는 여러 종류의 결선이 있으며 현재, 특별고압 수전용으로 스코트(Scott)결선 변압기 및 초고압수전용으로 변형우드브리지(Wood Bridge)결선 변압기가 사용되고 있다.

2. 교류전기철도의 변전소에서 3상전원을 단상으로 공급하는 방식(4가지)

2-1. 스콧트 결선

1) 정의 : 2개의 단상변압기를 결선하여 3상을 2상으로 변환하는 방법으로 T결선으로 통칭함
2) 용도
   ① 전기철도용 전원
   ② 대형 전기용광로용 전원은 3권선 변압기를 이용하나, 여건상 단상전원이 필요로 하는 소규모의 전기로용 변압기
3) 결선 및 원리

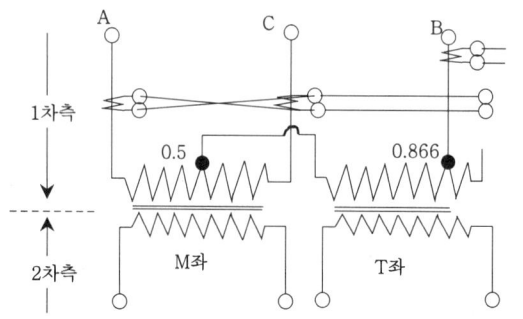
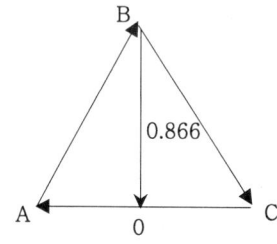

그림1. 스콧트 결선
그림2. T결선의 벡터도

① 그림1과 같이 변압기 2차측 결선을 M좌와 T좌로 구분시킨다
② M좌 변압기의 1차 측에 해당되는 결선은 A상과 C상에 연결한다
③ T좌 변압기의 1차 측에 해당되는 全 권선의 $\sqrt{3}/2$에 해당되는 지점에서 3상전원의 B상으로 인출시켜 그림2와 전압VECTOR가 생기게 함.
④ M좌 변압기 1차권선의 중간점(1/2지점)과 나머지 1차권선을 연결한다
⑤ 단, 나머지 1차권선이라 함은 T좌 변압기의 1차 권선을 말함
⑥ 상기와 같이 결선하면 양권선의 유기전압은 그림2 같이 직각위상으로 되는 것임
⑦ 동일 부하일지라도 T좌는 M좌 부하보다 1.1547배의 전류가 흐른다
  (∵ T좌의 부하전압은 M좌 부하전압보다 0.866배 전압이므로 전류는
    그 역수인 1/0.866 이 되기 때문임)
⑧ M좌 부하일 때 B상은 전혀 관련 없고, T좌 부하인 경우는 B상에만 통전 됨

4) 단상 2개의 부하용량 P 및 역률이 동일 할 때는 3상전력은 완전히 평형되고 3상 입력용량은 2P가 된다.

5) 스콧트결선의 이용률 : $Y = \dfrac{\sqrt{3}\,VI_r}{(1+0.866)VI_r} \times 100 = 92.8[\%]$

6) 스콧트결선의 1차측에 비율차동계전기(87)의 CT를 차동결선한 경우 CT비
   - TP 측 CT비를 400대 5로 하고 TS측의 CT비를 800대 5로 정한다고 하면
   T좌 CT비 800대 5일 때 T좌 1차측은 $800 \times 1.1547 = 924[A]$가 됨.
   M좌 CT비를 800대 5이면 M좌 1차측은 $800 \times 2 = 1,600[A]$가 됨

7) 스콧트 결선의 결점
   ① 스코트결선 변압기는 중성점이 존재하지 않아서 계통 중성점 접지가 불가능
   ② 스코트결선 변압기 2차 측 각 상의 불평형이나 변압기 권선의 임피던스 정합이 다소 곤란
   ② 충분한 전기적 중성점을 얻기 곤란하므로 초고압 계통의 1차 측 중성점에 전류가 흘러서 통신유도장해 발생

2-2. 변형 우드브리지(Wood Bridge) 결선

1. 개요 (즉, 변형 우드브리지 결선은 스코트 결선의 결점의 보완 대책)
   1) 스코트 결선의 결점을 보완하기 위해 변형 우드 브리지 변압기를 사용함
   2) 유효접지계통에 중성점을 접지함으로
      ① 중성점 전류를 적게 하여 통신유도장해 경감
      ② 단상 부하인 전기기차에 의한 전압불평형을 경감

2. 변형 우드브리지 변압기
   1) 중성점접지가 가능한 것을 제외하고는 스코트결선 변압기와 전기적 특성 일치
   2) B좌의 발생 전압이 $60/\sqrt{3}$ [kV]이므로 별정치의 승압기를 사용
   3) 이 승압기 때문에 변형 우드브리지라 함

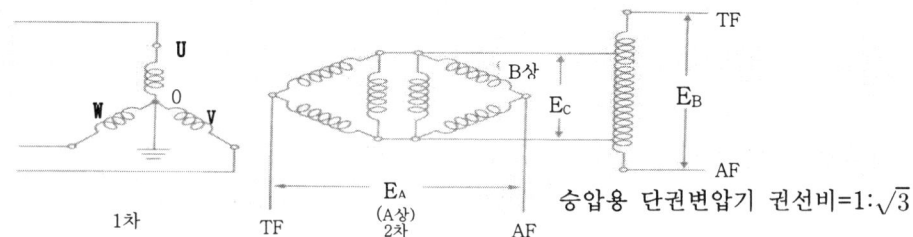

그림3. 변형 우드브리지 변압기 결선

4) 여기서 A좌는 스코트 M좌에, B좌는 T좌에 대응함으로 서로 치환하여 스코트 결선 변압기 계산 방식에 따른다.
5) 결과적으로 2차 측은 단상전원 E_A 및 E_B을 얻을 수 있다
6) 고속전철에서 초고압 220kV, 285kV를 수전하게 되는 경우, 3상측 중성점의 직접접지가 가능한 변압기가 필요하게 된다.
7) 그림2는 변형 우드 브리지 결선 변압기로 주변압기는 Y-△결선을 조합하고 A좌와 B좌의 전압을 동일하게 하기 위하여 B좌측에 승압변압기를 접속하고 있다.
8) 주변압기 3상 각상의 임피던스를 각각 동일하게 하면 1차측 중성점을 접지하여도 부하전류에 의한 중성점 전류는 흐르지 않는다.
9) A좌, B좌 부하에 의한 3상 평형조건은 스코트 결선 변압기와 동일하다.

2-3. 3권선 스코트 결선 변압기

1) 3권선 스코트 결선 변압기의 필요성
   ① AT급전회로에서는 전기차 전압의 2배로 급전하므로 AT가 접속되어 있지 않은 경우의 변압기 2차측 지락을 고려하여 변전소 급전측의 절연계급을 전기차 전압의 2배에 견디는 절연으로 하고 있다.
   ② 이에 대해서, 특별고압으로 수전하는 일부 변전소에서는 스코트결선 변압기를 3권선으로 하고 급전측에 중성점을 인출하여 레일에 접속하며 절연계급을 전기차 전압과 동일한 절연으로 경감시키고 있다.
2) AT 급전용 3권선 변압기의 기본적 구조:
   샌드위치(sandwich) 권선, 스플리트(split) 권선 및 별도 철심각 권선이 있다.
3) 급전측 분리 임피던스
   ① 권선 간의 누설 임피던스를 Z_{12}, Z_{13}, Z_{23} 로 한다.
   ② 급전측 분리 임피던스는 다음 식과 같이 된다.
   ㉠ $Z_T = (3Z_{12} + Z_{13} - Z_{23})/2$

   $Z_N = (Z_{23} - Z_{12} - Z_{13})/2$

   $Z_F = (3Z_{13} + Z_{12} - Z_{23})/2$

   ㉡ 중성점의 임피던스 Z_N은 어떤s 구조의 변압기에서도 Z_N, Z_F와 비교하여 매우 작으며 그 값은 샌드위치 권선이 정극성(+), 스플리트 권선이 부극성(-), 별도철심각 권선이 영(0)이 된다.

2-4. 부등변 스코트 결선 변압기

1) 스코트 결선 변압기의 M좌와 T좌를 직렬로 접속하고, 사변 S좌를 급전전압으로 하여 1계통의 급전회로에 접속하는 방식이다.
2) 그림4에 부등변 스코트 결선 변압기의 접속도를 보인다.

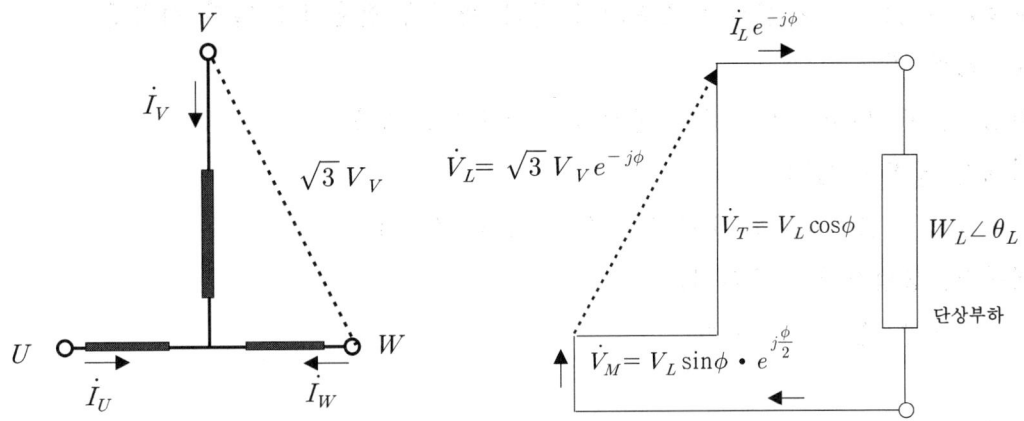

그림4. 부등변 스코트 결선 변압기의 단상부하 접속도

① 이 경우, 단상부하에 의해 발생하는 3상측 전류를 V상 기준으로 하여 구하면

$I_U = -I_L \sin\phi \cdot \exp(-j\phi) - I_L/\sqrt{3} \cdot \cos\phi \cdot \exp(-j\phi)$

$I_V = \qquad\qquad\quad 2I_L/\sqrt{3} \cdot \cos\phi \cdot \exp(-j\phi)$

$I_W = I_L \sin\phi \cdot \exp(-j\phi) - I_L/\sqrt{3} \cdot \cos\phi \cdot \exp(-j\phi)$

② 식에서 I_U, I_V, I_W의 순서로 전류가 작아지며 불평형으로 되는 것을 알 수 있다.
③ 그리고, 전류분포는 스코트 결선 변압기의 M-T 단락의 전류분포와 일치한다.
④ 식에서 정상전력과 역상전력을 구하고 역률개선을 위해 정상전력의 허수부를 영(0)으로 하고 평형화를 위해 역상전력이 영(0)으로 되도록 M좌와 T좌에 각각 보상용량을 접속하여 사용한다.

응11-94-3-2. 서보전동기(Servo moter)가 갖추어야 할 특성과 종류에 대하여 설명하시오. [서보모터와 일반모터의 차이점을 기술하시오(60회 ~10점)]

답)

1. 서보모터의 특성

1) 서보모터는 로봇이나 컴퓨터 주변기기 등의 제어용 전동기로 널리 사용됨
2) 서보모터의 특성
   ① 기동, 정지, 역전, 제동 등의 동작을 연속적으로 행함.
   ② 기계적 강도가 있다.
   ③ 토오크가 크고, 속도에 대하여 수하 특성을 갖는다.
   ④ 제어성, 응답성이 우수하다.
   ⑤ 소형, 경량, 고 신뢰성이다.

2. 각종 서보모터의 종류 및 그 특징과 용도

종류		특징	용도
직류	DC서보모터	① 출력용량이나 응답특성이 좋다 ② 구성이 간단 ③ 고속·큰 토크 ④ 정류자 주변의 보수 필요	NC 공작기계 산업용 로봇트 컴퓨터주변기기 사무기
직류	브러시레스 DC 모터	① 속도제작용 ② 고가 ③ 노이즈가 생기지 않는다.	음악장치 영상기기 컴퓨터 주변기기
교류	동기전동기형 AC서보모터	① 토크가 크다 ② 위치용 제어 ③ 소형, 경량	NC 공장기계 산업용 로봇트
교류	유도전동기형 AC서보모터	① 고속·큰 토크 ② 구조가 견고 ③ 대용량까지 제작가능 ④ 정전 시 제동이 불가	NC 공작기기의 주축용
특수	스템핑 서보모터	① 회전각이 입력 펄스 수에 비례 ② 위치결정·속도제어가 정확 ③ 시동 및 정지특성이 좋다 ④ 펄스신호로 직접 구동되어 펄스 수에 대응된 회전각 없음	컴퓨터 주변기기(XY 프로텍) 사무기 계기용 모터

응11-94-3-3. 전력용 반도체 소자 중에서 Diode, SCR, GTO, IGBT, BJT에 대하여 비교 설명하시오.

답)

1. Diode

1) 다이오드란, 전류를 한족방향에만 흘리는 반도체 부품이다.
2) 반도체는 원래 이성질이 있으므로 반도체라고 불리운다.
3) 트랜지스터도 반도체이지만, 다이오드는 특히, 이와 같은 한쪽 방향으로 전류를 흘리는 목적.
4) 반도체의 재료로서는 실리콘 (규소)이 많지만, 그 밖에 게르마늄, 셀렌 등이 있다.
5) 다이오드의 용도는 전원장치에서 교류전류를 직류전류로 변환시키는 정류기로서의 용도, 라디오의 고주파에서 신호를 꺼내는 검파용, 전류의 ON/OFF를 제어하는 스위칭 용도 등, 매우 광범위하게 사용하고 있다.
6) 회로기호로는 ─▶─ 가 사용된다.
    : 기호의 의미는 (Anode)─▶─(Cathode)로서 Anode측으로부터 Cathode측으로 전류가 흐르도록 되어있다.
7) 다이오드의 중에는 단순히 순방향으로 전류가 흐르는 것 이외에, 이하의 용도에서도 많이 사용된다.
    (1) 정전압(定電壓) 다이오드(Zener Diode) 회로기호는 ─▶─ 로 표시한다.
        : 역방향으로 전압을 걸었을 경우에, 특정전압에서 안정하는 성질을 이용하여, 일정한 전압을 얻기 위하여 사용한다.
    (2) 발광 다이오드(LED) 회로기호는 ─▶─ 로 표시한다.
        : 전류를 순방향으로 흘렸을 때, 빛을 내는 다이오드이다.
    (3) 가변용량 다이오드 (Variable Capacitance Diode 혹은 Varactor Diode)
        ① 회로기호는 ─▶─ 로 표시한다.
        ② 전압을 반대방향으로 걸었을 경우에, 다이오드가 가지고 있는 콘덴서 용량(접합용량)이 변화하는 것을 이용하여, 전압의 변화에 따라 발진주파수를 변화시키는 등의 용도에 사용한다. 역방향의 전압을 높이면, 접합 용량은 작아진다.
8) 밑의 그래프는 다이오드의 특성 (Zenner Diode포함)을 나타내는 그래프이다.
    ① 순방향 전압을 걸 경우, 약간의 전압에서도 순방향의 전류는 흐르기 쉽다는 것의 의미.
    ② 순방향으로 흐르는 전류는 다이오드에 의해 규정되어 있다.
    ③ 또한, 통상적으로 사용하는 경우, 다이오드 자체의 저항성분에 의해 강하하는 전압은 0.6~1V (VF)정도이다. (실리콘·다이오드의 경우, 대체로 0.6V) 다이오드 몇 개도 직렬로 사용하는 회로에서는 이 전압강하도 고려할 필요가 있다.
    ④ 정류용도 등의 경우, 순방향의 전류 허용치는 중요한 체크 포인트이다.
        ㉠ 역방향으로 전압을 걸 경우, 역방향 전류는 흐르기가 어려운 것을 나타내고 있다.
        ㉡ 역방향으로 걸린 전압은 다이오드의 종류에 따라 다양하므로, 용도에 따라 선택한다.
        ㉢ 또한, 역방향 전류는 매우 작아 수μA에서 수mA로서, 다이오드의 종류에 따라 다름.
        ㉣ 정류용도 등의 경우, 역방향의 전압허용치는 중요한 체크 포인트이다.

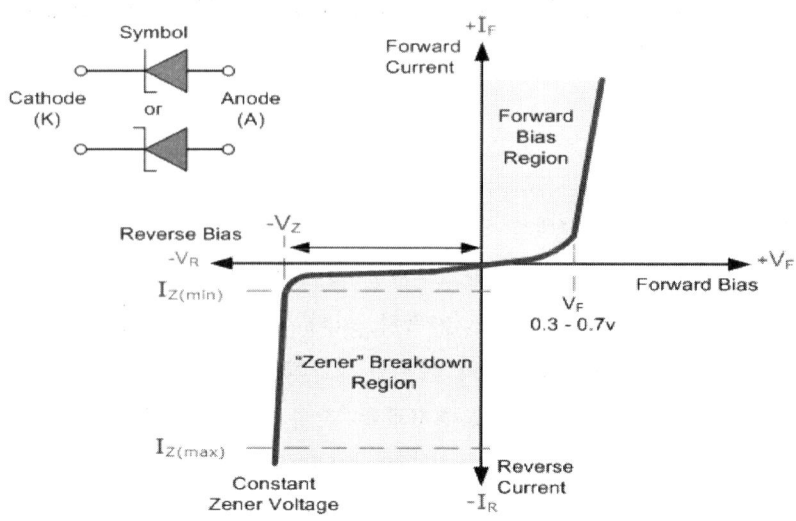

2. SCR : Thyristor

1) 실리콘 제어정류기(silicon controlled rectifier: SCR)라고도 한다.
2) 양극(anode) 음극(cathode) 게이트(gate)의 3단자로 구성되어 있다
3) 게이트에 신호가 인가되면 양극과 음극 사이에 전류가 흐르고, 게이트 신호가 없어도 Turn On상태가 된다. 이를 Turn Off하기 위해서는 아노드와 캐소드 사이에 (-)의 전류를 흘려주어야 한다
4) 사이리스터는 그림과 같이 PNPN 또는 NPNP 4층 구조로 된 정류기이다

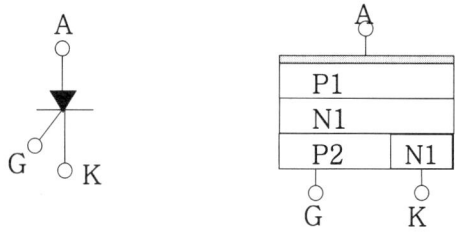

3. GTO

1) SCR은 게이트에 신호를 Turn Off해도 계속해서 통전상태에 있으나, GTO(Gate Turn-off Thyrister)는 게이트에 부의 전류를 흘려주면 Turn Off 된다.
2) GTO의 표현기호

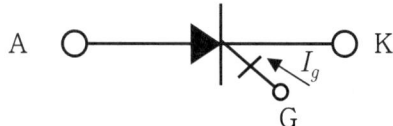

3) GTO의 용도
GTO는 높은 전압에 사용할 수 있고, 전류도 사이리스터 정도까지 사용할 수 있으므로 대용량 CVCF 또는 UPS에 적합함

4. IGBT

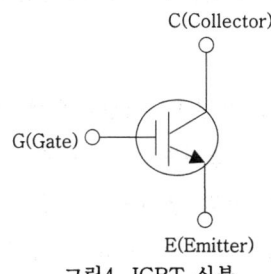

그림4. IGBT 심볼

1) IGBT(Insulated Gate Bi-Polar Transistor)는 Junction Transistor와 MOSFET(Metal Oxide Film Field Effect Transistor)의 장점을 조합한 트랜지스터이다
2) 게이트가 얇은 산화실리콘 막으로 격리(절연)되어 있어서 게이트에 전류를 흘려서 On-Off 하는 대신 전계(Field Effect)를 가해서 제어한다
3) IGBT의 특징
   IGBT의 주요 특징은 바이폴라 트랜지스나 GTO사이리스터에 비해 다음과 같은 5가지 및 기타의 특성을 갖고 있다.
   ① 전압구동이기 때문에 구동회로부분의 소형화, 경량화 그리고 에너지 절약화가 실현될 수 있어 현재 많은 전력전자 기기에 이용되고 있다.
   ② 고속스위칭 특성을 갖추고 있기 때문에 고주파동작이 가능하다.
   ③ 바이폴라 트랜지스터 및 GTO사이리스터와 비교했을 때 콜렉터, 에미터간 전압의 高내압화가 가능하다.
   ④ GTO사이리스터와 비교했을 때 스너버회로가 생략되어 소형화가 가능하다.
   ⑤ GTO사이리스터와 비교했을 때 전류상승율(di/dt) 제한용 리액터가 불필요.
   ⑥ 고효율, 고속의 전력시스템에 사용
   ⑦ IGBT는 출력 특성면에서는 바이폴러 트랜지스터 이상의 전류 능력을 지니고 있고, 입력 특성면에서는 MOS FET와 같이 게이트 구동 특성을 가지고 있다.
   ⑧ 따라서 IGBT는 MOS FET와 바이폴러 트랜지스터의 대체 소자로서 뿐만 아니라 새로운 분야도 점차 사용이 확대되고 있음.
   ⑨ 바이폴라 트랜지스터의 일종이지만 바이폴라 트랜지스터가 베이스 전류를 통해 컬렉터 전류를 제어하는 전류구동형소자인데 비해 IGBT는 게이트전압을 통해 컬렉터 전류를 제어하는 전압구동형소자이다.

5. 바이폴라 트랜지스터(Bipolar Junction Transistor)

5.1 개 요

1) 트랜지스터는 AC 신호를 증폭하고 소자를 on상태에서 off 상태로 혹은 그 반대로 전환할 수 있는 특별한 소자이다. 많은 전자장비는 신호 전송, 비디오 및 오디오 신호 재생, 그리고 전압 조정(regulation)을 위해 트랜지스터를 사용한다.

2) 2극 접합 트랜지스터에는 두 가지 기본적인 형태가 있다. 하나는 NPN 트랜지스터라고 불리는 것으로 P형 영역이 두 N형 영역 사이에 존재하는 형태를 가진다. 반대로 PNP 트랜지스터는 N형 영역이 두 P형 영역 사이에 존재하는 형태를 가진다.

3) 다이오드처럼, 트랜지스터는 에너지원이 없으면 동작하지 않는다. 대부분의 경우에, 이 에너지원은 DC 전압이다. DC 바이어스는 트랜지스터가 적절한 DC 전압을 가지도록 트랜지스터에 공급하는 방법으로서, 적절한 바이어스 전압이 없이는 AC신호를 증폭할 수 없다.

4) BJT는 개념적으로는 아래 그림과 같이 3개의 P형 및 N형 반도체가 두개의 접합면을 만들어 이루어진 소자로, 사용된 반도체의 순서에 따라 NPN 또는 PNP형 BJT로 불린다. 각각의 반도체 영역에 연결된 terminal을 아래 그림과 같이 각각 Emitter, Base, Collector라 한다

5.2 바이폴라 트랜지스터의 내부 구조

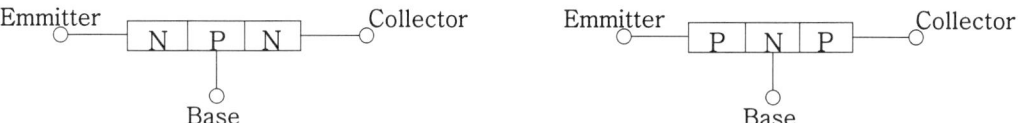

그림에서 PNP 이극 접합 트랜지스터의 세 영역은 각각 이미터, 베이스, 컬렉터이다. 트랜지스터의 두 접합은 컬렉터-베이스 접합 혹은 컬렉터 접합 그리고 이미터-베이스 접합 혹은 이미터 접합이라고 불린다. 베이스 영역은 두 접합의 공통되는 곳이다.

5.3. BJT는 각 접합의 바이어스 상태에 따른 구분

	Base-Emitter 접합	Base-Collector 접합
Cut off(3사분면)	역방향	역방향
Reverse active(2사분면)	역방향	순방향
Forward Saturation	순방향	순방향
Forward active(4사분면)	순방향	역방향

5.4 다이오드의 threshold(문턱, 시작) 전압을 고려한 NPN BJT의 동작영역
 - 아래 그림과 같이 0.7V씩 기준점을 이동하여 표할 수 있다.

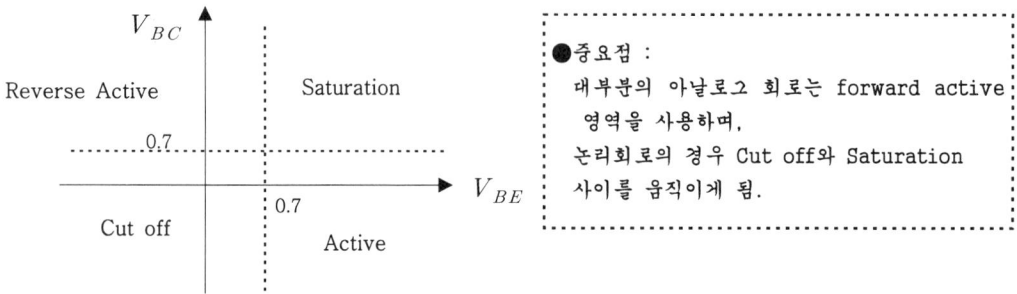

응11-94-3-4. 전력시설물의 설치, 보수공사의 품질확보 및 향상을 위하여 공사감리를 을 발주한다. 전력기술관리법상의 감리원의 업무범위, 감리대상 및 제외대상에 대하여 설명하시오.

답)

1. 감리의 구분

    1) 공사감리 :
        전력시설물의 설치·보수공사에 대하여 발주자의 위탁을 받은 감리업체가 설계도서 및 기타 관계서류의 내용대로 시공되는지의 여부를 확인하고 품질관리·공사관리 및 안전관리 등에 대한 기술지도를 하여 관계법령에 따라 발주자의 권한을 대행하는 것.

    2) 설계감리 :
        전력시설물의 설치·보수공사의 계획·조사 및 설계가 전력기술기준과 관계 법령의 규정에 따라 적정하게 시행되도록 관리하는 것

2. 감리원의 업무 범위(법 제12조제4항에 따른 감리원의 업무 범위는 다음 각 호)

2-1. 시공감리의 업무 범위
   1) 공사계획의 검토
   2) 공정표의 검토
   3) 발주자·공사업자 및 제조자가 작성한 시공설계도서의 검토·확인
   4) 공사가 설계도서의 내용에 적합하게 시행되고 있는지에 대한 확인
   5) 전력시설물의 규격에 관한 검토·확인
   6) 사용자재의 규격 및 적합성에 관한 검토·확인
   7) 전력시설물의 자재 등에 대한 시험성과에 대한 검토·확인
   8) 재해예방대책 및 안전관리의 확인
   9) 설계 변경에 관한 사항의 검토·확인
   10) 공사 진행 부분에 대한 조사 및 검사
   11). 준공도서의 검토 및 준공검사
   12) 하도급의 타당성 검토
   13) 설계도서와 시공도면의 내용이 현장조건에 적합한지 여부와 시공 가능성 등에 관한 사전 검토
   14) 그 밖에 공사의 질을 높이기 위하여 필요한 사항으로서 지식경제부령으로 정하는 사항

2-2. 법 제11조제4항에 따른 설계감리의 업무 범위

   1) 전력시설물공사의 관련 법령, 기술기준, 설계기준 및 시공기준에의 적합성 검토
   2) 사용자재의 적정성 검토
   3) 설계내용의 시공 가능성에 대한 사전 검토
   4) 설계공정의 관리에 관한 검토
   5) 공사기간 및 공사비의 적정성 검토
   6) 설계의 경제성 검토
   7) 설계도면 및 설계설명서 작성의 적정성 검토

3. 감리대상

3-1. 제18조(설계감리 등)에 의한 감리 대상

○ 법 제11조제4항에 따른 설계감리를 받아야 하는 전력시설물의 설계도서는 다음 각 호의 어느 하나에 해당하는 전력시설물의 설계도서로 한다. 다만, 그 설계도서가 표준설계도서이거나 용량 변경이 수반되지 아니하는 보수 공사에 관한 설계도서인 경우에는 그러하지 아니하다.

1) 용량 80만킬로와트 이상의 발전설비   2) 전압 30만볼트 이상의 송전·변전설비
3) 전압 10만볼트 이상의 수전설비·구내배전설비·전력사용설비
4) 전기철도의 수전설비·철도신호설비·구내배전설비·전차선설비·전력사용설비
5) 국제공항의 수전설비·구내배전설비·전력사용설비
6) 21층 이상이거나 연면적 5만제곱미터 이상인 건축물의 전력시설물.
   다만, 「주택법」 제2조제2호에 따른 공동주택의 전력시설물은 제외한다.
7) 그 밖에 지식경제부령으로 정하는 전력시설물

3-2. (시공)감리대상 (법 제12조제1항 및 영 제20조제1항)

1) 외부인을 통한 감리대상
   ① 공사계획 인가 또는 신고대상인 보수공사(전기사업법 제61조 및 62조)
   ② 전압 600볼트 미만인 전력시설물의 보수공사로서 자가용전기설비 중 총 공사비 5천만원 이상인 보수공사와 함께 시행되는 보수공사

2) 자체감리대상
   ① 설계감리대상기관 시행 : 소속 직원 중 감리원수첩을 교부 받은 자로 하여금 감리업무를 수행하게 하는 공사
   ② 전기안전관리자 시행
      ㉠ 비상용예비발전설비의 설치·변경 공사로서 총공사비가 1억원 미만인 공사
      ㉡ 전기수용설비의 증설 또는 변경 공사로서 총공사비가 5천만원 미만인 공사
   ③ 전기사업자 시행
      : 총도급공사비 5천만원 미만인 전력시설물공사로서 소속 전력기술인으로 하여금 감리업무를 수행하게 하는 공사
   ④ 설계감리대상기관 시행
      : 소속 직원 중 감리원수첩을 교부 받은 자로 하여금 감리업무를 수행하게 하는 공사
   ⑤ 전기안전관리자 시행
      ㉠ 비상용예비발전설비의 설치·변경 공사로서 총공사비가 1억원 미만인 공사
      ㉡ 전기수용설비의 증설 또는 변경 공사로서 총공사비가 5천만원 미만인 공사
   ⑥ 전기사업자 시행
      : 총도급공사비 5천만원 미만인 전력시설물공사로서 소속 전력기술인으로 하여금 감리업무를 수행하게 하는 공사

3. 제외대상공사(법 제12조제1항 및 영 제20조제1항)

1) 일반용전기설비
2) 임시전력(공급약관)
3) 보안을 요하는 군특수설비
4) 비상전원/조명등/비상콘센트(소방법)
5) 전기사업용전기설비 중 인입선 및 저압배전 설비
6) 토목/건축 및 기계부문설비
7) 발전기 또는 전압 600 볼트이상의 변압기/차단기/전설로의 용량변경이 수반되지 아니하는 전력시설물의 보수공사

아래 사항를 요약한 것이 상기 부분임

3. 제외대상

다음 각 호의 어느 하나에 해당하는 전력시설물의 설치·보수 공사의 경우에는 감리업자에게 공사감리를 발주하지 아니할 수 있다.

1. 국가, 지방자치단체, 공기업, 그 밖에 대통령령으로 정하는 기관 또는 단체가 시행하는 전력시설물 공사로서 그 소속 직원 중 감리원 수첩을 발급받은 사람에게 제4항에 따른 배치 기준에 따라 감리업무를 수행하게 하는 공사

2. 그 밖에 대통령령으로 정하는 소규모 또는 특수시설물 공사
즉,
② 법 제12조제2항제2호에서 "대통령령으로 정하는 소규모 또는 특수시설물 공사"란 다음 각 호의 전력시설물공사를 말한다.
1. 「전기사업법」에 따른 일반용전기설비의 전력시설물공사
2. 「전기사업법」 제16조에 따른 공급약관에서 정한 임시전력을 공급받기 위한 전력시설물공사
3. 「군사기지 및 군사시설 보호법」에 따른 군사시설 내의 전력시설물공사
4. 「소방시설공사업법」에 따른 비상전원·비상조명등 및 비상콘센트설비 공사
5. 「전기사업법」에 따른 전기사업용전기설비 중 인입선 및 저압배전설비 공사
6. 「전기사업법」에 따른 전기사업자가 시행하는 전력시설물공사로서 그 소속 직원 중 감리원 수첩을 발급받은 사람에게 법 제12조의2제1항 및 제2항에 따라 감리업무를 수행하게 하는 공사
7. 다음 각 목의 어느 하나에 해당하는 공사의 시행자가 「전기사업법」 제73조에 따라 전기안전관리자에게 감리업무를 수행하게 하는 공사
  가. 비상용 예비발전설비의 설치·변경 공사로서 총공사비가 1억원 미만인 공사
  나. 전기수용설비의 증설 또는 변경 공사로서 총공사비가 5천만원 미만인 공사
8. 「전기사업법」에 따른 전기사업자가 시행하는 총도급공사비 5천만원 미만인 전력시설물공사로서 소속 전력기술인에게 공사감리업무를 수행하게 하는 공사
9. 전력시설물 중 토목·건축 및 기계 부문의 설비 공사
10. 발전기 또는 전압 600볼트 이상의 변압기·차단기·전선로의 용량 변경을 가져오지 아니하는 전력시설물의 보수 공사. 다만, 다음 각 목의 어느 하나에 해당하는 보수 공사는 제외한다.
  가. 「전기사업법」 제61조 및 제62조에 따른 공사계획의 인가 또는 신고 대상인 보수 공사
  나. 전압 600볼트 미만인 전력시설물의 보수 공사로서 「전기사업법」에 따른 자가용전기설비 중 총공사비 5천만원 이상인 전력시설물의 보수 공사와 함께 시행되는 보수 공사

응11-94-3-5. KSA 3701에 의거하여 도로조명 설계기준에 대하여 설명하시오
답) (다음 내용은 상세하나 문제에 알맞게 4페이지로 스스로 작성 요)
1.3.2 조명 관련 용어

- 연속조명 : 도로에 연속적으로 일정 간격의 조명기구를 배치하여 조명하는 것
- 국부조명 : 교차로, 횡단보도, 교량, 버스정차대, 주차장, 휴게 시설 등의 필요한 지점을 국부적으로 조명하는 것
- 터널 조명 : 터널(지하차도 포함)을 조명하는 것
- 노면휘도 : 노면이 조명기구에서 오는 광속을 반사하여 생기는 휘도(輝度)를 말하며, 단위는 (cd/m^2)로 표시함
- 노면조도 : 노면이 광원의 빛으로 조사(照射)되는 정도를 의미하며, 입사되는 광속을 노면의 면적으로 나눈 값을 말하며, 단위는 (lx)로 표시함
- 야외휘도 : 운전자 전방의 터널 입구부 야외의 휘도
- 반짝임 : 일련의 광원으로부터 빛이 작은 주기로 눈에 들어올 경우, 비정상적인 자극으로서 느끼는 현상
- 눈부심(glare) : 과잉의 휘도, 휘도 대비로 인한 불쾌감 또는 시각 기능의 저하를 가져오는 시지각 현상
- 종합균제도(綜合均齊度) : 노면휘도 분포의 균일한 정도를 나타내는 휘도의 비(본 지침에서는 기호 Uo로 정의)
- 차선축균제도(車線軸均齊度) : 전방 노면의 눈에 보이는 밝기 분포의 균일한 정도를 나타내는 휘도의 비(본 지침에서는 기호 Ul로 정의)
- 컷오프(cut off)형 : 주행하는 차량의 운전자에 대하여 눈부심을 주지 않도록 눈부심을 제한한 배광 형식
- 세미컷오프(semi-cut off)형 : 컷오프형보다 눈부심을 비교적 완화시켜 적용한 배광 형식
- 오버행(overhang) : 광원 중심과 차도 끝부분 사이의 수평거리
- 경사각도 : 조명기구가 등주(pole)에 설치되는 각도
- 조명기구의 배열 : 도로에 이어진 조명기구의 배열 방법, 본 지침에서는 한쪽배열, 지그재그배열, 마주보기배열, 중앙배열이 있음
- 조명기구의 배치 : 조명기구의 설치높이, 오버행, 경사각도 및 간격에 따라 정하는 조명기구의 배치 방법
- 등주 조명방식 : 등주에 조명기구를 설치하고, 도로를 따라서 등주를 배치하여 조명하는 방식
- 하이마스트(high mast) 조명방식 : 높은 지주에 다수의 광원을 설치하여 조명하는 방식
- 한쪽 배열 : 조명기구를 도로의 한쪽에 배열하는 방법
- 지그재그 배열 : 조명기구를 도로의 양쪽에 서로 엇갈리게 배열하는 방법
- 마주보기 배열 : 조명기구를 도로의 양쪽에 마주보도록 배열하는 방법
- 중앙 배열 : 조명기구를 도로의 중앙에 배열하는 방법

- 외부 조건 : 도로변에 존재하는 빛의 정도(조명환경)를 말함
- 터널내 공기투과율 : 터널내 공기의 오염 상태를 나타내는 정도로서 빛이 청정공기층을 투과하는 양을 기준으로 빛이 오염 공기층을 투과하는 정도를 백분율로 나타냄
- 눈부심 조절마크 : 조명시설에 의한 불쾌한 눈부심의 규제 정도를 나타내는 값
- 광색(光色) : 광원의 외관색
- 연색성(演色性) : 조명에 따라 물체가 어떻게 보이는지를 결정해주는 광원의 성질

2. 기능 및 조명 요건

2.1 기능

> 조명시설의 주 기능은 도로 이용자가 안전하고 불안감 없이 통행할 수 있도록 적절한 시각 정보를 제공하여, 교통 안전의 향상, 도로 이용 효율의 향상 및 범죄의 방지를 위한 것이다.

【설 명】
조명시설은 도로 이용자가 안전하고 불안감 없이 통행할 수 있도록 적절한 조명환경을 확보함으로써, 운전자에게 심리적 안정감을 제공하는 동시에 운전자의 시선을 유도하는 기능 등을 가진다.
특히, 차량의 운전자가 도로의 선형, 전방의 상황 등을 쉽게 인지할 수 있도록 조명을 제공하여, 장애물이나 도로상의 급격한 변화를 정확히 판별 후 적절한 운전 조작을 할 수 있도록 한다.
조명시설의 기능을 요약 정리하면 다음과 같다.

- 교통 안전의 향상
- 도로 이용 효율의 향상
- 운전자의 불안감 제거와 피로 감소
- 보행자의 불안감 제거
- 범죄의 방지와 감소
- 운전자의 심리적 안정감 및 쾌적감 제공
- 운전자의 시선 유도를 통해 보다 편안하고 안전한 주행 여건 제공

2.2 조명 요건

> 조명은 다음의 요건들을 만족하여야 한다.
> (1) 적절한 노면휘도가 유지되고, 휘도의 분포가 균일할 것
> (2) 조명기구의 눈부심이 운전자에게 불쾌감을 주지 않도록 충분히 제어되어 있을 것
> (3) 적절한 배치·배열로 도로 선형이 급격히 변하는 곳, 교차로, 도로 합·분류점 등 특수한 곳의 유무 및 위치 등을 운전자가 분명히 인지할 수 있을 것
> (4) 조명시설이 도로와 도로 주변의 경관을 해치지 않을 것

【설 명】
조명의 설계시 다음과 같은 조명요건들에 대하여 유의하여 설계한다.

노면휘도는 조명설계의 가장 기본적인 요소로, 설치 대상 지점의 도로·교통특성에 따라 적절한 휘도와 균일한 휘도분포를 유지하는 것이 중요하다. 노면휘도는 조명기구의 형식, 배치 및 노면의 종류(반사 특성) 등에 따라 변하므로 설계시 이 요소들을 고려한다.

조명기구에서 운전자 눈에 들어오는 빛이 과대하게 되면, 눈부심이 생겨 시력이 떨어지고, 불쾌감이나 피로를 발생시키는 원인이 된다. 그러므로, 이와 같은 눈부심을 줄이기 위해서 사용하는 조명기구의 배광이나 배치를 세밀하게 검토해야 한다. 눈부심의 정도는 주위의 조건에 따라서도 영향을 받으므로 도로의 주변 밝기를 고려하여 조명기구의 형식을 결정한다. 또한, 조명기구의 눈부심을 일정 한도로 억제하기 위한 조명기구의 설치높이 역시 사용 광원의 광속에 따라 정한다.

오버행 및 경사각도는 길어깨와 보도 등의 휘도가 적정하도록 설치하고, 특히 광원이 차도 끝부분 바로 위쪽에 설치하여 노면이 젖었을 경우 조명시설이 효율적인 역할을 할 수 있도록 한다. 또한, 경사각도가 너무 크면 눈부심이 커질 수 있으므로 주의하여 설치한다.

조명기구의 배열은 한쪽배열, 지그재그배열, 마주보기배열, 중앙배열이 있으며, 도로·교통 조건을 고려하여 결정하고, 조명기구의 배치에 있어서는 도로 선형 등의 변화에 대한 유도성을 고려한다.

조명시설은 주위 환경에 잘 어울리는 것으로 설치하는 것이 바람직하므로, 조명기구의 크기, 형태, 등주와 암(arm)의 형태, 이들이 조합된 모양 등을 면밀하게 검토하여 설계한다.

특히, 조명시설이 교통신호기, 도로표지 등과 근접하여 설치되는 경우는 각 시설의 기능에 특별한 장애를 주지 않는 범위 내에서 도로·교통조건을 충분히 검토 후 통합주를 설치할 수 있다.

4. 연속 조명

4.1 조명기준

조명시설의 운전자에 대한 평균노면휘도, 휘도 균제도는 표 4.1에 따르는 것을 원칙으로 하며, 보행자에 대한 조명기준은 표 4.2를 원칙으로 한다.

<표 4.1> 운전자에 대한 조명 기준

항목 도로 분류	평균노면휘도 L (cd/m^2)		종합 균제도 U_o	차선축 균제도 U_ℓ
	외부조건 A	외부조건 B		
고속도로	2.0	1.0	0.4	0.7
주간선도로	2.0	1.0	0.4	0.7
보조간선도로	2.0	1.0	0.4	0.5
집산 및 국지도로	1.0	0.5	0.4	0.5

주 : 1) 외부조건 A : 도로변의 조명환경이 밝은 경우
　　　외부조건 B : 도로변의 조명환경이 어두운 경우
　　2) 교통량이 적은 경우에는 외부조건이 A 일지라도 L의 값을 최소한 0.5~1cd/m^2 로 낮추어 적용할 수 있다.

<표 4.2> 보행자에 대한 조명 기준

야간 보행자 교통량	지 역	조 도(lx)	
		수평면 조도	연직면 조도
교통량이 많은 도로	주택 지역	5	1
	상업 지역	20	4
교통량이 적은 도로	주택 지역	3	0.5
	상업 지역	10	2

주 : 1) 수평면 조도는 보도 노면상의 평균 조도
　　2) 연직면 조도는 보도 중심선 상에서 노면으로부터 1.5m 높이의 도로축과 직각인 연직면상의 최소 조도

【설 명】
도로 조명의 질을 결정하는데 있어 기본적으로 사용하고 있는 기준은 평균노면휘도이다. 휘도는 광원과 조명기구 또는 빛들을 반사시키고 있는 면을 사람이 어느 일정방향에서 보았을 때 느끼는 밝기의 정도를 의미하는 것으로, 노면휘도는 노면의 종류, 건습의 정도에 따라 달라진다 (부록 2. 조명의 설계사례, 평균조도환산계수 참조).

본 지침에서 정하고 있는 평균노면휘도는 운전자가 전방의 노면을 보았을 때 나타나는 휘도의 평균을 말하며, 일반적으로 L(cd/m2)로 나타낸다. 평균노면휘도는 조명기구의 설치간격 및 배열 등에 영향을 주는 요소로서, 도로의 안전, 조명시설의 경제성 등과 밀접한 관계를 가진다. 따라서, 조명의 평균노면휘도는 도로의 기하구조(도로폭, 차로수, 중앙분리대의 유무 등) 및 도로변의 상황 등을 고려하여 이들의 중요도에 따라 선정하며, 표 4.1의 운전자에 대한 조명 기준값 이상을 적용한다.

표 4.1에서의 도로 분류는 「도로의 구조·시설 기준에 관한 규칙」(건설교통부, 1999)을 준용하였으며, 표 4.3 한국산업규격(KS A 3701 도로조명기준)에서의 도로 및 교통 분류 항목을 도로관리자로 하여금 쉽게 이해할 수 있도록 제시하였다.

또한, 본 지침에서는 도로변의 상태를 운전자 시각에 미치는 도로 주변의 밝기에 따라 외부조건 A와 B로 구분하여 제시하였다. 외부조건 A는 도로변의 조명환경이 밝은 경우를 의미하며, 네온사인 및 광고등, 주변도로의 조명 등에 의한 빛의 영향을 많이 받는 상태를 말한다. 외부조건 B는 도로변의 조명환경이 어두운 경우를 의미하며, 차량의 주행에 미치는 빛의 영향이 비교적 적은 상태 등을 말한다.

특히, 교통량이 적은 구간에 조명시설을 설치하는 경우, 외부조건이 A일지라도, 경제성 및 도로 교통 안전대책을 충분히 고려한 후, 평균노면휘도 L의 값을 최소한 0.5~1 cd/m2로 낮추어 적용할 수 있다.

<표 4.3> 한국산업규격의 운전자에 대한 조명기준

도로의 종류	교통의 종류와 자동차 교통량	평균 노면휘도 L (cd/m^2)	종합 균제도 U_o	차선축 균제도 U_ℓ	눈부심 조절마크 G
상·하선이 분리되고 교차부는 모두 입체교차로서, 출입이 완전히 제한되어 있는 도로	주로 야간의 자동차 교통량이 많은 고속 자동차 교통	2	0.4	0.7	6
자동차 교통전용의 중요한 도로, 대부분의 경우 속도가 느린 교통용으로 독립한 차선, 보행자용의 도로 등을 수반한다. 중요한 도시부 및 지방부의 일반도로		2	0.4	0.7	5
	주로 야간의 자동차 교통량이 많은 중속 자동차 교통 또는 자동차 교통량이 많은 중속의 혼합 교통	2	0.4	0.5	5
시가지 혹은 상점가 내의 도로 또는 관청가로 통하는 도로, 여기서는 자동차 교통은 교통량이 많은 저속교통, 보행자 교통 등과 혼합되어 있다.	주로 야간의 교통량이 매우 많고 그 대부분이 저속교통 또는 보행자인 혼합교통	2	0.4	0.5	4
주택지역(주택도로)과 위의 도로를 연결하는 도로	비교적 느린 제한속도와 주로 야간, 중정도의 교통량이 있는 혼합교통	1	0.4	0.5	4

주 : 1) 도로 주변의 조명환경이 어두운 경우에는 L의 값을 1/2로 하여도 좋다.
2) 도로 주변의 조명환경이 어두운 경우에는 G의 값을 1증가시키는 것이 바람직하다.
3) 교통량이 적은 경우에는 L의 값을 1/2로 하여도 좋다. 그러나, 규정에 관계없이 L의 값을 $0.5cd/m^2$ 미만으로는 적용할 수 없다.

종합 균제도(Uo)는 노면 휘도분포의 균일한 정도를 나타내는 비율로서 노면상에서의 최소 휘도(Lmin)와 평균노면휘도(L)의 비(Lmin/L)를 의미한다. 그리고, 차선축 균제도(Ul)는 전방 노면의 눈에 보이는 밝기 분포의 균일한 정도를 나타내는 휘도의 비율로서 차로 중심선상에서의 최소 휘도(Lmin)와 동일한 차로 중심선상에서의 최대 휘도(Lmax)의 비(Lmin/Lmax)를 의미한다. 운전자에게 보이는 건조 노면의 종합 균제도(Uo) 및 차선축 균제도(Ul)는 도로의 종류에 따라 표 4.1에 나타낸 값 이상으로 한다.

표 4.3의 조명시설에 의한 불쾌한 눈부심의 규제 정도를 나타내는 눈부심 조절마크 G[1] 는 다음과 식으로 계산된다.

$$G = SLI + 0.97 \log L + 4.41 \log h - 1.46 \log p$$

여기에서, SLI : 조명기구의 고유 눈부심 지수

L : 평균노면휘도(cd/m2)

h : 관측자 눈 위치에서 조명기구까지의 높이(m)

= 조명기구의 설치높이 - 1.5

p : 도로 구간 1 km 당 조명기구의 수(대)

눈부심 조절마크 G의 값과 눈부심 정도와의 관계는 표 4.4와 같은 감각척도로 나타낼 수 있으며, G의 값이 클수록 불쾌한 눈부심은 줄어든다.

<표 4.4> 눈부심 조절마크와 감각척도

눈부심 조절마크의 값	감 각 척 도
1	참을 수 없음
3	방해가 됨
5	허용할 수 있는 한계
7	충분히 제어된 상태
9	신경 쓰이지 않음

보행자에 대한 도로의 조명은 야간의 보행자 교통량, 지역 및 설치장소의 특성에 따라 표 4.2의 조도기준에 적합하도록 설치한다.

[다음은 참고사항임]

4.2 조명방식

> 조명방식은 등주 조명방식을 원칙으로 하며, 도로의 구조, 교통 상황 등에 따라 하이마스트 조명방식, 구조물설치 조명방식, 커티너리 조명방식 등을 사용하거나 등주 조명방식과 병용할 수 있다.

---

[1] G의 자세한 사항은 'CIE, Glare and uniformity in road lighting installation, 1976.'를 참조.

【설 명】

4.2.1 등주 조명방식

이 방식은 도로 조명에서 가장 널리 사용되고 있는 것으로 등주에 조명기구를 설치하고, 도로를 따라 등주를 배치하여 조명하는 방식이다. 이 조명방식의 장점은 필요한 장소에 비교적 쉽게 설치할 수 있으며, 도로 선형의 변화에 따라 등주를 배치할 수 있어 곡선부 등에서의 유도성이 양호하다. 또한, 조명효과가 뛰어나 경제적으로 조명시설을 설치할 수 있다. 단점은 필요에 따라 등주를 설치하는 경우 그 개수가 많아지면 도로 주위의 경관을 해칠 수 있다.

4.2.2 하이마스트 조명방식

이 조명방식은 약 20m 이상의 높이를 갖는 장주(長柱)에 효율이 높은 조명기구를 여러 개 설치하여, 넓은 범위를 조명하는 방식으로 입체교차 등에 적용할 수 있다.

이 방식은 조명기구를 높게 설치하기 때문에 노면상의 균제도가 우수하고, 운전자가 도로의 구조 및 교통상황 등을 먼 거리에서도 쉽게 인지할 수 있으며, 동일한 휘도를 얻기 위해 필요로 하는 장주의 설치 개수가 적게 소요되어 주간시 미관에도 양호하다. 또한, 다수의 조명기구를 설치하기 때문에 감광, 감등에 따른 영향 없이 균제도를 양호하게 유지할 수 있으며, 광원의 수명이 완료되어 점등되지 않아도 교통에 미치는 영향이 적다. 또한, 유지관리상 작업도 용이한 장점이 있다. 단점은 노면 이외의 장소에 빛이 많기 때문에 조명 효율이 낮은 것이다.

4.2.3 구조물 설치 조명방식

이 조명방식은 도로상 또는 도로 가까이에 구조물이 설치되어 있는 경우, 구조물에 직접 조명기구를 설치하여 도로를 조명하는 방식이다. 이 방식의 장점은 조명기구를 설치하는 등주 등이 필요 없으므로 다른 방식에 비해 시설비가 저렴하다. 그러나 조명기구의 설치위치에 제한을 받을 뿐만 아니라 광원과 조명기구의 선정에 제한을 받는 경우가 있다.

4.2.4 커티너리 조명방식

이 조명방식은 도로 상의 중앙분리대에 도로축을 따라 60 ~ 100m 간격으로 높이가 15~20m인 등주를 설치하고, 커티너리선에 조명기구를 매달아 조명하는 방식이다. 이 방식은 등주 조명방식에 비해 조명, 구조, 미관, 안전성 등의 면에서 많은 장점을 가지고 있다.

4.3 광원

> 조명에 사용하는 광원은 저압나트륨 램프, 고압나트륨 램프, 메탈할라이드 램프와 형광수은 램프 등이 있으며, 광원을 선정할 때에는 일반적으로 조명기구와 관련하여 다음 사항을 고려한다.
> - 조명기구의 효율이 높으며, 수명이 긴 것
> - 광색과 연색성이 적절한 것
> - 주위 온도의 변동에 대해서 안정적인 것

【해설】
광원을 선정할 때에는, 광속, 효율, 수명, 광색, 안정기, 설치장소의 환경 조건, 경제성 등에 유의하고, 동시에 조명기구와 그 배치에 관련하여 연색성이나 쾌적성 등을 검토 후, 한국산업규격(KS C 7604 고압수은램프, KS C 7607 메탈할라이드 램프, KS C 8108 나트륨램프)에 준용하여 선정한다.
도로 조명에 많이 사용되고 있는 형광수은 램프, 나트륨 램프와 메탈할라이드 램프의 특징은 다음과 같다.

• 형광수은 램프
　형광수은 램프는 수명이 길고, 연색성이 우수한 장점을 가지고 있다. 그러나 램프가 한 번 소등되면 수은 증기압이 저하될 때까지 많은 시간이 소요되어 재점등하기 힘들다.
• 저압나트륨램프
　저압나트륨램프는 효율이 가장 우수하지만, 단색광이므로 연색성이 좋지 않다.
• 고압나트륨램프
　고압나트륨램프는 효율이 저압나트륨램프보다 떨어지나, 수명이 길고, 연색성이 우수하다. 펄스전압을 필요로 하는 이 램프는 펄스발생장치(시동기)를 램프에 내장시킨 것과 안정기 등에 수용시킨 것이 있으며, 효율은 시동기 내장형이 약 10% 높다.

• 메탈할라이드램프
　메탈할라이드램프는 수은램프의 효율 및 연색성을 개선하기 위해 개발된 고압방전등이다. 발광관 내부에 토륨, 인듐 및 나트륨 등의 금속 원소를 봉입하여 특유의 스펙트럼으로 강력하게 발광하도록 되어 있다. 이로 인해 뛰어난 연색성을 가지며, 효율이 높고, 광원색이 자연색에 가까워 매우 효과적이다.

4.4 조명기구

> 조명기구는 원칙적으로 한국산업규격(KS C 7611 도로조명기구)에서 규정하는 조명기구로 하고, 도로의 종류 및 특성에 따라 눈부심을 제한하여 적정한 것을 선정한다.

【설 명】
조명기구의 형식은 운전자의 눈부심을 제한하는 정도에 따라 컷오프형과 세미 컷오프형으로 구분된다.
• 컷오프형 기구
　차량의 운전자에게 눈부심을 주지 않도록 광도를 엄격히 제한한 것으로, 이 배광형식은 주변이 어두운 장소에서도 거의 눈부심을 느끼지 않아야 하며, 균제도를 양호하게 유지시키기 위해 등주의 간격을 좁혀서 설치해야 한다.
　일반적으로 고속도로 및 지방지역 도로의 주요 장소 등 주변이 어둡고, 밝은 조명이 필요한 곳에 적합하다.

• 세미컷오프형 기구

컷오프형보다 광도의 제한을 다소 완화시킨 배광으로, 현재 일반 도로 조명에 가장 많이 적용되고 있다.

등주 등에 장착하는 조명기구는 표 4.5와 같이 수은등의 경우, 형태에 따라 고속도로(highway)형, 둥근형, 폴헤드(pole head)형으로 분류되며, 형광등 기구, 나트륨등 기구, 메탈할라이드등 기구가 있다(KS C 7611 도로조명기구, KS D 3600 철재 가로등주 참조).

본 지침에서는 조명의 효율을 고려하여, 고속도로형의 설치를 원칙으로 하며, 도로주변이 밝은 경우 모든 도로에 세미 컷오프형, 고속도로 등의 자동차전용도로와 일반도로의 주간선 도로에서는 컷오프형의 적용을 원칙으로 한다.

조명기구의 선정은 조명의 질을 결정하는데 매우 중요하므로, 조명기구의 효율과 조명률이 높아야 하며, 눈부심의 제한에 특히 유의하여 선정하여야 한다. 또한, 조명시설의 설치로 인해 도로 주변의 농작물 등에 영향을 주는 경우에는 그 방향의 배광 제한을 고려하여 적용한다.

<표 4.5> 조명기구의 종류

광원별 조명기구	조명기구 형식	
수은등 기구	둥근형	
	고속도로형	
	폴헤드형	
형광등 기구 나트륨등 기구 메탈할라이드등 기구		

4.5 조명기구의 배치와 배열

조명기구를 배치하고 배열하는 데에는 설치높이, 오버행, 경사각도, 설치간격 및 유도성 등을 고려한다.

【설 명】

4.5.1 조명기구 설치높이, 오버행 및 경사각도

가. 조명기구의 설치높이(H)

조명기구의 설치높이는 원칙적으로 10m 이상으로 한다. 그러나, 기타 도로구조물의 위치, 인접 도로에 대한 눈부심 방지, 가로수 등의 제약으로 높이의 변경이 필요한 경우, 공항 부근 등 법령 등에 따라 높이가 제한되어 있는 경우에는 이 규정에 따르지 않는다.

일반적으로 설치높이가 높을수록 눈부심이 감소하고, 조명시설 전체의 쾌적성은 향상되며, 조명기구에 의한 휘도 분포의 폭이 커져 동일한 휘도균제도를 얻는데 필요한 조명기구의 수를 줄일 수 있다. 그러나, 시설 설치비가 높아지고, 노면 이외의 부분으로 향하는 빛의 양이 증가하여 전체 효율은 낮아진다. 따라서, 설치높이는 휘도 분포, 전체의 조명 효과와 경제성을 비교하여 결정한다.

도로폭이 동일한 연속되는 도로의 조명기구 설치높이는 일정하게 유지시킨다.

나. 오버행(Oh)

오버행은 그림 4.1과 같이 광원의 중심과 차도 끝부분까지의 수평거리를 의미한다. 오버행은 가능한 짧게 하는 것이 바람직하다. 그러나, 도로를 따라 조명의 빛을 차단하는 수목이 있을 경우에는 이를 적용하지 않아도 되며, 연속되는 도로의 조명시설에서 오버행은 일정하게 적용하는 것을 원칙으로 한다.

다. 경사각도(θ)

조명기구의 경사각도를 크게 하면, 평균노면휘도와 휘도균제도는 증가하게 된다. 그러나, 경사각도가 커질수록 운전자의 시야에 강한 빛이 들어오게 되어, 불쾌감이 증가하므로 경사각도는 원칙적으로 5° 이내로 설정한다.

4.5.2 조명기구의 배열

조명기구의 배열은 도로의 횡단면, 차도폭, 조명기구의 배광 형식 등에 따라 한쪽배열, 지그재그배열, 마주보기배열, 중앙배열 중에서 적절한 것을 선택하여 사용한다(그림 4.2 참조). 도로의 횡단면 및 도로폭에 따라서 이들을 조합하여 설치하는 것이 바람직하다.

도로의 폭이 넓은 경우에는 각각의 차도를 독립된 도로로 가정하여, 한쪽배열을 2열로 배치하거나, 중앙분리대가 설치되어 있는 경우 Y형 등주를 이용하여, 중앙배열로 적용할 수 있다. 특히, 지그재그 배열의 경우, 차선축 균제도가 다른 배열의 경우보다 낮아지는 경향이 있으므로, 이를 유의하여 설치한다.

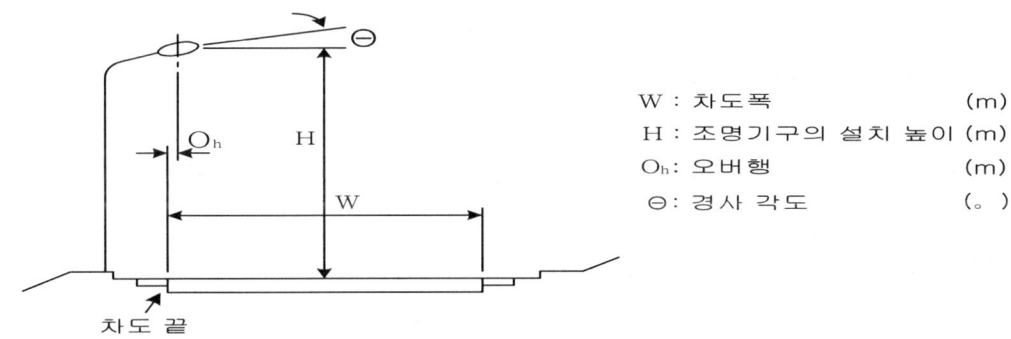

W : 차도폭 (m)
H : 조명기구의 설치 높이 (m)
O_h : 오버행 (m)
θ : 경사 각도 (°)

<그림 4.1> 등주 조명방식의 조명기구 설치높이, 오버행 및 경사각도

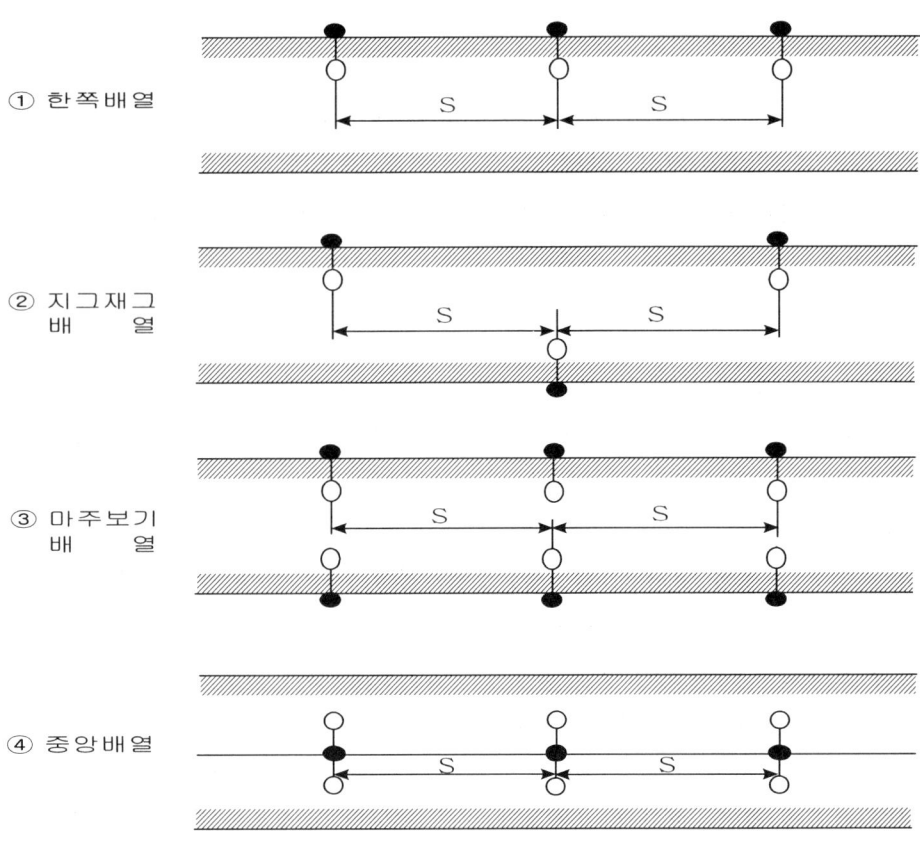

<그림 4.2> 조명기구의 배열

4.5.3 조명기구의 설치간격, 높이 및 배열 관계

조명기구의 간격은 설치높이, 배열에 따라 표 4.1의 종합균제도 및 차선축균제도의 기준을 만족하여야 한다.

각종 배열에 대하여 차도폭에 대한 설치높이 및 설치간격의 관계를 표 4.6에 제시하였으며, 이는 균제도를 일정한 수준으로 유지하기 위해, 조명기구의 배광 및 배열에 대한 일정 한도를 규정한 것이다. 여기서, 조명기구와 차도폭에 따른 설치높이의 관계는 도로 횡방향의 휘도균제도를 확보하기 위한 것이며, 조명기구의 설치높이와 설치간격과의 관계는 도로 종방향의 휘도균제도를 확보하기 위한 것이다.

한쪽 배열, 마주보기 배열 및 중앙배열에서 상하단으로 구분하여 제시한 것은, 차도폭에 비해 등주의 설치 높이가 비교적 높은 경우에는 설치간격을 넓혀도 무관하기 때문에, 설치간격에 보다 여유를 제공할 수 있도록 하였다.

<표 4.6> 배열과 조명기구 종류에 따른 설치높이와 설치간격의 관계

배광 설치높이 및 간격 배열	컷오프형		세미컷오프형	
	설치높이 (H)	설치간격 (S)	설치높이 (H)	설치간격 (S)
한 쪽	≥ 1.0W	≤ 3.0H	≥ 1.1W	≤ 3.5H
	≥ 1.5W	≤ 3.5H	≥ 1.7W	≤ 4.0H
지그재그	≥ 0.7W	≤ 3.0H	≥ 0.8W	≤ 3.5H
마주보기 및 중 앙	≥ 0.5W	≤ 3.0H	≥ 0.6W	≤ 3.5H
	≥ 0.7W	≤ 3.5H	≥ 0.8W	≤ 4.0H

주) W = 차도폭(m), H = 설치높이(m)

또한, 표 4.7은 차도폭에 대한 조명기구의 높이와 최대 간격과의 관계를 나타낸 것이다. 표의 차도폭 6~7m는 양방향 2차로 도로, 양방향 4차로 도로의 한쪽배열에 관한 예이고, 차도폭 9~10.5m는 양방향 6차로 도로의 한쪽배열이며, 12~14m는 중앙분리대가 없는 양방향 4차로 도로에 관한 예이다.

조명기구의 설치높이는 현재 많이 적용되고 있는 8, 10, 12m의 세 종류로 하였으며, 표에서 제시하고 있는 이외의 수치는 표 4.6에 따라 적용한다.

표 4.7의 설치간격은 필요한 휘도균제도를 얻기 위한 최대값으로, 설치간격이 48m를 초과하는 경우에는 조명기구의 높이를 조정하는 것이 바람직하다.

4.5.4 곡선부의 조명기구 배치

곡선반경 1,000m 이하인 곡선부 도로의 조명기구 배치는 곡선부 노면의 양호한 휘도 분포와 정확한 유도성을 얻기 위해 조명기구를 도로의 선형에 따라 설치하고, 설치간격은 줄여서 배치시킨다.

곡선반경이 매우 작은 곡선부 또는 급격한 굴곡부에서는 조명기구의 설치간격을 줄이고, 운전자로 하여금 조명기구의 배열로 인한 곡선부의 존재 또는 도로 선형의 변화에 대한 판단 착오를 일으키지 않도록 유의하여 설치한다. 곡선부에서의 조명기구 설치간격은 표 4.8과 같으며, 곡선부의 바깥쪽에 설치하는 조명기구는 표 4.6과 표 4.8의 값을 비교하여 낮은 값을 적용한다.

<표 4.8> 곡선부에서의 조명기구 설치간격

(단위 : m)

설치높이	곡선반경	300 이상	250 이상	200 이상	200 미만
설치 간격	12m 미만	35 이하	30 이하	25 이하	20 이하
	12m 이상	40 이하	35 이하	30 이하	25 이하

4.6 설치

> 조명시설은 설치지점의 도로·교통조건을 충분히 조사한 후에 설치하여, 시설이 제 기능을 발휘할 수 있도록 한다. 특히, 설치 대상 지역 및 지점의 조건, 도로의 미관, 유지관리의 용이성 등을 고려하여 설치한다.

【설 명】

4.6.1 등주의 설치위치

차량과 등주의 충돌 사고를 줄이기 위해서 등주는 시설한계의 외측에 차도로부터 가능한 멀리 떨어진 곳에 설치하는 것이 바람직하다.

등주의 설치위치가 지형적 제한으로 차도에 인접하여 차량 충돌의 위험이 있는 곳에는 차량용 방호울타리를 설치한다.

그림 4.5는 등주의 설치위치 예를 나타낸 것이다.

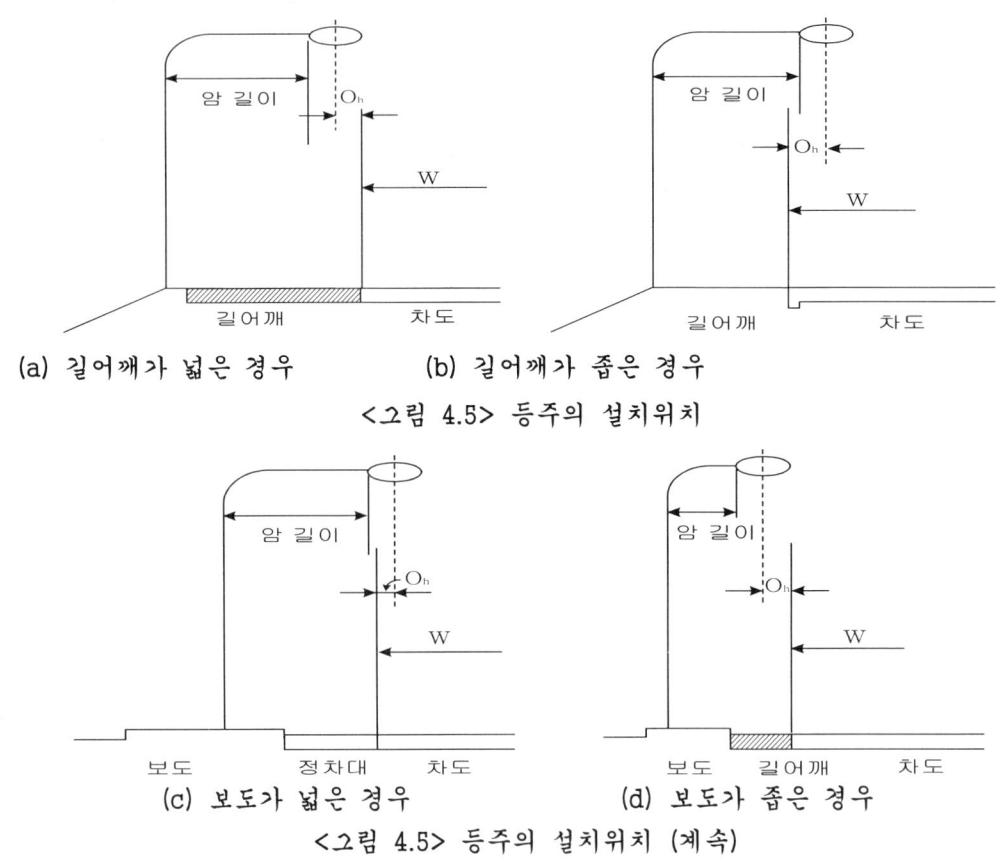

(a) 길어깨가 넓은 경우   (b) 길어깨가 좁은 경우
<그림 4.5> 등주의 설치위치

(c) 보도가 넓은 경우   (d) 보도가 좁은 경우
<그림 4.5> 등주의 설치위치 (계속)

5. 국부 조명

5.1 국부 조명의 목적과 조명 요건

> 국부 조명은 운전자에게 특수한 장소의 존재나 그 부근의 도로 선형을 정확히 알 수 있도록 필요에 따라 조명시설을 설치한다.

【설 명】
교차로, 횡단보도, 입체교차 등과 같이 차량의 방향 전환, 도로 횡단 등이 발생하는 특수한 장소에서는 방향을 전환하는 차량 전방의 노면을 밝고 균일하게 조명함과 동시에 접근하는 차량의 운전자가 특수한 장소의 존재와 그 부근 도로의 선형을 정확히 알 수 있도록 조명시설을 설치한다.

5.2 교차로, 도로 합·분류 구간의 조명 설치

> 교차로, 도로 합·분류 구간에서의 조명기구 설치는 이곳에 접근하는 차량의 운전자가 도로 선형, 전방의 교통조건, 인접차량의 유무 등을 쉽게 인지할 수 있도록 한다. 이곳의 노면휘도 및 조명기구는 연속조명에 준한다.

【설 명】
교차로, 도로 합·분류 구간에서의 조명기구 배치 및 배열은 도로조명의 효과에 더하여, 방향을 전환하는 차량의 진행방향을 조명해주어, 운전자로 하여금 전방에 교차로의 존재, 교차로 부근 인접차량의 주행 여부와 같은 교통상황을 쉽게 인지할 수 있도록 설치한다.

[대단히 많은 분량이나, 자세히 보면 차후에도 이 내용 중 요소 요소에 출제 가능성이 매우 높아 마인드 MAP으로 확실히 암기하여야한 됨]

응11-94-3-6. 교류전철변전소의 보호계전기 종류 및 역할에 대하여 설명하시오.

답)

1. 개요

   1) 보호협조란, 보호하고자 하는 전기설비에 사고가 발생 시 주보호장치의 동작으로 고장이 제거 되고, 피 보호물의 후비(back-up)보호장치를 동작되지 않게 주와 후비 간에 시간협조를 시킨 것.

   2) 보호계전기란, 계통의 보호를 위해 차단기능을 수행하는 전압 및 전류의 source를 전달하여 해당 차단기로 계통을 차단하도록 하는 장치

   3) 보호계전방식에는 主보호 계전방식과 후비보호 계전방식으로 분류한다.

2. 보호계전방식의 구비조건

   1) 고장회선 내지 고장구간을 선택차단을 신속 정확하게 할 수 있을 것
      : 최근에 1선지락 고장이 많으므로 고장회선을 차단하고 아크가 커질 무렵 (20사이클 전후)에 재폐로 하여 송전용량 감소방지를 검토할 것

   2) 송전계통의 과도안정도를 유지하는데 필요한 한도 內의 동작시한을 가질 것

   3) 적절한 후비보호능력이 있을 것 : 제1단 계전기 또는 차단기가 동작치 않을 때는 인접 구간의 후비보호계전기 (back-up relay)에 의해서 사고 범위 파급을 최소화

   4) 계통의 구성 또는 발전기 운전 대수 변화에 따른 고장전류 변동에 대한 소정의 계전기 동작 수행이 가능할 것

   5) 전력계통 운용의 입장에서도 보호계전방식의 전체가 경제적일 것

3. 주보호 및 후비보호 계전기 구분

구분 개소	주, 후비	주보호	후비보호
수전점		과전류계전기, 지락과전류 계전기	거리계전기
변압기 측	Tr자체	비율차동계전기	과전류계전기 또는 과전압계전기
	변압기 과부하 보호	2차 과전류계전기	1차 과전류계전기
전차선로 측		거리계전기, 재폐로 계전기	고장선택 ΔI 계전기

4. 주보호와 후비보호 개념

4-1. 주보호(Main Protection)
   : 전력계통에서 고장발생 시 1차적으로 보호해야 할 보호장치에 의해 보호되는 것

4-2. 후비보호(Back up protection)

   1) 주보호가 실패 또는 보호불가능일 경우 어느 시간을 두고 동작하는 Back up 계전방식

   2) 계전기 후비보호: 主보호계전기의 동작실패 또는 운휴에 대비한 보호

   3) 차단기 후비보호: 어느 급전선용 차단기가 차단실패 시 종일 모선에 접속된 차단기 또는 관련회로의 차단기능을 차단시켜 보호함.

   4) 원방 후비보호 : 고장구간 보호장치에 의한 고장제거가 실패시 다음 구간의 보호장치로 고장 제거

5. 전철용 변전소 용 교류 보호계전기 종류

5-1. 급전 측 보호

1) 고장점 표정장치(99F : Locator)
   ① 목적 : 급전계통의 사고 시 조속한 사고복구를 위해 변전소나 SP에 설치하여 사고지점을 검출함
   ② 원리:
   ㉠ 고장시의 전압과 전류로 고장점까지의 선로리액턴스를 구한 후, 거리에 따라 리액턴스 값과 비교하여 고장점까지의 거리를 산출한다.
   ㉡ 급전회로 보호계전기인 경우는 거리계전기와 조합하여 사용함.
   ㉢ 검출방식: BT회로용(리액턴스 검출방식), AT회로용(흡상전류비 방식)
2) 거리계전기(44F) : 임피던스 계전기
   ① 고정점까지의 거리가 정정치 이내 일 경우 검출하여 동작
   ② 변전소에서 계측되는 임피던스가 부하영역을 벗어나면 동작
   ③ 주보호 계전기로 보호구간의 110% 지점까지 보호
   ④ 고속도 재폐로 방식 적용: 0.4~0.5[sec]
   ⑤ 사고를 판단하면 고장점 표정장치를 통해 사고지점을 표시한다
3) 교류선택 단락계전기(50F) 혹은 고장선택계전기
   ① 부하전류는 시간의 변화에 완만하게 변하고, 사고전류는 급격하게 변하는 특성을 이용함.
   ② 거리계전기 후비보호용으로 사용
   ③ 거리계전기로 선택이 곤란한 고저항 접지고장을 검출함
   ④ 연장급전 시 거리계전기로 보호되지 않는 접지고장 등을 검출
4) 과전류 계전기(51F)
   ① 과전류에 의해 정정치가 초과 시 동작
   ② 적용: 송·수전선 및 배전선의 과부하 보호 및 단락보호
   ③ 즉, 후비보호로 저항이 큰 장해검출을 위한 경우와 급전거리가 비교적 짧은 선로
   (큰 역구 내, 차량기지 등)에 사용
5) 재폐로 계전기(79F)
   ① 급전선의 순간적인 지락, 단락사고 시 일정시간 후 자동회복 되는 것을 고려하여
   TRIP 된 차단기를 일정시간 후 재투입
   ② 사고가 복구되지 않은 경우는 차단기는 자동으로 차단된다.
   ③ 재폐로 시간: 약 0.4~0.5[sec]
   ④ 급전선 사고 시 자동으로 신속히 제거
   ⑤ 급전회로 보호계전기인 거리계전기(44F)와 고장선택계전기(50F)를 조합하여 사용
6) 부족전압 계전기(27F)
   ① 전원 측의 사고시 순간전압가하 발생시 PT에서 전압을 검출하여 차단기를 TRIP 시킴
7) 지락방향 계전기(67F)
   ① 영상전압과 영상전류 동작
   ② 복수의 배전선이 지락사고시 사고회선만을 분리

5-2. 변압기 보호

1) 비율차동계기(87)
   (1) 정의 : 내부고장보호용으로 사용되며 동작전류의 비율이 억제전류의 일정치 이상일 때 동작.
   (2) 동작원리
   ① 평상시, 외부고장시 : 차전류 $id = i_1 - i_2 = 0$가 되어 계전기는 부동작.

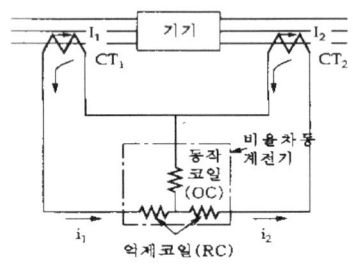 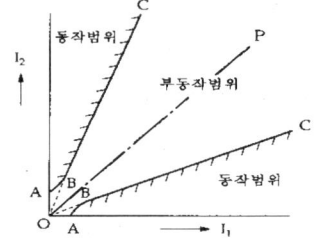 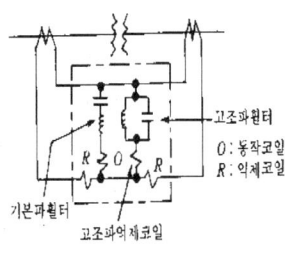

그림1. 비율차동계전기의 원리.　　그림2. 비율차동계전기의 동작특성.　　그림3. 고조파억제식 비율차동계전기

   ② 내부고장시 : 차전류 id가 큰값이 되어 동작코일이 작동되어 계전기 동작.
   ③ 동작비율 = $\dfrac{|I_1 - I_2|}{|I_1| \text{ or } |I_2|} \times 100$, * $|I_1|$ or $|I_2|$ 중, 작은 값을 선택.
   ④ 전류차동요소 : 억제코일과 동작코일의 2개의 전자식요소 부착
   ⑤ 적용 : 7,000kVA 이상의 대용량 변압기

2) 과전류계전기(51)
   ① 변압기 1차 측의 과전류 보호용　　② 정격전류의 250%에서 1초로 정정
3) 고속단락계전기(50)
   ① CT 2차 측에 접속하여 과대전류가 흐를때 동작하여 변압기의 단락보호
   ② 변압기나 정류기 등의 단락사고의 보호용　　③ 정격전류의 500%에서 순시동작
4) 압력계전기(63T) : 변압기의 지계적인 내부고장 보호용
5) 온도계전기(26T) : 변압기기가 과열 시 동작, 보통 85℃에 정정

5-3. 송·수전 설비 보호

1) 과전류 계전기(51R)
   ① 상용 및 예비전원 보호장치로서 정정치는 전력공급자와 협의 결정함
   ② 상위 계전기(51R보다 전원 측)와의 시간 : 0.3~0.4초
2) 단락계전기(50R)
   ① 최소 단락전류의 순시치로 정정하여 단락보호
   ② 51R 순시 요소부로 사용하는 경우는 생략 가능
3) 지락 과전압계전기(64R)
   ① 지락보호용.　　② 최소 지락전류·전압치로 정정
4) 지락과전류계전기(51GR)
   ① 영상전류가 정격감도 전류 이상시 동작.　　② 송수전선로의 지락사고 보호
5) 역상전압계전기(47)
   ① 전력방향이 역으로 될 때 동작　　② 병렬운전하는 발전기, 변압기의 보호 위상 제어

응11-94-4-1. 무정전 전원설비(UPS)의 2차 회로의 단락보호에 대하여 설명하시오.

답)

1. 개요

 1) 무정전 전원 설비, 즉 UPS(Uninterruptible Power Supply)란 전원에서 발생되는 왜란(특히 순시전압강하)에서 기기를 보호하고 양질의 전원으로 변환시켜 주부하에 無停電으로 주어진 방전시간 동안 연속적으로 전력공급을 하는 CVCF(Constant Voltage Constant Frequency)전원장치이다.

 2) 상기의 개념으로 ups의 2차 회로에 대한 ①2차 회로의 단락보호 ② 2차측 단락 회로의 분리보호에 대하여 중점설명하고 ③ 2차 회로의 지락보호에 대하여 간략히 아래와 같이 기술한다.

2. UPS의 2차회로의 단락보호

 1) 바이패스 활용

   (1) 동작원리

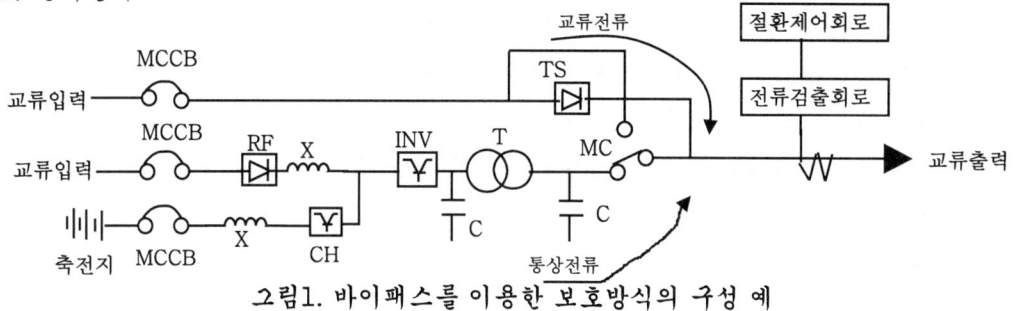

그림1. 바이패스를 이용한 보호방식의 구성 예

   ① UPS가 과전류 검출(150% 이상)과 동시에 무순단 상용바이패스 측으로 공급이 전환되어 고장회로를 분리함

   ② 고장회로 분리 후 정상인 부하전류에 복귀한 것을 확인해 UPS측에 무순단으로 전환한다
      (즉, Auto return)

   (2) 장점: 바이패스 계통이 상용전원이므로 전원 임피던스가 작고 큰 고장전류를 공급할 수 있어 사고개소의 제거에는 적합함

   (3) 단점

     ① 사이리스터 내량과 고장개소가 제거될 때까지의 고장전류의 협조가 취해져야 됨

     ② 적용시은 아래의 유의사항을 반드시 확인하여 시행요

       ㉠ 바이패스 측을 전환 후 바이패스 전원으로부터 고장전류에 의해 부하 측의 전압저하가 부하설비의 최저전압 허용범위를 초과한 경우

       ㉡ 정전 등으로 바이패스 전원이 건전하지 않을 때는 이 방식이 활용되지 않는다는 것

       ㉢ 주파수 변환의 ups에는 교류 입력과 부하 측 주파수가 달라져서 채택 불가능하다는 것

2) UPS의 2차 측 단락회로의 분리보호방식

　○ 개념 : UPS 2차측 단락 사고 등이 발생시 UPS로부터 고장회로를 분리하는 방식

(1) 배선용차단기에 의한 보호

① MCCB는 차단기구가 기계적 요소가 크므로 과전류 발생부터 차단까지의 시간은 10[ms] 이상이 일반적임

② 허용 순시 전압저하 시간이 10[ms] 이하인 것도 있어 발생시의 MCCB의 차단시간과 부하단의 전압강하율의 정도를 검토하여야 한다

(2) 속단퓨즈에 의한 보호

① 퓨즈는 일반형과 속단형이 있으며 UPS용은 속단퓨즈를 사용함

② 속단퓨즈의 기능 : 2차 측 단락시 UPS의 보호기능이 동작하기 전에 고장회로를 분리시켜야 하므로, 차단시간이 짧고 한류 차단하는 기능이 있을 것

③ 한류차단: 고장전류가 최고값에 도달 전에 전류를 억제하는 차단

④ MCCB에 비해, 다른 부하에 영향을 미치지 않고 고장회로를 차단할 수 있는 확률이 높다

⑤ 퓨즈의 정격값: 부하의 정상전류 외에 기동전류나 돌입전류가 퓨즈의 허용정격 미만일 것

⑥ 허용전류는 비반복 전류인 경우 정격의 70% 정도, 반복전류의 경우는 정격의 60% 정도에서 초과하는 경우 피로현상에 의하여 용단됨

⑦ 경년변화를 고려하여 교환주기는 5년 정도

⑧ 속단퓨즈는 계폐기능이 없어 MCCB와 조합사용 할 것

(3) 반도체 차단기에 의한 보호

① 변류기에 의해 부하전류를 검출하여 이것이 과전류인 경우 사이리스터의 게이트 제어로 단락회로를 차단한 것임

② 차단시간은 검출회로의 지연시간과 사이리스터 턴오프 타임값으로 결정됨. 약 $100[\Phi s] \sim 150[\Phi s]$

③ 고장전류의 한류는 게이트 제어회로에 설정된 값에 의하므로 타 부하에 영향을 미치지 않고 고장회로를 차단할 수 있다.

④ 다만 고가로서 경제성 검토에 충분히 유위해야 됨

(4) 각 분리보호방식의 특성비교

	MCCB	속단퓨즈	반도체 차단기
회로구성	UPS ─○○─▶	UPS ─○○─▭─▶	UPS ─○○─●▷●─▧─▶ 게이트제어회로
동작시간 -4배전류시 -10배전류시 -한류효과	3[s]~60[s] 10[ms]~4[s] 없음	20[ms]~600[S] 2[ms]~4[ms] 있음	100[Φs]~150[Φs] 100[Φs]~150[Φs] 없음
적용한계	단시간 영역에서는 협조 안 됨	수 ms 이하의 영역에서 협조가 안 됨	과부하내량을 예상하고 협조가 쉽다
전류특성	반시한 특성	반시한 특성	일정 특성
콘덴서 인풋 부하대책	문제 없음	돌입전류를 예상한다	돌입전류를 예상함
수명	트립횟수에 제한 있음	자연열화하므로 5년 마다 교체	콘덴서는 10년 마다 교체, 정기적으로 동작확인 함
가격	소	중	대

3. UPS 2차회로의 지락사고 보호

1) UPS의 2차 지락보호의 특성

   ① UPS의 2차는 부하측(컴퓨터 등)의 요구로 비접지 방식이 많음

   ② 비접지식은 1선지락시 지락전류가 작아서 UPS는 이상 없이 동작하기도 함

   ③ 1선 지락시 부하기기에 공급되는 전원(즉 UPS 앞 단)은 대지전위가 급격히 변동하여 부하기기가 오동작 되기도 함

   ④ 따라서 전원측에서 지락검출에 의한 경보표시 또는 회로 차단 등을 하는 것은 부하기기의 오동작의 원인 규명, 감전이나 화재방지를 위해 중요한 역할인 것임

2) UPS 2차회로의 지락보호 방식 분류

방식	적합한 사용회로	동작확실성	사고점의 판별	동작시 대처방법	경제성
누전차단기	최종 분기점	특히 주의	피더마다	부하 차단	보통
누전보호계전기	최종 분기점	주의	피더마다	경보, 표시	높다
지락방향계전기	간선분기	양호	피더마다	경보, 표시	가장 고가
전압계전기	분기 모선	양호	절연된 모선단위	경보, 표시	약간높다

3) ELB에 의하면 사용부하가 급정지 되므로, 접지계통은 누전계전기를 활용하고 비접지계통은 접지용콘덴서에 의한 경보시스템 등을 활용함.

4) 누전보호 계전기를 사용한 예

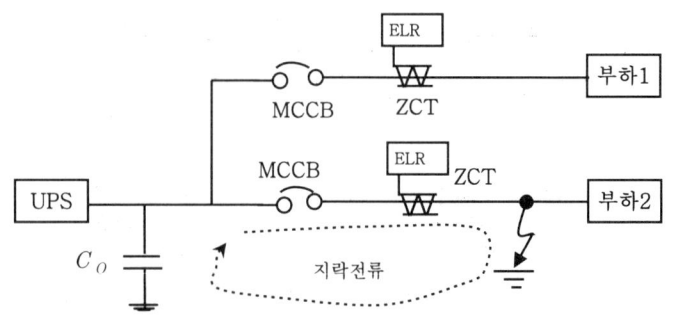
비접지계는 옆의 그림과 같이 C_O(접지용콘덴서)등을 사용하여 고임피던스 접지를 해 검출가능한 지락전류를 확보할 수 있음

그림1. UPS 2차회로의 지락보호 방식 중 누전보호 계전기를 사용한 예

4. 기타 UPS 보호설비

설 비	목 적
NTC	돌입전류에 의한 손상발생방지
Varistor	제어라인의 서지 방지
퓨즈	과부하에 의한 스위칭 소자 손상방지
역률보상 Capacitor	고조파 노이즈 성분 감소
Snuber	스위칭 소자 양단의 노이즈 제거

5. 결론

1) OFF-LINE 방식의 UPS를 사용 시는 2차측의 단락 및 지락 발생으로 상용전원에서 UPS 전원으로 절환 되지 않도록 보호계전방식을 적용하여야 한다

2) 또, 2차 측 차단기의 신뢰성 확보를 위한 보호접지 및 등전위접지가 되어야 한다.

응11-94-4-2. 에너지 절감을 위한 조명설계에 대하여 설명하시오.
답)

1. 개요

조명에너지가 전력에너지의 약 18[%]에 해당하며, 건축물의 에너지 중 약30%를 차지하여 조명분야 에너지 절약이 필수적인 과제임

2. 조명설비 에너지 절약 요소

1) 최적의 설계조도 결정 (고려사항)
   ① 작업의 정도: 표1에 의한 조도결정 ② 작업의 곤란도
   ③ 작업의 계속시간,   ④ 연령
   ⑤ 개인차가 있는 작업물의 視기능

   표1. KSA 3011 작업정도와 조도기준

구 분	최저[lx]	표준조도[lx]	최고[lx]
초정밀 작업	1500	2000	3000
정밀 작업	600	1000	1500
보통 작업	300	450	600
단순 작업	150	200	300
거친 작업	100	125	150

2) 고효율 광원선정

   (1) 전자식 안정기 채택
      ① 반도체 이용한 20~50kHz 고주파 점등
      ② 특징 :
         ㉠ 전력소모감소,   ㉡ 고주파 사용으로 발광효율 높음(40% 이상)
         ㉢ 과전류가 적어 수명증가 ㉣ 초기 투자비 고가
         ㉤ 에너지 절감효과(약26%)
         ㉥ 소음이 없고, 빛의 어른거림이 없다   ㉦ 고조파 발생

   (2) 전구식 형광램프
      ① 형광등, 안정기, 스타터를 일체화한 전구형태 형광등
      ② 백열전구에 비해 약 80% 에너지 절감효과

   (3) 슬림화 형광램프(40W형광등을 26mm의 직경을 가진 32W형광등으로)
      ① 관경이 작을수록 발광밀도가 높다.   ② 관벽 부하의 증가
      ③ 관경 축소시 약 10~15(%) 에너지 절감효과
      ④ 최근 16[mm] 형광등 출현
      ⑤ 수명이 기본보다 2배 이상 향상
      ⑥ 수은 봉입량이 적어 환경오염이 적다

(4) 삼파장 형광램프
　① 기존의 할로린산 칼슘 형광체 대신에 적청녹색의 빛을 발광하는 희토류 형광체 사용으로 효율향상 및 연색성 개선
　② 특징: ㉠ 가장 밝은 형광램프(약 10%) ㉡밝은 느낌이 뛰어나다(약40%)
　　　　　㉢ 연색성이 우수　㉣ 에너지 절감효과(약10%)　㉤고가
　　　　　㉥ 최근 5파장형광램프 출현

3) 고효율 조명장치 채용
　(1) 고효율 LAMP의 사용 및 고효율 안정기 사용
　　① 연색성, 사용목적 등을 고려하여 종합효율이 높은 램프 사용
　　② 종합효율 = $\dfrac{\text{램프 1개의 광속}}{(\text{램프}+\text{안정기})\text{의 소비전력}}$
　(2) 조명률이 높은 조명기구의 사용 - 배광특성, 눈부심 등을 고려
　　- 기구효율(조명률) = $\dfrac{\text{조명기구로부터 나오는 광속}}{\text{램프의 전광속}} \times 100(\%)$
　(3) 실내마감재를 밝게 계획:
　　　반사 눈부심, 쾌적성을 고려하여, 천장>벽>바닥의 순서로 반사율을 높임
　(4) 저휘도, 고조도 반사갓 채택
　　① 불투명 PET와 반사율이 높은 금속을 혼합, 접촉시켜 제작
　　② 저휘도, 기존 반사갓보다 20~30%의 조도향상
　(5) 직접조명기구 채택 및 下面 개방형 조명기구 사용

4) 조명과 공조의 열적결합에 의한 공조부하의 경감
　(1) 공조 조명기구의 사용,　(2) 조명기구 가까이 환기용 흡기구 설치
　(3) 조명기구 대수증가는 냉방부하 증가로 연결될 수 있다.

5) 효과적인 조명제어방식 및 조광제어 방식 채용
　(1) 시간 스케줄에 의한 제어 및 수시예약제어:
　　조명제어시스템은 최근 빌딩 오토메이션 시스템의 호스트컴퓨터 인터페이스를 취하여, 조명제어에 필요한 정보, 즉 타임스케줄이나 국경일, 휴일의 캘린더 정보, 시간 외의 조명의 점멸정보를 받아서 조명의 스케줄제어, 수식 예약 제어를 하게 됨으로서 관리 성의 향상이 도모됨.
　(2) 점멸구분을 세분화(조명기구마다 점멸 용 switch설치)
　(3) 조도검지기 Computer 및 타이머를 이용한 자동 조명제어 방식의 채용
　(4) 재실감지기 제어: 간부가 근무하는 Room등에 적용, 회의실, 복도 등
　(5) 창가조명기구의 점멸회로는 수동, 자동으로 점멸, 조광할 수 있도록 설치
　(6) 조광조명제어:사무실에 설치된 조도센서의 설정된 입력을 통해 각 Zone별 조광

6) 센서부착 조명기구 선정
   (1) 밝기 센서를 이용한 에너지 절약
       ① 초기조도보정 : 약 15%,   ② 주광이용분 : 약 10%
   (2) 인체감지형 조명점멸 장치적용: 부재상태의 빈도에 따라 전력저감률 변화됨
7) 높은 보수율 유지
   (1) 적절한 Lamp 교환
       ① 개별교환, ② 집단교환, ③ 일정시간 경과 후 교환
          높은 광속을 유지하기 위해서는 일정시간 경과 후 교환 방법이 좋음
   (2) 정기적인 청소실시
   (3) 적절한 보수율을 설정하는 것이 에너지절감의 가장 강력한 수단이 될 수
       있다는 연구결과가 있음(미국의 한 보고서)

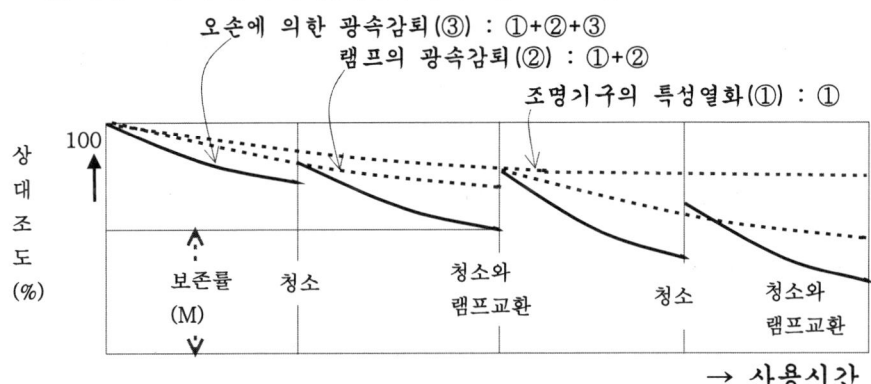

그림) 청소간격과 램프교환간격모델

위 그림에서 이 곡선의 하한 값이 그 조명설비의 보수율 M이 된다.

8) 채광설치 - PSALI 개념도입
   (1) 채광이 유효한 창문을 가급적 많이 설치. (2) 주광을 최대한 이용
9) 조명방식 적용
   (1) 전반조명 + 국부조명의 조화 → 필요에 따른
   (2) 시각작업을 고려한 조명방식 채용
10) 적정전압의 유지: (1) 정격전압 1(%)감소 시, 광속은 2~3(%) 감소
                  (2) 전압강하 2(%) 이내로 유지하고, 공칭전압 유지.

3. 에너지 절감 조명설계

상기의 여러 요소를 고려한 아래의 7대 포인트에 주안점을 두어 조명설계를 시행함

1) 조명에너지 절감 7대 포인트(tpo)

$$\text{전체 전력 사용량}[kWh] = \boxed{\text{기구 1개당 소비전력}}_① \times \text{점등시간}[h]_② \cdot \frac{\text{조도}_③ \times \text{면적}_④}{\text{광속}_⑤ \times \text{조명률}_⑥ \times \text{보수율}_⑦}$$

(①②③④ : ↓ , ⑤⑥⑦ : ↗)

2) 높혀야 할 요소 : ⑤, ⑥, ⑦.   3) 낮추어야 할 요소 : ①, ②, ③, ④

4. 적절한 조명시스템의 적용

1) 조광설비의 적용(즉 감광제어시스템 적용)

(1) 회의실, 전시실, 극장무대, 호텔 등의 연회장 등의 분위기 조명을 시행하는 장소
 : 조광장치 설치

(2) 조광장치 설치가 필요한 장소 : 용도에 맞도록 단계별조정이 가능하도록

(3) 조광장치는 Thyrister, 전력용반도체 소자로 구성한 위상제어 방식 사용.

(4) 설치 예

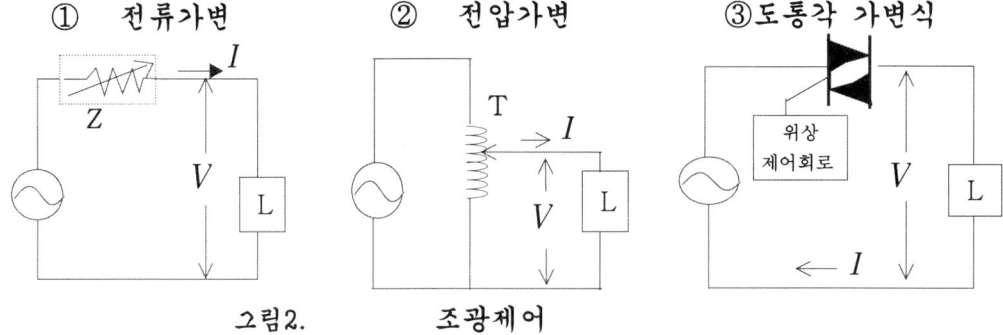

① 전류가변   ② 전압가변   ③ 도통각 가변식

그림2. 조광제어

④ 소형조광기(Dimmer)

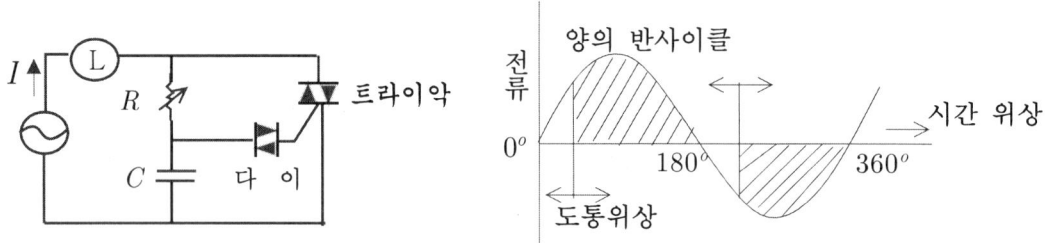

그림3. 사이리스터 위상제어 조광방식

㉠ a회로 → 전류(I) → Lamp ⓛ 로부터 → 가변저항 R → C를 충전

㉡ 'c'의 충전전압이 다이악의 break over전압을 초과
  → Triac의 Grate를 통과 → 급속히 반전

㉢ Triac의 도통 → Lamp ⓛ 에 전원전압인가

㉣ 가변저항 R를 변환 → (b)와 같이 Lamp전류를 가감.

2) 조명자동제어

(1) 자동제어

① 마이크로프로세서와 센서를 조합 → 주광에 의한 조도레벨유지제어

② 업무스케줄에 따라 자동제어가 가능토록 한다.
  (전체 점·소등, 솎음소등, 중식시간소등이 가능한 제어로 한다.)

③ 자동제어 system은 중앙 집중방식으로 중앙 감시 실 등 항상 관리인원이
  상주하는 장소에 설치.

④ 종류: ㉠주광센서, 메카니컬 타이머, 수동조작이 있는 시스템
㉡주광센서, 프로그램 타이머, 수동조작이 있는 시스템
⑤ 설치 예

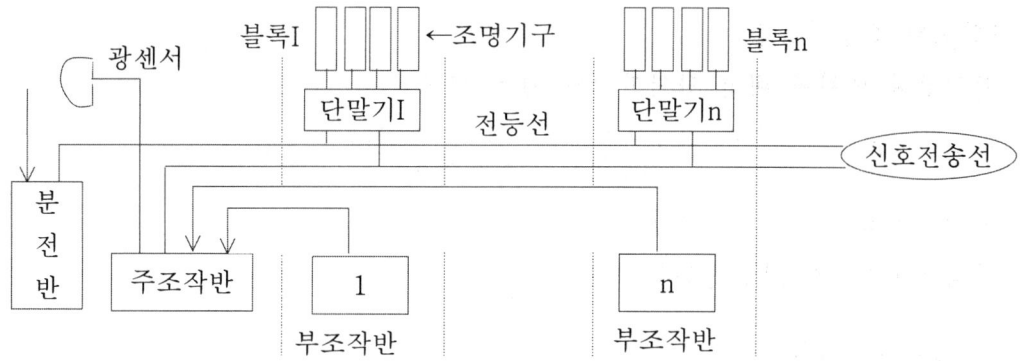

그림4. 마이크로computer 이용에 의한 조명관리

2) 수동제어
① 자동제어가 되는 상태에서도 현장여건에 따라 임의로 제어상태를 바꿀 수 있도록 수동제어장치를 현장부근에 설치.
② 수동제어는 조작이 쉬워야 하며 제어대상 구역의 확인에 용이한 표시가 될 것

5. 결론

이상과 같은 제 요소의 유기적인 결합과 설계 및 제어로 조면의 에너지 SAVING은 이루어진다. 이러한 기획 설계의 효과로는
 1) 쾌적한 환경창출과 에너지 절감효과
 2) 설비의 관리 및 편의성 제고
 3) 빌딩의 지능화 부가가치 증대
 4) 전력설비의 효율적 활용
으로 나타나므로 특히 대형 건축물의 조명부하 ---
적극적으로----

응11-94-4-3. 단상반파 및 전파정류회로에서 전압변동률, 맥동률, 정류효율, 최대역전압(PIV)에 대하여 설명하시오.

답)

1. 정류회로의 전압변동률

1) 부하전류 변화에 대한 단자전압의 변동 정도

2) 전압변동률 $= \dfrac{\text{무부하시 직류출력전압} - \text{전부하시 직류출력전압}}{\text{전부하시 직류출력전압}} \times 100\%$

3) 반파정류회로의 전압변동률?

4) 전파정류회로의 전압변동률?

2. 맥동률(Ripple Factor)

1) 정의 : 정류된 직류전압에 포함된 교류 성분을 평가하는 파라미터(parameter)로, 정류된 직류출력에 포함되어 있는 교류분의 정도를 백분율로 표현한 것

2) 작을수록 좋다

3) 전압맥동률 표현식

$$r = \dfrac{\text{출력전압(전류)에 포함된 교류성분의 실효값}}{\text{출력전압(전류)의 직류평균값}} \times 100$$

$$= \dfrac{V'_{rms}}{V_{dc}} \times 100 \qquad = \dfrac{I'_{rms}}{I_{dc}} \times 100 \qquad = \dfrac{\sqrt{I_s^2 - I_{av}^2}}{I_{av}} \times 100\%$$

4) 단상전파정류 회로의 맥동률 산출

① 출력전류 $i(t)$의 실효값과 평균값

$$I_{rms} = \dfrac{I_m}{\sqrt{2}}, \qquad I_{av} = I_{dc} = \dfrac{2I_m}{\pi}, \qquad 단, \ I_m : \text{순시치 전류의 최대값}$$

② 맥동률(r) 산출

$$r = \dfrac{\sqrt{I_{rms}^2 - I_{av}^2}}{I_{av}} \times 100\% = \sqrt{\left(\dfrac{I_s}{I_{av}}\right)^2 - 1} = \sqrt{\left(\dfrac{1/\sqrt{2}}{2/\pi}\right)^2 - 1} = 0.482$$

3. 정류회로의 맥동률 및 정류효율과 PIV 비교

항목	반파정류회로	전파정류회로	브리지 전파 정류회로
평균값	$\dfrac{V_m}{\pi}$	$\dfrac{2V_m}{\pi}$	$\dfrac{2V_m}{\pi}$
실효값	$\dfrac{V_m}{2}$	$\dfrac{V_m}{\sqrt{2}}$	$\dfrac{V_m}{\sqrt{2}}$
맥동률	0.756	0.482	0.482
정류효율	0.406	0.812	0.812
최대 역전압	V_m	$2V_m$	V_m

① 단상전파의 맥동률:

$$r = \frac{\sqrt{I_{rms}^2 - I_{av}^2}}{I_{av}} \times 100\% = \sqrt{\left(\frac{I_s}{I_{av}}\right)^2 - 1} = \sqrt{\left(\frac{1/\sqrt{2}}{2/\pi}\right)^2 - 1} = 0.482$$

② 반파의 맥동률 :

$$r = \frac{\sqrt{I_{rms}^2 - I_{av}^2}}{I_{av}} \times 100\% = \sqrt{\left(\frac{I_s}{I_{av}}\right)^2 - 1} = \sqrt{\left(\frac{1/2}{1/\pi}\right)^2 - 1} = 0.756$$

4. 정류효율

○ $\eta_r = \dfrac{\text{부하에 공급된 직류전력}}{\text{교류 입력 전력}} = \dfrac{P_{dc}}{P_i}$

1) 반파 정류회로의 정류 효율

$$\eta_r = \frac{P_{dc}}{P_i} = \frac{I_{dc}^2 R_L}{I_{rms}^2 (R_f + R_L)} = \frac{\left(\dfrac{I_m}{\pi}\right)^2 R_L}{\left(\dfrac{I_m}{2}\right)^2 (R_f + R_L)}$$

$$= \frac{\left(\dfrac{I_m}{\pi}\right)^2}{\left(\dfrac{I_m}{2}\right)^2} \times \frac{R_L}{(R_f + R_L)} = \frac{(I_m \times 2)^2}{(I_m \times \pi)^2} \cdot \frac{1}{\dfrac{R_f}{R_L} + \dfrac{R_L}{R_L}} = \frac{\left(\dfrac{2}{\pi}\right)^2}{1 + \dfrac{R_f}{R_L}}$$

$$\therefore \eta_r \fallingdotseq \frac{0.405}{1 + \dfrac{R_f}{R_L}}$$

2) 전파 정류회로의 정류 효율 : 반파정류회로의 정류효율의 2배이므로 $0.406 \times 2 = 0.812$

5. 반파정류의 평균 값 : $V_{av} = \dfrac{1}{T}\int v \cdot dt = \dfrac{1}{2\pi}\int_0^\pi (V_m \sin\theta) d\theta = \dfrac{V_m}{\pi} = 0.318 V_m$

6. 전파정류의 평균 값 : 반파정류의 평균 값의 2배로 $\dfrac{2V_m}{\pi}$.

7. 최대 역전압(PIV : Peak Inverse Voltage)
1) 정류회로에 걸리는 역방향 전압의 최대값: PIV
2) 정류소자를 다이오드를 사용 시는 PIV에 견딜 수 있는가를 확인할 것
3) 반파 정류회로의 PIV= V_m
4) 전파 정류회로의 PIV=2배의 반파 정류회로의 PIV=$2V_m$

응11-94-4-4. 변전소에서 직류(DC)전류 검지 방법 3가지를 들고 설명하시오.

답)
1. 개요

변전소에서 직류를 검지하는 방법으로는 크게 구분하면
1) 직류 고저항 지락보호방식으로서 방전 갭 방식
2) 직류 고저항 지락보호방식으로서 전압감지 방식
3) 직류 보호계전기에 의한 방식으로 볼 수 있다.

2. 직류 고저항 지락보호방식으로서 방전 갭 방식

1) 직류 급전회로 보호 문제점으로 급전선이나 전차선이 지지물에 접촉한 것과 같은 고저항 (0.5Ω정도 이상) 지락의 경우 고장전류가 부하전류와 큰 차이가 없어 변전소에서 고장검출이 불가능하므로
2) 고저항 지락시 고장검출을 원활히 하기 위하여 방전갭 방식과 전압감지방식을 적용함.
3) 급전선 등이 단선되어 전차선로 구조물에 접촉한 경우 갭(gap)을 방전시켜 궤도 임피던스본드 등과 협조하여 레일 귀도회로를 구성하고,
4) 구조물과 레일을 단락시켜 변전소의 50F 및 54F에서 사고를 검출하여 차단되게 함.
5) 주로 본선 및 차량기지 구내에 설치하나, 지지물과 접속하는 연접선과 방전갭이 설치되므로 설치개소가 한정되고 비용이 높음

3. 직류 고저항 지락보호방식으로서 전압감지 방식

1) 직류 급전회로 보호 문제점으로 급전선이나 전차선이 지지물에 접촉한 것과 같은 고저항 (0.5Ω정도 이상) 지락의 경우 고장전류가 부하전류와 큰 차이가 없어 변전소에서 고장검출이 불가능하므로
2) 고저항 지락시 고장검출을 원활히 하기 위하여 방전갭 방식과 전압감지방식을 적용함.
3) 브래킷, 밴드 등의 금속체를 일정치의 저항과 다이오드를 지지물간을 연결한 연접선에 접속하고 말단에 저항기를 설치하여 궤도와 접속하였으며
4) 말단저항기의 전압이 정해진 값 이상일 경우 지락고장이 발생한 것으로 추정하여 차단신호를 송출하는 방식임
5) 저항기의 전압 값에서 고장점 표정도 가능하며, 설치하는 연접선은 기계적 강도를 만족할 만한 전선으로 사용하여야 함

4. 직류 보호계전기에 의한 직류(DC)전류 검지 방법

4-1. 직류과전류 계전기(76)

1) 원리 : 직류회로에 과전류가 흐를 때 동작, 구분상(정극용, 피드한시用, Feeder用순시로 분류됨)
2) 적용 : 정류기 및 급전설비의 보호, 정류기의 정극모선사이와 정극모선에서 각 피더측에 설치
3) 정극용(76T) :
   ① shunt에 76계전기의 가동코일 단자를 접속하여 Feeder용이며, 순시 보호
   ② shunt의 정격 : 4000(A)/ 50(mV)
4) Feeder 용 한시(176F)
   ① 76T와 비슷하다, 타이머 계전기 176FT를 사용한 것이 다르다.
   ② 급전회로(주회로)에 접속된 Shunt에 의해 176F가 순시과전류 검출
   ③ 타임 계전기의 지연범위 : 20~120(sec)로, 보통 80초로 선정
5) Feeder용 순시(76F)
   ① 차단기에 내장되어 단락전류(순시) 통전시 동작
   ② 하부 主도체는 과부하에 의해 자화되면 차단용 Trip Load를 당겨, 차단기 Trip

4-2. 직류 역류 계전기(32P)

1) 원리 : ㉠ 직류모선에서 정류기로 과전류가 통전 시 동작
         ㉡ 정류기에서 직류모선으로 과전류 통전 시는 동작 않음
2) 적용 및 설치 :
   ㉠ 정류기의 정극과 DC 1500V 모선間에 설치하여 SR(실리콘 정류기)의 보호용계전기
   ㉡ 방향성을 갖는 직류고속도 차단기에 적용

4-3. 직류부족전압계전기(80F,80A)

1) 원리 :
   ① 80F의 원리
      ㉠ 과부하나 지락사고시 급전회로의 전압강하를 감지하여 동작
      ㉡ 병렬급전하는 변전소의 급전분기선用 단로기 2차측에 설치하여, 변전소 부근의 사고시 동작
   ② 80A의 원리
      ㉠ 양 변전소의 중간지점 선로측에 설치하여 급전회로의 전압강하를 감지하여 동작
      ㉡ 이때, 변전소 차단기와 과전류 계전기 보호범위를 벗어난 사고시 동작
      ㉢ 그리고 나서, 각 섹션 양단 feeder 차단기를 연락차단 시킨다.
2) 직류부족전압계전기의 적용
   ① 직류회로의 전압이 정정치(1500V전차선은 900V)이하가 되면 동작
   ② 연락차단장치(85)와 연계하여 사용된다.

4-4. 연락차단장치(85)

1) 원리 : 어느 한 쪽 변전소의 차단기가 사고를 검출하여 차단기를 차단한 다음 상대방 SS의 차단기를 차단 방법
2) 적용 : ㉠ 직류 급전계통은 병렬급전이므로, 사고 변전소만 차단하면 된다.
   ㉡ 한쪽 변전소 사고 시에도 양쪽 변전소를 차단하는데 연락 차단장치 적용

4-5. 직류접지 계전기 (64P)

1) 원리 ① 직류급전회로 지락시 접지전위가 레일전위에 대하여 상승하는 현상 이용
   ② 정정치 : 급전전압의 1/3인 200~500V 이상 되면 동작
2) 적용 : 직류 급전 회로의 지락을 보호
3) 특징 : ① 급전선과 지지금구 間의 이물질(알루미늄풍선, 철선 등)에 동작되는 경우도 있음.
   ② 구외 지락시 사고는 고장선택 장치(50F)로 보호시킴

4-6. 급전선 고장 선택장치 (AI형 고장선택 장치 : 50F)

1) 원리: ① 사고시 급격한 전류상승과 전류 증가 분 ΔI를 검출하여 사고전류를 판별
   ② 직류고속차단기의 전류정정치 : 약 7000~9000(A)
2) 적용 : ① 운전전류가 사고전류를 상회할 때
   ② 직류고속도 차단기로 사고전류를 차단 못할 때

응11-94-4-5. 차단기 선정 시 고려할 사항 및 동작책무에 대하여 설명하시오.

답)

I. 차단기 선정시 고려사항

I-1. 차단기 정격사항

공칭전압[kV]	정격전압[kV]	정격차단전류[KA]	중성점 접지
3.3	3.6	8	비접지
6.6	7.2	12.5	비접지
22.9(22)	25.8(24)	12.5, 25	비접지 or 다중접지
66	72.5	20, 31.5	비접지 or 소호리액터
154	170	40	직접접지

I-2. 차단기 형식 및 동작책무

투입방식	트립방식	동작책무
수동투입	과전류	A: O-1분-CO-3분-CO : 특고이상
스프링투입	직류전압	B: CO-15초-CO : 7.2[Kv] 고압콘덴서 등
전기투입	부족전압	R: O-t초-CO-3분-CO : 고속도재폐로용
공기투입	콘덴서	M: O-2분-CO : 수동식

I-3. 차단기 용량산정

구분	차단기 용량[MVA]	비고
수전용	일반배전선로(3~6KV): 50~150 전용가공선로(3~6KV): 150~200 전용지중선로(3~6KV): 200~300 특고수전: 750~1000	차단기 용량 [MVA] = $\sqrt{3}$ × 정격전압[KVA] × 정격차단전류[KA]
변압기용	차단기 용량[MVA] = (변압기용량[KVA]/%Z) × 100	%Z 6.6[KV] : 3% 22[KV] : 5% 66[KV] : 7%

I-4. 기타고려사항
(1) 건물의 용도 및 변전시스템에 따라 적정용량 선정
(2) 사용조건, 설치환경, 경제성, 보수성 고려.   (3) 절연유 오손 및 기계적 강도 고려
(4) 여자돌입전류에 의한 차단기 접점손상 방지
(5) 재점호 방지를 위한 차단속도 빠른 것 선정
(6) VCB 2차측에 SA설치
(7) 다른 차단기, PF와의 보호협조 검토 (다른 개폐기와의 보호협조 검토)

11. 동작책무

11-1. 동작책무(動作責務, Duty Cycle, Operating Duty)을 규정하는 이유 및 정의

1) 차단기는 전력의 送受電, 切替 및 停止 등을 계획적으로 하는 외에 전력계통에 어떤 고장이 발생하였을 때 신속히 차단하며, 계통의 안정도를 위해 필요시는 재투입하는 책무를 가지는 중요한 보호장치로서 차단동작의 보증이 필요하다.

2) 차단기의 동작책무란 1~2회 이상의 투입, 차단 또는 투입차단을 일정한 시간간격으로 行하는 일련의 동작을 말하고, 이것을 기준으로 하여 그 차단기의 차단성능, 투입성능 등을 규정한 동작책무를 표준동작책무(Standard Duty Cycle)라 한다.

11-2. 동작책무의 표기법 및 기호의 의미

1) KSC 4611 규정에 의한 표준동작책무

① 조작방법별 표준동작 책무 분류

	기호:A	O-(1분)-CO-(3분)-CO
동력조작	기호:B	CO-(15초)-CO
수동조작	기호:M	O-(2분)-O 및 CO

② 기호의 의미: (O : 차단동작) (CO : 투입동작에 이어 즉시 차단동작)
            (θ : 재투입시간(120kV급 이상에서 0.35초 표준))

③ 표에서 기호 A, B는 고속도가 아닌 재투입시에 사용되며,
   A가 가장 널리 사용되고, B는 이보다 재투입시간이 짧은 것에 보통 적용된다.

2) 한전 규격의 동작책무의 표기법 및 기호의 의미

① 표준동작책무(ES 150)

종 별	동작책무
일 반 용	CO-(θ: 15초)-CO
고속도재투입용	O-(θ: 0.3초)-CO-(3분)-CO

② 한전 표준규격(ES)에서는 과 같이 표준동작책무를 2종으로 하고 있다.

③ 여기에서 7.2kV급 차단기, 전력용 condenser용 차단기 및 분로 reactor용 차단기의 표준동작책무는 CO-(15초)-CO로 함.

11-3. 한전의 고속도 재투입용 차단기의 표준 동작책무

1) 25.8kV급 이상 차단기의 표준동작책무는 O-(0.3초)-CO-(3분)-CO로 한다.

2) 다만 800kV 차단기의 경우는 O-(0.3초)-CO-(1분)-CO로 하고 있다.

Ⅲ. 차단기의 정격구분

순번	구분	내용
1)	정격전압	규정의 조건아래에서 그 차단기에 과할 수 있는 사용회로 전압의 상한값으로 선간전압(실효값)으로 표현 함.
2)	정격차단전류	1) 차단전류란 차단기의 遮斷瞬間에 各 極에 흐르는 전류를 말하며 차단전류를 구체적으로 표현할 경우는 아크발생 순간의 對稱遮斷電流 및 百分率直流分으로 표현함. 2) 모든 정격 및 규정의 회로 조건하에서 규정된 표준 동작책무와 동작상태에 따라서 차단할 수 있는 지상역률의 차단전류의 한도를 말함.
3)	정격차단용량	1) 3상 교류일 경우 정격차단용량이란 그 차단기의 정격차단전류와 정격전압을 곱한 것에 $\sqrt{3}$을 곱한 것 - 정격차단용량 $= \sqrt{3} \times$ (정격전압) $\times$ (정격차단전류) 단, 단상의 경우에는 $\sqrt{3}$을 생략함 2) 차단 용량의 단위는 KVA 또는 MVA로 표현 함.
4)	정격전류, Rated Normal continuous Current	1) 정격전압 및 정격주파수, 규정한 온도상승 한도를 초과하지 않는 상태에서 연속적으로 흐를 수 있는 전류의 한도를 말하며 2) 표준으로 적용하고 있는 차단기의 정격전류는 600, 1200, 2000, 3000, 4000, 8000A가 있다.
5)	차단시간 (Breaking Interrupting Time)	1) 開極時間과 아크시간을 합한 것을 차단시간이라 하며, 2) 정격차단시간이란 정격차단전류를 정격전압, 정격주파수 및 규정한 회로조건에서 규정한 표준 동작책무 및 동작상태에 따라서 차단할 경우 차단시간의 한도를 말한다. 3) 정격차단시간은 정격 주파수를 기준으로 하여 사이클 수로 나타낸다. 4) 정격차단시간은 아래표의 값을 표준으로 하고), 차단기는 정격전압 下에서 정격차단전류의 30% 이상의 전류를 차단할 때의 시간은 정격차단시간을 초과할 수 없다. 5) 차단기의 정격차단시간 | 정격전압(kV)	7.2	25.8	72.5	170	362	800
---	---	---	---	---	---	---
정격차단시간(cycle)	5	5	5	3	3	2	
6)	정격조작전압	1) 정격조작전압이란 개폐장치의 조작장치에 가해지는 전압을 말하며, 2) 투입 또는 트립 조작 중에 있는 최대전류시의 단자전압으로 표시한다.
7)	정격개극시간	무부하시에 정격 Trip전압 및 정격 조작압력에서 Trip하는 경우의 개극시간의 한도
8)	정격단시간전류	1) 개폐장치의 단시간전류란 규정조건에서 규정시간동안 개폐장치의 통전부분에 흐르게 할 수 있는 전류의 한도를 말하며, 2) 정격단시간전류란 그 전류를 규정한 회로조건에서 규정시간동안 개폐장치에 통하여도 熱的, 機械的으로 이상이 발생하지 않는 전류의 최대한도이고 개폐장치의 정격차단전류와 같은 값(실효치)으로 한다.

응11-94-4-6. 전기철도에서 유도장해의 종류와 경감대책에 대해 설명하시오.
답)

1. 개요

   1) 정의 : 유도장해는 전력선이 통신선에 근접 했을 때 통신선에 전압, 전류를 유도해서
            통신설비의 절연파괴, 통화잡음 발생, 기기 오동작, 인체 감전 현상을 유발하는 장해
   2) 종류
      ① 정전유도 : 전력선과 통신선의 상호간의 정전용량(C)에 의한 유도 전류에 원인
      ② 전자유도 : 전력선과 통신선 상호간의 상호 인덕턴스(M)에 의한 유도전압이 원인
      ③ 통신선의 잡음전압 : 유도전압 고조파와 통신선의 불평형에 의해 발생

2. 유도장해의 제한

   1) 유도위험전압
      ① 유도종전압 : 상시는 60V 이하 , 기기오동작의 한계치는 15V 이하일 것
      ② 이상(고장)시 : 기준은 650V 이하, 0.1초 이하에 차단시는 430V 이항일 것
   2) 잡음전압 : 0.5mV 이하일 것

3. 유도장해 검토대상 : 1) 평상시는 정전유도 장해검토,   2) 고장시는 전자유도장해 검토

4. 유도장해의 주안점 : 고장시의 유도장해 피해가 더 심하므로, 전자유도장해를 주안적 검토함.

5. 유도장해에 영향을 주는 3인자

3인자 구분	내 용
작용인자	전력회로에서의 상용주파 및 고주파의 전압·전류이며, 평상시에 있어서의 계속적인 것과 순간적인 것 2가지 (주로 I_0 에 의한 것 임)
결합인자	전자회로와 통신회로와의 정전 및 전자 결합의 정도를 표시하는 것이며, 주로 양자의 기하학적 배치로 결정됨. 이것에는 연가 및 차폐의 효과도 포함한다 (주로 M 또는 C에 의한 것임)
수동인자	통신회로 및 그 자체로 정해지는 인자이며, 이상상태에 대한 통신회로 및 설비의 특성, 선택도, 통신설비의 전력Level, 주파수 특성, 대지에의 평형도 등이 포함됨

6. 전철설비로 인한 정전유도 전압

1) 송전선로의 영상전압과 통신선의 상호 정전용량 불평형에 의해서 통신선에 정전적으로 유도되는 전압
2) 즉, 대전된 도체에 대전되지 않은 도체를 근접 시 대전하지 않은 도체에 유도전하가 나타나는 현상
2) 전차선로에 의한 정전유도전압은 주파수나 부하전류에 무관하며, 전차선의 대지전압에 비례

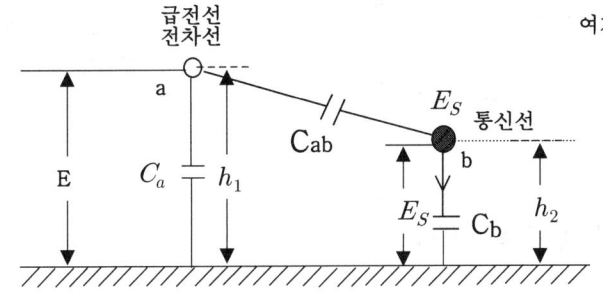

여기서, E_S : 정전유도전압,
C_b : 통신선의 대지 정전용량
C_{ab} : 전차선과 통신선간의 상호정전용량
E : 교류전차선 전압,
C_a : 전차선의 대지정전용량

① 분압의 법칙에 의해 정전유도전압은, $E_S = \dfrac{C_{ab}}{C_{ab}+C_b} \times E$ ---식1)

② 실제 정전유도전압은 전차선과 통신선의 수평거리(L)과 지상고에 의한 결정값이며

$$E_S = \dfrac{k_s}{4.8} log\left(\dfrac{L^2+(h_1+h_2)^2}{L^2+(h_1-h_2)^2}\right) \times E \; [V] \text{ ---- 식2)}$$

단, k_s : 정전차폐계수, L : 통신선과 전차선의 수평거리[m]
h_1, h_2 : 전차선의 지상고, 통신선의 지상고[m]

③ 식2)의 의미는 전기철도로 인한 정전유도전압은 전차선과 통신선의 설치높이, 수평이격거리, 전차선의 인가전압에 의하여 결정된다는 것이다.

④ 정전유도 전류의 제한치는 다음과 같다.

사용전압	통신선의 길이	정전유도 전류
60kV 이하	12km마다	2.0μA 이하
60kV 초과	40km마다	2.5μA 이하

7. 전철설비의 전자유도 전압

1) 급전선에 1선지락 사고 등이 발생해서 영상전류가 흐르면 통신선과의 전자적인 결합에 의해서 통신선에 커다란 유도전압($e = \dfrac{d\phi}{dt} = \dfrac{dMi}{dt}$), 전류가 유도됨

2) 즉, 전류의 변화로 생성된 자속이 다른 회로와 교차할 때 원래의 자속변화를 상쇄하는 방향으로 상쇄되는 방향으로 기전력이 발생되는 현상

3) 전차선로와 평행인 통신선에는 전차선 전류와 귀선로에 흐르는 전류의 변화에 따라 전자유도전압이 유기된다.

4) 통신선에 발생하는 전자유도전압의 크기

① $V_m = -jwM \cdot 3I_0 \cdot l = -jwZ_m(I-I_R) \cdot l = -j2\pi f \cdot Z_m \cdot I_g \cdot l$

② 즉, 전자유도전압은 전차선의 주파수, 대지 누설전류, 상호인덕턴스 및 병행거리에 비례한다.

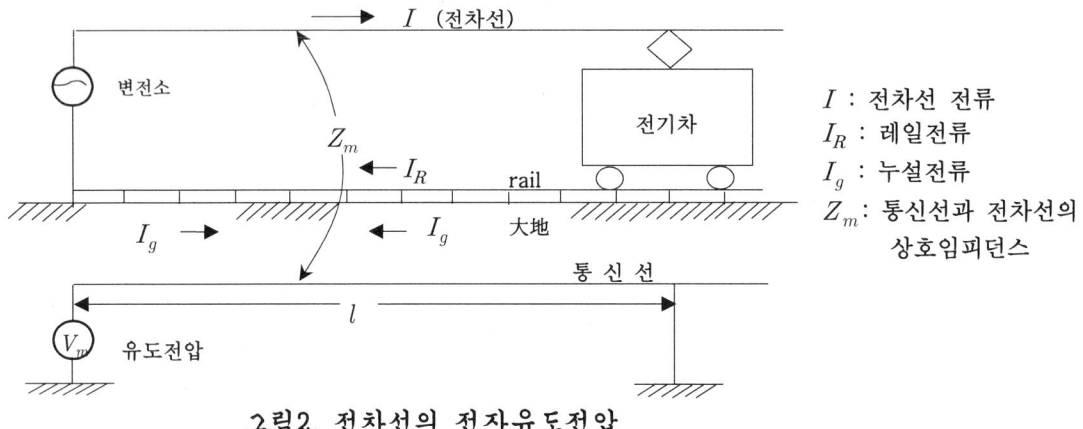

그림2. 전차선의 전자유도전압

8. 유도장해 대책

1) 전철선로의 전력공급 측면에서 대책 ([고차통급])

① 고조파 발생원에 Filter 설치
② 고속도 차단방식을 적용하여 사고시 불평형 전류(즉 1선지락)의 지속시간을 단축
③ 통신선과 전차선로 사이에 차폐선을 설치
④ 급전방식을 BT방식 또는 AT방식을 적용시켜, 귀선전류를 강제 흡상시켜 대지누설전류(I_g)를 최소함으로써 전자유도 현상을 대폭 줄이게 한다.

2) 통신선로의 대책

(1) 정전유도 경감대책

① 통신선과 전차선간의 이격거리 증대
② 전차선과 통신선로 사이에 부급전선 설치 또는 차폐선 설치
③ 통신선의 차폐케이블 화 또는 광케이블 화

(2) 전자유도 방지대책

① 병행구간 구간을 단축하고 회선 중간에 중간코일을 설치하여 유도구간을 분할
② 대지전류를 억제토록 귀선저항을 감소시킬 것
③ 상호임피던스 Z_m이 경감되게 통신선을 이격 및 차폐케이블을 사용
④ 고조파 억제를 위해 전차선 및 고조파발생원에 필터를 설치

3) 전기차 측면에서 대책

: 정류기형 전기차의 변압기 2차 측에 콘덴서와 저항을 조합한 필터를 접속하여 고조파 성분을 경감시켜 유도전압을 감소시킴

9. 전차선로 아래의 전계강도와 정전유도

1) 전계강도

① 전계란 전기량Q가 있어 전기적인 작용이 미치는 공간(Field)을 말하며, 쿨롱법칙에 의하여 r만큼 이격된 곳의 구 또는 점의 전계는 $E = \dfrac{1}{4\pi\varepsilon_o} \cdot \dfrac{Q}{r^2}$ [V/m]로 표현한다

② 전차선로 가선아래의 전계세기
  : 무한대의 선전하(Q_l)로 취급하여 전계세기는
$$E = \dfrac{1}{2\pi\varepsilon_o} \cdot \dfrac{Q_l}{d} = 2 \times 9 \times 10^9 \times \dfrac{Q_l}{d} \ [V/m]$$

③ 전차선, 조가선, 급전선 등에 의한 임의의 지점의 전계강도는 중첩의 원리에 의해 전계의 Vector합에 기인하여 $\dot{E} = \dot{E}_1 + \dot{E}_2 + \cdots\cdots \dot{E}_n \dot{E}$ 이며, 지표면상 1m 정도에서 약 2[kV/m]이어서 인축에는 문제가 되지 않는다.

2) 정전유도 전류

① 도체가 접지된 경우 도체의 대지정전용량이 $C_m [F]$ 이면 접지전류 $I_g = jwC_m V_m$ 가 된다.

② 전차선로 아래에서 직경 1m정도의 우산을 든 경우, 대지정전용량이 약40[pF] 정도로 누설전류가 약0.05[mA]로서 전류감지가 되지 않아 안전함(일반적으로 최소감지전류는 1mA 정도이다)

10. 향후전망

1) 국토의 효율적 사용 및 에너지의 Clean화 정책으로 전철화가 대폭 진행되어 기존의 통신선로와 근접하는 것이 불가피한 실정이다.
2) 또한, 통신망 및 IT산업의 급속발전으로 유도장해의 유발시기 및 유발원인이 명확하지 않을 경우도 있고, 한국통신,국방부 등 통신선로 보유 측과의 유도장해 보상비용 산정에서 논란이 많으므로, 설계 시 면밀히 검토하여 보상비의 최소화를 고려한 설계 측을 평가우선시해야 할 것이다.
3) 따라서 철도내부의 정보통신망은 광케이블화하며, 향후 건설되는 통신망에서는 차폐케이블, 광케이블화 등으로 대책을 수립한다.

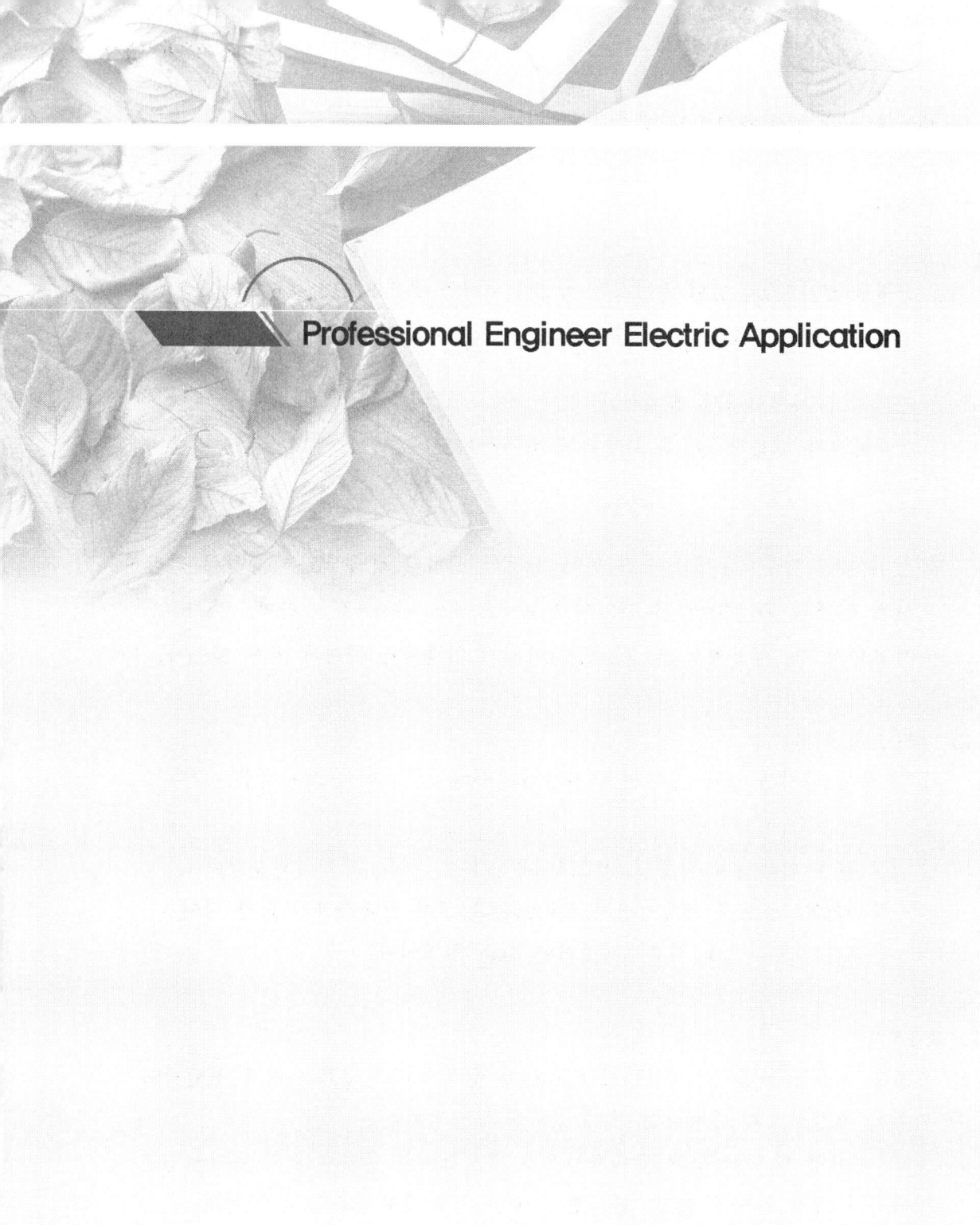
Professional Engineer Electric Application

Chapter 19   2012년 97회 문제 및 해석

국가기술자격검정시험문제 (기술사. 제97회 / 2012년 5월 시행)

| 분야 | 전기 | 자격
종목 | 건축전기 | 수험
번호 | | 성명 | |

[제 1교시] (시험시간: 각 교시별 100분)

응12-97-1-1. 유도전동기에서 비례추이(比例推移) 특성을 설명하시오.

응12-97-1-2. 자외선등(紫外線燈)을 산업일반에 응용할 때 자외선의 장·단점에 대하여 설명하시오.

응12-97-1-3. 사이리스터식 UPS와 비상용 디젤발전기를 동시에 병렬 운전하여 전기부하에 전력을 공급할 때 예상되는 문제점과 대처방안에 대하여 설명하시오.

응12-97-1-4. 전동기 제어에 사이리스터를 사용한 정류기가 많이 사용된다 그중 3상브리지 전파정류 결선도를 그리고 무부하무제동시의 직류출력전압(E_{d0})를 구하시오.
(단 E : 교류선간전압실효치, E_{d0} : 직류출력전압 평균치)

응12-97-1-5. 냉동사이클(열펌프사이클)에 대하여 원리도를 그리고 설명하시오

응12-97-1-6. 메탈 하이라이트 등의 특성과 발광원리에 대하여 설명하시오

응12-97-1-7. 아크용접 중 원자수소 용접에 대하여 설명하시오.

응12-97-1-8. 450/750V 로 표기된 염화비닐 절연케이블의 정격전압에 대하여 설명하시오.

응12-97-1-9. 독립형전원(풍력발전, 태양광발전 등)시스템용 축전지 선정 시 고려할 사항을 설명하시오.

응12-97-1-10. 전동기 운전 중에 발생하는 진동과 소음에 대하여 발생 원인별로 분류하여 설명하시오.

응12-97-1-11. 열에 대한 옴(Ohm)법칙과 열계와 전기계의 양에 있어 상호대응관계를 설명하시오

응12-97-1-12. 전력시설물 공사감리 시 전력기술관리법 시행령 제23조에서 정한 감리원의 업무범위에 대하여 10가지이상을 나열하고 설명하시오

응12-97-1-13. 다음 그림과 같은 회로의 단자 ab간의 전압을 밀만의 정리를 이용하여 구하시오.

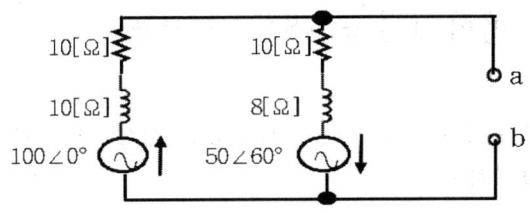

전기응용기술사 12년 5월 시행 (97회)

2교시. 6문 중 4문 선택 1문당 25점. 100분

응12-97-2-1. 3상유도전동기의 제동방법과 제동방법 선정 시 유의점에
대하여 설명하시오

응12-97-2-2. 고온 초전도 전력저장시스템(SMES; Super Conducting Magnetic
Energy)개발배경, 원리 및 응용분야에 대하여 설명하시오

응12-97-2-3. 역율개선용 전력용 콘덴서의 전압파형 개선을 위하여 설치하는
직렬리액터의 용량에 따른 콘덴서 단자전압과 고조파에 대한 영향을 설명하시오.

응12-97-2-4. 케이블 열화진단 방법에 대하여 설명하시오.

응12-97-2-5. 태양광 발전설비 등의 신재생에너지에서 축전지내장 계통연계시스템을
분류하여 설명하시오.

응12-97-2-6. 전기철도의 경제적인 운전방법에 대하여 운전과 설비로 구분하여
설명하시오.

3교시. 6문 중 4문 선택 1문당 25점. 100분

응12-97-3-1. 신재생에너지 중 태양광 발전의 장단점과 계통에 연계할 때 고려할 사항에 대하여 설명하시오.

응12-97-3-2. 긴 터널(1,000m이상)의 조명설계를 하고자 할 때 고려사항에 대하여 설명하시오

응12-97-3-3. LED 광원의 특성과 조명제어방법을 설명하시오.

응12-97-3-4. 전기 철도에서 전기차의 주전동기 속도제어 방법 중 직 병렬 제어에 대하여 설명하시오.

응12-97-3-5. 고주파 유도가열에 대하여 설명하시오

응12-97-3-6. 우리나라는 2010년 1월 스마트그리드 국가로드맵을 발표한 바 있다. 그에 따른 스마트그리드를 정의하고 분야별 스마트그리드 구축계획상의 5대 기술 구분에 대하여 각각 설명하시오.

4교시. 6문 중 4문 선택 1문당 25점. 100분

응97-97-4.1 가변속도의 구동기로서 Inverter와 유도전동기의 조합이 많이 사용되고 있다. 현장에서 Inverter의 사용 보전(Operation & Maintenance)상의 유의사항에 대하여 설명하시오.

응12-97-4-2. 전기철도에서 점착력을 설명하고 점착계수를 크게 할 수 있는 방법을 설명하시오

응12-97-4-3. 전위강하법을 이용한 접지저항 측정방식에 대하여 설명하시오

응12-97-4-4. 풍력발전시스템의 낙뢰 피해와 피뢰대책에 대하여 설명하시오.

응12-97-4-5. 최근 지자체별로 광해조례를 발표하여 관리를 하는 등 빛 공해에 관한 관심이 높아지고 있다. 이와 관련하여 빛 공해의 종류를 대별하고, 생태계에 미치는 영향 및 빛 공해 방지대책에 대하여 설명하시오.

응12-97-4-6. 생체 물리현상의 계측에 대하여 설명하시오.

문7. 전12-96-1-3. 직류고속도 차단기의 자기유지현상과 그 대책에 대하여 설명하시오.

응12-97-1-1. 유도전동기에서 비례추이(比例推移) 특성을 설명하시오.
답)   [밑줄친 개소는 10점용 임]

<u>1. 비례추이란,</u>

  <u>1) 회전자 저항을 크게 하여 전동기를 운전하면 비교적 작은 기동전류에서 큰 기동토크를 얻을 수 있어 큰 부하의 경우에도 쉽게 기동시켜 운전할 수 있다.</u>

  <u>2) 이처럼 권선형 유도전동기의 회전자에 저항을 외부에서 접속하여 증가시킬 때 전동기의 최대토크가 낮은 쪽으로 이동하는 것을 비례추이(propotional shifting)라 함.</u>

<u>2. 비례추이의 특성</u>

  <u>1) 이는 권선형 유도전동기에만 사용할 수 있는 방법으로 2차회로의 저항변화에 의한 토크-속도특성의 비례추이를 이용한 방법</u>

  2) 비례추이란 2차저항 r_2를 m배하면 동일한 토크가 발생하는 슬립은 ms가 되어 다음식이 성립: $\dfrac{r_2}{S}=\dfrac{mr_2}{mS}$ $(T=\dfrac{mr_2}{mS})$

  <u>3) 이러한 원리를 이용하여 Slip Ring 을 통해서 2차에 가변저항을 삽입하여 속도조정을 하는 것이 가능하다.</u>

  <u>4) 이 방법은 비교적 간단 하기는 하나 전류가 큰 2차 회로에 저항을 삽입하여 제어 하므로 저항에서의 손실로 인해서 효율이 나쁘게 되는 결점이 있다</u>

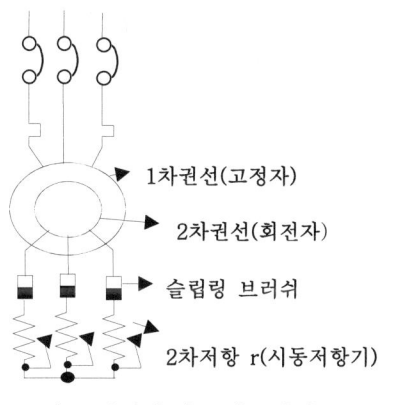

그림1. 권선형 유도전동기의 구조

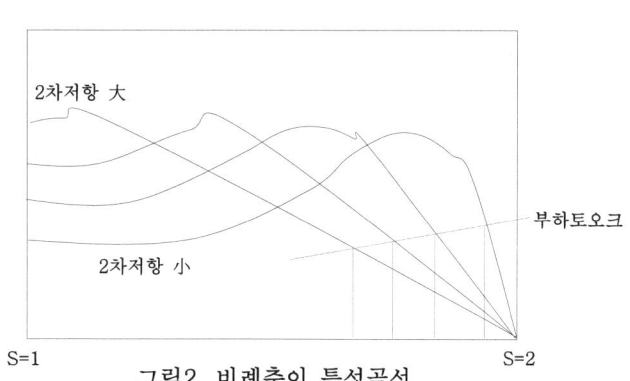

그림2. 비례추이 특성곡선

  5) 비례추이의 간이적 표현과 특성

그림3. 유도전동기의 간이등가회로

$\dot{I_1}$: 시동전류 , I_0 : 여자전류,
g : 콘덕턴스, b : 서셉턴스
$\dot{Y_0}$: 여자 어드미턴스
r_1, x_1 : 1차권선의 저항 및 리액턴스
r_2', x_2' : 1차측으로 환산한 2차권선의 저항 및 리액턴스,
$r_2'\dfrac{1-s}{s}$: 1차측으로 환산한 슬립을 고려한 2차저항 r(시동저항기)

  ① 상기 그림1을 간이등가회로로 표현하면 그림3과 같다

  ② 토오크는 $T=\dfrac{V_1^2 \cdot (r_2'/s)}{(r_1+r_2'/s)^2+(x_1+x_2')^2}$

  ③ 토오크는 s(slip)의 함수이나 상기 식과 같이 s가 r_2'/s의 형태로만 되어 있다.

④ 따라서 2차저항 r_2'를 변화시 이에 비례하여 s가 변화하며, r_2'/s가 일정시 토크(T)도 일정.
⑤ r_2'를 바꾸어도 최대값에는 변화가 없다.   ⑥ r_2'를 크게 하면 s_m도 커진다.
⑦ r_2'를 크게 하면 기동시 전류는 감소하고 토크는 증대한다.

응12-97-1-2. 자외선등(紫外線燈)을 산업일반에 응용할 때 자외선의 장·단점에
대하여 설명하시오.

답)
1. 자외선(Ultraviolet)

   1) 태양광선은 파장이 다른 γ선, X선, 자외선, 가시광선, 적외선, 라디오파 등으로 구성됨
   2) 이 중 자외선은 가시광선의 자색(보라색)보다 짧은 광선이란 의미에서 약어로
      UV (Ultraviolet)라 함.
   3) 자외선 영역은 햇빛의 UV 스펙트럼과 마찬가지로 200~400nm의 파장대이다.
      그 구성은: ① A (UVA) 315-400 nm 의 파장
                ② B (UVB) 200-280 nm 의 파장
                ③ C (UVC) 280-315 nm의 파장
   4) UV- C파장은 살아있는 유기체 세포에 치명적인 손상을 일으킨다.
   5) 대부분 이들 파장은 지구의 오존층에 흡수된다.

2. 자외선의 장점
   1) 살균   2) 비타민 D의 생성   3) 전리   4) 광전효과 발생
   5) 의학적인 면에서 진단과 치료에 사용됨   6) 형광

3. 자외선의 단점
   1) 피부홍반   2) 피부암   3) 흑색종 피부암
   4) 화학선 작용의 각질 물질   5) 빛에 의한 노화   6) 백내장   7) 면역저하

4. 발생원 : 자외선 등, 용접아크, 개스 방전관(수은램프 등), 주파수; $7.9*10^{14}$~ $3*10^{16}$(Hz)

6. 자외선의 적용
   1) 자외선에 대한 방호
      ①자외선의 피폭이 옥내인지 옥외인지에 따라 달라지며
      ②보통 모자, 보호안경, 안면 차폐막, 의복, 그늘진 구조물
      ③arc welding 을 하는데 있어서는 차폐막, 커튼, 작업자 보호
      ④자외선이 나오는 arc 공정 ; arc welding, arc cutting, plasma분사
   2) UV램프는 전기적 램프로 인간의 눈으로는 보이지 않는 UV파를 방출한다.
   3) UV프린터의 최신 램프는 해로운 자외선 C파장 영역을 방출하지는 않지만 고가이다.
      램프는 고주파 자외선인 A와B영역, 생물체에 해로운 C영역을 방출한다.
   4) 수은램프의 주요 파장은 UV-C영역이다. 수은 아크 램프에 피부, 눈이 노출되면
      아주 치명적이다. 모든 UV램프는 작업하는 동안 매우 유독한 오존 가스가 나온다.
   5) 램프의 배출 수준이 낮을수록 더 많은 오존이 발생한다.
      대부분의 오존은 UV-C영역(280nm미만)에서 발생한다.
   6) 또한, 모든 UV램프는 수은, 중금속 성분으로 구성된다. 이유는 램프의 특성 때문이다.
      모든 중금속 성분은 유독하며, 발암성이 있다. 오존은 천식, 기관지염, 심폐 기능에
      문제를 발생시키고, 암 발생 등으로 인체에 치명적이다.

응12-97-1-3. 사이리스터식 UPS와 비상용 디젤발전기를 동시에 병렬 운전하여 전기부하에 전력을 공급할 때 예상되는 문제점과 대처방안에 대하여 설명하시오.

답)

1. 개요

비상용 자가발전설비와 UPS의 조합운전은 실제로 많이 사용하고 있지 않으나 상용전원이 장시간 정전된 경우에는 비상용 발전 설비로 전원을 공급해야 하므로 조합 운전 시에 발생하는 고조파, 전압 변동, 주파수 변동 및 안정도에 대하여 검토해야 한다.

2. 예상되는 문제점과 대처방안

1) 고조파 : UPS의 인버터 및 컨버터에서 많은 고조파가 발생하여 부하에 영향을 주는 것은 물론 발전기에도 온도 상승등 나쁜 영향을 준다.

   ① 영향
      ㉠ 발전기의 출력 전압 파형이 일그러져 발전기는 물론 부하에도 영향.
      ㉡ 발전기의 표류 부하손이 증가하며 회전자의 온도 상승.

   ② 대책
      ㉠ UPS의 정류부의 상수를 높여 고조파의 파고치를 줄인다.
      ㉡ 발전기 자동정전압 회로에 필터를 설치, 출력 전압파형의 일그러짐을 줄인다.
      ㉢ UPS 입력측에 FILTER를 설치하여 고조파 전류를 흡수한다.
      ㉣ 복수의 UPS 사용시 위상을 다르게 하여 발전기 측에서 본 정류 상수를 높게 한다.
      ㉤ 고역율 컨버터를 채택하여 고조파 발생 자체를 줄인다.

2) 절환에 따른 문제(돌입 전류에 의한 전압변동, 주파수 변동)
   ① 각종 부하를 투입 할 때 시동 전류나 돌입 전류에 의한 전압 변동과 주파수 변동을 보며 부하 투입 순서나 부하 투입 그룹을 선정해야 함.
   ② 특히 대형 변압기나 대형 전동기 등을 투입 시 발생하는 큰 돌입전류를 주의한다.
   ③ UPS가 발전기에 급격한 부하가 되지 않도록 UPS의 정류기에 워크인 기능을 둔다.
      ㉠ 워크인 : 교류 입력이 복전 될 때 UPS정류기의 위상 제어에 의하여 교류 입력 전류를 서서히 증가시켜, 발전기에 순시전력이 인가되는 것을 경감시키고, 발전기의 출력 전압 및 출력 주파수의 변동을 억제하는 기능.

3) 기계와 전기계의 공진현상
   : 터빈/발전기 축의 비틀림의 고유 진동수와 UPS의 전기적 주파수가 공진 하는 것에 대한 대책으로 기계의 대책보다는 전기적 대책이 비교적 쉽다.

4) 발전기 출력 전압의 불안정 : 발전기 전압 제어계와 UPS의 전압 제어의 응답 속도의 상황에 따라 발전기 출력 전압이 불안정하게 된다. 이 경우는 발전기 또는 UPS의 전압 제어계의 응답속도를 변화시켜 불안정 해소한다.

5) 주파수 불안정
   ① 발전기 출력주파수와 UPS주파수가 달라 전압의 비트 현상이 나타나게 됨
   ② 발전기의 회전수를 조절하여 출력 주파수가 일정토록 제어하여 UPS와 동기운전한다.

응12-97-1-4. 전동기 제어에 사이리스터를 사용한 정류기가 많이 사용된다 그중
3상브리지 전파정류 결선도를 그리고 무부하무제동시의
직류출력전압(E_{d0})를 구하시오.
(단 E : 교류선간전압실효치, E_{d0} : 직류출력전압 평균치)

답)
1. 3상 브리지 전파 정류 회로

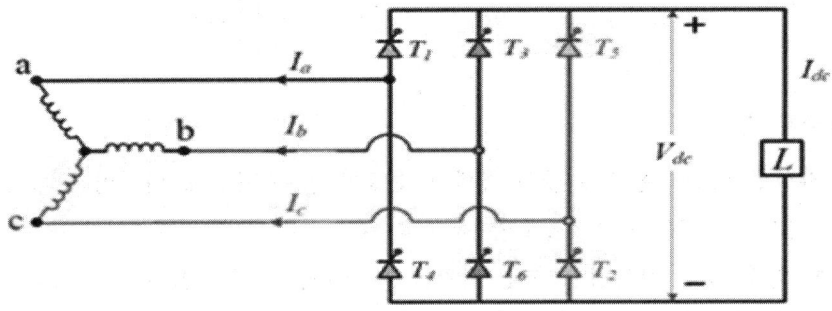

그림1. 싸이리스터를 활용한 삼상 전파 정류 회로

2. 3상브리지 전파정류의 직류출력전압(E_{d0}): 직류출력전압 평균치

   1) 삼상 전파 전류에서는 삼상 단파 정류 파형이 T1, T3, T5에 의해 삼상 중 가장 높은 파형인 비취색 파형과 T4, T6, T2에 의해 삼상 중 가장 낮은 파형인 보라색 파형이 각각 얻어지며 이들이 합쳐져 삼상 전파 정류파형이 된다(갈색)

   2) 아래 그림을 보면 주기가 $60°$인 파형임을 알 수 있다

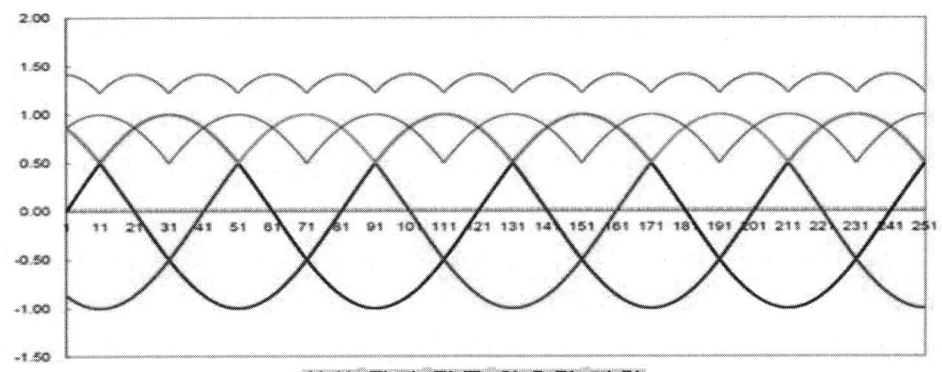

3. 3상 전파정류의 직류출력전압 평균치

   : $E_{do} = \dfrac{E_m}{\dfrac{\pi}{3}} = \dfrac{3E_m}{\pi} = \dfrac{3}{\pi}\sqrt{2} \cdot E = 1.35E[V]$

   (여기서, 교류의 실효치 $E = \dfrac{E_m}{\sqrt{2}}$이므로 $E_m = \sqrt{2}E$ 를 대입)

응12-97-1-5. 냉동사이클(열펌프사이클)에 대하여 원리도를 그리고 설명하시오
답)
1. 냉동사이클(열펌프사이클)에 대하여 원리도

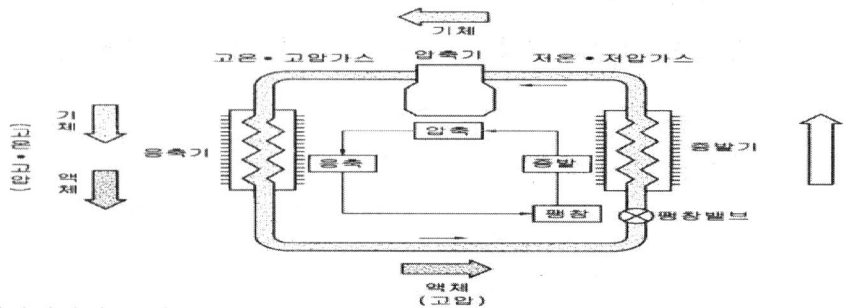

2. 냉동사이클의 특성
1) 열은 그 자신만으로는 온도가 낮은 곳에서 온도가 높은 곳으로 이동이 불가능하며, 열의 이동에는 반드시 일(Work)이 소요된다.
2) (물)펌프가 물을 낮은 위치에서 높은 위치로 퍼올리는 기계라는 의미와 마찬가지로, 열펌프란 열을 온도가 낮은 곳에서 온도가 높은 곳으로 이동시킬 수 있는 장치를 의미함.
3) 사이클의 구성과 작동방법은 냉동기와 같으며 단지 저온열의 사용을 목적으로 하는 경우는 냉동기, 고온열의 사용을 목적으로 하는 경우에는 열펌프(Heat Pump)가 되는 것이다.
4) 열펌프는 열을 흡수하고 방열하는 원리의 구분에 따라 압축식, 화학식, 흡수식, 흡착식 등으로 분류되며, 그중 가정용으로 많이 적용되는 형식은 압축식 열펌프이다.
5) 이 압축식 열펌프는 에어콘이라 불리우는 냉방장치의 역사이클로 생각하면 된다.
   즉 냉방전용의 에어콘은 실내에 설치된 실내기의 열교환기에서 열을 흡수하여 실외에 설치된 실외기의 열교환기를 이용하여 열을 방열시키는 원리이며,
   열펌프는 반대로 실외기의 열교환기에서 열을 흡수하여 실내에 설치된 실내기의 열교환기를 이용하여 열을 방열시키는 원리다.
6) 압축식 열펌프 사이클의 기본적인 구성요소는 저온부 열교환기인 증발기, 압축기, 고온부 열교환기인 응축기, 팽창변의 4개 요소로 구분되며 작동유체인 냉매는 증발, 압축, 응축, 팽창의 변화를 계속하면서 순환한다.
7) 저온저압의 습증기상태의 냉매는 증발기에서 증발되면서 주변에서 증발잠열을 흡수하며 증발된 저온저압의 건조포화증기상태의 냉매로 배출된다.
8) 증발기에서 배출된 저온저압의 건조포화증기상태의 냉매는 압축기에서 단열압축하여 고온고압의 과열증기상태의 냉매로 되어 응축기로 유입된다.
9) 응축기로 유입된 고온고압의 과열증기상태의 냉매는 응축잠열을 방출시키며 고온고압의 포화액체상태의 냉매로 되어 팽창변으로 유입된다. 고온고압의 포화액체상태의 냉매는 팽창변에서 등엔탈피 팽창을 하고 저온저압의 습증기상태의 냉매로 증발기로 유입된다.
10) 일반적으로 저온부 열교환기인 증발기는 실외에 설치되며, 고온부 열교환기인 응축기 실내에 설치된다.
11) 저온부 증발기는 실외에 설치되어 주변에서 열을 흡수하게 되며(열원이라 하며 가정용으로는 공기가 일반적으로 많이 적용), 고온부 응축기는 실내에 설치되어 주변으로

열을 방출(히트싱크라 하며 공기가 일반적으로 많이 적용된다)하여 난방에 사용한다.

1) 증발과정 (Vaporization) 증발과정은 냉동장치의 증발기(실내기)에서 액냉매가 열교환기 주위에 있는 공기나 물질로부터 증발에 필요한 증발잠열을 흡수하여 증발하는 과정을 말한다. 이에 따라서 냉매에게 열을 빼앗긴 주위의 공기나 물질은 냉각되어 저온으로 유지되며, 냉매는 주위에서 열을 빼앗아 증발하게 된다. 이때 냉매가 액체에서 기체로 증발하는 과정에서의 냉매온도와 압력은 일정하게 유지된다. 이때 냉매로 흡수되는 열량은 냉매가 액체에서 기체로 변화하는 과정에 기여하는 잠열이며, 이 흡수열량이 많다는 것은 곧, 냉동 능력이 크다는 것이다.

　* 다시말해 증발과정이 에어컨의 냉방능력 및 제습능력을 결정한다.

　냉매가 기체로 모두 변하는 B점 이후부터 B-C 구간은 과열도로 표기되며, 증발기에서 증발이 끝난 냉매(B점)에서 과열되어 압축기의 가스측 흡입구(Suction) 부위에 들어가는 것을 의미한다. (A-B-C)

2) 압축과정 (Compression)

　압축기에서 냉매증기를 압축하는 과정을 말하며, 압축변화는 등엔트로피선을 따라 응축 압력에 도달하게 된다. 증발기에서 나온 과열증기(C점)는 압축기에 흡입되어 D점까지 압축되고 응축기로 들어간다. 압축과정은 상온의 물이나 공기에 의해 냉각되어 응축이 잘 될 수 있도록 압력을 높이는 역할을 한다.(C-D)

　* 냉매가스를 압축하는 이유 - 가스를 응축하여 액체로 변환시키기 위해서는 가스
　　온도를 높여주면 상온의 온도로 냉각하여도 쉽게 응축된다. 따라서 응축기의 가스
　　온도가 80℃ 정도라면 상온의 온도(30℃)로 쉽게 응축된다. 반대로 응축기 가스온도가
　　30℃라면 응축하기 위하여 주변의 온도는 30℃보다 훨씬 낮은 0℃ 정도의 공기로
　　냉각 하여야 한다. 따라서 통상 상온에서 설치되는 기계적 환경을 생각할 때
　　냉매가스를 압축하여 온도를 높여야 하는 이유가 설명된다.

　* 예를 들어 에어컨에 흔히 사용하는 냉매인 R-22는 대기압(1.033kg/㎠a)
　　에서 -40.8℃에서 증발한다. 따라서 제품에 적용하기 위해서는 우리가 원하는
　　증발온도에 상응하는 압력까지 압력을 상승시켜야 한다. 즉 압력을 6.14kg/㎠a 까지
　　올리면 증발온도는 6℃로 올라간다.

3) 응축과정 (Condensation)
응축기(실외기) 내에서 냉매가 응축되는 과정을 말하며, 냉매는 응축기 외부의 물이나 공기에 의해 냉각되어 기체에서 액체 상태로 변화한다. 압축기에서 나온 고온 고압의 냉매가스는 상온의 냉각수나 냉각공기에 의하여 식혀지고, 쉽게 액화할 수 있는 상태가 되며, 이때 냉각수나 냉각공기로 방출되는 열량을 응축열량이라고 한다. 이 응축열량은 냉매가 증발기에서 주변의 온도를 빼앗아 흡수한 열량과 압축기에서 압축에 의해 가해진 열을 합친 열량이 된다. 응축과정도 증발과정과 같이 응축기 내에서의 냉매는 증기와 액이 혼합된 상태이며, 기체에서 액체로 변화하는 동안 응축압력과 온도 사이에는 일정한 관계가 있어 압력이 결정되면 온도가 결정되고, 역으로 온도가 결정되면 그 때의 압력도 알 수 있다.
압축기에서 나온 과열증기(D)는 냉각되어 E 점부터 기체에서 액체로 응축이 되기 시작한다. E-F 구간에서는 계속하여 기체에서 액체로 응축되다가 점 F에서 100% 액냉매가 된다.

F-G 구간은 계속 냉각되어 과냉의 액냉매가 된다.
4) 팽창과정 (Expansion)

　팽창과정은 액 냉매가 팽창밸브를 통과하며 상태가 변화하는 것을 말하며, 외부와의 열출입이 없는 단열팽창으로 엔탈피의 변화가 없다. 이 팽창과정은 응축기에서 응축된 액 냉매가 증발기에서 쉽게 증발할 수 있도록 압력을 저하시키며, 팽창과정 동안에 온도도 저하된다. 팽창밸브는 냉매의 팽창이 일어나는 곳으로 감압작용과 함께 증발기로 유입되는 냉매의 유량을 조절하는 역할을 한다.(G-A)

　* 단열팽창이란? - 에어컨의 Capillary tube를 통과하는 냉매는 좁은곳에서 갑자기 넓은 곳으로 쏟아져 나오면, 압력이 적어지면서 부피가 순간적으로 급격히 커지게 된다. 이에 따라 외부온도와 열을 주고받을 새도 없이 자신이 가지고 있는 열을 써서 부피를 늘리는데 사용하므로 냉매의 온도도 내려가는 것이다.

---

(1) 압축기(compressor) : 증발기로부터 증발된 냉매증기를 압축시켜 응축기로 보낸다.

(2) 응축기(condenser) : 압축기로부터 나온 고온·고압의 가스냉매를 물 또는 공기로
　　　　냉각시켜 응축시킨다.　냉각방법으로는 수랭식, 공랭식, 증발식의 3종류가 있다.
　① 수랭식 응축기 : 수평형의 셸 엔드 튜브(cell and tube)식이 널리 사용되고 있다.
　　　　튜브에 냉각수를 보내고, 냉매가스를 상부에서 유입시키면 하부에 액체가 고이게 된다.
　② 공랭식 응축기 : fin coil에 냉매를 보내고 그 외부에 송풍기로 바람을 보내어 냉각하는
　　　　방법이다. 주로 소형 냉동기에 사용된다. 물을 필요로 하지 않으므로 스케일이
　　　　부착되거나 동결될 염려가 없다.
　③ 증발식 응축기 : fin이 붙어 있는 응축코일 표면에 물을 살포하고 물의 증발잠열을
　　　　이용하여 냉각하는 방법으로서 냉각탑과 응축기를 하나의 케이싱 안에 조립한 것.
　　　　겨울철에는 외기온도가 낮아 물을 사용하지 않고 공랭식으로 사용할 수 있다.

(3) 팽창밸브(expansion valve)
　　　: 팽창밸브의 역할은 적정량의 액체냉매를 저압의 증발기측으로 보내고,
　　　　고압 냉매는 팽창밸브를 통과하는 사이에 급격히 저온·저압의 습증기로 된다.
(4) 증발기(evaporator)
　① 증발기는 응축기로 액화한 냉매 액을 팽창 밸브를 통하여 증발시켜, 그 증발열을
　　　　이용하여 물 혹은 브라인을 냉각하는 냉각기이다.
　② 이것은 냉각 코일로 냉매를 증발, 팽창시켜서 주위의 공기 또는 물에서 열을 흡수
　　　　하는 방법으로, 직접 팽창식 냉각기라고도 한다. 냉각코일에는 핀코일이 널리 사용됨.
　③ 브라인 또는 물을 냉매 증발기로 냉각하고 그 냉각된 브라인 또는 물로서 목적물에서
　　　　열을 흡수할 때에는 간접식 냉각기라 한다.
　④ 또한 팽창밸브로부터 냉매가 직접증발기로 들어가는 건식 증발기와, 팽창밸브를
　　　　나온 냉매를 일단 accumulator에서 기·액을 분리시키고 액체만을 증발기로 흐르게
　　　　하는 증발기가 있다.

음12-97-1-6. 메탈 하이라이트 등의 특성과 발광원리에 대하여 설명하시오
답)

1. 메탈 하이라이트 Lamp의 구조

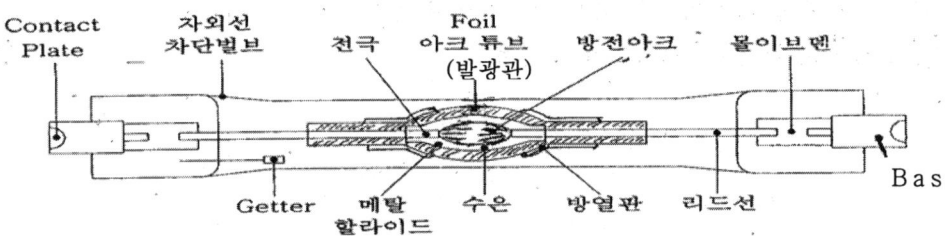

1) 이 램프는 고압수은램프의 발광을 개선시키기 위해 발광관내에 금속할로겐화합물을 첨가함으로써 그 금속원자 고유의 발광을 이용하여 발광효율과 연색성을 향상시킨 램프이다.
2) 그 구조는 고압수은램프와 유사하지만, 금속증기압을 높이기 위해 발광관이 약간 작고, 최냉부인 전극부근에는 보온막을 칠하여 관벽온도를 균일한 고온으로 유지하고 있다.
3) 메탈헬라이드램프의 경우에는 보조전극이 없는 경우도 있다. 발광관내에는 램프전압, 발광관 온도를 조절하기 위한 수은과 아르곤, 광색보완용으로 금속할로겐화합물이 봉입되어 있다.
4) 금속할로겐화합물은 금속단체보다 증기압이 높기 때문으로 취급이 용이한 화합물 형태로서 봉입한다.
5) 일반조명용으로는 Na(나트륨), Tl(탈륨), In(인듐), Sc(스칸듐), Se(셀레늄), Th(토륨), Dy(디스프로슘), Sn(주석), Tm(툴륨), Ho(홀뮴) 등의 할로겐화합물이 사용되고 있다.

2. 메탈 하이라이트 Lamp의 특성

1) 램프효율(70~100[lm/W]), 연색성(Ra:70~90)은 비교적 우수하다.
2) 연색성은 Sn계와 Dy-Tl계가 우수하다.
3) 램프효율은 Sc-Na계가 80~100[lm/W]로 높고,
4) Na-Tl-In계, Dy-Tl-In(또는 Na)계는 75~80[lm/W]이다.
5) 수명은 다른 HID 램프에 비해 약간 떨어져 6,000~15,000시간 정도이며, 광속유지율이 좋지 못하다.
6) 또한, 수은등 안정기에서 점등가능 한 저전압시동형은 전용안정기를 사용한 것에 비해 약간 떨어진다.
7) 시동 및 재시동시간은 수은램프에 비해 약간 길어, 수-10수분 걸린다.
8) 전원전압 변동의 영향을 받기 쉽고, 램프의 종류에 따라서는 광원색이 고르지 못한 것도 있으므로, 정격전압의 ±6% 이내에서 사용하는 것이 바람직하다.
9) 또한, 점등방향에 따라서 광원색이 변화하기 쉬운 경우에는 점등위치를 지정한 것도 있다.
10) 메탈헬라이드램프는 일반 조명용은 물론, 집어등용, 복사기용, 광화학용, 동식물 육성용 등 광범위하게 이용되고 있다.

11) 보통 금속할로겐화물은 수은보다도 증발하기 힘드므로 램프동작중의 분압도 수은증기압보다 낮고, 원자밀도도 적지만 수은 스펙트럼의 여기레벨보다 낮은 여기레벨을 갖는 금속이 선정되었기 때문에 방전에 의한 방사는 첨가금속의 스펙트럼이 주이다.

12) 가로등용 메탈 할라이트의 문제점이 아래와 같다.

즉, 폭발의 문제점이 아래와 같이 있음

◆구조적 특성= 미국 NEMA(국립전기제조자협의회)는 2000년 12월 발표한 자료(Best Practices for Metal Halide Lighting Systems)에서 "석영 발광관(아크튜브) 내부에 떠다니던 화합물들이 유리벽 안에 점차 들러붙는데, 이렇게 응착된 결정은 램프가 파열되는 대부분의 원인을 제공한다"고 밝혔다. 램프를 오래 쓸수록, 다시 말해 램프에 부담을 계속 줄수록 이런 현상은 가속화된다. 발광관 속에 있던 화합물의 양도 갈수록 줄어든다. 압력이나 팽창률도 설치초기와 비교해 달라질 수밖에 없다. 이는 내부 구성물인 석영을 약화시키는 요인으로 작용한다. 미세하게 금이 간다는 뜻이다. 램프가 최대 전력에 이르러 내부 압력이 5~30기압에 도달했을 경우 균열은 전체로 번지고, 결국 터져 버린다고 NEMA는 설명했다. 메탈램프가 터지는 이유는 이처럼 구조적인 특성에 기인하는 셈이다.

◆원활치 않은 열 발산= 등기구 내부의 열기가 제대로 발산되지 않는 경우도 폭발을 유발할 수 있다. 발광관이 제대로 작동하려면 섭씨 900~1100도까지 올라가야 한다. 엄청나게 높은 열이다. 하지만 이 열기가 밖으로 빠져나가지 못하고 내부에 계속 도사릴 경우 발광관의 유리에 부담을 주게 된다. 이에 따라 발광관이 터질 수 있으며, 심지어 파편이 유리구를 뚫고 밖으로 튀어나올 수도 있다. 발광관이 바닥에 떨어지거나, 특히 등기구 덮개(글로브)가 불에 약한 아크릴 재질일 경우 화재사고로 이어질 수 있다.
업계의 한 관계자는 "임시방편으로 투광기에 구멍을 2개 이상 뚫었더니 수명감소나 폭발사고는 더 이상 발생하지 않았다"고 털어놨다.

◆부적합한 사용 환경= 일반적으로 메탈램프는 수직상태에서 ±30도 이상 차이나면, 중력에 의해 내부 발광관이 휘어진다고 한다. 이 같은 변형이 램프 폭발을 불러올 수도 있다. 램프를 수평으로 끼우는 가로등에서 폭발사고가 대부분 일어나는 이유다.
이에 따라 램프 생산업체들은 수평,수직설치 여부를 반드시 따져봐야 한다는 내용의 경고문을 제품포장지에 표기하고 있다. 일부 업체는 사용환경에 맞게 램프를 수평형, 수직형으로 나눠 각각 만들고 있다. 하지만 상당수 업체는 별다른 기준 없이 제품을 출고하고 있다는 게 업계의 설명이다.
업계 관계자는 "수요기관이나 전기설계업체가 시방서에서 램프의 수평, 수직설치 여부를 명기해줘야 하며, 가로등기구 제조업체와 전기공사업체들도 시공과정에서 램프가 사용 환경에 적합한지 반드시 확인해야 한다"고 지적했다.

3. 메탈 하이라이트 Lamp의 발광원리

1) 점등 중 비교적 온도가 낮은 관벽부근의 금속 할로겐화물은 증발하여 고온, 고압의 수은 아크内로 들어가서, 그림에 나타낸 바와 같이(할로겐사이클) 금속과 할로겐으로 분해된다.

2) 분해된 금속은 아크 내에서 여기되어 발광한다.

3) 아크부의 금속과 할로겐은 관벽 부근에서 또다시 결합하여 금속 할로겐화물로 되며 이것을 반복하면서 발광한다.

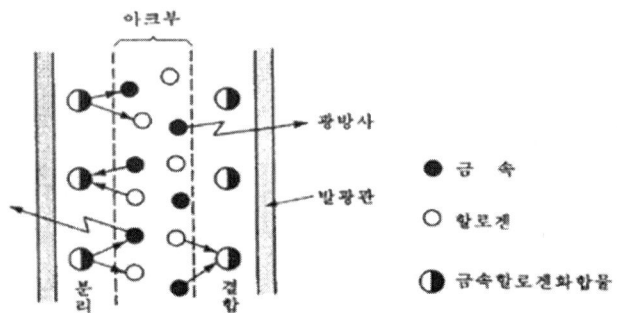

메탈할라이드램프의 광방사

응12-97-1-7. 아크용접 중 원자수소 용접에 대하여 설명하시오.
답)

1. 아크용접의 정의

    : 용접해야할 금속모재와 용접용 전극(용접봉 또는 전극와이어)의 사이에 발생한 아크열에 의하여 금속을 가열하면서 용융접합 시키는 방식

2. 아크용접의 종류
   1) 탄산가스 용접   2) 원자수소용접   3) 불활성 가스용접
   4) 서머지드용접   5) 피복금속 용접

3. 원자수소 용접(原子水素熔接; atomic hydrogen arc welding)

   1) 직접아크열에 의하여 용접부를 가열하는 것이 아니고 수소 원자의 결합열을 이용하는 용접법이다

   2) 즉 2개의 텅스텐 전극사이에 아크를 발생시켜놓고 이곳에 수소 가스를 불어대면 6,000[℃] 정도의 고온 때문에 수소는 에너지를 흡수하여 분자상태의 수소(H_2)를 해리함

   3) 이 해리된 분자를 용접부에 불어대면 H와 H의 원자로 되면서 그 표면에서 H는 냉각하며 이때의 냉각결합 할 때 또 다시 수소분자로 돌아오면서 큰 에너지로써 열을 방출함

   4) 적용 ; 경금속, 동, 동합금, 스텐레스 강 등의 용접에 이용

   6) 개념도와 보충설명

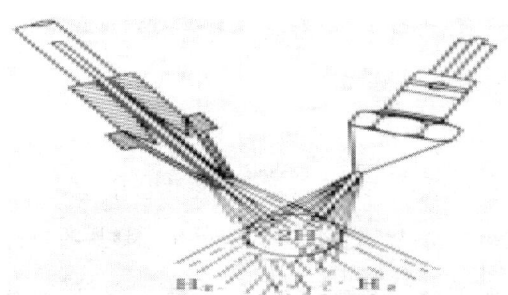

   ① 그림과 같이 2개의 텅스텐 전극 사이에서 arc를 발생시키고 이 arc에 H_2를 분사할 때 H_2가 H로 분해된 후 용접부에서 H_2로 환원될 때 발산하는 열에 의하여 용접하는 것이다.

   ② 환원성 수소 중에서 행해지므로 산화와 질화를 방지할 수 있어 양호한 용접결과를 얻을 수 있다.

   ③ arc의 전원은 교류이며, 전압은 300~400V, 전류 15~70A정도 이고, 수소의 압력은 0.7kg/㎠ 이하 이다.

   ④ 최근에는 불활성 gas arc 용접의 발달로 복잡한 구조를 가진 torch와 기술적으로 어려운 점이 많은 원자수소 arc 용접의 이용이 줄어들고 있다.

응12-97-1-8. 450/750V 로 표기된 염화비닐 절연케이블의 정격전압에 대하여 설명하시오.

답)

1. 관련 규격 : KSC IEC 60227 (450/750V 염화비닐 절연케이블)

2. 케이블 정격전압의 정의

   1) 케이블의 정격전압은 케이블이 설계되고 전기적시험을 하게 하는 기준전압이다.
   2) 정격 전압은 볼트(V)로 표시한 2개의 값 U_0 / U_m , U의 조합으로 표현한다.
      여기서 U_0 : 임의의 절연도체와 접지 사이의 실효치 전압
      U : 단심 또는 다심 케이블 계통에서 어느 두상간의 실효치 전압임
      U_m : 사용 장비의 가장 높은 시스템 전압의 최대값이며,
   3) 예 : 450/750V 절연케이블
      ① 접지 계통의 대지간 전압이 450V이고 선간 전압이 750V이하인 계통에 사용되는 절연 케이블을 말한다.
      ② 따라서 우리나라에 주로 사용되는 저압 계통의 전압 220/380(V)나 외국의 230/400(V)에 사용할 수 있는 케이블임.

3. 요구 조건

   1) 교류 계통에서 케이블의 정격전압은 그 케이블의 사용이 의도된 계통의 공칭전압 이상이어야 한다.
      이 조건은 Uo/U모두 만족해야 한다.
   2) 계통의 운전 전압은 그 계통의 공칭전압의 10%를 초과하여 운전할 수 있으므로 케이블의 연속 사용 전압도 이 전압에 견딜 수 있도록 설계되어야 한다.
      즉, 계통의 공칭전압보다 적어도 10% 이상의 전압에 견딜수 있도록 설계 제작 되어야 한다.

응12-97-1-9. 독립형전원(풍력발전, 태양광발전 등)시스템용 축전지 선정 시
고려할 사항을 설명하시오.

답)

1. 신재생 에너지 계통도 (태양광을 예로 한 것 : 생략가능)

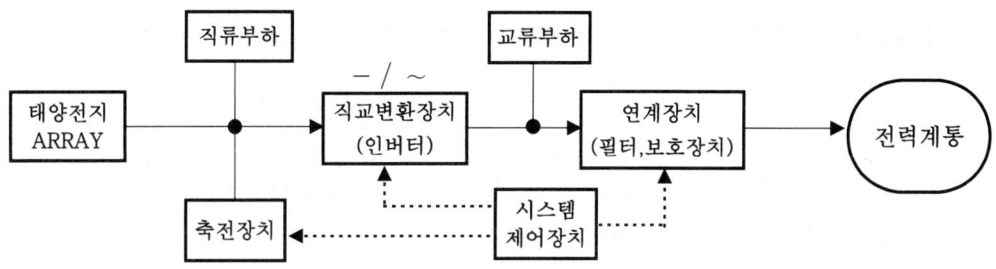

2. 축전지 선정시 고려사항 [아래 내용 중 큰 제목만 기록할 것]
   1) 부하종류의 결정: 순시, 상시 부하로 결정
   2) 방전전류(I)의 결정: ①방전전류는 최대전류치를 사용 ②방전전류$(I) = \dfrac{부하용량(VA)}{정격전압(V)}$
   3) 방전시간(t)의 산출
   4) 예상부하 특성곡선 작성
   5) 축전지 종류의 결정(최근에는 리튬이온 전지 확대 사용 중임)

구 분	연 축전지	알칼리 축전지
셀의 공칭전압	2.0[V/Cell]	1.2[V/Cell]
셀 수	54개	86개
정격전압[V]	2.0×54= 108[V]	1.2×86= 103[V]
단 가	싸다	비싸다
충전시간	길다	짧다
전기적강도	과충전, 과방전에 약하다	과충전, 과방전에 강하다
수명	10~20년	30년 이상
가스 발생	수소 발생	부식성 가스 없다
최대방전전류	1.5 C	2C(포켓식), 10C(소결)
온도 특성	열등	우수
정격용량	10시간	5시간
용 도	장시간, 일정부하에 적당	- 단시간, 대전류 부하에 적당 (전류부하가 큰 부하) - 고율 방전특성이 좋다
특징	균등충전가능, 공칭전압이 알칼리 축전지에 비해 커서 경제적임 산업용으로 무보수 밀폐형이 주로 사용	고율방전 특성, 저온 특성이 우수 수명이 길고, 견고. 과충전, 과방전에 유리.유지보수가 필요, 비경제적.

   6) 방전율: 축전지의 소요용량(AH)을 산정을 함에 있어, 연축전지는 10시간,
      알칼리 축전지는 5시간 방전율을 기준으로 한다.

7) 허용 최저전압(방전종지전압)의 결정: $V = \dfrac{V_a + V_c}{n}$

　　단, V: 1 Cell당 허용 최저 전압[V], V_a: 부하의 허용최저전압(V),

　　V_c: 축전지와 부하간의 전압강하[V]=>배선의 전압강하, n:축전지 직렬접속 셀 수

8) 축전지 Cell수의 결정

　① 1Cell당 허용 최저전압 : 아래 표 같이 부하의 제한전압과 최저 제한전압을 고려해서 결정함

정격전압	100V					
허용최저전압	95V		90V		85V	
종류	연	알칼리	연	알칼리	연	알칼리
허용최저전압/Cell	1.8	1.10	1.7	1.06	1.6	1.00
Cell수	54	86	54	86	54	86

　③ 일정부하에 대하여 Cell수를 적게 하면, 최고제한전압에 대해서는 안전하나, 용량이 큰 축전지가 필요하고, Cell수를 많이 하면 축전지 용량이 적어도 되나, 충·방전시의 과대전압을 조정하기 위한 전압조정장치가 요구됨

9) 충전방식 결정:

　① 초기충전 : 제품공장에서 생산 시 초기에 충전방전 방식

　② 사용 중 충전 :

　　㉠ 보통충전 ㉡ 급속충전 ㉢ 세류충전(트리클 충전) ㉣ 균등충전 ㉤ 부동충전

　　㉥ 전자동충전 ㉦ 교효충전 등이 있고, 전기사용 설비는 부동충전을 많이 적용.

10) 예상되는 최저 전지온도의 결정 :

　　특히 실외에 설치(물론 공작물 내의) 하므로 세심한 검토가 요구됨

　① 옥내 설치시 : 5℃,　② 옥외큐비클 수납시 : 5 ~ 10℃

　③ 한냉지 : -5℃,　④ 방전특성은 35℃~ 40℃ 부근에서 가장 양호함

11) 보수율(L) : 축전지의 장시간 사용 및 사용조건을 고려하여, 용량 변화를 보상하는 보정치로 L=0.8을 적용

12) 용량 환산시간 "K" 의 결정

　① 축전지의 표준특성곡선, 용량환산시간표에 의하여 결정

　② 축전지 종류별, 온도별, 허용최저 전압에 따라 달리 검토할 것

13) 용량환산 공식에 적용하여 축전지 용량을 결정함

　① 부하의 크기와 특성, 예상 정전시간, 순시 최대 방전전류의 세기, 제어케이블에 의한 전압강하, 경년변화에 의한 용량의 감소,온도변화 보정 등을 고려한 종합적 계산

　② 적용식: $C = \dfrac{1}{L}[K_1 I_1 + K_2(I_2 - I_1) + K_3(I_3 - I_2) + \cdots\cdots K_n(I_n - I_{N-1})]$: 식은 반드시 기록요

　　여기서, C : 25℃에 있어서 정격 방전율 환산용량[Ah]

　　　　　L : 보수율 (보통 0.8), I : 방전전류[A]

　　　　　K : 방전시간, 축전지의 최저온도 및 허용최저전압에 의해서 결정되는 용량환산시간, 제조회사의 자료 참조

응12-97-1-10. 전동기 운전 중에 발생하는 진동과 소음에 대하여 발생 원인별로 분류하여 설명하시오.

답)

1. 전동기의 진동

   1) 기계적 원인

   (1) 회전자의 정적,동적 불평형, (2) 베어링의 불평형

   (3) 상대기기와의 연결불량

   2) 전자적 원인

   (1) 회전자의 편심   (2) 에어갭의 회전시 변동

   (3) 회전자 철심의 자기적 성질의 불평형

   (4) 고주파 자계에 의한 자기력 불평형

   3) 대책 :

   (1) 진동계급을 분류하여 관리함

계급	V5	V10	V15	V20	V30
전진폭(mm)	0.005이하	0.01이하	0.015이하	0.02이하	0.03이하

   (2) 회전자의 축의 중심을 맞춘다.

   (3) 권선의 전자적 불평형을 없앤다.

   (4) 설치시 수평을 유지한다 등

2. 전동기의 소음원인 및 대책

   1) 전자적 소음 및 대책

   (1) 기본파 자속진동 → 공극의 불평형 ; 편심을 제거

   (2) 고조파 자속진동 → 슬롯의 조합불량 ; 슬롯모양이나 배열변경

   (3) 맥동음→ 2차저항의 불평등 회전자 철심 ; 슬롯 수 차이만큼 극수로부터 이용

   2) 통풍적 소음 및 대책

   (1) 냉각팬 ; 팬의 직경축소

   (2) 덕트음 ; 덕트수 감소

   (3) 와류음 ; 팬 날개를 정,역방향으로 변화

   (4) 사이렌음 ; 날개의 간격을 불규칙하게 배여함

   3) 기계적 소음 및 대책

   (1) 케이지음 ; 베어링의 취부오차를 적게 함

   (2) 크리크음 ; 베어링의 잔류음을 적게 함

   (3) 차터음 ; 베어링 조립 시 마무리면의 굴곡제거

응12-97-1-11. 열에 대한 옴(Ohm)법칙과 열계와 전기계의 양에 있어
상호대응관계를 설명하시오

답)

1. 열계와 전기계의 대응성

열계의 양			전기계의 양		
-	기 호	단위	-	기 호	단위
열량	Q	[J]	전기량	Q	[C]
온도차	θ	[deg]	전위차	E	[V]
열류	I	[W]	전류	I	[A]
열저항	R	[deg/W]	저항	R	[Ω], [V/A]
열전도율	K	[W/m·deg]	도전율	K(또는 σ)	[S/m]
열저항률	ρ	[m·deg/W]	저항률	ρ	[Ω·m]
열용량	C	[J/deg]	정전용량	C	[F] [C/V]
열시정수	$\tau = RC$	[s]	시정수	$\tau = RC$	[s]

온도차 : $\theta = RI$

열량 : $Q = \int I \cdot dt = C\theta$

열류 : $I = \dfrac{dQ}{dt}$

열저항 : $R = \dfrac{1}{K} \cdot \dfrac{l}{S} = \rho \dfrac{l}{S}$

전위차 : $E = RI$

전기량 : $Q = \int I \cdot dt = CE$

전류 : $I = \dfrac{dQ}{dt}$

저항 : $R = \dfrac{1}{K} \cdot \dfrac{l}{S} = \rho \dfrac{l}{S}$

응12-97-1-12. 전력시설물 공사감리 시 전력기술관리법 시행령 제23조에서 정한 감리원의 업무범위에 대하여 10가지이상을 나열하고 설명하시오

답) 제23조(감리원의 업무 범위)

1. 공사계획의 검토

2. 공정표의 검토

3. 발주자·공사업자 및 제조자가 작성한 시공설계도서의 검토·확인

4. 공사가 설계도서의 내용에 적합하게 시행되고 있는지에 대한 확인

5. 전력시설물의 규격에 관한 검토·확인

6. 사용자재의 규격 및 적합성에 관한 검토·확인

7. 전력시설물의 자재 등에 대한 시험성과에 대한 검토·확인

8. 재해예방대책 및 안전관리의 확인

9. 설계 변경에 관한 사항의 검토·확인

10. 공사 진행 부분에 대한 조사 및 검사

11. 준공도서의 검토 및 준공검사

12. 하도급의 타당성 검토

13. 설계도서와 시공도면의 내용이 현장 조건에 적합한지 여부와 시공 가능성 등에 관한 사전 검토

14. 그 밖에 공사의 질을 높이기 위하여 필요한 사항으로서 지식경제부령으로 정하는 사항

응12-97-1-13. 다음 그림과 같은 회로의 단자 ab간의 전압을 밀만의 정리를 이용하여 구하시오.

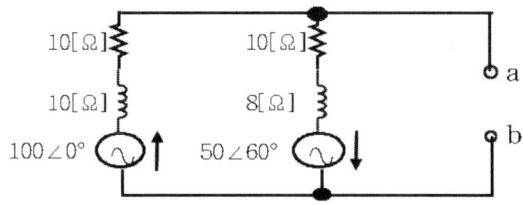

답)

1. 밀만의 정리

다수의 전원과 임피던스가 포함된 능동 회로망을 하나의 전압원과 하나의 어드미턴스가 있는 것으로 대치하여 계산하는 방법으로 노튼의 정리나 테브난의 정리에 비하여 계산 방법이 간편하다.

2. 문제 풀이

$$V_{ab} = \frac{\sum Y_K V_K}{Y_K} = \frac{\dfrac{100\angle 0^0}{10+j10} + \dfrac{50(\cos 60^0 + j\sin 60^0)}{10+j8}}{\dfrac{1}{10+j10} + \dfrac{1}{10+j8}}$$

$$= \frac{\dfrac{100\angle 0^0}{10+j10} + \dfrac{25+j43.3}{10+j8}}{\dfrac{1}{10+j10} + \dfrac{1}{10+j8}}$$

$$= \frac{100(10+j8) + (25+j43.3)(10+j10)}{(10+j8)+(10+j10)}$$

$$= \frac{1000+j800+250-433.3+j433+j250}{20+j18}$$

$$= \frac{8170+j1483}{20+j18} = 59.44 + j\,20.65$$

$$= 62.926 \angle 19.162^o$$

응12-97-2-1. 3상유도전동기의 제동방법과 제동방법 선정 시 유의점에 대하여 설명하시오

답)

1. 제동의 구분

1) 제동의 목적상 분류

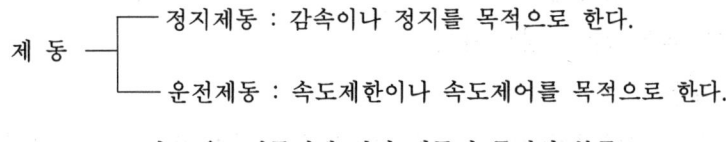

그림1. 유도전동기에 있어 제동의 목적상 분류

2) 제동의 방법상 분류

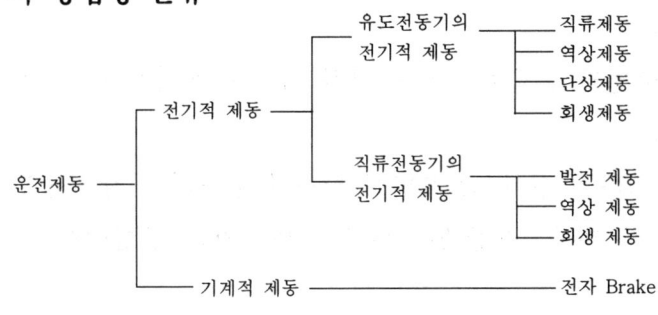

그림2. 제동의 방법상 분류

2. 3상 유도전동기의 제동방법

1) 개념

① 전동기나 부하기계의 Fly Wheel의 효과(GD^2)가 큰 경우는 전원을 차단해도 즉시 정지하지 않으며 회전체에 축전된 운동 에너지가 마찰손실 및 바람손실로 흡수 할 때까지 회전을 계속한다.

② 기동, 운전, 정지를 빈번히 행하는 경우는 작업능률을 높이기 위해 급속 정지가 필요하다.

③ 또한 Crane, Elevator등 중량물을 감아 내리는 경우에는 이것을 방치하면 회전체가 고속으로 되어 매우 위험하므로 속도를 제한할 필요가 있다.

2) 제동방법

  (1) 전기적 제동법
    ① 직류 제동 : 전동기를 전원에서 차단한 후 1차권선(고정자 권선)에 직류 전류를 흘려 제동 Torque를 얻는 방법이다.
    ② 역상 제동 :
      전동기의 단자접속을 변경하여 회전방향과 반대방향으로 Torque를 주어 제동 하는 방법이다.
    ③ 단상 제동 :
      1차 측의 2단자를 합쳐 다른 한개의 단자와의 사이에 단상교류를 걸어 전동기의 회전과 역방향의 Torque를 발생시켜 제동하는 방법이다.
    ④ 회생 제동 :
      회전체에 축전된 운동에너지를 전원 측으로 반환하면서 제동을 함
    ⑤ 발전 제동 :
      전동기의 회전자를 전원으로부터 분리하여 발전기를 작용시키고 회전자의 운동 에너지를 제동, 저항에서 열로 소비시키는 방법이다.

  (2) 기계적 제동
    ① 전자 Brake :
      전자석의 흡인, 개방을 이용하여 내열성 및 마찰계수가 큰 Brake Lining을 회전체(Brake Wheel)에 밀어 붙여 그 사이에 작용하는 마찰력에 의해 제동함.

3. 제동방법 선정 시의 유의점

1) 전기적 제동
  ① 마모 부분이 없다.
  ② 감속에 따라 제동력이 약해진다.
  ③ 신속한 정지를 위해 기계적 제동과 병용할 필요가 있다.

2) 기계적 제동
  ① 저속도 영역의 제동에 유리하다.
  ② 정지 후에도 제동력을 유지할 수 있다.
  ③ Brake Lining Torque는 일반적으로 전동기 정격Torque의 150%이다.
  ④ Brake Lining의 마찰과 발열에 대한 주의가 필요하다.
  ⑤ 정기적인 점검 및 조정을 반드시 필요로 한다.

응12-97-2-2. 고온 초전도 전력저장시스템(SMES; Super Conducting Magnetic Energy)개발배경, 원리 및 응용분야에 대하여 설명하시오

답)

1. 전력에너지 저장의 필요성

   1) 전력에너지는 저장이 곤란하고, 생산과 수요가 동시에 이루어지는 특징이 있어, 전력공급에 필요한 발전설비는 최대 전력에 상응하는 용량을 보유해야 됨.
   2) 그러나 주야간 부하격차의 심화와 일별, 계절별 부하의 격차는 더욱 심화되어 부하율이 악화되어
   3) 발전소의 효율적 운영(특히 터빈-발전기의 기기수명 저하와 열효율 향상), 전력계통의 합리적 운영에 장애를 주고 있으며,
   4) 투자의 효율성, 원가의 저감 등을 극력 악화에 따른 투자비 절감, 설비의 이용률 향상.
   5) 따라서, 발전설비의 추가 건설 억제와 운영효율을 제고하기 위한 부하평준화의 일환으로 전력원가의 감소를 위해 에너지저장기술이 적극개발 할 필요성이 매우 높아지고 있음

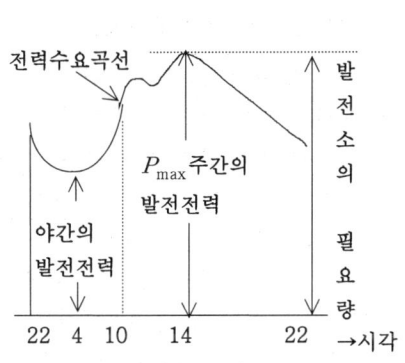 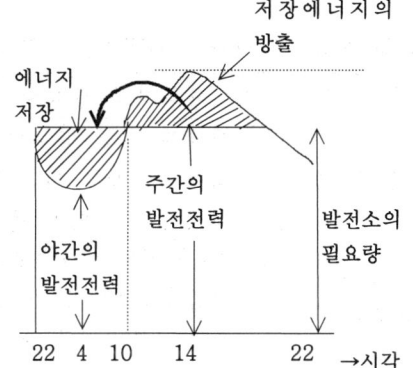

그림a. 종래의 발전   그림b. 에너지 저장기술을 응용한 경우

그림1. 전력저장 시스템에 의한 부하평준화의 개념도

2. 원리

   1) 초전도 코일의 축적 에너지

      ① 초전도 코일에 전류를 흘리면 자계를 발생하고 이 자기에너지가 초전도 코일의 축적에너지로서 코일에 축적된다.

      ② $E = \dfrac{1}{2}LI^2[J]$ [J]   (L: 초전도 코일의 자기 인덕턴스[H], I : 통과전류(직류) [A])

      ③ 즉. SMES(Superconducting Magnetic Energy Storage)는 전력계통의 필요에 따라서 전력을 초전도 코일의 자기에너지 형태로 축적하거나 자기에너지로부터 전력에너지를 끄집어 내어서 전력계통에서 사용하는 것이다.

④ SMES의 기본구성 및 동작원리

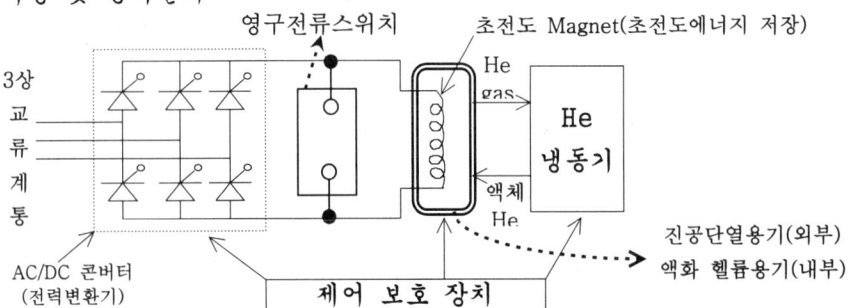

㉠ 초전도 코일은 직류전류로 운전된다.
㉡ 교류전력 계통의 잉여 전력을 사이리스터 변환기로 AC→DC로 변환하여 초전도 코일을 충전함
㉢ 초전도 스위치를 폐쇄해서 코일 내에 전력을 저장함.
㉣ 초전도 코일의 방전은 사이리스터 점호각을 바꾸어서 직류전압 충전시와 반대로 수행 함.

3. SMES의 적용예상(즉, 응용분야)

1) 적용 목적 별 구분 : SMES는 전력계통안정용 SMES와 일부하 조정용 SMES로 구분

구 분	전력계통 안정용 SMES	일부하 조정용 SMES
① 현재상황	㉠ 계통에 고장 발생시, 속응여자방식 제동저항, 긴급조속기 제어 등 이용	㉠ 부하추종을 위한 중간부하용 빈번한 기동정지와 저부하 운저 ㉡ 기동 손실 발생, 열효율 저하
② SMES 채용시 전망	㉠ 초전도 에너지 저장장치의 속응성 이용하여 잉여에너지 흡수 또는 부족 전력의 긴급 방출 ㉡ 계통 안정도의 획기적 향상	㉠ 초전도 에너지 저장장치 전력의 저장, 방출이 자유 운전 효율 높다. ㉡ 전력계통 계획 및 운영측면에서 신뢰성, 경제성을 극대화 시킬 수 있다.
③ 적 용	소규모로 지역별 분산형 배치	전력 수요 관리

4. SMES의 특징

1) 이제까지의 전력기기에서는 없는 새로운 기능의 장치이다.
2) 에너지 저장효율의 높고 에너지 입출력 속도도 빠르다.
3) 최신의 교·직류 변환장치를 이용함으로 유효전력과 무효전력을 독립적으로 제어가능
4) 냉각매체로서는 액체 헬륨 또는 초임계 헬륨 사용.
5) 초전도 코일로서는 솔레노이드형과 트로이드형이 있다.
6) 에너지의 충전 방전은 영구전류 스위치를 개방해서 AD converter로 초전도 코일의 단자전압을 제어함으로써 수행.
7) 이때 전압은 $V = L\dfrac{dI}{dt}$ 이며, 여기서 정(+)전압을 인가하면 코일에 에너지가 축적되고, 반대로 부(-)전압을 인가하면 에너지가 방출된다.
8) 변환기의 손실을 무시하면 융통될 전력 P는 $P = IV$ 이므로 전류값에 따라서 전압을 정(+) 또는 부(-)로 조정하면 된다.

응12-97-2-3. 역율개선용 전력용 콘덴서의 전압파형 개선을 위하여 설치하는
 직렬리액터의 용량에 따른 콘덴서 단자전압과 고조파에 대한 영향을 설명하시오.
답)
1. 전압파형 개선용 콘덴서 설치시 직렬리액터의 용량에 따른 콘덴서 단자전압

1-1. 직렬리액터의 사용목적
   1) 계통의 고조파 전압 확대 억제
   2) 콘덴서 투입시 과도 돌입전류억제
   3) 전압파형의 찌그러짐 방지
   4) 제3고조파와 제5고조파의 제한의 역할

1-2. 직렬리액터의 용량에 따른 콘덴서 단자전압

   1) 직렬 리액터의 고조파 장해 방지를 위해서는 6%~13%의 직렬리액터가 사용됨.
   2) 이유
      ① 직렬 리액터를 콘덴서에 접속하면 콘덴서의 단자 전압은 직렬리액터의
         용량에 따라 상승하게 됩니다.

         이때 $V_C = \dfrac{X_C}{X_C - X_L} \times E$

         여기서, V_C : 콘덴서의 단자전압, X_C : 콘덴서의 리액턴스,
                X_L : 직렬리액턴스의 리액턴스,   E : 회로전압
      ② 6% 직렬 리액터를 사용 시의 전압상승
         : 위의 식에 대입하면 Vc=1.064E, 즉, 표준품 정격 전압보다 약6% 상승.
      ③ 8% 직렬 리액터를 사용 시의 전압상승
         : 위의 식에 대입하면 Vc=1.087E, 즉, 표준품 정격 전압보다 약9% 상승.
      ④ 13% 직렬 리액터를 사용 시의 전압상승
         : 위의 식에 대입하면 Vc=1.15E. 즉, 표준품 정격 전압보다 약15% 상승.

1-3. 리액턴스별 설치 예

   1) 일반회로 제5고조파 이상의 회로에는 6%리액턴스를 설치.
   2) 대용량정류기, 용접기는 발생량에 따라 8~13%리액턴스를 설치.
   3) 전철부하에서 발생되는 제3고조파에는 13% 리액턴스를 설치.

1-4. 콘덴서 용량증가 하는 경우에서 직렬리액터 적용 문제점

1) 콘덴서 용량 증가에 따라 전류가 증가하므로 직렬리액터의 전류용량이 부족하게 된다. 따라서 직렬리액터는 과열 또는 소손이 된다.
2) 콘덴서 리액턴스가 작아지므로 직렬 리액턴스 옹율이 증가한다. 따라서 콘덴서 및 직렬 리액턴스의 단자전압이 상승한다.
3) 따라서 콘덴서 용량을 증가하는 경우에는 직렬 리액터를 교체해야 한다.

1-5. 직렬리액터 삽입에 의한 콘덴서의 단자전압 상승과 동작용량의 변화

1) 콘덴서 회로에 직렬 리액터를 삽입하면 콘덴서 설비 전체로서는 기본파의 종합 임피던스가 작아지기 때문에 콘덴서 회로의 단자전압 및 콘덴서 용량이 증가한다.
2) 이제 직렬 리액터가 없는 콘덴서와 직렬 리액터를 붙인 콘덴서의 경우에 대해 각각의 전류, 콘덴서 단자전압 및 콘덴서 설비의 용량을 비교한다.

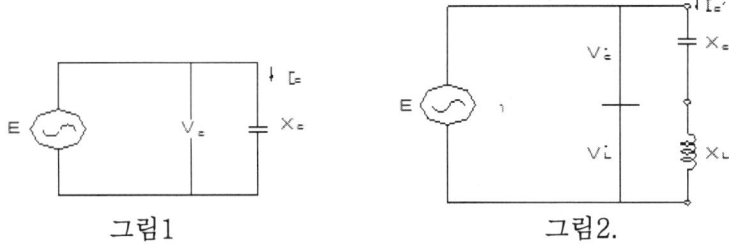

그림1   그림2.

① 직렬 리액터가 없는 경우: 그림 1에서 $Q_C = Z_C I_C = \dfrac{E}{-j100} \times E = \dfrac{E^2}{-j100}$ ·······식1)

② 직렬 리액터(L=a%)를 붙인 경우

그림 9에서 $Q_C' = I_C'(V_C' + V_L') = \dfrac{E}{-j100+ja}\left(\dfrac{100 \times E}{100-a} + \dfrac{aE}{100-a}\right) = \dfrac{E^2}{-j100+ja}$ --식2)

③ 식 (1)과 식 (2)를 비교하면, $\dfrac{Q_{cL}}{Q_c} = \left(\dfrac{100}{100-a}\right)^2$ 이 된다.

④ 즉 콘덴서 회로에 a%의 직렬리액터를 삽입함으로써 회로의 전류, 콘덴서의 단자전압 및 가동용량은 $\dfrac{100}{100-a}$ 가 되고, 콘덴서 자체의 용량은 $\left(\dfrac{100}{100-a}\right)^2$ 배가 된다.

⑤ 지금 6%의 직렬리액터를 적용한 경우에는 콘덴서의 단자전압, 전류 및 가동용량이 약 6.38% 증가하고 콘덴서 자체의 용량은 약 13% 증가한다.

⑥ 콘덴서의 허용전압은 한국공업규격(KS)에 의하면 저압에서는 정격전압의 115% 고압 및 특별고압에서는 정격전압의 110%(고압의 경우, 최고 115%에서 24시간 평균값은 110%)로 정해져 있으므로 콘덴서의 단자전압이 회로 자체의 전압상승을 포함하여 110%이상이 되는 직렬리액터를 적용하는 경우에는 과전압을 고려한 콘덴서를 사용할 것.

⑦ 또 6%의 직렬리액터를 적용한 콘덴서를 배전함(큐비클)내에 설치할 때에는 위에 설명한 전류 및 용량의 증가로 인한 발열을 충분히 검토해야 한다.

2. 전압파형 개선용 콘덴서 설치시 직렬리액터의 용량에 따른 고조파의 영향

1) 고조파 전류원에서 발생하는 고조파 전류는 전원측 임피던스와 전력용 콘덴서 임피던스에 따라 분류된다.

2) 고조파가 전력용 콘덴서 및 직렬 리액터에 미치는 영향은
   - 콘덴서 및 직렬 리액터의 손실 증가
   - 고조파 전류에 대한 회로의 임피던스가 감소하여 과대전류가 유입함에 따른 과열 소손 또는 진동 소음 발생
   - 과전압 발생, - 계통의 공진 현상 발생 등이 있다.

3) 원인
   ① 전력계통의 고조파 발생은 비선형 부하에 의한 것이 대부분이며 3상 정류기에 의한 고조파는 일반적으로 6펄스 이상의 정류가 되므로 5,7 조파가 크다.
   ② 3조파는 변압기 △결선에서 순환하고 외부로 유출되지 않으므로 보통 5조파 전류 이상에서 유도성으로 하기 위하여 6%(4% 5조파 공진 +2%)의 리액터를 설치하고, 5조파 이상에서 유도성으로 되게 하여 역률 개선과 저차(5조파 이하)의 필터 역할을 겸하고 콘덴서의 개폐시의 돌입전류(고조파 성분)의 억제 목적으로 리액터가 사용된다.
   ③ 그러나 이 경우는 특수한 경우로 2조파와 4조파가 주종을 이루고 그 크기(콘덴 서회로 33%)도 상당히 크다.
   ④ 따라서 6%의 리액터를 8%로 증가시키면 2조파에서는 합성 리액터가 6%일 때보다도 오히려 감소하므로 2조파 전류는 더욱 증가하게 된다.

   합성 리액턴스 $x_0 = j(x_L - x_c)$
   2조파 리액턴스

   ○ 6%의 리액터 경우
   $$x_6 = j(x_L - x_c) = j(2 \times 0.06 x_c - \frac{x_c}{2}) = -j 0.38 x_c \, [\Omega]$$

   ○ 8%의 리액터 경우
   $$x_8 = j(x_L - x_c) = j(2 \times 0.08 x_c - \frac{x_c}{2}) = -j 0.34 x_c \, [\Omega]$$

   ⑤ 즉, 전류는 임피던스에 반비례하게 되므로 콘덴서로 흐르는 2조파 전류는 증가하게 된다.
   ⑥ 리액터에서 소리가 나고 열이 발생하는 것은 계통에서 발생하는 고조파 전류가 끊임없이 변화하며 리액터의 철심 내 자속밀도는 합성전류파형에 비례하게 되고, 합성파형이 비대칭이기 때문이다. 또한 전류 용량이 부족하거나 철심이 포화하게 되면 소음과 열은 더욱 심하게 된다.
   ⑦ 다시 설명하면, 직렬 리액터의 경우 과대한 고조파 전류가 유입되면 직렬 리액터의 경우 과대한 고조파 전류가 유입되면 직렬 리액터의 철심이 포화되어 리액턴스의 저하를 초래하게 되므로 콘덴서 회로가 고조파에 대해 용량성이 되는 일이 있다. 이때 콘덴서 회로의 용량성 리액턴스와 전원측의 유도성 리액턴스 사이에서 병렬 공진현상을 일으키고 그 상태가 유지되는 소위 인입현상(引入現像)을 발생 할 가능성이 있다. 이 인입현상이 발생하면 고조파전류가 확대되고 콘덴서용 또는 수전용차단기가 동작하거나 직렬리액터의 이상소음 증대, 과열 또는 소손하는 경우도 있다

응12-97-2-4. 케이블 열화진단 방법에 대하여 설명하시오.

답)

1. 사선 전기시험

   1) 절연저항시험
      ① 절연체 저항 측정은 1,000V 메거를 사용하고, 각 도체와 차폐 동테이프(대지)간 절연저항을 측정하여 측정값이 규정값 이상이어야 함.
      ② 측정시 주의사항
         ㉠ 양 단말에 접속되어 있는 기기류를 분리하고 측정한다.
         ㉡ 측정 후에는 케이블의 도체를 접지하고 잔류 전하를 방전시킨다.

   2) 직류 누설전류법(성극지수 시험. Polarization Index Test)
      (1) 절연물에 직류 전압을 인가하면 다음과 같은 전류가 흐른다.
         ① 누설전류 : 절연물의 내부 또는 표면을 통하여 흐르는 전류로서 시간에 대하여 변화가 없음
         ② 흡수전류 : 절연물(유전체)에 흡수되는 전하에 의해 발생하는 전류로서 시간에 따라 서서히 감소함.
         ③ 변위전류 : 절연체(축전지)의 전하가 저장되는 동안 흐르는 전류.
      (2) 이때 흡습의 정도를 성극지수로 나타낸다.
         : 성극 지수(PI) = 전압인가 1분 때의 전류/ 전압인가 10분 때의 전류
                        = 전압인가 1분 때의 절연저항/ 전압인가 10분 때의 절연저항
      (3) 시험전압 : 보통 500V 또는 1,000V를 이용하나, 정격전압에 가까운 전압을 인가하는 것이 좋다.
      (4) 판정 : PI가 2.0 이하 시 불량

   3) 내전압 시험
      ① 절연 내력 시험기로 정격 전압을 1분~수분간 가하여 절연파괴가 없어야 한다.
      ② 직류와 교류 방식이 있으며 케이블은 Capacitance가 크므로 주로 직류 내압기를 사용한다.

   4) 부분 방전 시험
      : 절연체에 상용주파 교류 전압을 인가하여 절연체중 Void, 이물질 흡입 등의 결함에서 발생하는 부분방전 크기와 빈도를 측정하여 열화 분석

   5) 유전 정접법(tan δ)
      ① 케이블 절연체에 상용주파 교류전압을 인가
      ② Shelling Bridge법에 의해 유전체 손실각 tanδ를 측정하여 절연상태진단
      ③ 가장 정확한 방법이지만 시험 설비가 커서 이동이 어렵다.
      ④ 절연이 양호 : 전류가 전압보다 90°가까이 앞섬.(즉 Ic>>Ir)
      ⑤ tan δ 값이 5% 이상이면 불량

6) 등온 완화 전류법 (IRC. Isothermal Relaxation Curreent Analysis)
   ① 케이블에 DC 1 kV를 30분간 인가한 후 전원 분리 후 5초 동안 접지로 연결하여 방전한 후 완화 전류를 측정하여
   ② 열화계수(Aging Factor)를 계산하여 열화 상태 판단, 열화계수는 다음에 의함
      양 호 : 2.0 미만, 주 의 : 2.0 ~ 2.5, 불 량 : 2.5 초과
7) 전위 감쇄법 (직류 전압 감쇄법)
   ① 케이블에 직류 전압 (DC3.0 ~ 5.0 kV)을 인가 하다가 스위치를 OFF하고 설정시간 (약5분)동안 전압계를 확인하며 전압이 판정치 이하로 감쇄하면 불량
   ② 장점 : 측정장치가 소형(직류이므로)이므로 이용이 간편, 측정시 외부 영향 적음
   ③ 단점 : 단말부의 오손이나 습도 영향 받기 쉬움, 국부 열화 검출이 난이함.
8) VLF법 : 각자 보완요

2. 활선 상태에서 케이블 열화진단법

1) 직류 전압 중첩법(비접지 방식에 적용)
   ① GPT중성점을 통해 직류 전압을 중첩
   ② 절연체의 누설전류를 측정하여 절연저항을 측정함.
   ③ 활선 상태에서 50V정도의 낮은 직류 전압을 인가 -> 큰 누설전류 흐름
   ④ 전원 공급 설비 가 중량이 무겁지만 많은 케이블 동시 측정가능
   ⑤ 판정 5,000MΩ 이상 : 양호, 100MΩ 이하 : 불량
2) 저주파 중첩법
   ① 직류 전압 중첩법의 문제점을 보완하기 위하여
   ② 고압선과 접지선 사이에 저전압 저주파(10~20V, 5~10Hz)인가
   ③ 케이블 접지선에 흐르는 저주파 전류를 검출, 절연저항치로 환산
   ④ 이상적 이지만 상용화에는 시간이 소요될 것으로 판단됨
3) 직류 성분법(수트리 진단법)
   ① 수 트리가 진전되는 케이블은 교류 전압을 인가하여도 수트리 부위에서 평판전극의 정류작용과 같은 현상이 발생 -> 직류 전류가 흐름
   ② 동 Tape와 대지 사이 접지선에 흐르는 직류 전류 측정
   ③ 특별한 전원장치 불필요 -> 간단함.
4) 활선 tan δ
   ① 고압 배전선으로부터 분압기를 통해서 전압원을 검출하고
   ② CT를 이용하여 접지선에 흐르는 전류 측정한 후 tan δ를 측정
   ③ 고압선을 직접 연결해야 하므로 위험하므로 감전 주의
5) OF 케이블 : 유중 가스 분석법
   ① 선로 운전을 정지한 상태에서 채유하는것이 일반적이지만 최근에는 운전 중인 선로에서도 기름을 채유하는 기술이 개발됨.(154, 345KV 지중 송전선로 적용)
   ② 주로 아세톤 가스(C_2H_2)량과 가연성 가스 총량을 측정하여 판정함.
6) 기타 : 적외선 진단법, 열화센서법이 있음.

응12-97-2-5. 태양광 발전설비 등의 신재생에너지에서 축전지내장 계통연계시스템을
          분류하여 설명하시오.
답)
1. 신재생에너지의 발전 시스템 종류

1-1. 독립형 시스템

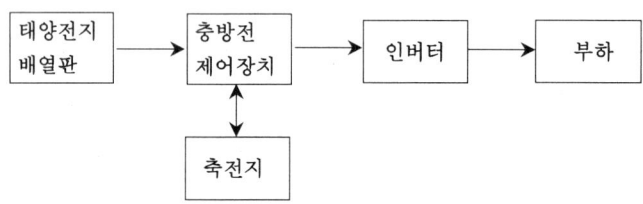

1) 전력회사와 연계하지 않고 독립적으로 운전
2) 전력을 축전지에 저장해 두었다가 야간이나 흐린날 이용
3) 등대나 무선 중계소등에서 조명, 동력으로 사용
4) 가로등, 공원 등에서 이용

1-2. 하이브리드형 시스템

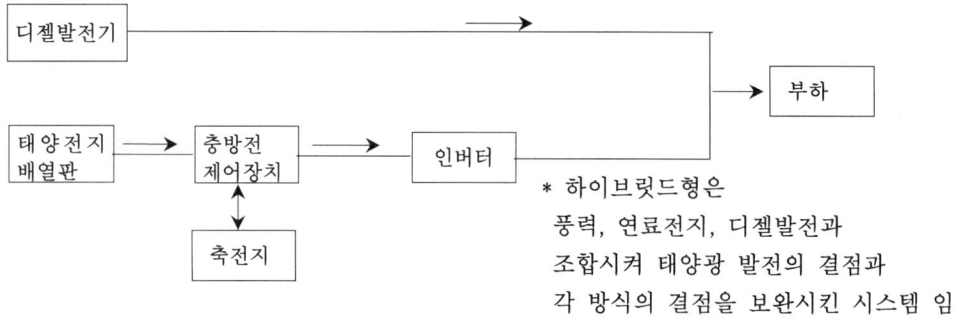

* 하이브릿드형은 풍력, 연료전지, 디젤발전과 조합시켜 태양광 발전의 결점과 각 방식의 결점을 보완시킨 시스템 임

그림. 하이브릿형 시스템(디젤 발전기와의 조합 예)

1) 태양광 발전 시스템과 디젤 발전기를 조합시켜 운전하여 안정성이 크다.
2) 디젤 발전기 대신 풍력발전, 연료전지 등 신재생에너지 이용 가능

1-3. 계통 연계형 시스템

1) 축전지 내장형 Back-up 계통연계시스템

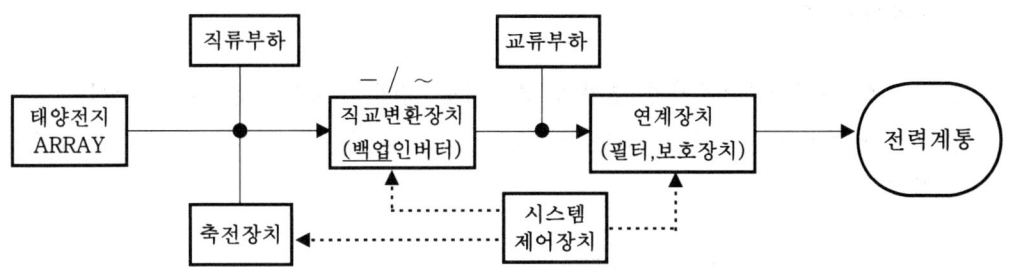

그림1. 축전지 내장형 Back-up 계통연계시스템

① 상용 전원과 계통 연계하여 운전하며,
② 태양광 발전량이 부족시에는 상용전원으로 지원받고 남을 때는 축전지에 저장하는 방식을 말함
③ 즉, 발전시스템의 출력(전력)이 부하전력보다 부족 시 상용전원으로부터 지원받지만, 반대일 경우에는 잉여 전력을 축전지에 저장하는 방식.
④ 정전시에는 Backup-System을 통해 정상시와 정전시의 전력공급 격차를 최소화한다.
⑤ PV 시스템의 부가 장치인 백업인버터 사용으로 계통에 문제가 발생하면 자동적으로 시스템을 독립형 전원 공급 장치로 전환할 수 있음.

2) 축전지 내장형 완전 연계형 시스템

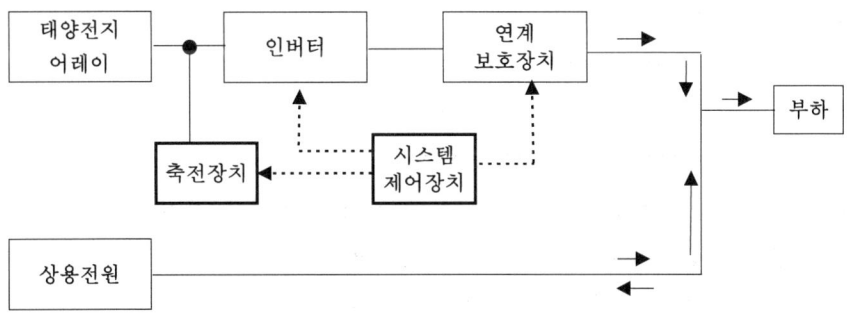

① 상용 전원과 계통 연계하여 운전하며,
② 태양광 발전량이 부족시에는 상용전원으로 지원받고, 남는 전력을 상용 전원에 공급하는 시스템.
③ 즉, 발전시스템의 출력(전력)이 부하전력보다 부족 시 상용전원으로부터 지원받지만, 반대일 경우에는 잉여 전력을 사용 전원측(한전 측)에 공급하도록 한 방식.

응12-97-2-6. 전기철도의 경제적인 운전방법에 대하여 운전과 설비로 구분하여 설명하시오.

답)

1. 경제운전의 개요

1) 동력소비율을 최소로하여 열차를 운전하는 방법을 경제운전이라고 한다.
2) 열차의 경제운전은 주로 석탄, 전력, 연료유 등 운전용동력비의 절약을 목적으로 할 경우가 많다.

2. 전기철도의 운전기술상 경제운전

1) 개념
   ① 고가속도운전을 하면 타력운전의 시기가 빨라지므로 허용운전시분 범위 내에서 신속히 타력운전으로 전환할 수 있고 운전시분에 여유가 있으므로 정시운전이 되기 때문에 전력량을 절약할 수 있다.
   ② 역행운전에서 타력운전으로 전환함과 동시에 제동취급을 하면 전력량소비가 많을 뿐만 아니라 열차에 충격이 발생한다.
   ③ 활주하지 않는 범위 내에서 감속도를 높게 하는 등 기량이 우수한 제동취급은 정차위치합치와 제동 시 충격을 방지하므로 각종 기기의 보호와 승차감을 좋게 할 수 있다.

2) 운전기술상 경제운전의 3원칙
   ① 정시운전을 할 수 있을 것
   ② 동력비가 최소일 것
   ③ 열차에 충격 및 기기손상이 없을 것

3) 운전기술상 경제3원칙의 기본운전취급방법
   ① 발차할 때는 가감간을 1-2단으로 하여 열차 전체의 연결기가 인장된 후 가감간을 상승함으로서 충격을 방지한다.
   ② 가감간은 인장력이 급격히 변하지 않도록 취급한다.
   ③ 가감간을 상승할 때는 발차할 때 보다는 직렬 시에, 직렬 때 보다는 병렬시에 순차적으로 빨리 취급하되 최소한 1초 이상 간격을 유지한다.
   ④ 가감간을 내릴때는 열차저항의 변화가 적은 지점을 택하여 1초 이상 간격으로 취급한다.
   ④ 공전이 우려될 때는 사전에 살사를 시행하여 인장력저하를 방지한다.

3. 전기철도의 설비 상 경제운전

3-1. 차량성능상 경제운전

1) 직접적인 요소
   ① 고가속도운전
   : 동일구간을 동일운전시분으로 주행하는 조건과 비교할 때 가속도를 크게하면 역행운전시분이 감소되고 타력운전을 증가시키는 결과가 되므로 제동초속도가 저하되어 제동시에 열로서 방산되는 에너지손실을 감소시킬 수 있다.
   ② 고감속도운전
   : 동일구간을 동일운전시분으로 주행하는 조건과 비교할 때 제동감속도를 크게 하면 제동시분이 감소되기때문에 역행운전시분을 단축할 수 있다.
   ③ 약계자방식운전
   : 동일구간을 동일운전시분으로 주행하는 조건과 비교할 때 약계자 회로방식운전을 하면 가속도를 크게 할 수 있으므로 역행운전시분이 감소되고 타력운전을 증가시키는 결과가 되므로 제동초속도가 저하되어 제동시에 열로서 방산되는 에너지손실을 감소시킬 수 있다.

2) 간접적인 요소 : 차량중량을 경감함으로서 경제적인 운전목적을 달성하는 방법이다.

3-2. 전기철도용 동력모터의 경제적 운용 방법

1) 속도 제어방법의 VVVF 인버터 제어의 적용
2) 신호제어 시 ATO 방식의 적용

응12-97-3-1. 신재생에너지 중 태양광 발전의 장단점과 계통에 연계할 때 고려할
사항에 대하여 설명하시오.[이 문제는 분산형 전원연계의 기준문항]

답)

1. 태양광 발전의 장·단점

   1) 장점
      ① 에너지원이 무진장, Clean 에너지,   ② System 단순, 보수용이
      ③ 수명이 길다.   ④ 원격제어가능
      ⑤ 소비에서 필요에 따라 발전(분산형 전원으로도 적정함(소규모의))
   2) 단점
      ① 에너지 밀도가 낮고, 비, 흐린 날씨에는 발전력 저하, 효율이 타 방식보다 낮음
      ② 변환시(직류 →교류) 고조파 영향이 있음   ③ 태양전지가 고가임

2. 계통에 연계할 때 고려할 사항

2-1. 분산형 전원의 계통연계 용량에 따른 구분

용량	연계점	연계계통의 전기방식
20kW 이하	저압배전선로	-AC 단상220V 또는 380V 중 기술적으로 타당하다고 한전이 정한 방식 - 상간 불평형 고려
20kW 초과 500kW미만	저압배전선 전용선로	
3MW 이하	특고압 배전선로	교류 3상 22.9kV
3MW 초과 20MW미만	특고압 배전선로 전용선로	
10MW 초과 20MW미만	대용량 방식의 전용선로(배전)	
20MW 이상	송전 시스템 연계	

2-2. 전압변동
   1) 연계기준
      ① 저압배전선로의 전압변동: 상시는 전압변동율이 3% 이하, 순시 전압변동률은 4% 이하 일 것
      ② 특고배전선로의 전압변동: 상시는 전압변동율이 2% 이하, 순시 전압변동률은 2% 이하 일 것
   2) 대책
      ① 저압 계통의 상시전압 적정치 (220± 13V, 380± 38V)
      ② 특고압 계통의 상시전압이 선로별 공급전압 변동범위를 벗어날 우려가 있을 때
         발전설비의 설치자가 출력전압을 조정하고, 출력전압의 변동을 억제하며,
         병렬 분리의 빈도를 저감하는 대책을 실시 함

2-3. 고조파
   1) IEC 표준에 기초한 배전계통 고조파 관리 기준에 준하여 분산형전원 고조파를 제한
   2) IEC/TR 61000-3-6에 의하면 고조파의 검토기준은 발전 및 수전설비의 구분없이 동일함
   3) 전체 계통은 고조파 왜형없이 운영되어야 함으로 고조파 전압의 허용 목표수준을
      종합 고조파 왜형률(THD) 5% 이하로 정함
   4) 분산형전원의 고조파 검토점(Point of evaluation, POE)은 공통 연결점(PCC)으로 함
   5) 분산형전원의 고조파는 주로 line-commutated 방식의 구형 인버터 사용에 기인하나
      PWM을 사용하는 신형 인버터는 일반적으로 기준에서 정한 요건을 만족함

2-4. 플리커(flicker)
1) 빈번한 기동·탈락 또는 출력변동에 의한 플리커나 설비 오동작을 초래하는 전압요동 금지
2) 이전 플리커 기준은 유럽계통(230V 50Hz)을 기준으로 한 IEC의 플리커 유출 제한기준의 예외적인 것의 일부분(부하나 발전원이 소용량일 때의 간략 검토 기준)이었음
3) 이전 플리커 기준: Epsti≤0.35, Eplti≤0.25
4) 우리나라는 220V 60Hz 계통이며 현재 백열등을 거의 사용하지 않아 플리커 요건은 IEEE 1547을 준용하여 선언적 조항만 규정하도록 개선

2-5. 계통전압 이상시 분산전원 분리 및 재병입
1) 계통의 고장
   ① 연계된 계통의 선로 고장 시 해당 계통의 가압 중지
   ② 단독운전 발생 후 최대 0.5초 이내 계통에 대한 가압 중지
2) 계통 재폐로 협조 : 분산형전원 분리시점은 해당 계통의 재폐로 이전 시점
3) 계통 전압 이상으로 인한 분산형전원 분리

전압범위(기준전압에 대한 비율[%])	고장제거 시간(초)
V< 50	0.16
50≤ V ≤ 88	2.00
110 < V < 120	2.00==>1.00
V ≥ 120	0.16

4) 계통 주파수 이상으로 인한 분산형전원 분리

분산형 전원 용량	주파수 범위(Hz)	분리시간(초)
30kW 이하	> 60.5	0.16
	<59.3	0.16
30kW 초과	>60.5	0.16
	<(57.0~59.8)(조정가능)	0.16~300(조정가능)
	<57.0	0.16

5) 계통의 재병입(reconnection)
   ① 계통의 이상발생 후 계통의 전압 및 주파수가 정상범위 내에 들어올 때까지 재병입 금지
   ② 계통 전압 및 주파수의 정상 범위로 복원 후 5분간 재병입 지연

2-6. 역률
1) 역률은 90% 이상으로 유지를 원칙으로 하며 계통 측에서 볼 때 진상역률이 되지 않도록 함
2) 계통 운영자가 인정하는 경우, 연계계통의 전압을 적절하게 유지하도록 최하 80%까지 운전

2-8. 동기화
1) 분산형 전원 연계지점의 계통전압이 ±5[%] 이상 변동되지 않도록 연계 할 것
2) 분산전원과 계통사이의 주요 제한 변수 중 다음 값을 초과하면 계통병렬장치의 투입방지 할 것

발전용량 합계(kVA)	주파수 차($\Delta f, [Hz]$)	전압차($\Delta V, [\%]$)	위상각 차 ($\Delta \phi, °$)
0~500	0.3	10	20
500~1,500	0.2	5	15
1,500~10,000	0.1	3	10

2-9. 분산형전원 보호협조

사고유형	보호계전기	
	역조류 無	역조류 有
전압상승 전압강하	과전압계전기(59:OVR), 저전압계전기(27:UVR)	
단락사고	저전압계전기(27:UVR), 과전류계전기(51:OCR)	
지락사고	지락 과전압계전기(64:OVGR), 지락과전류계전기(51G:OCGR)	
단독운전 상태	역전력 계전기(RPR: 32P) 저주파수 계전기(UFR: 81U)	과전압계전기(OVR : 59), 저전압 계전기 (UVR : 27) 과주파수 계전기(OFR: 81O), 저주파수계전기(UFR: 81U)

2-10. 직류 유입 제한

1) 분산형전원 연결점에서 최대 정격 출력전류 0.5% 이상의 직류전류 계통유입 금지
2) 이유는 ①전력계통에 직류전류가 유입되면 변압기 철심과 같은 자기장치에 자기포화 현상 발생
   ②고조파 전류, 자기장치의 열화, 소음, 무효전력 수요 증가 야기

2-11. 단독 운전의 방지

1) 즉시 감지하여 차단하지 않으면, 다음과 같은 문제 야기
   ① 고립된 계통의 전압 및 주파수가 허용범위를 초과하여 설비에 피해를 줌.
   ② 보수인원에 통보되지 않은 경우, 감전의 위험.
   ③ 단독운전이 지속되면 복구 지연과 시스템 불안정을 초래.
   ④ 배전계통에 재연결 시 비동기 전력 주입과 분산형 전원의 손상을 유발.

2-12. 상 불균형(Phase imbalance)

1) 단상 DG는 중성선의 불안정한 전류와 선로 제어장치의 고장을 발생시킬 수 있음으로, 불평형률을 30% 이하로 제한시킬 것

2-13. 단락용량

1) 계통 연계된 분산형 전원이 증가하면 계통의 연계로 인한 병렬회로 구성이 더욱 확산되어 계통의 등가 임피던스는 감소하고, 이 때문에 단락전류는 증가하면서 단락용량은 증가함
2) 따라서 차단기의 차단용량이 충분한지 아닌지를 조사하고, 차단용량을 보강할 필요

2-14. 연계 시스템의 건전성

1) 전자기 장해(EMI, electromagnetic interference)의 영향으로 인하여 오동작하거나 상태가 변화되지 않도록 보호성능을 구비할 것   2) 내서지 성능을 구비할 것

2-15. 배전계통 접지와의 협조

1) 신재생발전기 접속시 그 접지방식은 접속되는 배전계통에 연결되어 있는 타 전기설비의 정격을 초과하는 과전압을 유발하거나 배전계통의 지락고장 보호협조를 방해해서는 안된다.

2-16. 비의도적인 배전계통 가압 금지

1) 신재생발전기는 배전계통이 한전 전원에 의해 가압되어 있지 않을 때 한전에 의해 의도되지 않는 한 배전계통을 가압해서는 안 된다.

2-17. 신재생발전기 원격제어에 대한 합의

1) 신재생발전기 사업자의 합의가 있는 경우, 신재생발전기에 대한 역률제어, 유효전력 및 무효전력 제어 등의 원격제어에 관한 기술적 내용을 한전과 신재생발전기 사업자간 상호 협의하여 체결할 수 있다.
2) 신재생발전기의 연계로 인하여 배전계통 운영 및 전기사용자의 전력품질에 영향을 미친다고 판단되는 경우, 신재생발전기에 대한 한전의 원격제어 및 탈락 기능에 대한 기술적 협의를 거쳐 계통연계를 검토할 수 있다.

응12-97-3-2. 긴터널(1,000m이상)의 조명설계를 하고자 할 때 고려사항에 대하여
            설명하시오
답)

1. 광원 선정

   1) 효율 70[lm/W] 이상 수명이 길고, 매연 및 연기에 대해 투과력이 좋아야 한다.
   2) 저압, 고압 나트륨등, 형광 수은등, LED 등을 사용한다.

2. 조명기구 선정

   1) 배광 특성이 우수하고 눈부심이 작아야 한다.
   2) 기구 효율이 높고 절연성이 좋아야 한다.
   3) 기계적 강도가 유지되어 진동·충격에 강해야 한다.
   4) 방수 특성 및 내식성이 좋아야 한다.

3. 조명방식 선정

   1) 대칭조명 : 교통의 진행 방향과 동일 방향 및 반대 방향으로 같은 크기의
              빛이 투사되는 조명 방식이다.

   2) 카운터빔 조명
      ① 교통의 진행 방향과 반대 방향으로 빛이 투사되는 조명 방식이다.
      ② 노면 휘도가 높아지고 노면과 수직인 차량의 배면이나
         장해물은 검은 실루엣으로 나타난다.

   3) 프로빔조명
      ① 교통의 진행 방향과 동일 방향으로 빛이 투사되는 조명 방식이다.
      ② 노면 휘도가 낮아지고 노면과 수직인 차량의 배면이나 장해물은 휘도가 높아진다.

4. 조명기구 배치

   (a) 마주보기 배열   (b) 지그재그 배열

   (c) 중앙 배열   (d) 한쪽 배열

5. 정전 시의 비상조명

1) 200[m] 이상의 터널에서 원칙적으로 정전 시 대비 비상 조명을 설치한다.
2) 비상 주차대 시설의 평균 노면 조도는 75[lx]를 표준으로 한다.
3) 2계통 이상의 전원에서 급전한다.
4) 자가 발전기 설비는 기본 조명 밝기의 $\frac{1}{2}$ 이상, 축전지 설비 시 $\frac{1}{8}$ 이상으로 한다.

●. 참고사항 : 터널 구간별 조명설계 방법

1. 터널조명 구간별 구분

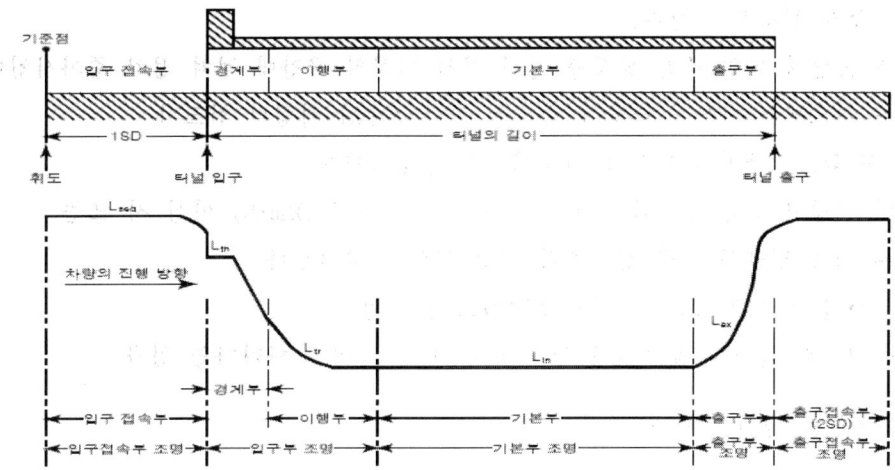

그림 1 터널조명의 구성(일방교통 터널의 세로 단면도)

2. 입구부 조명

1) 경계부의 노면휘도는 터널 입구 부근의 운전자 시야상황에 따라 정해지는 야외휘도의 연간 출현비도를 고려하여 설정한다.

2) 이행부 및 완화부의 노면휘도는 경계부의 노면휘도 값을 100%로 하여, 터널입구부로부터의 거리에 따라 감소시키고, 기본부 조명의 노면휘도 값에 매끄럽게 접속하는 것으로 한다.

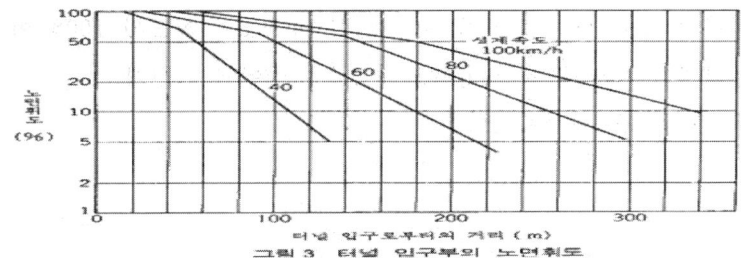

그림 3 터널 입구부의 노면휘도

3. 기본부 조명

1) 기본부 조명의 평균 노면휘도는 설계속도에 따라 표와 같이 한다.

표 1 기본부 조명의 평균 노면휘도

설계 속도 km/h	평균 노면휘도 cd/m²
100	9.0
80	4.5
60	2.3

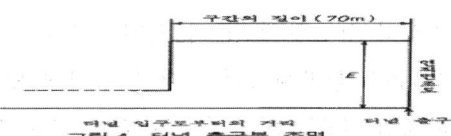

그림 4 터널 출구부 조명

2) 교통량 3단계(많음, 보통, 적음)를 적용한다.

4. 출구부 조명

1) 출구부 조명은 그림과 같이 터널 내부로부터 그 출구를 향해 70m에 걸쳐서 터널 내부로부터 출구부를 통해 특정한 야회휘도 값의 1/10 이상의 값인 연직면 조도를 주는 것을 원칙으로 한다.
2) 출구부 조명에 의한 주간 휘도를 정지 거리 이상의 구간에 걸쳐 점차 증가시킨다.
3) 기본부 휘도에서 시작하여 출구 접속부 전방 20[m] 지점의 휘도가 기본부 휘도의 5배가 되도록 단계적으로 상승시킨다.
4) 터널이 조명이 없는 도로의 일부이고 운행 속도가 50[km/h] 이상 시 또는 다음의 경우 입구부 출구 접속부의 야간 조명을 설치한다.
   ① 터널 내 야간 조명 수준이 1[cd/cm²] 이상
   ② 터널의 입구와 출구에서 각기 다른 기상 상태가 나타나는 경우

5. 입구 접속부 및 출구 접속부 조명

1) 야간 조명을 설치해야 할 경우
   ① 터널이 조명이 없는 도로의 일부이고, 운행 속도가 50[km/h] 이상일 때 터널 내 야간 조명 수준이 1[cd/m2] 이상인 경우
   ② 터널 입구와 출구에 각기 다른 기상 상태가 나타나는 경우
2) 입구 접속부의 길이는 정지 거리 이상으로, 출구 접속부의 길이는 정지거리 2배 이상으로 하되 200[m] 이상일 필요는 없다.

6. 터널 전구역의 천장 및 벽체 조명

1) 노면에서 2m 높이까지 평균 벽면 휘도가 해당 지점 평균노면 휘도의 100% 이상일 것
2) 노면에서 2[m] 높이까지 벽면의 종합 균제도는 0.4 이상이어야 한다.
3) 노면의 차선축 균제도는 0.6 이상이어야 한다.

7. 이행부 조명

1) 이행부에서 단계별 휘도값(L_{tr}) : $L_{tr} = L_{th}(1.9+t)^{-1.4}$
   여기서, L_{th}[cd/m2] : 경계부 평균 노면휘도
   t[sec] : 경계부 끝점에서부터 운행 시간
2) 모든 위치에서의 휘도는 유선형 곡선 수치 이하로 되면 안 된다.
3) 계단식 감소의 경우 각 단계와의 최대 휘도비는 3이며 이행부 최종 단계의 휘도는 기본부 휘도의 2배 이상 되어서는 안 된다.
4) 휘도값: [표] 주간 자동차 터널 도로의 기본부 노면휘도 L_{in}[cd/m²]

정지거리(설계속도)	터널의 교통량		
	적음	보통	많음
160[m] (100[km/h])	7	9	11
100[m] (80[km/h])	5	6.5	8
60[m] (60[km/h])	3	4.5	6

8. 구간별 기준조도와 기준거리

1) 구간별 기준조도 변경 (100km/h, 콘크리트포장)   [단위 : 룩스]

조명구간	당 초	개 정	증 감
경계부	1,820	2,600	780
기본부	120	95 ~ 145	감25 ~ 25
출구부	400	480 ~ 730	80 ~ 330

- 경계부 : 20° 원추형 시야내 하늘의 비율에 따른 평균노면휘도 [증43%]
- 기본부 : 교통량에 따른 평균노면휘도 [감20% ~ 증20%]
- 출구부 : 기본부 휘도의 5배 [증20% ~ 증83%]

2) 구간별 기준거리 변경 (100km/h, 콘크리트포장)   [단위 : m]

조명구간	당 초	개 정	증 감
경계부	60	160	100
이행·완화부	320	170 ~ 254	감150 ~ 감66
출구부	70	160	90

- 경계부 : 설계속도에 따른 정지거리 [증167%]
- 이행·완화부 : 교통량에 따라 가변 [감46% ~ 감20%]
- 출구부 : 설계속도에 따른 정지거리 [증128%]

응12-97-3-3. LED 광원의 특성과 조명제어방법을 설명하시오.

답)

1. LED 광원의 특성

   1) 반도체로 인해 처리속도가 빠르다.
   2) 전력 소모가 적다.(기존 광원에 비해 50~80% 에너지 절감)
   3) 필라멘트를 사용하지 않기 때문에
      ① 수명이 길고(5~10만 시간)
      ② 충격에 강하며
      ③ 산업 폐기물 배출을 80% 이상 줄일 수 있고
      ④ 유지 보수비용이 절감된다.
   4) 총 천연색 구현이 가능하다.
   5) 중금속등 환경 유해물질 사용을 하지 않아 환경 친화적이다.
   6) 초소형으로 구조적으로 여러 가지 디자인이 가능하다.
   7) 다이오드를 이용하므로 대량생산이 가능함.
   8) 자외선 방사가 적음
   9) 단점 : 접합부에서 열이 많이 발생하므로 열처리 기술이 필요함.

2. LED 조명제어방법

   (1) LED 광원의 조광 목적
      ① 조명 설비에서 광원의 광속을 센서에 의해 설정 조도에 맞게 조정하는 것이다.
      ② 조광 제어 효과
         ㉠ 조명 환경의 극적 효과를 증진한다.
         ㉡ 주변 분위기의 변화를 통한 주변 환경의 쾌적성이 증진된다.
         ㉢ 조명 전력의 에너지가 절감된다.

   (2) 조명제어 방법

      1) 장치 독립 제어 방식
         ① 조명 기구별로 조광 제어 장치를 부착하고 외부 제어 장치의 도움 없이
            독립적으로 조광 제어를 수행하는 방식이다.
         ② LED 모듈을 설치하고 스위치를 이용하여 On/Off를 조절하는 조명기구의 경우
            스위치가 조광 관리자 역할을 수행한다.

2) 지역 제어 방식
   ① 구역 조명 관리기 또는 지역 조명 관리기를 기반으로 다수의 LED 조명 기기를 연동하여 조명을 제어하는 방식이다.
   ② 조명 기기들 간의 연속적인 동작에 대한 제어가 필요한 경우 적용한다.

3) 중앙 집중 제어 방식
   ① 조광 관리기를 계층적으로 구성한 방식이다.
   ② 대규모 적용을 위해 조광 관리기를 구역(zone), 지역, 중앙 조광 관리기로 계층적으로 구분하여 구축한다.
   ③ 필요에 따라 지역 조광 관리기를 사용하지 않고 구역 및 중앙 관리기만으로 구성할 수도 있다.
   ④ 중앙 집중 제어 방식의 장점 : 조광 시스템의 전반적인 동작 상황을 한 곳에서 관리 및 모니터링을 한다.

응12-97-3-4. 전기 철도에서 전기차의 주전동기 속도제어 방법 중 직 병렬 제어에 대하여 설명하시오.

답)

1. 개념

   1) 짝수대의 주동기를 직렬 및 병렬로 접속하여 두전동기의 단자전압을 변화시키는 방식
   2) 이 방식의 단점은 노치수가 적고 원활한 속도제어가 불가능하여 일반적으로 저항제어방시과 병용하여 저항손실을 경감시킨다.

2. 직병렬 제어방식의 전이방식 3종류

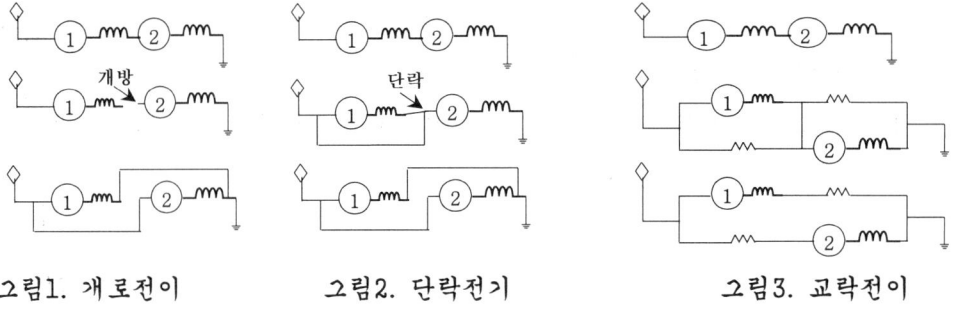

   그림1. 개로전이   그림2. 단락전기   그림3. 교락전이

   ● 전이 : 직병렬 방식에서 주전동기가 직렬로부터 직병렬, 직병렬로부터 병렬로 회로가 절환되는 것

   1) 개로전이
      ① 직렬로부터 병렬로 이행하는 순간에 회로를 개방함
      ② 이 순간은 견인력이 ZERO가 되므로 열차에 충격이 크게 상승함
      ③ 개로시 아아크로 접점손상 초래가 있고, 병렬로 재폐로시에는 돌입전류로 정류불량이 발생하므로 최근에는 거의 사용하지 않음

   2) 단락전이
      ① 1대의 전동기를 단락시킨 후에 병렬로 전환하므로 이 순간의 견인력은 0.5 또는 그 이하이다.
      ② 이 순간에는 발전기가 되어 브레이크 작용를 하며, 충격이 크고 정류불량이 발생용이
      ③ 그러나, 2단 이상의 것에도 사용이 가능함

   3) 교락전이
      ① 전이단계로서 주저항기와 주전동기로 브리지 회로를 구성함
      ② 휘스톤 브리지 원리로 브리지의 접촉점을 개방해도 큰 아크 발생이 없음
      ③ 전이단계에서 견인력의 변화가 거의 없고 충격이 적어 최근 대부분 적용 중임
      ④ 회로의 절환이 복잡하고, 2단 이상의 직병렬 제어는 사용곤란
      ⑤ 전동기의 동류이 상이 등의 각종 원인으로 브리지가 평형되지 않고 고속시에는 브리지 접촉점에서 아크전압이 높아짐

응12-97-3-5. 고주파 유도가열에 대하여 설명하시오
답)
1. 유도가열의 원리
   1) 유도자(inductor)라고, 銅코일 내 도전성인 피열물을 삽입하고, 코일에 교류를 흘리면 코일內에 교번자계가 발생하고 전자유도작용에 의하여 와전류가 흐르며, 이 와전류의 옴손 I^2R 에 의해서 피열물은 온도가 높아진다.
   2) 또 피열물이 강자성체인 경우에는 와전류손 외에 히스테리시스손의 열도 합하여진다.
      ① 와류손 : $P_e = \sigma_e (k_f \cdot f \cdot t \cdot B_m)^2 [W/kg]$,
      ② 히스테리시스손 : $P_h = \sigma_h \cdot f \cdot B_m^{1.6} = k_h \cdot \dfrac{V^2}{f} [W/kg]$
      단, σ_e : 재료계수, k_f : 파형률, t : 철판두께[mm], B_m : 최대자속밀도[wb/m²]
      σ_h : 히스테리시스 계수, f : 사용주파수[Hz], V : 사용전압[V]
   3) 상기 원리를 아래 그림으로 표현하면 등가회로로부터 피열물은 저항 R_2를 부하로 하는 변압기 2차 회로로 볼 수 있다

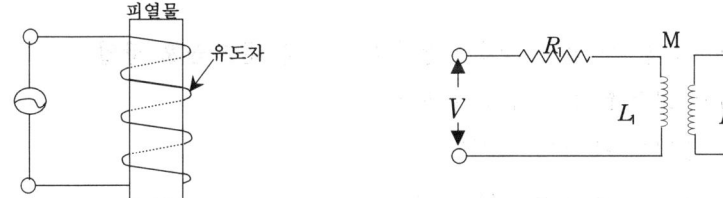

   ㉠ 변압비 a가 있어 1차전류 I_1과 2차전류 I_2의 사이에는 $I_2 = aI_1$이 됨
   ㉡ 또 결합계수 $k = \dfrac{M}{\sqrt{L_1 \cdot L_2}}$ 가 있으며, 값이 클수록 결합효율이 양호해진다
   ㉢ 와전류는 표피작용에 의하여 피열물 표면에 밀집한다.
   ㉣ 이 표면전류밀도 i는 표면에서 x되는 깊이의 점에서 전류밀도는 $i_{xf} = i\Phi^{-x/ro}$가 됨
      여기서 δ 와전류의 침투깊이로 즉, 표피두께는 다음의 식으로 나타낼 수 있다.
      $\delta = \sqrt{\dfrac{1}{\pi f \mu k}}$ [m], ρ : 저항률 $\rho = \dfrac{1}{58} \times \dfrac{100}{C} [\Omega/m\text{-}mm^2]$, C : 도전률[%]
      단, 각속도: $w = 2\pi f$[rad/sec], μ: 투자율[H/m], k: 도전율[s/m],
   ㉤ 즉, 주파수가 높을수록 침투깊이는 작으며, 피열물 표면만이 가열되는 상태가 됨
   ㉥ 따라서 가열의 종류(균일가열, 표면가열 가열)에 따라서는 적정 주파수를 선정할 것
   ㉦ 상용주파수의 정도의 가열을 저주파가열, kHz정도의 고주파이면 고주파가열임

2. 고주파 유도 가열용 전원

   1) 전원 : ㉠ 고주파용 발전기: 전동발전기(MG식) (120~3,000[Hz]) 또는
            ㉡ 불꽃간격식 고주파 발진기(10~200[kHz])==> 가장 많이 사용함
   2) 불꽃간격식의 원리 : 콘덴서를 충전하고, 그 전하를 불꽃간격(spark air gap)을 통하여
                       방전 시 발생되는 감쇠진동의 고주파 전류를 발생시킨 것임
                       불꽃간격은 수은과 전극(흑연 등)과의 간격(air gap)이 사용된다
   3) 유도자의 형태는 피열물의 모양, 피열 부분의 형태에 따라 다르다

3. 유도가열의 용도

1) 금속표면담금질 : 금속표면 근방의 박층만을 800℃가열 후 급랭시켜 박층의 경도를 증가시킨 것
2) 고주파 납땜.   3) 기어의 열간 건조   4) 단조가열에 응용
5) 유도로에 응용:
   ㉠ 저주파(50~60[Hz]) 유도로(1600℃) : 철심유도로, 무철심 유도로, 비철금속의 용해
   ㉡ 고주파용(500Hz~15[kHz], 1800℃) : 금속의 표면처리. 특수강, 금속의 용해
                                       진공용해, 무철심 유도로(직접식, 간접식)
6) 토커맥(tokamak) 핵융합로의 플라스마(plasma)를 가열하기 위한 것
   ㉠ 전자파가 플라스마 이온의 cyclotron주파수와 같으면 플라스마를 가열함
   ㉡ 이 주파수는 사이클로트론의 도넛 모양의 자기장을 회전하는 이온 속도를 말함
   ㉢ 플라스마를 2,300만K로 가열 시 약 600kW의 고주파 에너지가 소요됨.

4. 유도가열의 장점

1) 고성능
   ① 연소가열에서 얻을 수 없는 고온가열가능   ② 온도분포 균일
   ③ 반도체 스위칭 회로를 적용하여 고효율
   ④ 진공가열 중 분위기 제어가 용이함
   ⑤ 급속가열 및 극부, 표면선택가열 가능
   ⑥ 가열시간과 온도의 정밀제어   ⑦ 다양한 출력과 주파수 대역의 선택가능

2) 고품질
   ① 고 생산성 향상 및 품질 보장
   ② 무공해로 작업환경 쾌적화 유지(연기 및 가스열이 발생되지 않아 오염이 없다)

3) 고경제성
   ① 에너지 세이빙 및 환경오염이 적다   ② 자동화 및 재활용이 용이
   ③ 작업준비 시간이 종래의 다른 작업보다 극히 단축가능
   ④ 설치면적 최소화 가능   ⑤ 조작이 용이
   ⑥ 기존 생산라인에 부설이 용이

4) 고신뢰성 : ① 소모성부품이 없고 A/S가 용이. ② 수명이 길다
5) 전극을 필요로 하지 않는 무접촉 가열 가능

5. 유도가열의 단점

1) 실용주파수는 500Hz~15[kHz]로 전력선에 노이즈 장해우려가 있어 작업장를
   철저히 차폐처리 할 것
2) 설비비가 높다   3) 고주파 전원이 필요함   4) 효율이 나쁘다
5) 금속 등 도체 및 반도체에만 적용됨
6) 피열물의 기하학적 형상에 따라, 내부전체가 균일 가열이 되지 않을 경우도 있음

응12-97-3-6. 우리나라는 2010년 1월 스마트그리드 국가로드맵을 발표한 바 있다. 그에 따른 스마트그리드를 정의하고 분야별 스마트그리드 구축계획상의 5대 기술 구분에 대하여 각각 설명하시오.

답)

1. 스마트그리드의 정의

    : 기존의 전력망(Grid)에 ICT 기술(Smart)을 접목하여, 공급자와 소비자가 양방향으로 실시간 전력 정보를 교환함으로써 에너지 효율을 최적화하는 차세대 전력망

2. 스마트그리드 구축계획상의 5대 기술 구분

 1) 지능형 소비자:
    ① 가정 및 직장에서 스마트 미터 사용의 일상화로 전력사용의 분산화를 유도
    ② 전기사용의 분산화 유도
    ③ 스마트미터, 통신망, 에너지관리시스템

 2) 지능형 운송 :
    ① 거리 및 가정에서의 전기차 충전인프라 구축
    ② 전기차의 배터리교환소, 충전기 등 충전 인프라 등

 3) 지능형신재생에너지 :
    ① 풍력, 태양광 발전 등의 전력망 연계와 잉여 전력의 타 지역 사용 연계
    ② 신재생 저장장치 및 마이크로그리드 운영기기, 시스템 등

 4) 지능형전력시장:
    ① 양방향 전력전송, 자동치유 및 자동복구, 양방향 통신을 통한 전력수요 제어
    ② 지능형 송전망, 디지털 변전소 및 전력시스템 통합제어 솔루션

 5) 지능형전력망:
    ① 소비자에 맞는 다양한 전력요금 제공
    ② 녹색 품질별 실시간 요금제, 전력컨설팅, DR이 운영되는 서비스 제공

3. 5대 전략 분야별 국내 기술 수준

구분	상세구분	수준 세계	수준 국내	비고
지능형 전송망	송전시스템	10	6	송전시스템 계획/운영기술 높으나, 분산전원 제어 및 이용기술은 다소 격차 존재
	배전시스템	5	5	자동화기술 높으나, 계획/운영기술은 선진국 추종 단계
	전력기기	15	17	해외기술 도입에서 국내기술자립 추진단계 (FACTS, HVDC, 초전도 기기 등)
	통신망시스템	3	6	선진국과 동등하나 보안 분야는 격차 존재
	합계	36	34	운영 기술은 선진국과 대등한 수준이나 핵심/원천 기술에서 격차가 존재
지능형 소비자	AMI 기술	15	15	시범사업 진행 중이나, 스마트미터, IHD 개발 수준 격차 존재
	EMS 기술	14	12	DR과 관련한 선진국과의 기술 격차 존재
	양방향 통신 네트워크 기술	13	13	다양한 통신망에 대한 표준화 및 검증이 필요
	합계	42	40	실시간 검침 및 수요반응 관련한 EMS분야에서 격차 존재
지능형 운송	부품·소재	14	8	배터리/모터 부품기술 높으나, 원천 소재기술 취약
	충전/인프라	28	10	충전인프라 구축기술은 선진국 수준이나 서비스기술 취약
	V2G	15	8	V2G서비스 사업 부분 선진국과 격차 존재
	합계	57	26	응용기술 수준은 높으나, 원천 및 ICT연계서비스 열위
지능형 신재생	마이크로그리드 기술	7	6	연구 완료 및 실증 시작단계로 선진국과 비슷한 수준
	에너지저장기술	21	20	중·대용량 장치 설계·제작·운용 기술 다소 열위
	전력품질보상기술	19	12	중·대형급 전력 품질보상기기 실적용 및 상용화 미진
	전력거래기술	2	2	실시간 발전요금제도 도입 초기단계
	합계	49	40	전력품질보상 및 실시간 차등요금제 관련 기술 열위
지능형 서비스	지능형 요금제	15	8	시범단지 적용을 위한 실시간 요금제 개발이 진행 중
	지능형 수요반응	25	9	선진국 수요반응 실용화 준비 중이나, 국내는 연구 진행 중
	지능형 전력거래	9	4	단방향 전력거래 기술 활용 및 양방향 전력거래 관련제도 부재
	합계	49	21	기반기술은 확보 상태이나 양방향 전력거래 제도미비로 실용화 추진 지연 단계

(주) : 지경부 자료를 점수화 하여 표현(미래기술=1, 연구개발=2, 실증=3, 시범적용=4, 실용화=5, 실용직전=6, 부분실용=7, 실용=8) 자료 : 지식경제부

응97-97-4.1 가변속도의 구동기로서 Inverter와 유도전동기의 조합이 많이 사용되고 있다. 현장에서 Inverter의 사용 보전(Operation & Maintenance)상의 유의사항에 대하여 설명하시오.

답)

1. 개요

1) VVVF란 Variable Voltage Variable Frequence의 약자로 가변전압 가변주파수 장치
2) 상용 전원으로부터 공급된 전압과 주파수를 변화시켜 모터의 속도를 제어하는 정지식 속도제어 장치
3) 목적은 농형유도전동기의 속도 제어 및 에너지 절약을 위해 적용

2. 인버터의 사용과 유지보수상의 유의사항

1) 고조파 장해에 대한 대책강구
   ① 발생하는 고조파는 주로 컨버터부에서 발생한다.
   ① 대책
      ㉠ 입력변압기의 2차권선을 다권선(다펄스)으로 하고 사이리스트 제어장치 (PWM 방식의 정류)부하를 취한다.
      ㉡ 장해가 되는 차수의 고조파 필터를 설치한다.

2) 전동기 측 진동과 공진에 대한 대책강구
   ① 전동기를 가변속 운전시 회전 주파수, 고조파에 기인하여 진동토크 등에서 어떤 회전수로 공진을 일으켜 축과 기계진동이 커지는 경우가 있다.
   ② 특히 Blower등과 같이 GD^2이 큰 것은 일단 발생하면 그 영향도 커지기 때문에 중요한 체크요소다.
   ③ 대책
      ㉠ 공진점 근처에서 연속 운전을 하지 않는다.
      ㉡ 전동기 구동전류의 고조파 차수를 올리고 공진점에서 떼어내어 고조파 토크를 작게한다.

3) 원심응력 반복에 따른 피로 증가에 대한 대책강구
   회전수의 변경에 따른 원심 응력이 빈번히 변화하므로 그 빈도와 변화폭에 따른 기계의 피로 파괴 가능성에 대한검토를 사전에 해야 한다.

4) 전류 증가 온도상승에 대한 대책강구
   ① 기존 전동기를 인버터 주파수제어 혹은 셀비우스 방식에 의한 가변속 운전을 할 경우에 고조파 영향으로 동일 출력을 내기 위해서는 전류가 10-15% 증가되고 속도가 감속되어 냉각효과가 감소되므로 충분히 검토 할 것.

5) 인버터의 보호
  (1) 부족전압 보호 : 공급전압이 저하되면 트렌지스터의 베이스 전류에 의한 고장, 모터과열, 토크 부족 등 불합리한 점이 발생 한다.
  (2) 순시과 전류 보호
    ① 인버터 출력측이 단락되었거나 모터가 구속되면 인버터에 큰 전류가 흘러 반도체 소자의 파손 원인이 된다.
    ② 컨버터 및 출력측의 전류를 검출하여 규정치 이상이 되면 전자회로에 의한 보호 동작하여 출력을 차단한다.
  (3) 과전압 보호 : 컨버터에 전압이 규정치 이상으로, 상승하면 평활 콘덴서 및 반도체 소자의 파손원인이 된다.
  (4) 과부하 보호 : 과부하량 혹은 전원의 측적에 의한 과부하보호 필요.
  (5) 순시정전 보호
    ① 순시정전이 발생할 경우 정격부하 조건에 있어서 15[msec] 이내는 운전을 연속이지만 15[msec]이상의 정전일 경우에는 출력을 차단한다.
    ② 자동 재시동 되면 돌입전류에 의해 인버터 출력이 차단될 수 있다.
  (6) 지락보호 : 지락보호는 인버터의 출력부와 모터 사이에 있어서 지락 발생시 생기는 불평형전류를 검출해서 인버터 출력을 차단하는 것.
    ① 인버터만 보호(검출전류 수-수십A)하고 인체는 보호 하지 않는다.
    ② 인체보호 목적으로는 누전차단기를 별도로 설치한다.

6) 인버터에서 발생하는 노이즈 및 외부 노이즈 대책
  (1) 내부 노이즈
    ① 전압과 주파수 제어를 위해 반도체 스위칭 소자를 내장하여 동작하므로 이들의 고속 스위칭 동작에 의해 노이즈가 발생한다.
       이 노이즈는 라디오나 계측기 등에 영향을 끼칠 우려가 있다.
    ② 대책 : ㉠ 인버터로부터 노이즈에 민감한 기기들을 이격한다.
              ㉡ 인버터를 실드한다.   ㉢ 노이즈 필터를 사용한다.
  (2) 외부노이즈(주회로 동력선으로부터의 노이즈) : 노이즈 필터를 설치한다.

7) 역률 개선 대책 적용시 유의점
  ① 범용 인버터에 콘덴서를 접속하여 역률개선 시 인버터에서 발생하는 고조파 전류가 확대되어서 콘덴서 자신뿐만 아니라 기타 기기에 장해를 발생시킬 위험이 있다.
  ③ 진상콘덴서는 리액터를 교류 입력측 또는 직류측에 리액터를 삽입한 다음 입력측에 설치한다.
  ⑤ 진상콘덴서를 출력측에 설치하는 것은 인버터를 파손할 위험이 있으므로 설치해서는 안 된다.

응12-97-4-2. 전기철도에서 점착력을 설명하고 점착계수를 크게 할 수 있는
           방법을 설명하시오

답)

1. 점착력 [粘着力] = 마찰력

   : 철도 차량의 동륜(動輪) 축에 작용하고 있는 하중에 차륜과 레일 간의
     정지 마찰 계수를 곱한 것.

2. 점착 계수 [粘着 係數]

   1) 차량은 차륜과 레일과의 마찰력(점착력)에 의해 구동 및 제동을 통하여,
      기동·가속·주행·감속·정지를 하고 있다.
   2) 구동력이나 제동력이 점착력을 상회하면 차륜이 공전(slip) 또는
      활주(slide)하여 버린다.
   3) 점착력을 축중(軸重)으로 나눈 수치를 점착계수라고 한다.
   4) 차륜과 레일의 상태 등에 따라서 점착계수는 크게 변하고, 건조한 철 레일의
      마찰계수는 평균 0.41정도이지만, 레일이 습윤한 우천 등에서는 저하하고,
      기름 부착의 경우에는 격감한다.
   5) 증기기관차나 구형 전기기관차는 구동 점착계수를 20% 전후로 하고 있었지만,
      교류 전기기관차의 점착계수는 30%를 넘고 있다.
   6) 고속열차에서는 점착계수를 안정시켜 공전·활주를 피하기 위해서
      답면(踏面)청소장치를 채용하고 있는 예도 있다.

3. 점착 계수 향상 방법

   1) 철로에서는 바퀴가 레일 위에서 헛돌아 바퀴의 회전속도가 커져서 바퀴만
      고속으로 회전한다.
   2) 반대로 차바퀴가 저속 또는 정지한 상태에서 미끄러지는 것을
      활동(滑動 : slid)이라고 한다.
   3) 공전은 바퀴와 레일 사이의 점착계수(마찰계수)와 무게의 배 이상의 인장력을
      내려고 하면 발생하게 되며, 일단 공전이 발생하면 인장력은 크게 줄어든다.
   4) 점착계수는 레일이 젖어 있으면 작아지는 등 장소나 기후의 영향을 받으며,
      무게도 여러 가지 원인으로 변동하기 때문에 기관차에서나 전차에서는
      가끔 공전이 일어난다.

5) 대책

① 무게(축이 받는 무게)의 변동을 적게 하며
② 무게에 따라 미리 인장력을 제어하고
③ 회전력을 크게 감소시키는 방법으로 공전이 작을 동안에
　재점착(再粘着)하도록 공전시키며
④ 모래 등을 뿌려 접착계수를 크게 하고
⑤ 공전을 검지(檢知)하여 즉시 회전력을 줄이는 방법 등을 들 수 있다.

응12-97-4-3. 전위강하법을 이용한 접지저항 측정방식에 대하여 설명하시오
답)   ==> 15년107회에 발송배전기술사에서도 출제됨(61.8% 법칙이란?)

1. 개념

변전소 접지망과 같은 대규모 접지극의 접지저항 측정법 중 가장 널리 사용되는 방법으로서, 그림과 같은 전극배열을 구성하여 전류전극(C) 사이의 거리(D)의 61.8% 되는 지점에서 측정된 저항값을 전위전극(P)의 접지저항으로 간주한다.

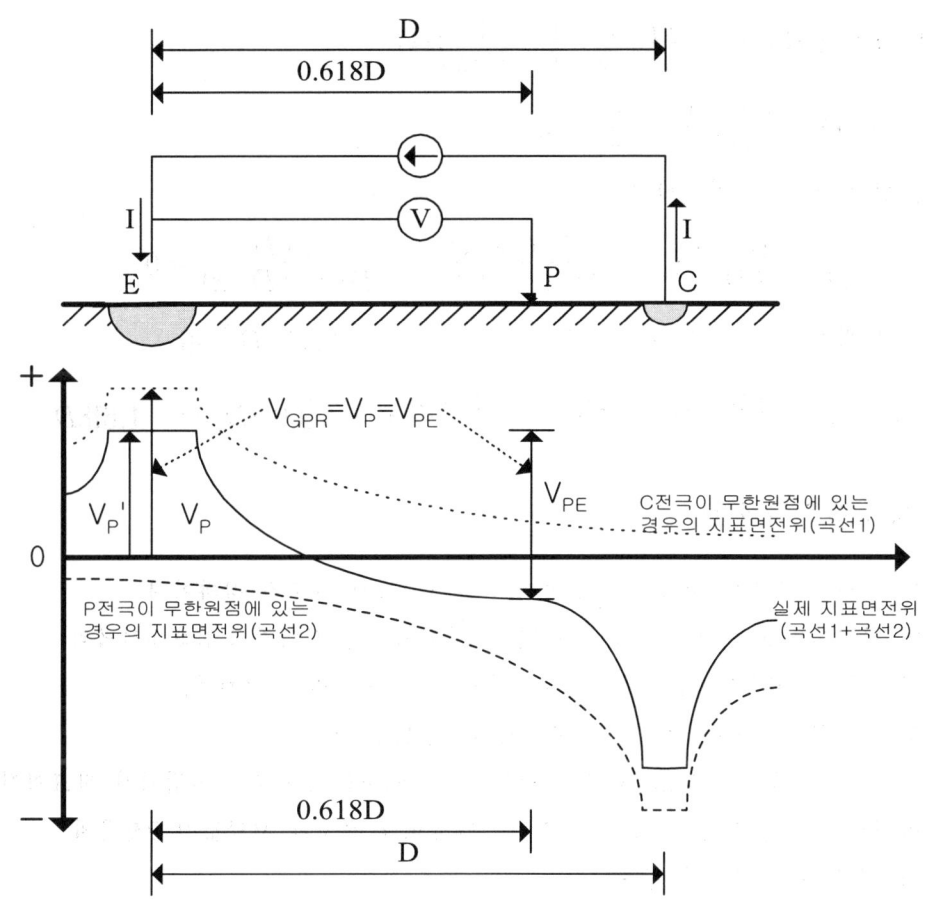

그림. 전위강하법(Fall-Of-Potential Method)의 원리

2. 접지극(E), 전위극(P), 전류극(C) 간의 접지 측정시에 관련된 응법칙 (즉, 61.8% 법칙)

1) 저항율 ρ로 일정한 균일매질에 매설된 반구형 접지전극으로부터 x만큼 떨어진 곳의 지표면전위 V(x)는 아래 식으로 구해진다.

$$V(x) = \frac{\rho}{2\pi} \frac{I}{x}$$

2) 따라서, 그림에서 실제 측정하는 전압(V)은 P전극과 E점 사이의 전압이므로 P전극의 반경을 a라고 하면, V_P와 V_{PE}는 아래식과 같이 기술할 수 있으며,

3) V_P와 V_{PE}가 같아지기 위해서는 x는 D의 61.8%되는 지점이어야 한다.

4) 이 위치에서 측정한 저항값(= V_{PE}/I)이 P전극의 접지저항값이다.

5) 61.8%법칙의 수식적 증명

① $V_P = \dfrac{\rho I}{2\pi a}$

② $V_{PE} = V_P{'} - V_E = \left(\dfrac{\rho I}{2\pi a} - \dfrac{\rho I}{2\pi D}\right) - \left(\dfrac{\rho I}{2\pi x} - \dfrac{\rho I}{2\pi(D-x)}\right)$

③ $V_{PE} = V_P$ 즉, $\dfrac{\rho I}{2\pi a} = \left(\dfrac{\rho I}{2\pi a} - \dfrac{\rho I}{2\pi D}\right) - \left(\dfrac{\rho I}{2\pi x} - \dfrac{\rho I}{2\pi(D-x)}\right)$

④ 식을 정리하면 $\dfrac{\rho I}{2\pi}\left(\dfrac{1}{D} + \dfrac{1}{x} - \dfrac{1}{D-x}\right) = 0$

따라서 $\left(\dfrac{1}{D} + \dfrac{1}{x} - \dfrac{1}{D-x}\right) = 0$

⑤ 위 식을 다시 정리하면

$$\dfrac{x \cdot (D-x)}{D \cdot x \cdot (D-x)} + \dfrac{D \cdot (D-x)}{D \cdot x \cdot (D-x)} - \dfrac{x \cdot D}{D \cdot x \cdot (D-x)} = 0$$

따라서 $xD - x^2 + D^2 - xD - xD = 0 \rightarrow x^2 + xD - D^2 = 0$

⑥ ∴ $x = \dfrac{-D \pm \sqrt{D^2 + 4D^2}}{2} = \dfrac{-1 \pm \sqrt{5}}{2} \cdot D = 0.618D \; or \; -1.618D$

3. 측정 방식(혹은 주의점)

1) 상기 결과는 대지의 저항율이 균일하다는 가정하에 유도된 결과이나,

2) 실제 대지저항율이 균일한 경우는 없어, 실측시에는 전압전극 E를 P전극의 위치로부터 C전극의 위치까지 옮겨가면서 여러 지점을 측정하여, 전압전극 위치에 따른 저항값(= V_{PE}/I)의 경향을 본다.

3) 따라서, PC전극간 거리(D)가 충분하다면 D의 61.8% 부근되는 지점에서 지표면전위가 평평해지는 것을 관찰할 수 있으며, 이 지점에서 측정된 저항값이 P전극의 접지저항값을 측정하면 된다.

4) 이때, 측정시 충분한 전극거리(D)는 P접지극 직경의 5~6배 정도로 한다.

응12-97-4-4. 풍력발전시스템의 낙뢰 피해와 피뢰대책에 대하여 설명하시오.

답)

1. 풍력발전시스템의 개요와 구성

1) 풍력발전은 풍차를 이용해 풍력을 기계적 에너지로 변환시켜 발전하는 것이다.
2) 풍력발전기는 바람에너지를 기계에너지로 변화하는 회전자와 나셀(Nacelle)로 불리는 동력장치실 내부에 동력전달장치, 증속기(Gear Box), 발전기 및 yawing장치 등이 있다.
3) 이 부품들을 지지하는 철탑과 철탑 바닥에는 무인운전을 가능케 하는 제어장치들로 구성됨

2. 피해 사례 및 양상

풍력발전기는 주로 해안가 또는 높은 지역(산의 정상 등)에 설치되는 경우가 많으므로 강도 높은 낙뢰에 직접 노출되어 있다. 피해 양상은 다음과 같다.

1) 블레이드 파손: 낙뢰 피해 중 가장 심각한 것이며, 블레이드 파손에 의한 장기간 발전기 정지에 따른 손실도 적지 않다.
2) 접지전위 상승에 의한 기기 과전압: 풍력발전시스템에 낙뢰가 있었을 경우 접지전위가 상승하여 외부로 설치된 도체가 접속되고 있는 기기에 과전압이 생긴다. 과전압이 가해진 부분에서 절연파괴가 생기고 과전류가 흘러들어 기기가 파손된다.

3. 국내외 관련기준의 현황

1) 전기설비기술기준 제6조의 2(전기설비의 피뢰)
   뇌방전으로 인한 과전압으로부터 전기설비의 손상, 감전 또는 화재의 우려가 없도록 피뢰설비를 시설하고, 그 밖에 적절한 조치를 하여야 한다.
2) 발전용 풍력설비 판단기준 제8조(피뢰설비)
   전기설비기술기준 제6조의 2 규정에 의하여 뇌방전으로부터 풍력발전설비의 손상, 감전 또는 화재의 우려가 없도록 피뢰설비를 시설하여야 하며, 풍력발전설비의 피뢰설비는 블레이드, 풍력발전기 본체, 전력기기, 제어기기 및 풍향·풍속계 등을 보호할 수 있는 피뢰설비를 시설하여야 한다.
3) IEC61400-24(풍력발전기의 뇌보호)   4) NFPA780(풍력발전기의 피뢰시스템 시설표준)

4. 풍력발전기의 낙뢰대책

1) 독립 피뢰철탑에 의한 대책
   : 뇌운의 접근 방향이 어느 정도 한정되어 있는 경우(동계뢰) 풍향을 고려하여 피뢰철탑의 위치를 선정한다.
2) 블레이드 피뢰대책: 블레이드 Type에 따라 다소 차이가 있으며, Tip에 Receptor를 설치하고 Receptor를 개량하거나 블레이드 내부의 피뢰도선을 굵게 하여 전류용량을 크게 한다. 또한, 다음과 같은 방법도 강구한다.
   ① 블레이드 자체를 기계적으로 강화 (관통 파괴 및 압력상승 파괴방지)

② 표면접착: 블레이드 표면에 알루미늄테이프 접착
　　　　　(쉽게 벗겨짐, 피뢰장치가 없는 블레이드 적용 용이)
③ 전도성 표면 물질: 도전성 물질을 블레이드 외부 중에 첨가, 전자장 차폐 효과, 유도전압 감소 효과
④ 블레이드 내외부에 설치된 인하도선과 센서 배선 사이의 유도전압 방지
　　(광케이블 또는 꼬임전선)

3) 풍향/ 풍속계의 대책
　① 풍력발전기의 제어에 중요한 관측기기인 풍향, 풍속계를 보호한다.
　② 피뢰침을 풍력발전기의 나셀 상부에 부착한다.

4) 나셀의 피뢰대책
　① 금속 하우징: 나셀 프레임의 여러 지점을 등전위본딩을 한다.
　② 비금속 하우징; 상부 돌침이 전체 나셀의 최대 45°의 보호각을 제공한다.

5) 접지 시스템
　① 통합접지 구현: 풍력발전기 타워 기초 환상접지극 활용, 가능한 접지저항는 10Ω이하
　② 등전위접지시스템: 대규모 풍력발전단지의 경우, 개별 발전기 사이의 전위차가 없도록 한다.

6) 추가 검토 사항(제8조(피뢰설비)전기설비기술기준 제6조의2규정에 의한 피뢰설비시행)
　○ 뇌방전으로부터 풍력발전설비의 손상, 감전 또는 화재의 우려가 없게 다음을 시행.
　① 피뢰설비는 한국산업표준이 정하는 피뢰레벨 등급에 적합해야 한다.
　　다만 별도의 언급이 없다면 1등급을 적용하여야 한다.
　② 블레이드의 피뢰설비는 다음 각 호에 따라 시설하여야 한다.
　　㉠ 리셉터를 블레이드 선단부분 및 가장자리 부분에 배치하되 뇌격전류에 의한 발열에 용손(溶損)되지 않도록 재질, 크기, 두께 및 형상 등을 고려할 것.
　　㉡ 블레이드에 설치하는 인하도선은 쉽게 부식되지 않는 금속선으로서 뇌격전류를 안전하게 흘릴 수 있는 충분한 굵기여야 하며, 가능한 직선으로 시설할 것.
　　㉢ 블레이드 내부의 계측 센서용 케이블은 금속관 또는 차폐케이블 등을 사용하여 뇌유도과전압으로부터 보호할 것.
　　㉣ 블레이드에 설치한 피뢰시스템(리셉터, 인하도선 등)의 기능저하로 인해 다른 기능에 영향을 미치지 않을 것.
　③ 풍향·풍속계가 보호범위에 들도록 나셀 상부에 피뢰침을 시설하고 피뢰도선은 나셀프레임에 접속하여야 한다.
　④ 전력기기·제어기기 등의 피뢰설비는 다음 각 호에 따라 시설하여야 한다.
　　㉠ 전력기기는 금속시스케이블, 내뢰변압기 및 서지보호장치(SPD)를 적용할 것.
　　㉡ 제어기기는 광케이블 및 포토커플러를 적용할 것.
　⑤ 접지시스템은 풍력발전설비 타워기초를 이용한 통합접지공사를 하여야 하며, 설비 사이의 전위차가 없도록 등전위 본딩을 해야한다.

응12-97-4-5. 최근 지자체별로 광해조례를 발표하여 관리를 하는 등 빛 공해에 관한 관심이 높아지고 있다. 이와 관련하여 빛 공해의 종류를 대별하고, 생태계에 미치는 영향 및 빛 공해 방지대책에 대하여 설명하시오.

답)

1. 광해의 종류

1) 동식물 및 생태계에 미치는 광해
2) 주거환경에 미치는 광해
3) 천공에 미치는 광해

2. 광의 생태계에 미치는 영향 및 빛 공해 방지대책

구 분	영 향	대 책
동식물 생태계	●농작물·식물→결실맺지 못함 ●포유류·파충류·조류→야행성 경우 생식에 문제 발생→종의 소멸 ●가축→ 생리나 대사기능 영향 → 생산저하	●점등시간의 제한 : 심야소등, 연간점등 스케줄 설정 타이머 이용 ●비산광 저감 : 조사대상물 이외에 빛 세어나가지 않도록 기구개선
주거환경	●수면방해 ●교통안전 방해 ●불쾌감 유발	●글레어저감-보조기구(후드,루버) ●경관화 조화
천 공	●천체관측 방해 ●지구온난화 요소(CO_2) ●불필요한 에너지 낭비	●Up Light보다는 Down Light 방식 ●각도를 좁게 한다 ●효율 높은 광원 사용 ← 사용목적 알맞은 광원

응12-97-4-6. 생체 물리현상의 계측에 대하여 설명하시오.

답)

1. 의료에 대한 센서응용 시스템

  1) 국민소득 상승과 인구구성의 고연령화로 인한 질병구조가 변화 및 의료에 대한 관심이 높아져 앞으로 의료는 질적으로, 양적으로 증가되어 갈 것이다.
  2) 이 같은 고도의료시혜의 요구와 급격히 증가된 의료수요에 대한 대처방안으로 진단치료기술의 과학화와 함께 새로운 원리에 의한 검사·진단·치료법의 개발이 요구되어 새로운 센서기술의 도입이 기대되고 있다.
  3) 의료용 센서응용 시스템 기술의 중요성
     ① 생체에서 얻어지는 각종 현상을 바르게 계측하여 평가하기 위해서는 생체에서 발생되는 각종 생체현상(물리현상, 전기현상 등)을 전기신호로 변환하기 위한 전극, 변환기, 센서의 개발이 중요함
     ② 얻어지는 미약한 전기신호를 증폭하여 표시하거나 전송하거나, 얻어지는 신호를 처리하여 진단 파라미터를 추출하는 의료용 센서응용 시스템 기술이 중요하다.
  4) 뇌기능의 계측용으로 센서응용 시스템의 개발현황과 적용원리
     ① 뇌기능의 계측을 위한 계측기술 혁신이 최근에 화제가 되고 있다.
     ② 뇌 기능의 해명을 위해서는 뇌의 형태학적 정보, 생화학적 정보 및 전기생리학적 정보가 필요하므로 이를 위한 센서응용 계측기술이 급속도로 발전하고 있다.
     ③ 형태학적 계측기술로서 X선 CT(computed tomography)를 이용하고 있으나 이 보다 더 양호한 정보를 제공하는 MRI(magnetic resonance image)가 등장했다.
     ④ 생화학적인 계측기술로서는 PET(positron emission tomograph)가 등장했다.
     ⑤ PET는 체내에 주입한 방사선 동위원소로부터 방출되는 양전자(positron)를 몸체 주위에 나열한 센서검출기들에 의해 검출하여 체내의 단층상을 영상으로 재구성하여 표시한다. 더욱이 X선 CT나 MRI에서 얻을 수 없는 생화학적인 정보가 얻어져 뇌속 어디서 어떠한 활동이 일어나는가를 정량적으로 파악할 수 있다.
     즉, 마음의 활동을 부분적이지만 측정 할 수 있다.
     PET: 양전자방사성 물질로 표지한 화합물을 사용하여 인체 횡단면의 물질 분포를 촬영하는 의학진단장치

2. 생체발전현상에 대한 계측시스템

  2-1. 뇌활동의 전기생리학적인 계측기술로서 뇌파대신에 뇌의 자장을 계측하여 표시하는 뇌자도를 이용한 계측시스템.
      : 뇌의 생체전기활동에 수반되는 자장을 SQUID(초전도 양자 간섭계)센서에 의해 측정하여 표시한 것이 뇌자도인데 이는 초전도 재료를 사용한 자장을 차폐하는 기술에 의해 가능하게 되었다.

2-2. 무구속 계측시스템

① 생체현상 계측에서 각광을 받고 있는 센서응용 측정방법 이다.
② 인체와 전선을 연결하지 않고 무선 통신수단을 이용하여 환자가 직장에서 근무를 하면서 또는 시내를 자유로이 걸어다니면서도 병의 상태에 대한 자료를 휴대용 기기에 저장할 수 있다.
③ 필요에 따라 종합병원에 바로 전송하여 전문의 진단을 받을 수 있어서 병원에 가지 않고서도 직장이나 가정에서 휴대용 생체현상 측정장치를 전화선에 연결하여 환자의 자료를 보낼 수 있다
④ 더 나아가 쌍방향 CATV나 텔레비전 전화를 이용하여 의사와 대면하여 대화하면서 진료를 받는 재택의료, 원격의료가 가능하다.
⑤ 예로, 집무를 하면서 생체신호를 측정하여 저장하거나 통신회선을 통하여 병원으로 전송할 수 있는 시스템을 들 수 있다.

2-3. symbol 적인 정보 또는 몸의 움직임 정보, 생체정보를 이용하는 시스템

1) 노약자/장애인을 위한 센서응용 시스템의 필요성
   (1) 문자나 화상, 음성 등의 정보를 전자화하여 취급하는 멀티미디어의 발달에 따라 신체기능이 저하된 노약자/장애인들에게는 정보취득이나 표현상에서 더 많은 불리를 초래하게 되어 정보사회에서의 정보장애인들을 양산하고 있다.
   (2) 그러나 이들 멀티미디어 기기들을 이용하기 위한 입력용 센서-인터페이스 기술개발로 인간기능의 일부를 대행하는 컴퓨터 및 멀티미디어 기기들이 반대로 정보장애인의 보조기구로서 활용되어 노약자/장애인들의 사회참여에 커다란 가능성을 제시하고 있다.
   (3) 지체 장애인에 대한 정보기기 활용
      ① 지체장애인은 문자 및 수화도 할 수 없는 정보발신이 어려운 정보장애인이다.
      ② 그러나 글 쓰는 것은 불가능해도 잔존기능을 활용하여 컴퓨터의 키보드 조작으로 문장을 작성할 수 있으며, 표준 키보드의 사용은 불가능하나 장애인에 적합하도록 설계된 특수 센서를 활용한 입력장치를 이용하면 컴퓨터를 이용할 수 있다.
   (4) 노약자/장애인이 사용하려고 하는 대상으로 하는 정보시스템을 조작하기 위해서는 사용자로부터 대상 정보시스템으로 어떤 종류의 정보가 보내져야 한다.
      즉, 어떤 종류의 행위나 정보가 가해져 시스템으로의 정보가 흘러 들어가야 할 것이다.
2) 상기의 목적의 입력제어 고려되는 방법은
   (1) symbol 적인 정보이용 시스템
      ① 언어나 제스쳐, 키보드의 조작 등으로 인공물과의 사이에 인간-기계의 상호정보교환 방법으로써 고려할 수 있는 것

② 특수한 형태의 키보드, 음성입력장치, 제스쳐 해독장치 등의 센싱시스템이 있음.
③ 상지나 하지 혹은 몸 전체를 효과기로써 정보 시스템에 물리적 영향을 제공할 수 있다.
④ 그러므로 인간의 각 부위의 물리적인 운동을 자동적으로 계측하여 정보시스템에 입력하는 센서 시스템의 구성이 요구된다.

(2) 몸의 움직임 정보이용 시스템
① 머리의 움직임, 손가락이나 팔의 움직임, 하지의 움직임, 기타 몸의 움직임 등으로 노약자나 장애인들이 정보 시스템에 대한 가장 간단한 조작정보를 주는 방법.
② 몸 전체를 움직여서 입력하는 방법과 몸의 여러 부분의 공간적 위치를 시계열적으로 측정하는 방법으로 3차원 공간 내의 일점의 위치를 계측하는 방법, 팔 다리의 부분적인 동작에 의한 일차원적, 이차원적인 계측 방법 등 여러 가지 방법이 있다.
③ 예로서. 마우스 대용 컴퓨터 입력장치는 3차원 가속도 센서를 응용한 것이다.
④ 이 시스템은 커서의 움직임 속도가 기존의 마우스보다는 다소 느리지만 제약 조건을 가진 상태에서 장애인들이 마우스 대용으로 사용할 수 있다.

(3) 생체정보를 이용하는 방법
① 수의적인 신호로서 근전신호(EMG)나 안구운동(EOG) 불수의적인 신호로써 심전도(ECG)나 뇌파(EEG)를 이용한 방법.
② 인체에서 발생되는 신호로서 물리적인 동작을 수반하지 않는 순순한 정보적인 신호를 정보 시스템의 입력/제어 신호로 이용하는 방법이 최근에 많이 연구되고 있다.
③ 이용될 수 있는 생체신호는 체내의 신경 임펄스의 전달에 수반되는 전위의 변화로 일반적으로 근육의 운동에서 생기는 근전신호(EMG), 안구 근육의 운동에 관계되는 안전신호(EOG) 등은 불수의적인 신호이다.
④ 또한 보다 순순한 정보적인 신호로써 뇌파(EEG) 등이 있다. 뇌파는 거의 불 수의적인 신호이지만 훈련에 의하여 수의적으로 얻을 수도 있다.
⑤ 생체신호의 이용에서 가장 유용한 신호가 뇌파이다.
⑥ 최근의 뇌파나 유발뇌파 신호의 처리방법도 주파수 성분분석 방법, 적응적인 필터에 의한 처리, 신경회로망에 의한 처리, 웨이브 렛(wavelet) 처리 등 다양하다.
⑦ 현실적으로 생체신호의 이용은 안정도나 검출력에 문제점이 많아서 실시간적인 센서시스템에의 응용은 아직 이르다.

문7. 전12-96-1-3. 직류고속도 차단기의 자기유지현상과 그 대책에 대하여 설명하시오.
답)
1. 직류고속도 차단기의 자기유지현상의 개념

1) 차단기의 자기 유지 현상이란, 차단기 트립명령 후에도 통전 상태를 유지하는 것을 말함
2) 직류차단에서 자기유지 현상 발생 이유
   ① 전류를 차단할 때 가장 적절한 시점은 전류가 0점에 도달되는 순간인데 직류에는 전류 0점이 없기 때문에 자기 유지 현상이 발생한다.
   ② 교류, 직류의 전류 0점 비교를 아래 표와 같기에, 이 현상이 발생함

교 류	직 류
•자연적으로 전류 0점에 도달 •차단기는 이 순간에 전류를 차단할 수 있음	•자연적으로 전류 0점에 도달되지 않음 •차단기는 전류 차단이 어렵다

2. 대책

1) 강제적으로 전류 0점을 발생시킬 수 있는 장치를 갖추어야 한다.
2) 직류 크기를 감소시키기 위해 유도성 회로에 저장된 에너지를 소모시켜야 한다.
3) 전류 차단에 의해 야기되는 과전압을 억제시켜야 한다.
4) 자기유지현상의 대책으로서 전류 0점 발생 방법을 적용한 차단기를 적용함
   ① 역전압 발생 방식(inverse voltage generating method)
   ② 역전류 주입 방식(inverse current injecting method)
   ③ 전류 전환 방식(current commutating method)
   ④ 발산 전류 진동 방식(divergent current oscillation method)

※ 참고사항

1. 직직류고속도 차단기의 특성

1) 저전압 대전류인 직류 전기방식에서 직류 전기는 교류와 같이 0(zero)점이 되는 순간이 없으므로 차단이 곤란하다.
  따라서 조속한 사고 검출과 차단을 위해 직류 고속도 차단기를 고장 선택장치(50F) 및 연락 차단장치(85F)와 병용하고 있다.

2) 직류고속도차단기는 교류 차단기와 달리 차단기 자체에 사고전류 검출 기능과
  차단기능을 동시에 갖는 것이 특징이 있다.

3) 유도분로와 선택특성
  : 트립코일과 병렬로 유도분로설치, 정상값 분로코일로 흐르다 돌진율이 클 때
  트립 코일 측 회로로 많이 흐르게 되어 트립 한다.

4) 트립 자유
  : 고속도차단기는 자기유지코일 여자전류에 의해 접촉자가 접촉 투입되어 있더라도
  어느 순간, 회로 상 고장지속 또는 과전류가 흐를 경우 즉시 차단 한다.

5) 자기유지
  : 변전소 내 단락사고 발생 시 역방향 대 전류가 급전 측으로 유입되는 경우
  자기유지 코일의 전류가 영(0)으로 되어도 트립되지 않은 경우가 있어서 위험하다.
  이때 수동으로 개방 유지 코일 전류를 역방향으로 하여 트립 한다.

6) 역방향 고속도 차단기의 오동작
  : 정상전류가 급격히 감소하는 경우 역방향 고속도차단기가 불요 동작하는 수가 있는데
  이의 방지를 위해 유지코일과 트립코일 자속이 쇄교 되지 않도록 한다.

7) 전류 차단
  : 소호코일 방식에서는 소 전류 차단이 곤란 공기 소호 방식을 병용한다.

나에게 가장 고귀한 사랑의 믿음을 주소서.
이것이 나의 기도이옵니다.
죽음으로써 산다는 믿음, 짐으로써 이긴다는
믿음, 연약해 보이는 아름다움 속에 강한 힘이
감추어져 있다는 믿음, 해를 입고도 원수
갚기를 싫어하여 겪는 고통의 존엄한 가치에
대한 믿음을 주옵소서!
- 마하트마 간디 [편지]

Professional Engineer Electric Application

Chapter 20

2013년 100회 문제 및 해석

국가기술자격검정시험문제 (기술사. 제100회 / 2013년 5월 시행)

| 분야 | 전기 | 자격
종목 | 건축전기 | 수험
번호 | | 성 명 | |

[제 1교시] 13문 중 10문 선택. 각 문제당 10점 (시험시간: 각 교시별 100분)

[1 교 시]

응13-100-1-1. 온도방사와 루미네센스 ? (10점이면 간단히 요약하여 1페이지로 할 것)

응13-100-1-2. 한상이 완전 지락시 GPT에 연결된 CLR에 걸리는 전압

응13-100-1-3. 순시전압강하의 원인과 대책

응13-100-1-4. 조상용 콘덴서 조작용 차단기의 선정시 고려사항

응13-100-1-5. IEC-529 에 의한 외함 보호등급(IP)과 표기방법

응13-100-1-6. 변압기의 %임피던스에 대하여 약술하시오.

응13-100-1-7. 유도전동기의 기동시 기동전류와 역률

응13-100-1-8. 직류전원계통의 장·단점?

응13-100-1-9. 과전류계전기 한시특성

응13-100-1-10. 정전기 완화를 위한 본딩접지

응13-100-1-11. 적외선 건조의 적용 및 특징

응13-100-1-12. 전기절연재료의 열화(성능저하) 요인

응13-100-1-13. 60Hz 모터를 50Hz에서 운전할 경우 특성변화?

[제2교시] 6문중 4문 선택, 각 문제당 25점. 100분

응13-100-2-1. 유도전동기의 제동방법

응13-100-2-2. 고압케이블의 활선 진단법

응13-100-2-3. 전기설비의 방폭대책에 대하여 설명하시오.

응13-100-2-4. MTBF과 MTTF 및 MTTR?

응13-100-2-5. 접지공법에서 물리적 방법 및 화학적 방법에 대하여 기술하시오.

응13-100-2-6. 직류1500V 전기철도에서 전동차에 전력을 공급하기 위해서 설치한 정류설비의 정류기 용량과 정류기용 변압기 용량이 서로 다른 이유를 설명하시오.
(단, 정류기는 직류전압 DC 1500 V, 용량 6000kW)

[3 교 시] 6문중 4문 선택, 각 문제당 25점. 100분

응13-100-3-1. 고장전류의 종류와 임피던스의 변화를 설명하시오.

응13-100-3-2. 플리커의 정의 및 경감대책에 대하여 기술하시오.

응13-100-3-3. 정전기 발생메카니즘과 정전기에 대한 완화시간(Relaxation time) 및 정전기의 종류 (대전의 구분)에 대하여 설명하시오.

응13-100-3-4. 연료전지에 대하여 설명하시오

응13-100-3-5. 유도전동기를 VVVF기동방식으로 할 경우, 발생 노이즈의 종류와 대책을 설명하시오

응13-100-3-6.응13-100-3-6. 전기자동차 전원공급설비의 기술기준에 대하여 설명하시오

[4 교 시] 6문중 4문 선택, 각 문제당 25점. 100분

응13-100-4-1. VCB의 차단성능과 차단시 이상전압 발생원인?

응13-100-4-2. 교류급전방식의 전기철도에서 3상 전원을 2상으로 변환하여 급전하는 스콧트(Scott)결선 변압기에 대하여 설명하시오.

응13-100-4-3. 열전효과에 대하여 설명하시오.

응13-100-4-4. 직렬리액터 설치시 콘덴서의 단자전압과의 관계에 대하여 설명하시오.

응13-100-4-5. 전기 동력설비의 에너지 Saving에 대하여 설명하시오.

응13-100-4-6. 3상 유도전동기와 단상유도전동기의 회전자계 발생원리에 대하여 설명하시오.

응13-100-1-1. 온도방사와 루미네센스 ? (10점이면 간단히 요약하여 1페이지로 할 것)
답)

1. 온도방사

1) 조명용으로 사용되는 전구는 온도방사를 이용한 백열전구(할로겐전구)와 루미네센스를 이용한 방전등으로 나눌 수 있다.
2) 할로겐 램프는 유리구내에 불활성 기체와 요드, 브롬, 염소등의 미량의 할로겐 화합물을 봉입하고, 할로겐 재생사이클을 응용하여 흑화를 방지하고 수명을 연장시킨 가스입 텅스텐 전구이다.
3) 온도방사는 물질의 원자 또는 분자에 열을 가하여 온도를 상승시켜 발광하게 하는 것

2. 루미네센스

2-1. 개념

1) 루미네센스는 온도방사 이외의 발광이며, 냉광(Cold Light)이라고 함.
   여기에는 반드시 어떤 자극이 필요
   ① 인광 : 자극이 제거된 후에도 일정기간 발광
   ② 형광 : 자극이 지속하는 동안만 발광
2) 온도방사는 물질의 원자 또는 분자에 열을 가하여 온도를 상승시켜 발광하게 하는 것이고, 루미네센스는 온도방사 이외의 발광
3) 루미네센스는 발광의 지속시간에 따라서 형광과 인광으로 구분
   ① 흡수된 빛이 약 $10^{-8}[sec]$초 후에 즉시 방출되는 형광(螢光)과는 달리
   ② 인광은 복사를 일으키기 위해서는 또 다른 자극을 필요로 하고 주변 환경에 따라 약 $10^{-8}[sec]$초부터 며칠 내지 몇 년 동안 지속한다.

2-2. 루미네센스(Luminescence)의 종류

1) 전기 루미네센스(Electric Luminescence)
   : 기체 또는 금속 증기내의 방전에 따르는 발광현상 대전입자 상호간 또는 원자분자 등의 충돌에 의한 발광으로 네온관, 수은 등 등이 이에 해당
2) 방사 루미네센스
   ① 어떤 종류의 화합물이 광선, 자외선, X선 등의 방사를 받아서 2파장보다 긴 파장보다 긴 파장의 발광을 하는 현상
     기체 또는 액체는 형광, 고체는 인광을 발광
   ② 형광등의 경우, 수은증기 중의 발전에 의한 X선 방사에 의해 형광체를 발광시켜 가시광선을 방출하는데 이용한다.
   ③ 방사 루미네센스는 보통 스토크 법칙을 따른다.

3) 열 루미네센스(Thermal Luminescence)
　① 금강석, 대리석 등을 가열하면 같은 온도의 흑체에서보다 더욱 강한 복사열을 발생

4) 음극선 루미네센스(Cathode Ray Luminescence)
① 음극선(전자의 흐름)이 어떤 물체를 충격할 때 생기는 발광
② 음극선 오실로 스코프의 형광판, 브라운관

5) 초 루미네센스(Pyro Luminescence)
① 알칼리금속, 알칼리 토금속 등의 휘발성 원소 또는 그 염류를 가스불꽃에 넣을 때, 금속 증기가 발광하는 현상
② 염색반응에 의한 화학분석, 스펙트럼 분석, 발염아크

6) 화학 루미네센스
① 황인이 산화할 때 발광하는 것으로서 화학반응에 의하여 직접 생기는 발광이다.
② 물질이 연소할 때 발광하는 것과는 구별된다.

7) 생물 루미네센스(Bio Luminescence)
① 반딧불, 개똥벌레, 낙지, 야광충, 발광박테리아 등의 생물이 발광하는 현상
② 반딧불을 루세페린이라는 발광물질이 세포속에 있는 산화효소 루시페라아제의 작용으로 물에서 산화될 때 발광하는 것으로 파장 470 ~ 700mm의 빛으로 발광효율이 80 ~ 90%나 된다.
③ 이에 비하면 인간이 만든 형광등의 전등효율이 고작해야 25%정도인 점을 감안하면 인간보다 훨씬 우수하다는 것을 알 수 있다.

8) 전계 루미네센스(Electro Luminescence)
전계에 의해서 고체가 발광하는 것으로 발광다이오드나 EL램프 등이 그 예이다.

9) 마찰 루미네센스(Tribo Luminescence)
각설탕, 석영 등의 결정을 어두운 곳에서 분쇄하면 청백한 발광을 볼 수가 있는데 이와 같이 물질을 기계적으로 마찰할 때 발광하는 현상을 말함

10) 결정 루미네센스(Crystalline Luminescence)
Na_2F_2(불화나트륨), Na_2Fo_4(황산나트륨)등이 용액에서 결정할 때 발광하는 현상을 말함

은13-100-1-2. 한상이 완전 지락시 GPT에 연결된 CLR에 걸리는 전압?
답)   [시험장에서는 2-4만 기록요]

1. 접지형 계기용 변압기(GPT)의 개요

   1) 영상전압이란 3상 계통의 불평형사고(지락사고)에 발생하게 되며 이것을
      검출하여 불평형사고를 보호할 수 있고, 이것이 GPT의 목적이다.
   2) 영상전압을 얻기 위해서는 크게 나누어 두 가지 방법이 있다.
      ① 즉 정상전압에서 개방 Δ결선을 이용하는 방법과
      ② 접지장치를 이용하는 방법이 있다.
   3) 접지형 계기용변압기는 개방 Δ 결선을 이용한 방법으로
      ① 계통의 지락 사고시 영상전압(극성전압)을 검출하여 지락 계전기(OVGR)를
         동작시키기 위해 설치되고,
      ② 일반적으로 자가용 배전계통의 접지방식으로서 고압의 가공선 계통 및
         소규모의 케이블 계통에는 비접지 방식이 사용되며,
      ③ 고압의 대규모 케이블 계통에는 고저항접지방식을,
         특고계통에서는 저저항 접지방식이 많이 채용된다.
   4) 영상전압의 크기는 계통 중성점 접지방식에 따라 다르다.
   5) 1선 완전지락사고의 경우에 비접지 방식이면 계통중성점이 접지점으로 이동
      하여 건전 상전압은 $\sqrt{3}$배 증가하고, 위상각도 120°에서 60°로 변하여 합성시
      $\sqrt{3}$배가 증가하여 결국 한상전압의 3배에 해당하는 영상전압이 발생하게 된다.
   그러나 직접접지 방식이면 중성점 이동은 없어 건전 상전압 및 위상각은
      변하지 않으므로 한상전압 그대로가 된다.

2-1. CLR에 걸리는 전압

   1) 비접지계통에 3상 접지형 계기용변압기를 이용한 영상전압 검출방법.

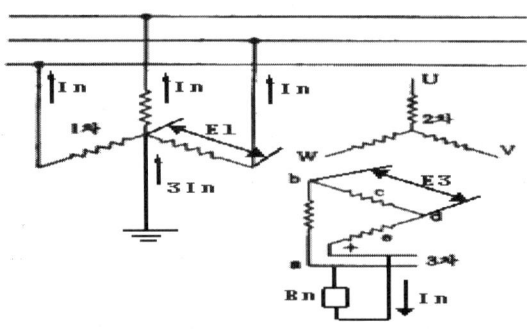

   접지형계기용변압기

   2) 1차 권선은 Y로 접속되고 그 중성점은 접지한다.
   3) 2차측은 Y접속되어 중성점을 접지한 후 정상전압을 인출하고, 주PT에 3차 권선을 갖고
      있으면 3차 권선을 오픈델타(브로우큰 델타)로 접속하여 영상전압을 얻는다.

4) 단, open△ 할 경우 A상을 open 함을 원칙으로 한다.
5) 주 PT에 3차 권선이 없을 때에는 주PT의 2차 권선에 보조PT를 접속하고 2차 권선을 Y결선하고 중성점을 접지하며, 보조PT의 2차측은 open △ 결선한다.
6) 정격3차전압은 110/3 또는 190/3이고 완전 1선지락시 오픈델타의 개방단자에 나타나는 정격 영상 3차 전압은 110V 또는 190V 이다.
   (GPT 3차측 1상의 전압은 $110/\sqrt{3}$ 이지만 3차권선에 나타난 전압은 3배의 영상전압이 나타나므로 $3 \times 110/\sqrt{3} = 190V$ 이다.)
7) 최대치는 정격전압(상전압)의 1배(직접접지계)에서 3배(비접지계)가 된다.

2-2. 영상전압의 특성

1) 영상전압의 크기
   ① 직접접지계통에서 1선 완전지락시 open △ 전압의 크기는 P.T 1대의 상전압이 그대로 나온다.
   ② 비접지 계통에서 1선 완전지락시 open △ 전압의 크기는 P.T 1대 상전압의 $\sqrt{3}$ 배에 달한다 (P.T 1차전압, 즉 계통전압이 지락사고로 인하여 중성점이 지락점으로 이동하여 $\sqrt{3}$배로 증가하여, 위상각 역시 120°에서 60°로 변하기 때문에 또다시 $\sqrt{3}$배가 증가하여 전체 3배가 증가하게 된다)
   ③ 그러므로 영상전압을 사용하는 계전기는 정격전압에 따라서 적당한 TAP의 상전압으로 맞추어 결선해야 한다.

2) 영상전압의 극성
   ① 설계기준대로 A상을 open하고 상수대로 정결선 되었다면 C상 PT의 (-)측이 영상전압의 (+)측이 된다.
   ② 그 이유는 A상이 지락사고가 발생했다고 가정하면 A상 전압은 없어지고, B상과 C상의 합성전압이 영상전압이 되며, Vector로 분석하면 그 방향은 본래 A상 전압과 반대이며 이는 PT권선을 통하여 C상 즉(-)측으로 나온다.

3) 영상전압회로사용시 주의사항
   ① 모선 PT가 각 모선마다 설치되어 있고 모선 분리운전이 가능한 것은 영상전압도 분리운전하여야 한다.
   ② 영상전압회로에는 FUSE 사용을 금한다.
   ③ 평상시에는 영상전압이 발생하지 않아 점검이 불가능하므로 케이블 색을 통일시켜서 정비,보수, 점검이 용이하도록 하여야 한다.
   ④ 영상전압케이블을 2P에서 4P로 바꾸어 2P는 open △ 의 (+)(-) 각 극에 접속하고, 나머지 2P는 B상의 각 단자를 인출하여 점검 시에 이용할 수 있도록 계획한다.

2-3. 전류제한 저항기(CLR)

1) 지락유효분 전류를 얻기 위해 오픈델타 회로에 접속하는 저항기로 중성점 이상진동 현상이 방지된다.

2) 시한정격은 30초로하는 경우가 일반적이다.
3) 저항접지계에서 계기용변압기 자체의 철공진 같은 이상현상도 방지할 수 있다.
4) CLR의 값 다음 식으로 구한다. (접지형 계기용변압기 그림참조)

① $W = I^2 R_n = 3 \cdot I_n E_1$ -----식1)

단, W : 전류제한 저항기의 용량(W).   I : 전류제한 저항기의 전류(A)
R_n : 전류제한 저항기의 저항(Ω)
I_n : 1차 영상유효분전류 1상분(A)로, 지락전류(보통 1차 영상유효분 전류)는 전류제한기(CLR)를 설치하여 $3I_n = 0.38[A]$ 이하로 선정한다.
E_1 : 1차 상 전압(V). E_3 : 3차 상 전압(V)

② $R_n = \dfrac{3E_1}{\left(\dfrac{E_1}{E_3}\right)^2 \cdot I_n}$ ③ $I_n = \dfrac{3E_1}{\left(\dfrac{E_1}{E_3}\right)^2 \cdot R_n} = \dfrac{3E_3}{\left(\dfrac{E_1}{E_3}\right) \cdot R_n} = \dfrac{3E_3}{n \cdot R_n}$

단, $n = E_1/E_3$: GPT의 턴 비율 1차상전압 / 3차상전압

2-4. CLR에 걸리는 전압

1) 결론적으로 요약 설명하면
  (1) 영상전압의 크기
    ① 직접접지계통에서 1선 완전지락시 open △ 전압의 크기는 P.T 1대의 상전압이 그대로 나온다.
    ② 비접지 계통에서 1선 완전지락시 open △ 전압의 크기는 P.T 1대 상전압의 $\sqrt{3}$ 배에 달한다 (P.T 1차전압, 즉 계통전압이 지락사고로 인하여 중성점이 지락점으로 이동하여 $\sqrt{3}$배로 증가하여, 위상각 역시 120° 에서 60° 로 변하기 때문에 또다시 $\sqrt{3}$배가 증가하여 전체 3배가 증가하게 된다)

2) 1)에 의하여 CLR은 오픈 델타의 접속되어 있어
    ① 직접접지계통에서 1선 완전지락시 open △ 전압의 크기는 P.T 1대의 상전압의 3배가 됨(즉 3E)
    ② 비접지계통에서 1선 완전지락시 GPT 3차측 1상의 전압은 110/√3 이지만 3차권선에 나타난 전압은 3배의 영상전압이 나타나므로 $3 \times 110/\sqrt{3} = 190\,V$

응13-100-1-3. 순시전압강하의 원인과 대책에 대하여 설명하시오.
답.
1. 순간고장, 순시전압강하 및 허용범위

   1) 순간고장: 전력계통의 고장, 전력공급지역의 큰 부하변동, 전기공급설비 불량 등에 의해
       발생되는 순간적인 전압저하현상인 순시전압강하와 이와 같은 이유로 인한
       순간적으로 정전되는 현상을 의미함.(5분 이내)
   2) 순시전압강하: 전력계통고장, 전력공급지역의 큰 부하변동, 전기공급 설비 불량 등에
       의해 발생되는 순간적인 전압저하 현상으로 지속시간 0.03~2초 정도 됨
   3) 일시고장 : 5분 이상의 정전되는 배전선로의 사고정전
   4) 순시전압강하의 파형과 지속시간 및 허용범위

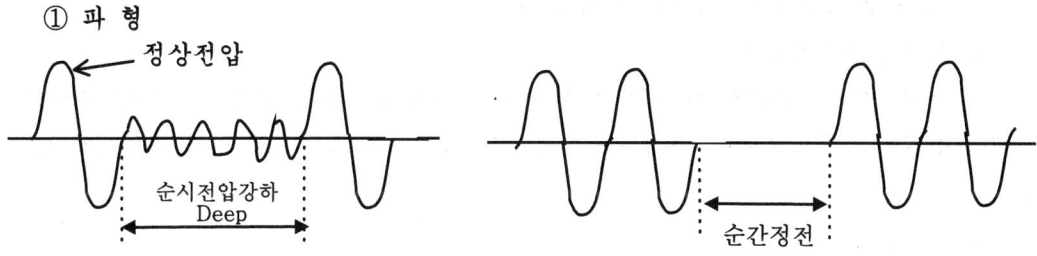

   ② 지속시간 : 보호계전기 동작시간 + 차단기 동작시간 + R/C 재폐로시간 등을 고려하여
       0.03~2초 이하 임. 전력계통고장, 전력공급지역의 큰 부하변동, 전기공급 설비불량
       등에 의해 발생되는 순간적인 전압저하 현상으로 지속시간 0.03~2초 정도됨
   ③ 사고제거 시까지의 시간 = 보호계전기 동작시간 + 차단기 동작시간
       → 6~22[kV]: 0.3~2초, 77~154[kV]: 0.1~2초, 275~765[kV]: 0.07~1초,

2. 순간고장의 원인

   1) 절연물의 열화에 기인한 것.
       ① 과열   ② Arc로 인한 애자파손, 전선단선, 변압기 손상, 개폐기 및 기타
   2) 기상적 원인에 의한 것.
       : 우기의 영향, 태풍, 폭설 등 자연재해
   3) 조류 및 수목의 접촉에 의한 것.
       ① 조류사고는 1월~4월에 가장 높고, 지구 온난화 영향으로 사계절에서 발생함.
       ② 특히 전선(애자지지부)과 접지측(완금)간에 조류 접촉에 의한 지락이 대부분이며,
           이때 Arc로 전선, 애자 등에 손상을 초래함.
       ③ 따라서, Jumper 개소나 기기 설치柱와 같은 복잡 장주에 많이 발생함.
   4) 전기사업자 측에 의한 원인.
       송변전 및 배전선로의 순간 정전을 다음같이 구체적으로 보면
       ① 순간전압강하 : 선로에 고장발생으로 차단기가 개로되는 시간동안 순간정전 발생.
       ② 사고 정전에 의한 것 :ⓐ 낙뢰, Surge에 의한 단락, 지락, ⓑ 계통의 기기소손
           ⓒ 계전기의 오동작

③ 차단기의 표준동작책무에 의한 것.
ⓐ 송변전용 차단기의 표준동작책무 : O - 0.3초 - CO - 3분 - CO
여기서 O : 차단동작, CO : 투입동작에 이어 지체 없이 차단동작을 하는 것.
ⓑ 22.9KV급 배전선로의 재폐로에 의한 것 : O - 0.3초 - CO - 3분 - CO
④ 배전선로용 보호협조기기에 의한 것(2F2D : 2초-2초-15초)
: 2F2D 동작 시퀀스를 채택한 R/C의 재폐로 동작의 예

6) 수용가 자체설비에 의한 원인
(1) 전압 강하 :
① 부하과중 (대용량설비의 돌입전류)
② 전선규격부족 및 선로의 장거리化에 의한 전압강하.
③ 고압 전동기의 plugging 현상 등
(2) 상간전압의 불평형 :
부하 각상의 불평형 및 변압기 접속, 배전사의 원인으로 인한 상간전압 불평형
(3) 플리커 : 유도전동기, 용접기에 의한 전압강하시의 플리커로 인한 전압강하 및 shock
(4) 고조파 :
Thyrister 응용기기로부터 발생되는 고조파로 야기되는 노이즈 성분의 선로침입으로
인한 전압강하 및 발열 등에 의한 전압강하

3. 수용가 측 순간전압강하로 인한 순간정전의 감소 대책
1) 수용가 파급사고 방지 대책
(1) 수전설비의 절연화 : ① 옥내화 ② Cubicle화 ③ 충전부의 절연화
(2) 수전설비를 지역별, 형태별로 표준화
① I/S를 G/S로 교체 ② 수용가용 I/S를 ASS로 강화 ③ P.F 사용
④ 인입 특고압 케이블은 수밀형(CNCV-W) Cable 적용
(3) 설비관리 개선
① MOF 개폐기류 등의 설비관리 개선
② 제작사와 관련기관 등에 품질향상에 관한 관심제고
③ 기자재 시험과 사용전 검사 등을 강화
④ 보호설비의 선정과 설정의 적정화 유도
⑤ 불량설비 개수시 금융지원 등
2) 민감한 전자기기에 대한 대응책
(1) 민감한 전자기기의 전원회로를 전용으로 구성   (2) 전용T.r 사용
(3) UPS, CVCF 등의 Custom Power 설치로 그림3의 전원교란상태에 대처함.

4. 기기 제작 측의 대책
   1) 순간전압강하에 강한 내력이 있는 기구 개발
   2) 기기나 장치에 순간전압강하 대책 채용여부를 구입자측에 알리도록 유도
   3) CVCF장치의 가격인하, 컴퓨터 내부에의 대책을 유도함
   4) 규격화, 표준화를 유도

응13-100-1-4. 조상용콘덴서 조작용차단기의 선정시 고려사항에 대하여 설명하시오

답)
1) 투입시에 과대한 돌입전류에 견디며 개방시에 회복전압에 견디고 재점호가 없을 것.
2) 전기적, 기계적으로 다빈도의 개폐에 견디며, 보수 간편 및 종합적으로 경제적 일 것.
3) 돌입전류와 이상전압을 억제하기 위해 11KV 1000[KVA] 이상의 콘덴서用으로는 보조접점이 있는 것을 사용하며, 콘덴서의 용량성리액턴스(X_C)의 10~20% 정도의 억제저항을 개폐시에만 직결로 투입되게 함.
4) 억제저항을 사용치 않을 경우는 접점에 내호금속을 사용하고, 소호용 접점과 통전용 접점이 분리된 것을 사용함.
5) 보수점검 주기가 길고 수명이 길 것.
6) 조상용 콘덴서 조작용 차단기 및 개폐기의 종류는 다음과 같이 구분 적용함
 ① 단락 보호용 차단기
  ㉠ 차단용량이 큰 것을 主 회로에 설치
  ㉡ 단락사고시 전체회로가 차단 될 것.
  ㉢ 일반적으로 VCB 또는 GCB 설치
 ② 콘덴서 조작용 차단기
  ㉠ 콘덴서 각 뱅크마다 설치
  ㉡ 콘덴서 투입 및 차단용도에 극한 할 것.
  ㉢ 일반적으로 VCB 또는 GCB 설치
 ③ 콘덴서용 개폐기
  ㉠ 고압용은 진공 개폐기 또는 가스개폐기 사용
  ㉡ 저압용은 MCCB 또는 전자개폐기 사용

응13-100-1-5. IEC-529에 의한 외함 보호등급(IP)과 표기방법 (10점으로 간단히 요약도 할 것)

답)
1. IEC 60529에 의한 외함의 표기방법

IP (International Protection) Code에 의한 표기방법은 다음과 같다.

제1 및 제2특성수에서 문자 X는 해당사항이 없음을 의미한다.
(2) 특성수, 추가문자, 보충문자의 의미
① 제1특성수
제1특성수로 나타내어지는 위험한 부분으로의 접근에 대한 보호도는 다음표와 같다.

제1 특성수	보호도	
	개요	정의
0	비보호	
1	지름 50mm이상의 외부 고체물질에 대한 보호	지름 50mm인 구 모양의 탐침이 통과해서는 안된다.
2	지름 12.5mm 이상의 외부 고체물질에 대한 보호	지름 12.5mm인 구 모양의 탐침이 통과해서는 안된다.
3	지름 2.5mm 이상의 외부 고체물질에 대한 보호	지름 2.5mm인 구 모양의 탐침이 통과해서는 안된다.
4	지름 1.0mm 이상의 외부 고체물질에 대한 보호	지름 1.0mm인 구 모양의 탐침이 통과해서는 안된다.
5	먼지 보호	먼지의 침투를 완전히 막는 것은 아니나 기기의 안전한 작동을 방해하거나 안전을 해치는 양의 먼지는 통과시키지 않는다.
6	방진	먼지를 조금도 통과시키지 않는다.

② 제2특성수
제2특성수로 나타는 위험한 부분으로의 접근에 대한 보호도는 다음표와 같다.

제2 특성수	보호도	
	개요	정의
0	비보호	
1	수직으로 떨어지는 물방울에 대한 보호	수직으로 떨어지는 물방울이 위험한 결과를 초래해서는 안된다.

2	외함이 15도 기울어져 있을 때 수직으로 떨어지는 물방울에 대한 보호	외함이 양쪽 수직면에 15도 기울어져 있을 때 수직으로 떨어지는 물방울이 위험한 결과를 초래해서는 안된다.
3	분사하는 물에 대한 보호	양쪽 수직면에 60도까지의 각도로 분사된 물이 위험한 결과를 초래하지 않아야 한다.
4	물이 튀기는 것에 대한 보호	외함을 향해 튀는 물이 어떤 방향에서도 위험을 초래하지 않아야 한다.
5	물의 분출에 대한 보호	외함을 향해 분출로 내뿜어지는 물이 어떤 방향에서도 위험을 초래하지 않아야 한다.
6	강력한 물의 분출에 대한 보호	외함을 향해 강력한 분출로 내뿜어지는 물이 어떤 방향에서도 위험을 초래해서는 안된다.
7	물의 일시적인 침투에 대한 보호	표준 압력과 시간 조건에서 외함이 일시적으로 물에 담가졌을 때 위험한 결과를 초래하지 않아야 한다.
8	물의 연속적인 침투에 대한 보호	7보다 좀더 심한 조건으로 제조자와 사용자 사이에 동의된 조건하에서 외함이 연속적으로 물에 담가졌을 때 위험한 결과를 초래하지 않아야 한다.

③ 추가 문자

추가 문자	보호도	
	개요	정의
A	손등의 접근에 대한 보호	지름 50mm인 탐침이 위험한 부분과 적당한 이격거리를 가져야 한다.
B	손가락 접근에 대한 보호	지름 12.5mm, 길이 80mm인 시험막대가 위험한 부분과 적당한 이격거리를 가져야 한다.
C	도구 접근에 대한 보호	지름 2.5mm, 길이 100mm인 시험막대가 위험한 부분과 적당한 이격거리를 가져야 한다.
D	전선 접근에 대한 보호	지름 1.0 mm, 길이 100mm인 시험막대가 위험한 부분과 적당한 이격거리를 가져야 한다.

④ 보충 문자

문자	의미
H	고압용 기기
M	장치의 가동부가 동작중에 물이 침투함으로써 생기는 위험한 결과에 관해 시험됨
S	장치의 가동부가 정지상태에서 물이 침투함으로써 생기는 위험한 결과에 관해 시험됨
W	명시된 기후조건하에서 사용하기에 적당하고 추가적인 보호 기기나 과정이 주어짐

응13-100-1-6. 변압기의 % 임피던스에 대하여 약술하시오.

답)

1. 정의

1) 변압기의 임피던스는 누설자속에 의한 리액턴스분과 권선저항에 의한 저항분이 있으며 이러한 임피던스는 변압기 내부 전압강하를 발생시키는데 이것을 임피던스전압이라고 한다.

2) 이 전압강하분이 정격전압의 몇(%)인가를 나타낸 것을 % Impedance라고 한다.

$$\%Z = \frac{Z[\Omega] \cdot I_n[A]}{V_n[V]} \times 100[\%] = \frac{P \cdot Z}{10 V^2}$$

단, V_n : 정격상전압[kV], V : 정격 선간전압[kV],
    Z : 임피던스[Ω], I_n : 정격전류[A], P : 변압기 용량[kVA]

2. %임피던스의 측정

1) 측정도

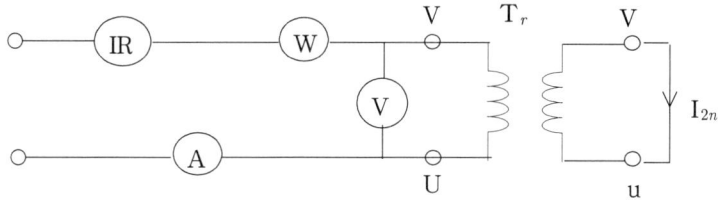

2) 방법

① 변압기의 2차 권선을 단락시키고 1차 권선에 저전압을 인가하여 정격2차 전류

(I_{2n})가 흐르는 경우의 정격 1차 전압에 대한 임피던스전압(V_n)의 백분율 비.

② 이때의 입력 P_S: 부하손(=임피던스Watt라고 하며, 전부하시의 銅損과 같다)

전압계지시 V_S : 임피던스 전압

$$\%Z = \frac{V_S}{V_{1n}} \times 100[\%]$$

3) 특성

① %임피던스가 크면 : 단락사고시 고장전류가 적다

%임피던스가 작으면 : 전압변동률이 작고 안정도가 향상

응13-100-1-7. 유도전동기의 기동시 기동전류와 역률과의 관계를 설명하시오.

답)

1. 유도전동기가 역률이 나쁘다는 사유

   1) 유도전동기는 회전자계를 만드는 고정과 권선과 도체에 유도전류가 흘어서 회전토크가 생기는 회전자로 되어 있다.
   2) 따라서 회전자계를 만드는 여자전류가 전원측으로부터 흐르기 때문에 전동기가 기동시에는 역률의 저하현상이 일어남
   3) 기동 초기의 기동전류는 거의 X에 의하여 제한되어 있고, 기동전류도 과도현상으로 증대되고, 역률도 저하됨
   4) 기동초기에는 여자전류 I_0를 무시한다면 근사적으로

      $I_1 ≒ \dfrac{V_1}{X}$ 로 되어 거의 일정하다.

      여기서, I_1 : 1차전류(유도기의 1차전류) V1 : 단자전압, X : 등가리액턴스
   5) 식1)의 형태는 변압기의 2차 단락과 동일한 상태가 되므로 기동시 역률이 급속히 나쁘게 되고, 큰 전류가 흐른다

응13-100-1-8. 직류전원계통의 장·단점에 대하여 설명하시오.
답)

1. 직류송전방식의 장점

   ① 전압의 최대치가 낮다
   - ㉠ 직류전압= 교류의 최고값의 $1/\sqrt{2}$로 절연이 용이하여 AC 보다 유리함
   - ㉡ 가공전선로의 애자수 감소, 전선 소요량 감소, 특히 초고압 가공T/L 및 케이블에서 유리함.

   ② 표피 효과가 없다.
   - ㉠ 표피효과 : 전선의 중심부 일수록 리액턴스가 커져서, 통전이 어려워 도체 표면의 리액턴스가 작은 곳으로 통전이 많음.
     즉, 표피효과의 깊이 $\delta = \dfrac{1}{\sqrt{\pi f \mu k}}$ 이므로,
     전선전체의 단면의 모든 부분을 통전한다는 의미 임.
     단, δ : 표피효과의 깊이, f: 주파수(hz), k: 도전율, μ : 투자율[H/m]

   ③ 유전손이 없다.
   - ㉠ 유전체 손 : 에서 이므로
   - ㉡ 따라서 케이블의 온도상승 요인이 저항손, 유전체손, 연피손(씨스손)에 기인하므로 직류의 유전체손이 없는 만큼, DC Cable의 온도상승은 감소 됨.

   ④ 정전용량에 무관하여 송전선로의 충전이 불필요함.

   ⑤ 무효전력을 필요로 하지 않음.
   - ㉠ (∵ 직류의 전압과 전류는 동위상이어서 $\sin\theta = 0$ 이기 때문)
   - ㉡ 따라서, 자기여자 현상이 없고, 페린티 효과도 없다.

   ⑥ 역률 1로 송전 효율 높다

   ⑦ 계통의 안정도 향상
   - ㉠ 교류계통은 송전전력 한계가 에 의해 제한되나 DC는 안정도에 영향이 없어 계통의 안정도 향상 효과가 발생
   - ㉡ 신속한 조류제어 가능으로 교류계통의 사고에 의해 발생된 주파수 교란을 직류전력제어를 통하여 제어가능 하므로, 연계계통의 과도안정도 향상
   - ㉢ 송수전단이 각각 독립운전 가능

   ⑧ 주파수 다른 계통과 비동기 연계(Back to Back System 적용가능) 가능

   ⑨ 교류 계통간을 연계할 경우 직류연계에 의해 단락용량의 증가는 없다.

   ⑩ 대지귀로 송전 가능한 경우는 귀로도체 생략

2. 직류송전방식의 단점
   ① 변환장치는 유효전력 50-60% 로 무효전력을 소비하므로 무효전력보상설비의 경비가 크다
   ② 단락전류가 적은 교류 계통에 연계시 교류 연계점에서 전압 불안정 현상 발생
   ③ 교류 계통보다 자유도가 적고 제어방식 및 차단기의 신뢰성이 제고 되어야 함
   ④ 변환 장치가 고가로 소용량 단거리 송전계통에 적용은 비경제적임.
   ⑤ 변환장치에서 고조파가 발생하므로 이의 방지 대책이 요구됨.
   ⑥ 전기부식의 우려가 크다

응13-100-1-9. 과전류계전기 한시특성에 대하여 설명하시오.

답)

1. 개요

   1) 보호계전기는 송배전 계통에 고장이 일어났을 경우 신속하게 이것을 검출하는 것이 그 임무이다.
   2) 계전기에 정해진 최소 동작값 이상의 전압 또는 전류가 인가되었을 때부터 그 접점을 닫을 때까지에 요하는 시간, 즉 동작시간을 한시 또는 시한(Time Limit)이라고 한다.
   3) 여기서 계전기를 동작시키는 최소전류를 최소 동작전류라고 한다.
      계전기를 한시특성으로 분류하면 다음과 같다.

2. 한시특성의 종류

   1) 순한시 계전기
      ① 정정(set)된 최소 동작전류 이상의 전류가 흐르면 즉시 동작하는 것으로서 한도를 넘은 양과는 아무 관계가 없다.
      ② 보통 0.3초 이내에서 동작하도록 하고 있으나 특히 그 중에서도 0.5~2사이클 정도의 짧은 시간에서 동작하는 것을 고속도 계전기라고 부르고 있다.
   2) 정한시 계전기
      정정된 값 이상의 전류가 흘렀을 때 동작전류의 크기와는 관계없이 항상 정해진 시간이 경과한 후에 동작하는 것
   3) 반한시 계전기
      ① 정정된 값 이상의 전류가 흘러서 동작할 때 동작시간을 가령 예를 들어 전류값에 반비례시킨다든지 해서 전류값이 클수록 빨리 동작하고, 반대로 전류값이 작으면 작은 것만큼 느리게 동작하는 것.
   4) 반한시성 정한시 계전기
      : 위에서 설명한 2)와 3)의 특성을 조합한 것으로서 어느 전류 값까지는 반한시 특성이지만 그 이상이 되면 정한시로 되는 것으로서 실용상 가장 적절한 한시특성이다.
   5) 그림1은 이상 4가지의 한시특성을 나타낸 것이다.

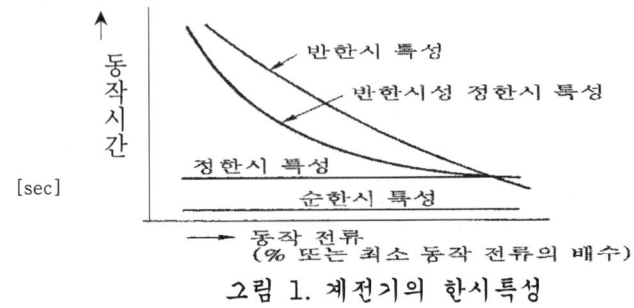

그림 1. 계전기의 한시특성

응13-100-1-10. 정전기 완화를 위한 본딩 접지에 대하여 설명하시오.
답)
1. 접지의 목적
   1) 접지는 정전기 대책 가운데서도 가장 기본적인 것으로 주된 목적은 물체에 발생한 정전기를 대지로 누설(완화)시키기 위한 전기적 누설회로를 만드는 것이다.
   2) 접지는 물체에 발생한 정전기를 대지로 누설시켜 물체에 정전기가 축적(대전)되는 것을 방지함
   3) 대전물체 근방에 있는 다른 물체의 정전유도를 방지하고 대전물체의 전위상승을 억제하여 정전기 방전을 억제한다.

2. 접지대상
   1) 정전기 대책으로서의 접지는 금속도체와 대지를 전기적으로 접속하는 것이므로 접지를 하는 대상이 되는 물체는 금속도체이어야 한다.
   2) 그러나 금속도체 이외의 것이라도 다음의 경우에는 간접접지 할 수 있다.
      ① 도전율이 1×10^{-9}[s/m] 이상인 정전기상의 도체 및 표면 고유저항이 1×10^{9}[Ω] 이하인 물체의 표면
      ② 도전율이 $1 \times 10^{-6} \sim 1 \times 10^{-11}$[s/m]인 물체의 표면. 다만 이 경우는 거의 정지상태에 가깝고 정전기의 발생이 비교적 작은 경우
   3) 또한 정전기상의 부도체 및 표면고유저항이 10^{11}[Ω] 이상인 물체의 표면은 특별한 경우 이외에는 간접접지의 대상이 아니다.

3. 접지방법
   ① 금속도체는 이것에 정전기의 발생, 대전의 가능성이 있을 때는 그 대소에 관계없이 접지를 반드시 실시하여야 한다.
   ② 복수의 금속도체가 절연물에 의해 지지되거나, 부도체 중에 혼재하여 있고 이것들이 대지에서 절연되어 있는 경우는 각각의 금속도체를 접지하든지 이들을 각각 본딩하여야 한다.
   ③ 또한 간접접지방법은 접지대상과 충분히 밀착하는 금속 도체망을 만들어 이것을 전극으로 하여 접지를 한다.

4. 접지 및 본딩 저항
   1) 정전기 대책만을 목적으로 할 때의 접지저항은 어떠한 조건에서도 1[MΩ] 이하의 저항이 확보되도록 시설되어야 함
   2) 또한 표준환경조건(기온 20도, 상대습도 50%)에서 10^{3}[Ω] 미만 이어야 하지만 실제 설비에서의 적용은 100[Ω] 이하로 관리하는 것이 보통이다.
   2) 한편 다른 목적의 접지와 공용한 경우의 접지저항은 그 접지저항만으로 충분하다.
   3) 그리고 본딩의 저항도 표준 환경조건에서 10^{3} Ω 미만이어야 한다.

응13-100-1-11. 적외선 건조의 적용분야 및 특징을 설명하시오.(01-63-1-6)
답)

1. 발열원리

   적외선 전구 또는 비금속 발열체에서 복사되는 열을 피열체의 표면에 조사하여 가열하는 방식이다

2. 용도(적용분야)

   1) 페인트 도장 후의 건조: 자동차 기타 차량의 공업, 전기 기계 기구 등의 금속제품의 건조
   2) 섬유공업에서의 응용 : 방직사의 예비건조, 염색, 직물의 수지 가공 후의 건조
   3) 도자기의 건조
   4) 인쇄 잉크의 건조 : 40[℃] 정도로 조사하여 건조
   5) 식품가공, 난방용 적외선 히터 등에 사용된다.

3. 특성

   1) 신속하고 효율이 좋으며, 표면가열이 가능함
   2) 조작이 간단, 온도조절 용이, 시간 지연이 매우 적다.
   3) 설비비가 저렴하고, 소요되는 면적이 적어도 가능함
   4) 구조는 적외선전구를 배열하는 것으로서, 매우 간단함
   5) 가열된 물체의 온도방사를 이용하는 것으로 주로 저온에 사용되고 고온을 얻기는 어렵다

4. 적외선 전구

   1) 방사에너지를 가열물에 집중시키기 위해 유리구를 특수형으로 하고, 유리구 내면을 반사경으로 함.
   2) 필라멘트의 온도는 2,200~2500[K], 파장은 1~4[μm]
   3) 방사에너지와 온도[K]와의 관계는 스테판볼츠만의 법칙에 의함

      ① $E = \phi \varepsilon \sigma T^4$, 단, ϕ : 형태계수
      ② 단, $\sigma = 5.73 \times 10^{-12} [W/cm^2 \cdot K^4]$: 스테판-볼츠만의 상수
         T : 절대온도[K], ε : 방사효율, 복사능(= 최대방사에너지에 대한 실제 방사에너지의 비)

응13-100-1-12. 전기절연재료의 열화(성능저하) 요인에 대하여 설명하시오.
답)
1. 열 열화
   1) 원인
      ① 열이 원인이 되어서 재료가 열화되는 것.
      ② 열에 의해 절연재료가 화학반응으로 물질의 변화가 발생 한 과정.
      ③ 재료의 절연특성을 저하시킬 때에는 열 열화가 일어났다고 한다.
   2) 전기기기. 케이블에서의 열열화 영향
      ① 사용되고 있는 절연재료는, 운전 중의 온도상승으로 인하여 열분해, 산화 등에 의해서 중량감소, 분자량의 저하, 용융, 결정화, 가교밀도의 증대 등이 생긴다.
      ② 때문에, 재료의 두께 감소, 공동(空洞)의 생성 등이 일어나 그 결과로서 절연내력의 저하, 절연저항의 저하 등 열화현상으로 나타난다.
      ③ 이온성불순물이 증가하여 유전손의 증대, 흡습시의 절연저항 저하 등이 생기고
      ④ 동시에 인장. 굽힘강도, 유연성, 신장율의 저하 등 경화(硬化)·포화에 따른 기계적. 물리적인 특성의 변화도 일어난다.
   3) 열열화의 진전속도
      ① 열 열화는 온도가 높을수록 일어나기 쉽다는 화학적인 반응으로 정해지는데,
      ② 그 속도정수는 알레니우스의 관계식 $k = a \exp(-E/RT)$
         (T: 온도, A, E; 재료의 고정정수, R: 기체정수, k: 속도정수)로 나타낸다.
      ③ 활성화 에너지 E 는 유기재료에서는 $8 \sim 10 \times 10^4$ [j/mol] 전후의 것이 많고, 10[℃]상승하면 수명이 반감된다는 등 경험적으로 입증이 되어있다.
      ④ E가 클수록 열 열화에 강하다. 이와 같은 것을 이용해서 내열재료가 구분되어 있다.

2. 전압열화
   1) 원인
      ① 정의: 절연재료에 전압을 인가하고 있을 때, 발생하는 열화의 타입을 말함
      ② 도체의 단부(端部) 등에서 전계가 집중되는 부분의 대기 중에서 발생하여 근접하는 절연재료의 표면을 침식하는 부분방전(표면방전),
      ③ 절연층 내의 공극·기포 등 내부의 기상으로 발생하는 미소한 부분방전(내부방전),
      ④ 도체의 결함이나 돌기 혹은 절연층 내의 이물질 같은 결함에 전계가 집중되어서 발생하며,
      ⑤ 수지상(樹枝狀)의 가느다란 공동의 방전 열화흔을 남기는 트리, 물과 전계의 공존 하에서 일어나는 수트리 등이 있다.
   2) 전압열화의 특성
      ① 인가전압과 수명과의 관계는 V-t 특성이라 하며, 경험적으로 역n승 법칙
         $L = KV^{-n}$이 이 성립된다.
         (여기서, L: 수명, V: 전압, K: 비례정수, n: 재료 및 열화기구로 정해지는 정수)

3. 기계적인 스트레스에 의한 열화

1) 클립에 의한 열화
   ① 절연재료가 동시에 구조재료로서 사용되고 있을 때, 일정한 응력이나 반복응력을 받아 생긴 열화.
   ② 클립의 정의 : 일정한 하중이 가해진 재료가 변형되어, 결국에는 파괴되는 것
   ③ 응력완화의 정의 : 일정한 변형이 장시간 계속되어서 내부응력이 완화되어 반발력이 없어지는 것이 응력완화이다.
2) 피로파괴에 의한 열화 : 응력을 반복해서 받아 파괴되는 것
3) 기계적인 스트레스 열화의 고려사항
   : 특히 전기기기는 회전진동이나 전자진동 혹은 스위치나 계전기 등과 같이, 반복해서 충격력을 받는 경우가 많고, 피로의 수명을 고려하지 않으면 안 되는 경우가 많다.

4 환경열화

1) 정의 : 자연환경에 가까운 조건 하에서의 절연재료의 열화를 말한다.
2) 원인
   ① 옥외에 방치될 때, 자외선과 산소, 온도변화, 풍우에 관계된 열화가 발생함.
   ② 물환경 하에서 절연재료에 부착하거나 침입하거나 하면, 직접적인 특성의 저하를 초래할 뿐만 아니라, 전식이나 트리가 발생
   ③ 그 이외에 화학약품, 방사선, 미생물에 의한 열화도 있다.
   ④ 원자로 주변이나 X선 등의 방사선 응용기기에 사용되는 절연재료는, 방사선의 조사로 변질된다. 이것은 일부의 프라스틱에서는 특성이 개량 되지만, 대부분의 경우에는 열화 됨.

5. 복수요인에 의한 열화

1) 복수의 요인이 복합 작용해서 열화를 일으키는 과정의 총칭인데, 실제의 절연체는 일반적으로 복합요인의 열화를 하게 된다.
2) 따라서, 그 과정은 복잡하며, 수명의 예측은 더욱 곤란하다.
3) 예 :
   ① 발전기 권선은 열, 전압, 기계력과 악화되면 水환경에 의한 열화의 요인이 겹친다.
   ② 원자력발전소용 케이블에서는 방사열, 열, 전압, 화학약품, 물이 겹치는 경우가 있다.

응13-100-1-13. 60Hz 모터를 50Hz에서 운전할 경우 특성변화에 대하여 설명하시오

답)

1. 회전속도의 변화

    : $n = \dfrac{120f}{P}$ 이므로 주파수가 50으로 변환감소되어 회전수 감소

2. 축동력 감소

    1) 축동력 : $P = QH \propto \left(\dfrac{N'}{N}\right)\left(\dfrac{N'}{N}\right)^2 \propto \left(\dfrac{N'}{N}\right)^3$, 즉 N은 주파수에 비례하므로
    결과적으로 축동력은 주파수의 3승에 비례함

    여기서, Q: 유량, H: 압력

    2) 그러므로 주파수 감소시 축동력은 주파수의 감소분의 3승에 비례하여 감소됨

3. 최대토크 증가

    1) $T = \dfrac{P}{w} = 0.974 \dfrac{P}{N}$

    2) 따라서 $T \propto \dfrac{P}{N} \propto \dfrac{N^3}{N} \propto N^2$ 가 되므로 주파수 감소시 속도 즉 주파수의 제곱에 비례하여 토크는 감소됨

4. 2차전류의 증가

    : 유도성 리액턴스는 주파수에 비례하여 감소하고 이로서 2차전류는 증가함

4. 여자전류의 증가

5. 손실감소에 따른 역률감소

6. 손실감소로 인한 온도 상승률 저하로, 냉각방식 적용하기가 용이함

8. 전압변동률은 주파수에 비례하여 감소 함.

응13-100-2-1. 유도전동기의 제동방법에 대하여 설명하시오.
답)
1. 개념
    ① 전동기나 부하기계의 Fly Wheel의 효과(GD^2)가 큰 경우는 전원을 차단해도 즉시 정지하지 않으며 회전체에 축전된 운동 에너지가 마찰손실 및 바람손실로 흡수 할 때까지 회전을 계속한다.
    ② 기동, 운전, 정지를 빈번히 행하는 경우는 작업능률을 높이기 위해 급속 정지가 필요하다.
    ③ 또한 Crane, Elevator등 중량물을 감아 내리는 경우에는 이것을 방치하면 회전체가 고속으로 되어 매우 위험하므로 속도를 제한할 필요가 있다.

2. 제동방법

   1) 전기적 제동법
       ① 직류 제동 :
           전동기를 전원에서 차단한 후 1차권선(고정자 권선)에 직류 전류를 흘려 제동 Torque를 얻는 방법이다.
       ② 역상 제동 :
           전동기의 단자접속을 변경하여 회전방향과 반대방향으로 Torque를 주어 제동 하는 방법이다.
       ③ 단상 제동 :
           1차 측의 2단자를 합쳐 다른 한개의 단자와의 사이에 단상교류를 걸어 전동기의 회전과 역방향의 Torque를 발생시켜 제동하는 방법이다.
       ④ 회생 제동 :
           회전체에 축전된 운동에너지를 전원 측으로 반환하면서 제동을 하는 방법.
       ⑤ 발전 제동 :
           전동기의 회전자를 전원으로부터 분리하여 발전기를 작용시키고 회전자의 운동 에너지를 제동, 저항에서 열로 소비시키는 방법이다.
   2) 기계적 제동
       ① 전자 Brake :
           전자석의 흡인, 개방을 이용하여 내열성 및 마찰계수가 큰 Brake Lining을 회전체(Brake Wheel)에 밀어 붙여 그 사이에 작용하는 마찰력에 의해 제동함.

3. 제동방법 선정 시의 유의점

1) 전기적 제동
   ① 마모 부분이 없다.
   ② 감속에 따라 제동력이 약해진다.
   ③ 신속한 정지를 위해 기계적 제동과 병용할 필요가 있다.

2) 기계적 제동
   ① 저속도 영역의 제동에 유리하다.
   ② 정지 후에도 제동력을 유지할 수 있다.
   ③ Brake Lining Torque는 일반적으로 전동기 정격Torque의 150%이다.
   ④ Brake Lining의 마찰과 발열에 대한 주의가 필요하다.
   ⑤ 정기적인 점검 및 조정을 반드시 필요로 한다.

응13-100-2-2. 고압케이블의 활선 진단법에 대하여 설명하시오.

구 분	진단방법 및 특징
직류성분 측정법 (활선 수트리 측정)	·수트리 발생부위는 침·평판전극의 정류작용이 나타나서 직류전류가 흐른다. 이 직류성분 전류를 검출하여 수트리를 알아내는 진단법 ·tanδ 측정치와 병용한다. ·A급 : 직류성분 0.5[mA] 이하, tanδ=0.1[%] 이하 ·B급 : 직류성분 0.5~30[mA], tanδ=0.1~0.15[%] ·C급 : 직류성분 30[mA] 이상, tanδ=0.15[%] 이상
직류전압 중첩 누설전류 측정법	·비접지계통에서 운전 중 GPT를 통해서 중성점으로부터 케이블에 직류 저전압을 인가하여 누설전류를 측정하여 절연저항에 의해 판정한다. ·50[V]의 직류전압을 인가하며 열화케이블의 경우에는 큰 누설전류가 흐른다. ·절연저항 5,000[MΩ] 이상 : 양호 ·절연저항 100[MΩ] 이하 : 불량
활선 tanδ법	·케이블 리드선에 분압기를 접속하여 활선상태로 측정한 전압요소와 케이블 절연체와 접지선에 흐르는 전류를 측정하여 그 위상차에 의해서 자동평형회로로부터 tanδ를 구하는 방법 ·특별한 고압전원장치가 필요 없으며 측정장비가 간편 ·측정 전압 한계(6.6[kV])
저주파 중첩 누설전류 측정법	·운전중인 케이블의 도체와 차폐층간에 저주파(7.5[Hz], 20[V])의 전압을 중첩하면 절연체에 유효분 및 무효분 전류가 흐르는데 유효분 전류를 검출하여 절연저항을 측정한다.
접지선 전류법	·운전 중 케이블의 수트리 상태에 따라 정전용량의 증가율 △C간에는 상관관계가 있으며, 이때 접지선에 흐르는 전류가 증가하는데 이를 측정한다. ·측정기가 소형이고 조작이 간편 ·측정 전압 한계(6.6[kV])
온도측정법	·광화이버 온도분포 센서를 이용하여 pulse가 도달하는 시간차에 의해 수트리가 발생한 위치를 특정할 수 있다.
활선 부분방전법	·운전 중 케이블이 실드 접지선에 흐르는 충전전류를 검출하여 케이블내의 부분방전 크기를 분석하여 판정한다. ·측정이 비교적 간편하고 측정 전압의 범위가 넓다 ·노이즈의 영향을 받을 우려가 있다.
초음파법(AE) Acoustic Emission	·수트리 발생부분에서의 부분방전시 생기는 초음파를 측정한다.

@@ 이 문항은 15년도 107회 발송배전기술사에서도 출제됨

응13-100-2-4. MTBF과 MTTF 및 MTTR에 대하여 설명하시오.
답)
1. 평균고장간격(Mean Time Between Failure: 평균고장간격)

   1) 정의 : 수리하여 가면서 사용하는 시스템, 기기, 부품 등에 있어서 작동시점으로부터
      고장나기까지의 평균값
   2) 특성 : 이 시스템, 기기, 부품은 평균 얼마만한 시간마다 고장이 일어나고 있는가를
      나타내는 신뢰성의 중요 지표임.
   3) 표현식 :

$$MTBF = \frac{\text{가동시간의 합계}}{\text{고장정지횟수의 합계}} = \frac{\sum \text{가동시간}}{\sum \text{고장건수}}$$

   4) 계산 예

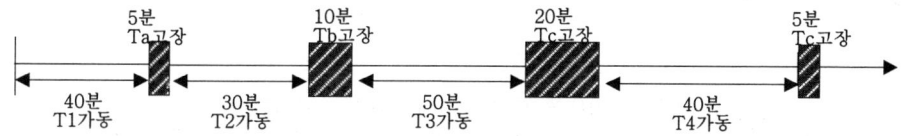

$$MTBF = \frac{160분(T_1 40분 + T_2 30분 + T_3 50분 + T_4 40분)}{4건(T_a 1건 + T_b 1건 + T_c 1건 + T_d 1건)} = 40[\text{분/건}]$$

2. 평균수리시간(MTTR : Mean Time To Repair)

   1) 정의 : 수리복구시간의 평균값으로 보전성의 척도를 나타냄
   2) 특성 :
      ① 고장이 발생하여 수리를 시작한 시점에서 정상운영 가능상태로 회복될 때까지의
         1회 고장수리 평균회복시간이 어느 정도인가를 나타냄
      ② 사후보전에 필요한 보전시간의 평균치로 이용된다
   3) 표현식 :

$$MTBF = \frac{\text{고장정지 시간의 합계}}{\text{고장정지 횟수의 합계}} = \frac{\sum \text{고장정지시간}}{\sum \text{고장건수}}$$

   4) 계산 예

$$MTBF = \frac{40분(T_a 5분 + T_b 10분 + T_c 20분 + T_d 5분)}{4건(T_a 1건 + T_b 1건 + T_c 1건 + T_d 1건)} = 10[\text{분/건}]$$

3. 평균고장수명(MTTF : Mean Time To Failure)

1) 정의 : 수리 않는 시스템, 기기, 부품 등에 있어서 사용 시작으로부터 고장날때까지의 동작시간의 평균값을 의미함
2) 특성 : 이 시스템, 기기, 부품은 얼마마한 평균 동작시간을 갖고 있는가의 척도
3) 표현식 :

$$MTBF = \frac{동작시간의\ 합계}{부품수의\ 합계} = \frac{\sum 동작시간}{\sum 부품개수}$$

4) 계산 예 :

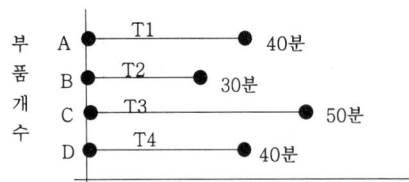

$$MTTF = \frac{160분(T_1 40분 + T_2 30분 + T_3 50분 + T_4 40분)}{4개(A 1개 + B 1개 + C 1개 + D 1개)} = 40[분/개]$$

응13-100-2-5. 접지공법에서 물리적 방법 및 화학적방법에 대하여 기술하시오

답)
1. 화학적 저감방법

  1) 접지극이 매설되는 토양의 대지저항률을 인위적으로 낮추기 위해서 사용하는 재료를 접지저항 저감제라 한다.
  2) 저감제의 조건
      ㉠ 저감효과가 크고 저감효과가 영속적일 것
      ㉡ 접지극의 부식이 안될 것
      ㉢ 공해가 없을 것
      ㉣ 경제적이고 공법이 용이할 것
  3) 저감제 종류 : 화이트아스론, 티코겔
  4) 구분
      ① 비반응형 저감제: 염, 황산. 암모니아 분말, 벤젠나이트, 문제점: 공해문제가 있음
      ② 반응형 저감제 : 화이트 아스론, 티코겔 등, 무공해 시공 가능하여 주로 작용함
  5) 저감제 시공방법
      ① 수반법 : 접지전극 부근의 대지에 저감재를 뿌리는 방법이다.
      ② 구법 : 접지전극 주변에 고리모양의 홈을 파서 그 속에 저감재를 유입시키는 방법
      ③ 체류조법 I형
        : 접지전극의 주위에 저감재를 넣어 되메우기를 하는데 구덩이의 바닥면, 벽면은 밀도가 큰 진흙 등으로 어느 정도의 방수를 하여 물의 침입을 막는 동시에 저감재가 흩어지는 것을 막는 역할도 한다.
      ④ 체류조법의 II형
        : 체류조법의 I형의 시공방법과 동일하며 그물 모양 접지전극의 경우에 시공함

6) 고려할 점

시공방법의 장·단점은 저감재의 종류나 접지전극의 종류, 공사지점의 토질에 따라 다양하고 또 작업성이나 효과의 측면도 고려하여야 하므로 어느 시공방법이 좋다고 말할 수는 없다

2. 물리적저감법

1) 수평공법
   : 접지극의 병렬접속, 접지극의 치수확대, 매설지선 및 평판 접지극, 다중 접지시이트.
2) 수직공법 : 접지봉 심타공법, 보링공법
   ① 타입법 (접지봉 심타공법)
   : 막대모양 접지전극에 대한 것으로 타입 할 구멍에 저감재를 유입하는 방법, 토질에 따라서는 보링하는 경우도 있으며 이때에는 전극의 틈새에 저감재를 주입한다.
   ② 보링법
   : 막대모양 접지전극 대신에 선모양, 띠모양 접지 전극을 포설하는 경우로 보링공법으로 구멍을 뚫어 전극을 설치한 후 그 속에 저감재를 주입시킨다.

3. 접지공법의 종류와 특징

1) 접지공사는 희망하는 접지저항치를 확보하기 위해 어떠한 접지전극을 매설하면 적합한가를 고려
2) 용지의 형상, 면적, 건조물 등의 제약 등을 고려하여 공사계획에 반영

4. 대표적인 접지공법과 특징

시공 방법			특 징			
			대지 저항율	시공 면적	경년성	경제성
물리적 저감법	봉전극	접지봉	연결식 접지봉 등을 지표에서 타입하는 간이적 시공법	낮은 장소	협소	보통 (큼)	보통
		보링법 (산어스, XIT)	보링후 전극과 도전성 물질을 충전	높은 장소	협소	우수	나쁨
	판전극	접지판 (동판접지)	금속판(90x90)을 수평 또는 수직 매설	낮은 장소	보통	우수	보통
		산어스 대상접지 (산어스 띠접지)	접지선 주위를 산어스 도전 콘크리트로 포설	높은 장소	보통	매우 우수	매우 우수
	매설지선		도선을 수평으로 포설 (형상은 직선, 방사형 등)	중간 장소	보통	보통 (큼)	보통
	메쉬공법		매설지선을 망목형상으로 하고 수평으로 매설	중간 장소	넓음	우수	나쁨
화학적 저감법	산어스 저감법		매설지선 등의 접지전극주위에 산어스를 감싸주어 묻음 (산악지형, 높은 대지저항율에 최적)	높은 장소	보통	매우 우수	보통
	전해질 저감법 (아스롱 등)		접지극 주위에 전해질계 가루나 액체를 뿌려 토양 변화 (인체, 동식물에 영향에 특히 주의해야 함)	중간 장소	보통	주의 요망 보통	

응13-100-2-6. 직류1500V 전기철도에서 전동차에 전력을 공급하기 위해서 설치한 정류설비의 정류기 용량과 정류기용 변압기 용량이 서로 다른 이유를 설명하시오.
답)　　　　　　　　　　(단, 정류기는 직류전압 DC 1500 V, 용량 6000kW)

1. 정류기와 정류기용 변압기 용량이 다른 근본적 이유

   1) 정류기의 정격용량은 직류이고, 정류기용 변압기의 용량은 교류 피상전력의 실효치이므로 근본적으로 차이가 있다.
      ① 정류기 용량 = 직류(평균) 전압 $\times$ 직류(평균) 전류
      ② 정류기용 변압기용량 = 교류실효전압 $\times$ 교류실효 전류

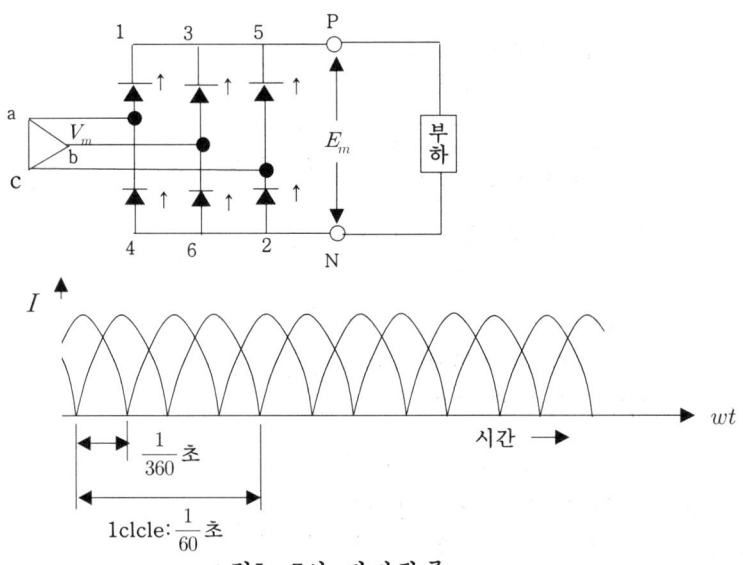

그림1. 3상 전파정류

   2) 정류기용 변압기의 직류 측 전선의 결선방식에는 여러 종류가 있으며 같은 용량의 정류기와 조합하여도 변압기의 직류 측 전선과 정류기의 결선 방법에 따라 변압기의 필요한 용량이 다르게 된다.

   3) 문제에서 제시된 3상 전파정류 방식은 3상 브리지 방식의 변압기를 나타내고 있음

2. 3상 전파정류 방식의 정류기 용량 검토

2-1. 교류 측 전압-전류와 직류 측 전압-전류와 관계

   (1) 직류전압(평균치: E)와 교류 측 전압(실효치:V) 관계

   ① 파고치에서는 $E_m = V_m$, 평균치에서는 $E_{av} = \dfrac{3V_m}{\pi}$ 상태임

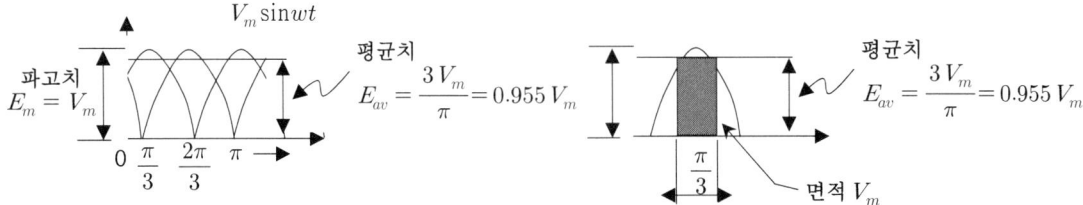

그림2. 3상전파정류 파형

① 위 그림에서 맥동전압의 평균치는 정현파의 $\frac{\pi}{3}$부터 $\frac{2\pi}{3}$까지 면적을 구하여 밑변의 길이를 나눈 값이므로

면적은 $\int_{\theta=\frac{1\pi}{3}}^{\theta=\frac{2\pi}{3}} V_m \sin\theta \cdot d\theta = V_m \int_{\frac{\pi}{3}}^{\frac{2\pi}{3}} \sin\theta \cdot d\theta$. (단, $\int \sin\theta \cdot d\theta = -\cos\theta$)

∴ 면적 $= -V_m \left(\cos\frac{2\pi}{3} - \cos\frac{\pi}{3}\right) = -V_m \left(-\frac{1}{2} - \frac{1}{2}\right) = V_m$

② 평균치 : $E_{av} = \frac{V_m}{\frac{\pi}{3}} = \frac{3V_m}{\pi} = \frac{3}{\pi}\sqrt{2} \cdot V = 1.35 V [V]$

(여기서, 교류의 실효치 $V = \frac{V_m}{\sqrt{2}}$이므로 $V_m = \sqrt{2}V$를 대입)

(2) 직류전류와 교류전류관계

① 교류 실효치는 전류를 I, 직류 순시치 전류를 I_d라고 하면 3상 정파정류의 경우 반파($180° = \pi$)동안 3상변압기 직류 측 각 권선에는 전기각 $\frac{2}{3}\pi(=120°)$기간만 전류가 흐르게 됨

② 이 때, 교류 실효치 전류 $I = \sqrt{\frac{I_P^2 \times \frac{2}{3}\pi}{\pi}} = I_P \cdot \sqrt{\frac{2}{3}} = 0.816 I_P$가 됨

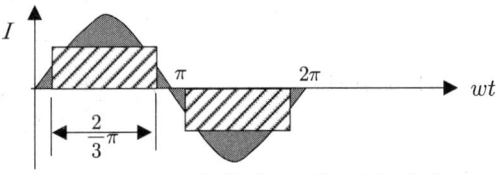

그림3. 정류기 교류 실효전류

(3) 정류기용량(Q[kVA]) 계산식:
$Q = \sqrt{3} \times$전압실효치$\times$전류실효치$\times 10^{-3} = \sqrt{3} VI \times 10^{-3}$

($V = \frac{E_{av}}{1.35}$, $I = \sqrt{\frac{2}{3}} \times I_P = 0.816 I_P$. 단, I_P는 직류 평균전류)

∴ $Q = \sqrt{3} \times \frac{E_{av}}{1.35} \times 0.816 I_P [kVA]$이다.

3. 변압기 용량 검토 및 정류기 용량과 정류기용 변압기 용량 비교검토

제시된 정류기는 직류전압 DC 1500 V, 용량 6000kW이므로

1) 전압실효치: $V = \frac{E_{av}}{1.35} = \frac{1500}{1.35} = 1,100 [V]$

부하 시 변압기, 정류기 및 리액턴스 전압강하를 고려하여 1,200[V]로 함

2) 전류실효치: $I = I_P \times \sqrt{\frac{2}{3}} = 4,000 \times \sqrt{\frac{2}{3}} ≒ 3,265 [A]$

여기서, $I_P = P/V$에서 $6,000 \times 10^3 / 1,500 = 4,000 [A]$

3) 주어진 정류기 용량에서 변압기 용량을 구하면

$Q = \sqrt{3} VI \times 10^{-3} = \sqrt{3} \times 1200 \times 3265 \times 10^{-3} = 6786 [kVA]$

4) 따라서 변압기 여유 및 용량 단순화를 위해 7000[kVA]용으로 선정하므로 당연히 <u>변압기용량이 정류기 용량보다 크게 됨</u>을 알 수 있음

응13-100-3-1. 고장의 종류와 임피던스(Impedance)의 변화를 설명하시오.

답)

고장 종류	고장 조건(기지량)	계산식(미지량)
1선 지락고장	1단자(a상) 지락시 $V_a = 0$ $I_b = I_c = 0$	$I_a = \dfrac{3E_a}{Z_0 + Z_1 + Z_2}$ $V_b = \dfrac{(a^2-1)Z_0 + (a^2-a)Z_2}{Z_0 + Z_1 + Z_2} E_a$ $V_b = \dfrac{(a-1)Z_0 + (a-a^2)Z_2}{Z_0 + Z_1 + Z_2} E_a$ (E_a: 고장 직전의 고장점 전압)
2선 지락고장	2단자(b,c상) 지락시 $I_a = 0$ $V_b = V_c = 0$	$I_b = \dfrac{(a^2-a)Z_0 + (a^2-1)Z_2}{Z_0(Z_1+Z_2) + Z_1 Z_2} E_a$ $I_c = \dfrac{(a-a^2)Z_0 + (a-1)Z_2}{Z_0(Z_1+Z_2) + Z_1 Z_2} E_a$ $V_a = \dfrac{3 Z_0 Z_2}{Z_0(Z_1+Z_2) + Z_1 Z_2} E_a$
선간단락고장	2단자(b,c상) 단락시 : $I_a = 0$, $V_b = V_c$, $I_b + I_c = 0$	$I_b = \dfrac{(a^2-a)}{Z_1 + Z_2} E_a = \dfrac{E_{bc}}{Z_1 + Z_2}$ $V_a = \dfrac{2 Z_2 E_a}{Z_1 + Z_2}$ $V_b = V_c = \dfrac{Z_2 E_a}{Z_1 + Z_2}$
3상 단락 고장	3단자 단락시 $V_a = V_b = V_c = 0$ $I_a + I_b + I_c = 0$	$I_a = \dfrac{E_a}{Z_1}$ $I_b = \dfrac{a^2 E_a}{Z_1}$ $I_c = \dfrac{a E_a}{Z_1}$ $I_{2s} = \dfrac{\sqrt{3}}{2} I_{3s}$: 선간단락 전류는 3상단락전류의 86.6%
비 고	Z_0: 영상임피던스 Z_1: 정상임피던스 Z_2: 역상임피던스	

● 참고 문제1

문-1. 전력계통에서 3상 단락전류의 시간적 변화를 계산하기 위하여 IEC 단락전류 계산방법을 적용하고자 할 때

가) I_k'', I_p, I_b, I_k의 의미와 계산하는 방법을 설명하시오.
  I_k'' (Initial symmetrical short circuit current)
  I_p (peak short circuit current)
  I_b (symmetrical breaking current)
  I_k (steady state short circuit current)

나) I_p, I_k 계산결과를 고압 및 저압 차단기 정격선정에 적용하는 방법

다) I_p, I_k 계산결과를 보호계전기 협조에 적용하는 방법

답)

1. 단락전류의 형태

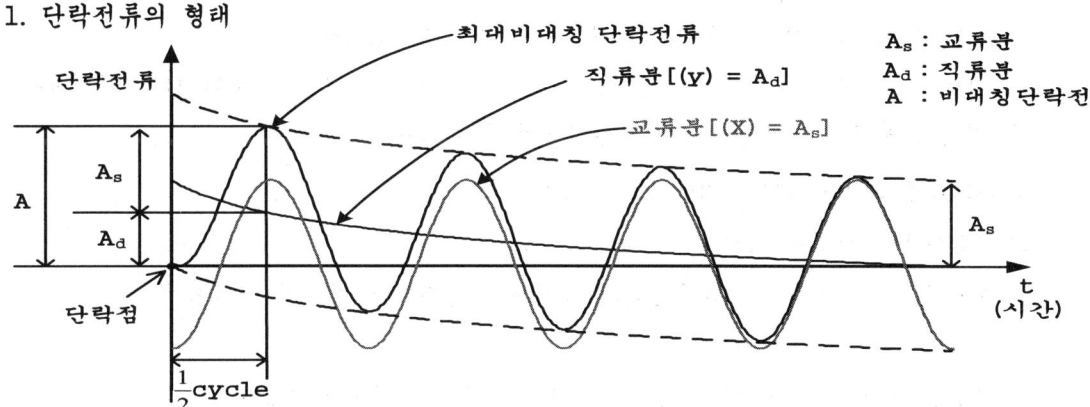

2. 3상 단락전류의 시간적 변화를 계산시 적용하는 4가지 전류의 의미

1) I_k'' (initial symmetrical short circuit current)
   : 차 과도리액턴스에 의해서 제한되는 초기 대칭 단락전류.
2) I_p (peak short circuit current): 단락전류의 최대치.
3) I_b (symmetrical breaking current)
   : 차단기 접점이 개극 되는 순간에 흐르는 대칭 단락전류.
4) I_k (steady state short circuit current)
   : 과도상태가 지난 후에 정상상태로 되었을 때 흐르는 전류.

3. 3상단락전류의 시간적 변화를 계산시 적용하는 4가지 전류의 계산방법

1) I_k'' (initial symmetrical short circuit current)
   ① 초기과도전류의 교류 실효치로, 표현식: $I_k'' = \dfrac{c V_n}{\sqrt{3} \times Z_k}$

   단, V_n:공칭전압, Z_k:고장상태에서의 등가임피던스, c: Voltage Factor

공칭전압 Vn		Voltage Factor	
		최대단락전류	최소단락전류
저전압	1000V 이하	1.05	1.00
중간전압	1kV 초과 35kV이하	1.10	1.00
고전압	35kV 초과 230kV 이하	1.10	1.00

② 초기과도전류는 고저압의 퓨즈 차단용량을 결정하는데 사용되고 또한 다른 계산의 기초가 된다

2) I_p (peak short circuit current)

① 초기과도전류의 최대치는 첫 주파수의 파고치로 적용식은, $I_P = \sqrt{2} \times \dfrac{X}{R} \times I_k''$

② 초기과도전류의 최대치는 차단기의 투입정격을 결정하는데 사용되고 또한 단락전류에 의한 기계적인 힘을 계산하는데 적용된다.

3) I_b (symmetrical breaking current)

(1) 대칭 차단전류는 다음 두가지 방법으로 계산한다
　① 동기기의 경우, $I_b = \mu I_k''$　　② 비 동기기의 경우, $I_b = \mu q I_k''$
　③ 여기서, μ와 q 는 교류전류의 감쇄원인이 되는 요소

(2) 교류전류의 감쇄원인이 되는 요소
　① 각 기기의 단락전류에의 기여도　　② X/R Ratio
　③ 차단기의 개극시간　　④ 회전기의 특성에 따라 달라지는 계수

(3) 이것은 차단기의 차단용량을 계산하는데 적용 된다

4) I_k (steady state short circuit current)

① 정상상태의 전류의 적용식 : $I_{k-\max} = \lambda_{\max} \times I_{rG}$,　$I_{k-\min} = \lambda_{\min} \times I_{rG}$
　여기서, λ : 발전기의 유기전압과 초기대칭 단락전류 사이의 비율함수
　　I_{rG} : 발전기의 등급

② 이것은 발전기의 단락비 또는 동기임피던스를 고려하는데 참고가 된다.

4. I_b, I_k 계산결과를 고압 및 저압 차단기 정격선정에 적용하는 방법

1) I_k'' (초기 대칭단락전류) : 저압퓨즈, MCCB의 정격용량 선정시 적용

2) I_p (최대단락전류) :
　① 차단기 투입정격과 단락전류에 의한 기계적인 강도(기계적 과전류 강도)를 결정
　② bus의 기계적 강도에 적용

3) I_b (대칭단락전류) : 차단기의 차단용량 경정시 적용

4) I_k (정상상태 단락전류) : 발전기의 단락비 또는 동기 임피던스를 고려한 전류

5. I_b, I_k 계산결과를 보호계전기 협조에 적용하는 방법

1) I_k'' (초기 대칭단락전류) : E/Y 순시 탭 선정시 적용

2) I_b (대칭단락전류) : 차단기의 차단용량 결정시 적용

3) I_k (정상상태 단락전류) : 보호 계전기의 한시 TAP 정정시 사용

6. 단락전류의 종류

고장 전류	Cycle	발전기	회전기	전동기	사용
First Cycle	1/2		x_d''	$x_d'' \times (1.0 \sim 1.2)$	케이블굵기, 순시Tap, ACB, PF선정
Interrupting	3~8	x_d''	x_d'	$x_d'' \times (1.5 \sim 3.0)$	고압 및 특고압 차단기 용량산정
Steady state	30	x_d'			한시Tap 선정

● 참고 문제2

문 -2. 고장전류계산의 목적과 고장전류의 형태 및 종류에 대하여 설명하시오

답)

1. 고장전류계산의 목적

   1) 차단기의 차단용량 결정
   2) 보호계전기의 정정 및 보호협조검토
   3) 전력기기의 기계적강도 및 정격결정
   4) 통신유도장애 및 유효접지조건의 검토
   5) 케이블의 사이즈 선정 검토
   6) 순시전압강하 등 계통의 구성검토 등

2. 고장전류의 형태

   일반적으로 계통에서는 3상 단락은 드문 경우이고 대부분 1선 지락, 2선지락,
   선간단락과 같은 불평형 고장이어서 각 계통에서는 비대칭전류가 흐른다.

   1) 고장전류의 성분
      ① 고장전류는 그림과 같이 횡축에 대하여 비대칭 전류가 흐르며,
         이 전류는 횡축에 대하여 대칭분 교류성분과 DC성분으로 구분함
      ② 고장전류 속에 포함되어 있는 직류분은 회로정수(X/R비)에 따라 크기가 결정되고,
         시간과 함께 감소함
   2) 고장전류의 형태
      ① 대칭전류: ㉠ 대칭단락전류 실효치란 고장전류 가운데 교류분만의 실효치임
                 ㉡ ACB, MCCB, FUSE선정시 이 전류값에 의하여 선정함
      ② 비대칭전류
                 ㉠ 비대칭단락전류 실효치란, 고장전류에 포함되어 있는 직류분을 포함한 전류의 실효치
                 ㉡ 구분 : 최대비대칭단락전류 실효치, 최대비대칭단락전류 순시치,
                         3상 평균비대칭 단락전류 실효치로 구분됨

3. 고장전류의 종류

3-1. 초기과도전류(First cycle fault current)

1) 정의 및 특징
   ① 1/2사이클 시점의 고장전류　　② 모든 단락전류에 대하여 고려
   ③ 모든 회전기는 차과도 리액턴스(x_d'')를 적용
2) 적용
   ① 케이블의 굵기 선정　　② 변성기 정격검토　　③ 계전기의 순시 탭 정정
   ④ 저압차단기의 차단용량 선정　⑤ 순시치 탭(IIT)정정　⑥ PF용량 선정

3-2. 과도전류(Interrupting fault current)

1) 정의 및 특징
   ① 차단기의 접점이 개시되는 시점(3~5사이클)의 고장전류
   ② 모든 단락전류에 대하여 고려
   ③ 발전기는 초기 과도리액턴스, 기타 회전기기는 과도리액턴스(x_d')를 적용
2) 적용 : 고압 및 특별고압용 차단기 차단용량 선정에 적용

3-3. 정상상태전류(Steady state fault current)

1) 정의 및 특징
   ① 계통 임피던스의 변화가 안정된 시점의 고장전류 또는
      보호계전기 동작시험에 30 사이클 고장전류를 말함
   ② 발전기, 한전계통의 단락전류에 대하여 고려한다.
   ③ 발전기는 과도리액턴스(x_d)를 적용
2) 적용 : 보호계전기 한시 탭 정정에 적용함

응13-100-3-2. 플리커의 정의 및 경감대책에 대하여 기술하시오.
답.
1. 정의

   Flicker란 부하특성에 기인하는 전압변동에 의하여, 조명이 깜박이든지, TV의 영상이 일그러진 현상을 말하며, 이 현상이 어느 정도 이상이 되면 심각한 불쾌감을 느끼게 된다.

2. 발생원인
   1) 임피던스 변동이 심한 부하에서 크게 나타남
   2) 병원 : X선 장치. 3) plant : 전기용접기, 유도로, 저항로, 아크로, 유도전동기
   4) 가정 : 단상유도 전동기 기동 전류

3. 기준
   1) 기준치

구 분	허용기준치	비 고
예측 계산시	2.5% 이하	최대전압 강하율로 표시
실 측 시	0.45V이하	ΔV_{10}로 표시하며, 1시간 평균치

   2) 기준을 정하는 사유 : 같은 크기의 전압변동이라도 깜박임의 감은 변동주기에 따라 달라지므로 모두 10[Hz]로 환산한 전압변동을 플리커의 기준으로 함.

4. 크기
   1) 10Hz를 환산한 전압변동 ΔV_{10}을 크기의 척도로 사용
   2) 표현식 : 전압변동을 주파수 분석했을 때 f_n(Hz)의 전압변동이 ΔV_{10} 이면,

   그 표현식은 $\Delta V_{10} = \sqrt{\sum_{n=1}^{n}(a_n \Delta V_n)^2}$

   단. a_n : 깜박임 시감도 계수, ΔV_n : $\delta_n [Hz]$ [Hz]에서의 전압변동의 크기

   3) 즉, ΔV_{10}이란(프리커가 1 응라는 것), 교류전압이 99V에서 100V 까지 1초 동안 10회 변화하는 것이며 $\Delta V_{10} = 1[\%]$ 을 말한다.

5. 영향
   1) 정밀기기의 오동작
   2) T.V등 모니터의 화면 불량
   3) 명시도 저하 및 불쾌한 감정 유발로 아래 그림과 같은 현상을 유발 한다. 특히 전압 플리커는 수 Cycle ~ 10 cycle정도가 가장 민감하게 느껴짐.

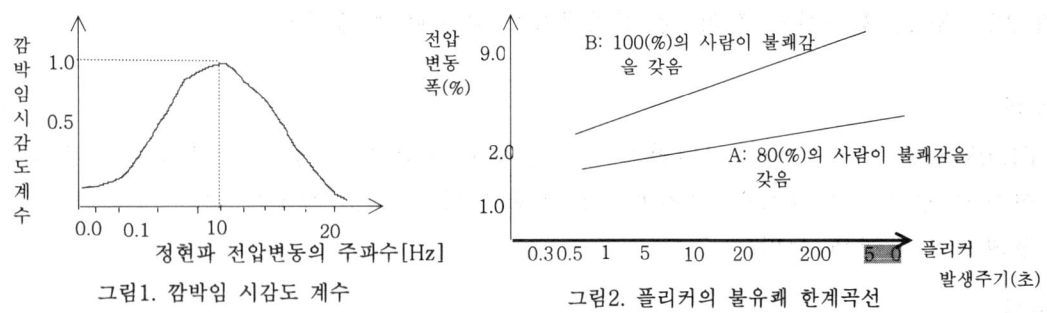

그림1. 깜박임 시감도 계수 그림2. 플리커의 불유쾌 한계곡선

6. 플리커 경감대책

1) 전력공급 측 측면

(1) 저압 배전선의 대책
① 플리커를 발생하는 동요부하는 별도의 변압기로 공급
② 내부임피던스가 작은 변압기로 공급
③ 저압 배전선 규격의 상위용량 (기준보다) 적용
④ 저압 뱅킹 방식, 저압 Network 방식채용
⑤ 단상 3선식 배전선의 경우 밸런서를 설치

(2) 고압 배전선에 대한 대책
① 전선의 굵기를 크게 한다 (전선규격 상위적용)
② 전용선 공급
③ Loop배전방식으로 공급
④ 직렬콘덴서 설치
⑤ 전압의 승압

2) 수용가측 대책

(1) 전원 계통의 유도성 리액턴스 성분을 보상
① 직렬 콘덴서 설치   ② 3권선 변압기사용

(2) 전압강하를 보상하는 방법 ($\Delta e = I(R\cos\theta + X\sin\theta)$)
① 즉, 上記式의 X의 보상으로 Q-V Control 시행
② Booster 방식. ③ 상호 보상 Reactor 방식

(3) 단주기 전압 변동에 대한 무효전력 변동분 흡수
① 동기 조상기와 Reactor 채용
② SVC의 적용 (TSC 방식, TCR 방식)
(특히 SVC의 응답특성은 0.04 sec로 flicker 대책용으로 매우 효율적)

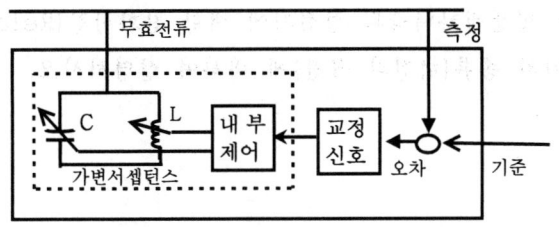

그림3. SVC 제어 구성 개념도

(4) 플리커 부하전류의 변동분 억제를 위한 다음 방법을 적용.
   ① 직렬리액터 방식
   ② 직렬리액터 가포화 방식.

응13-100-3-3. 정전기 발생메카니즘과 정전기에 대한 완화시간(Relaxation time) 및
정전기의 종류(대전의 구분)에 대하여 설명하시오.

답)

1. 정전기의 정의

   1) 공간의 모든 장소에서 전하의 이동이 전혀 없는 주파수(f)가 0인 전기
   2) 실제적으로 생활상 정전기란 多少의 전하가 있을 때의 반응으로써, 이 반응시 미소전류로 인한 자계효과는, 정전기 자체의 전계효과보다 매우 적어, 정전기에 의한 효과란 통상적으로 전계효과에 의해 지배된 현상임.
   3) 따라서 구체적인 정전기의 정의를 보면
      " 電荷의 공간적 이동이 적고 그것에 의한 磁界효과는 電界에 비해 무시할 수 있는 만큼의 적은 주파수(f)가 "0"인 電氣로 정의됨.

2. 정전기의 발생 메카니즘 [예상문제? 정전기에 대한 개념을 일함수로 설명하시오]

   1) 안정된 물체內의 자유전자가 외부자극(마찰, 박리, 진동, 유동, 충돌, 분출, 파괴 등)에 의해 구속전자의 구속에서 풀려질 때, 자유전자는 입자외부로 방출됨.
   2) 이때 방출된 자유전자는 최소에너지인 일함수(Work function)에 의해 그 크기가 결정됨.
   3) 이로써, 두 물체의 접촉시 일함수의 차로서 접촉전위가 발생되며,
      일함수의 차이는 $V = \phi_B - \phi_A$ (ϕ_A, ϕ_B : A물체, B물체의 일함수)
   4) 즉, 두 물체의 표면에서 표면으로 전자가 이동하여, A물체는(+)로, B물체는(-)로 되는 전기적 2중층 형성되며, 두 물체간의 접촉전위는 $V = \phi_B - \phi_A$ 가 됨.
   5) 다음 물체의 분리,
      즉 전기이중층 분리가 진행되면, 접촉전위 $V = \dfrac{Q}{C}$ (왜냐하면 $Q = CV$)에 의한
      해석上 $C = \dfrac{\partial S}{d}$ (F)의 정전용량에 의한 역류현상 수반이 있음.
   6) 이후, 분리된 물체中의 발생전하는 누설과 재결합의 과정으로 소멸됨.

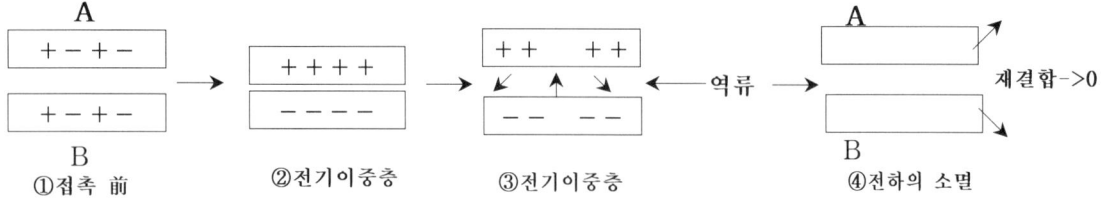

①접촉 前   ②전기이중층   ③전기이중층   ④전하의 소멸

3. 정전기의 완화시간과 영전위시간

   1) Relaxation time(완화시간) 정의 :
      Relaxation time(완화시간)이란 절연체에 발생한 정전기가 일정장소에 축적되었다가 점차 소멸되는데, 처음 값의 36.8%의 값으로 감소되는 시간을 말함.
      이는 그 물체에 대한 시정수로도 불리어짐.

2) 영전위시간

① 영전위 소요시간(sec) : 전하가 완전소멸 될 때까지의 소요시간(T)

② 표현식 : $T = \dfrac{18}{전도도}$ ④ 전도도 : Picosiemems/meter임.

③ 액체의 전도도에 따라 반대극성 전하에 의해, 상호 상태작용이 있을 때, 전하가 완전히 소멸될 때까지의 소요시간 (T)임

3) 정전기의 완화시간 결정요소

① 대전체의 저항, 정전용량, 고유저항, 유전율에 의함.

② 즉 $RC = \rho \varepsilon$ 인 요소이며, 이때 R : 대전체의 저항(Ω), C(F) : 정전용량, ρ : 고유저항(Ω-m), ε : 유전율(F/m)임.

③ 따라서 고유저항, 또는 유전율이 큰 물질일수록, 대전상태는 오래 지속됨.

④ 일반적으로 완화시간은 영전위 소요시간의 1/4 ~ 1/5 정도임.

4. 정전기의 대전의 종류

4-1. 마찰에 의한 발생 { 즉 , 공장에서 발생되는 정전기의 가장 큰 원인}

1) 두 물체의 마찰이나 마찰에 의한 접촉위치의 이동으로 전하의 분리 및 재배열이 일어나서 정전기가 발생하는 현상을 말하며,

2) 분리의 과정을 거쳐 정전기가 대표적인 예로써 고체, 액체류 또는 분체류에 의해서 일어나는 정전기는 주로 이러한 마찰에 기인한다.

3) 예로 유리봉을 모직물로 마찰하면 유리봉에 발생하는 정전기와 모직물에 발생하는 정전기는 서로 다른 성질을 갖는 것을 알 수 있다.

　　① 전자(유리봉)를 (+)전기,　　② 후자(모직물)를 (-)전기라고 한다.

4-2. 박리에 의한 발생

1) 서로 밀착되어 있는 물체가 떨어질 때, 전하의 분리가 일어나 정전기가 발생하는 현상을 말한다.

2) 이 현상은 접촉면적, 접촉면의 밀착력, 박리속도 등에 의해 정전기 발생량이 변화하며 일반적으로 마찰에 의한 것보다 더 큰 정전기가 발생한다는 것이 여러 실험에 의해 알려져 있다.

4-3. 유동에 의한 대전

1) 액체류가 파이프 등 고체와 접촉하면 액체류와 고체와의 경계면에 전기이중층이 형성되어 이때 발생된 전하의 일부가 액체류와 함께 유동하기 때문에 정전기가 발생하는 현상으로써, 정전기의 발생에 가장 크게 영향을 미치는 요인은 액체의 유동속도이다.

2) 또한 액체흐름의 상태(층류인가 난류인가)에도 관계가 있으므로, 굴곡, 밸브, 유량계의 오리피스, 스트레이너 등의 형태와 수에도 관계가 깊고 또 파이프의 재질과도 관계가 있다.

4-4. 분출에 의한 발생

1) 분체류, 액체류, 기체류가 단면적이 작은 분출구를 통해 공기 중으로 분출될 때, 분출하는 물질과 분출구와의 마찰로 인해 정전기가 발생한다.

2) 이 경우 분출되는 물질과 분출구를 물질과의 직접적인 마찰에 의해서도 정전기가 발생하지만, 실제로 더 큰 정전기를 발생시키는 요인은 분출되는 물질의 구성입자들 간의 상호충돌이다.
3) 유체가 분사할 때 순수한 가스자체는 대전현상을 나타내지는 않지만, 가스 내에 더스트(Dust), 미스트(Mist) 등이 혼입하면 분출시에 대전한다.
4) 사례) 고압스팀의 분출, 금속노출~고무 호스관에서의 인화성 물질화재

4-5. 충돌에 의한 발생
 1) 분체류와 같은 입자 상호간이나 입자와 고체와의 충돌에 의해 빠른 접촉, 분리가 행하여짐으로써 정전기가 발생하는 현상이다.
 2) 예 : 스프레이건을 이용한 벽체도장

4-6. 파괴에 의한 발생
 1) 고체나 분체류와 같은 물체가 파괴되었을 때 전하분리 또는 정·부전하의 균형이 깨지면서 정전기가 발생한다.

4-7. 교반(진동)이나 침강에 의한 발생 (그림6 참조) 혹은 침(심)강대전 및 부상대전
 1) 액체가 교반될 때 대전한다.
 2) 탱크로리나 탱커는 수송 중에 대전하므로 접지하도록 규정하고 있다.
 3) 이 밖에 액체 내에 비중이 다른 액상물, 고체, 기포 등이 분산, 흡입되어 이것이 침강 또는 부상될 때 액체류와의 경계면에서 전기이중층이 형성되어 정전기가 발생한다.
 4) 침강대전, 부상대전은 액체의 유동에 따라 액체 중에 분산된 기포 등 용해성의 물질(분산물질)이 유동이 정지함에 따라 비중차에 의해 탱크 내에서 침강 또는 부상할 때 일어나는 대전현상이다.

4-8. 유도대전
 : 대전물체의 부근에 절연된 도체가 있을 때 정전유도를 받아 전하의 분포가 불균일하게 되며 대전된 것이 등가로 되는 현상

4-9. 비말대전
 : 공기 중에 분출한 액체류가 미세하게 비산되어 분리하고, 크고 작은 방울로 될 때 새로운 표면을 형성하기 때문에 정전기가 발생하는 현상이다.

4-10. 적하대전
 : 고체표면에 부착해 있는 액체류가 성장하고 이것이 자중으로 액적, 물방울로 되어 떨어질 때 전하분리가 일어나서 발생하는 현상

4-11. 동결대전
 : 동결대전은 극성기를 갖는 물 등이 동결하여 파괴할 때 일어나는 대전현상으로 파괴에 의한 대전의 일종이다.

응13-100-3-4. 연료전지에 대하여 설명하시오

답)

1. 개요

1) 연료전지는 천연가스 등의 연료가 갖는 화학적 에너지를 직접 전기에너지로 변환하는 에너지 변환장치임.
2) 원리적으로 화력발전 방식에 비하여 대단히 높은 발전효율이 가능하며, 배열 이용으로(급탕 등) 한층 더 높은 에너지의 유효이용이 가능함.
3) 대기오염물질 배출이 적어 지구환경문제의 면에서도 장래의 발전 System (분산전원)으로 기여함
4) 최근 省Energy 및 전원대체 방안으로 연구 검토되고 있으며, 발전신뢰도가 높고, 경량이며, 발전 中 소음, 진동, 공해가 거의 없고, 수소 연료전지의 경우 물의 생성으로 우주발전장치로 적용되면서, 크게 대두되기 시작하였음

2. 연료전지의 특징(장, 단점) 및 기본 구성

1) 특 징

(1) 장 점	(2) 단 점
① 고에너지 변환효율(60~65%) ② 부하추종성이 양호, Peak부하시에 유효, 저부하에서 발전효율 저하가 작다. ③ module 구성이므로 고장시 교환수리 용이 ④ 전지의 규모에 효율이 의존하지 않고, 발전소의 수준까지 높은 에너지 변환이 가능 ⑤ CO_2, NOx 등의 유해가스 배출량 및 소음이 적고 환경보전성이 양호 ⑥ 배열의 이용이 가능하여 종합효율이 80%에 달함. ⑦ 단위 출력당의 용적 또는 무게가 작다. ⑧ 연료로는 천연가스, 메타놀로부터 석탄가스까지 사용가능하여 석유대체 효과가 기대됨.	① 반응가스 中에 포함된 불순물에 민감하여, 이것의 제거가 필요 ② Cost가 높고, 내구성이 충분치 하지 않음

2) 용도
   ① 설치에 중량, 체적 등의 제한이 있는, 우주용, 태양의 발전 System 이용
   ② 환경오염과 소음이 적어 원격지나 도시 근교 등의 발전 System으로 이용 가능한 분산형전원 임.
   ③ 용량이 수 100[kW] ~ 수 100[MW] 까지 용도가 폭넓게 예상 됨.

3) 구성
   연료전지는 연료가스를 분해하고 수소를 제조하고, 이것을 증기 中의 산소의 화학 반응으로 직접전기를 얻는 것으로서 3가지 요소로 이루어짐
   ① 천연가스, 나프타 등의 연료에서 개질기를 사용해서 수소를 제조하는 부분
   ② 수소와 공기 中의 산소에서 전해액의 양면으로부터 집어넣어서 반응시켜 직류전류를 발생하는 부분
   ③ 직류전력을 교류전력으로 변환하는 부분(인버터)

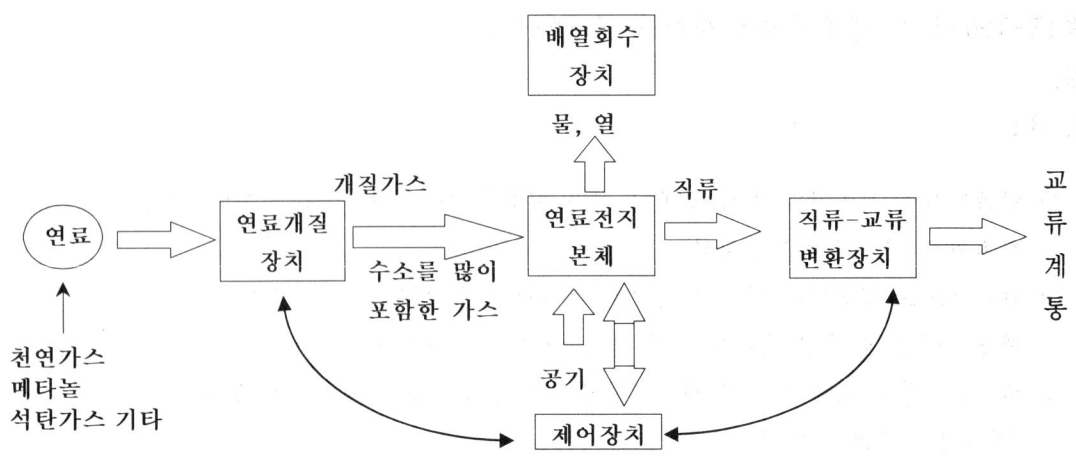

그림2. 연료전지 발전시스템의 구성

3. 연료전지의 원리

○ 인산형 연료전지의 원리

- 연료극 : $H_2 \rightarrow 2H^+ + 2e^-$
  (전자를 외부회로에 흘림으로써 -극이 됨)

- 산소극 : $\frac{1}{2}O_2 + 2H^+ + 2e^- \rightarrow H_2O$
  (+ 극이 됨)

① 천연가스를 개질해서 얻는 수소가 ⊖극에서 산화되어 ⊖전극에 전자(e-)를 주고 스스로는 수소이온(H+)로 되어 인산 수용액의 전해질 속을 지나 ⊕전극으로 이동함

② 외부회로를 통과한 전자와 전해질 中의 수소 이온은 ⊕전극 상에서 외부에서 공급되는 공기 中의 산소와 반응해서 물을 생성함.

③ 이 반응 中 외부회로에 전자의 흐름이 형성되어 전류가 흐름

4. 연료전지의 개발동향 : 상기 종류의 제2세대, 제3세대, 제4세대를 의미함

5. 연료전지의 개발과제

1) 가정용 연료전지는 연료개질기를 이용하여 도시가스를 수소로 변환시켜 이것을 연료로 발전하는 방식을 취한다.

2) 이러한 개질과정에서 생기는 극미량의 일산화탄소가 연료극 촉매인 백금을 열화시켜 전지의 성능을 크게 떨어뜨리기 때문에, CO에 대한 내성이 뛰어난 촉매재료의 개발이 필요하나, 지금까지는 백금과 루테늄 합금촉매와 같은 고가의 재료만이 유효한 것으로 알려져 있다.

3) 따라서 Cost가 높고, 내구성이 충분치 하지 않아 이의 보완이 요구됨

6. 연료전지의 종류

	제1세대형(인산형) (PAFC)	제2세대형 (용융탄산염형) (MCFC)	제3세대형 (고체 전해질형) (SOFC)	제4세대형 (고체 고분자형) (PEFC)
전해질	인산수용액 H_3PO_4	리튬-나트륨계 탄산염 리튬-칼륨계 탄산염	질코니아계 세라믹스 (질코니아 Z_rO_2 산화칼슘의 혼합물 등)	고분자막
작동온도	200[℃]	650~700[℃]	900~1000[℃]	70~90[℃]
연료	천연가스(개질) 메타놀(개질)	천연가스 석탄 가스화 가스	천연가스 석탄 가스화 가스	수소 메탄올(개질) 천연가스(개질)
발전효율	35~42[%]정도	45~60[%]	45~65[%]	30~40[%] (개질가스 사용의 경우)
용도	•분산배치형 •수용가 근처	•분산배치형 •대용량 화력 대체형	•수용가 근처 •분산배치형	•수용가 근처, 전기자동차 용 •분산배치형
특징	실용화에 가장 가깝다.	•고발전 효율 •내부개질이 가능	•고발전 효율 •내부개질이 가능	•저온에서 작동 •고에너질 밀도 •이동용 동력원 및 소용량 전원에 적합
현재의 개 발 상 황	•5,000[kW] 및 11,000[kW]급 플랜트의 운전시험 완료 •실용화 단계 •지역공급용 연료전지로서 설치, 운전	•1,000[kW]급 파일럿 플랜트 및 200kW급 내부개질형 스택의 연구개발 실시 중 •소규모(100~250kW) 개발로 발전주식회사 에서 실증시험 중	•기초 연구단계 •향후 도심부에 적음 기대성이 높음	•수[kW] 가정용, •수10[kW] 빌딩용 전원의 개발 실시 중 •수[kW]의 모듈 개발 중

응13-100-3-5. 유도전동기를 VVVF기동방식으로 할 경우, 발생 노이즈의 종류와 대책을 설명하시오

답)

1. 개요

   1) 인버터의 고주파 노이즈에 의한 주변기기에 대한 영향으로 계산기, 계장기기, 전자기기 등에 주로 유도 노이즈에 의한 오동작이 있다.

2. 인버터에서 발생하는 노이즈의 종류

   1) 발생 노이즈의 종류 (그림1 참조)
      (1) 공중전달에 의한 노이즈
         ① 인버터로부터의 직접 복사 노이즈 : 경로 ①
         ② 전원선으로 부터의 복사 노이즈 : 경로 ②
         ③ Motor 접속선으로부터의 복사 노이즈 : 경로 ③
      (2) 전자유도 노이즈 : 경로 ④ ⑤
      (3) 정전유도 노이즈 : 경로 ⑥
      (4) 전로전달 노이즈
         ① 전원선을 통해 전달하는 노이즈 : 경로 ⑦
         ② 누선전류에 이해 접지선으로 흘러 들어가는 노이즈 : 경로 ⑧
   2) 노이즈의 경로

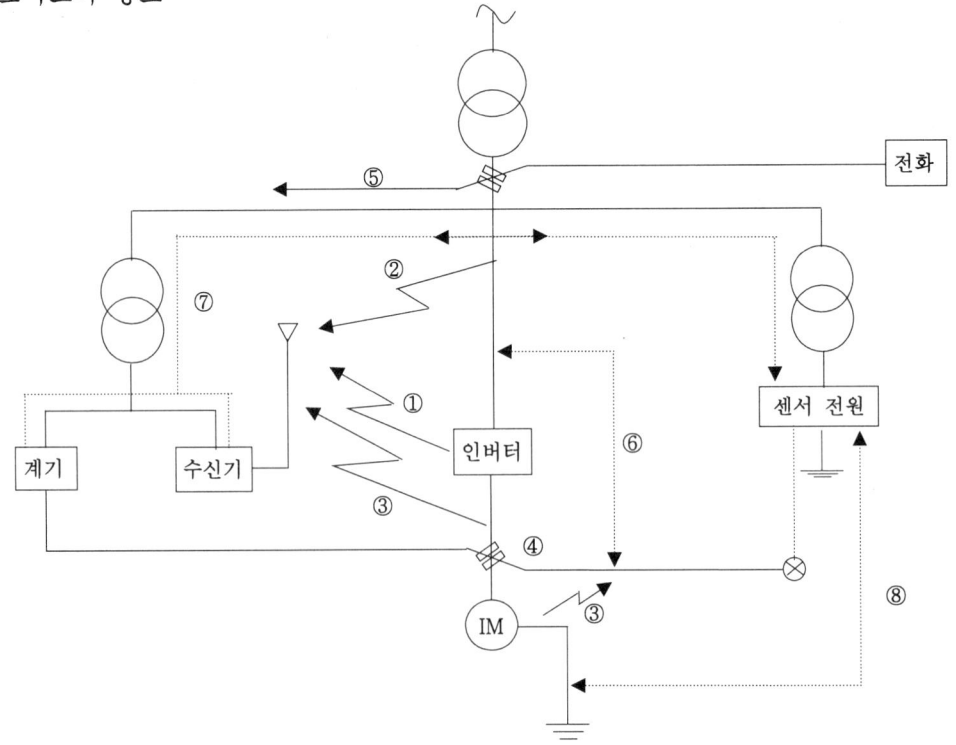

그림1. VVVF 기동방식의 노이즈 경로

3. 노이즈에 대한 대책

1) 전자기기에 대한 노이즈

(1) 원인 및 형태
① 인버터 전원라인과 접지선을 경유해서 직접 유로하는 것 → 경로 ⑦⑧
② 인버터의 동력선과 전자기기의 신호라인이 전자도 → 경로 ④⑤.
③ 정전유도 → 경로 ⑥

(2) 대책
① 전원계통: 전자기기와 인버터 쪽 동력계통과는 별도 전원 분리하고, 정전압전원, 절연트랜스, 필터 등으로 분리
② 입출력 케이블: 인버터 동력케이블과 충분한 거리로 이격배선 또는 Shield 조치 (금속관 배관하고 배관을 접지 조치)
③ 기기접지: 전용 접지가 최상임, 두꺼운 접지선 사용 및 단거리로 접지
④ 기타: 배선길이는 최단거리로 결선하며 Shield 조치

2) 라디오 노이즈

(1) 원인
① 인버터로 Motor를 구동하면 인버터로부터 공중으로 고주파 노이즈
② 노이즈는 전파잡음과 동일한 10MHZ 이하의 주파수대에서 영향이 크며 라디오 수신기에 침투하여 잡음 일으킴

(2) 노이즈 전달 경로
① 직접방사: 인버터에서 직접 공중전파로서 방사되어 수신기의 안테나 및 회로로 전파되는 것
② 직접전달: 잡음전류가 전원선을 통하여 수신기에 전달 직
③ 전원선으로의 방사: 전원선에 누출한 잡음이 배전선으로 방사되어 수신기에 들어가는 것
④ 동력선으로 방사: 인버터에서 Motor까지의 배선에서 방사되어 수신기에 전달

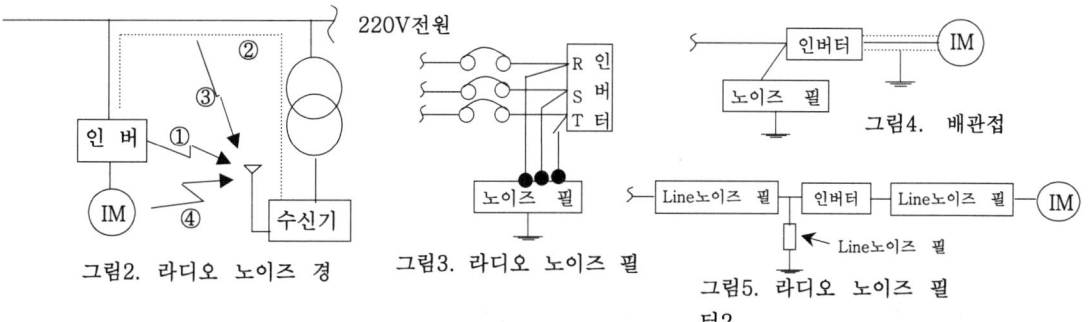

그림2. 라디오 노이즈 경
그림3. 라디오 노이즈 필
그림4. 배관접
그림5. 라디오 노이즈 필

(3) 라디오 노이즈 대책
① 접지: 라디오 노이즈 필터를 인버터 입력전원단자(R, S, T)에 접속하고, 접지선을 확실히 접지한다 즉, 인버터와 Motor사이의 배선이 짧은 경우가 효과적이다
② 접지관 사용: 인버터와 Motor사이의 배선이 긴 경우에는 인버터와 Motor사이의 배선을 접지관에 넣는다.

③ 인버터를 판넬에 넣고 판넬을 접지한다.
④ 필터사용 : 인버터 입력, 출력단자 혹은 양쪽 모두 라인 노이즈 필터를 접속하고 인버터 및 전선을 접지관에 넣는다. 라디오 노이즈 필터와 함께 사용하면 더욱 높은 효과 기대가능 함.
⑤ 이격: 도심지에서 라디오를 인버터 본체 및 주회로 배선에서 약30m이상 떨어져서 사용시 노이즈 피해가 없다.

응13-100-3-6. 전기자동차 전원공급설비의 기술기준에 대하여 설명하시오

답)　　　　　10점용 이면 아래 중 3-1과 3-2의 내용만 기록하면 됨.

1. 전기자동차 전원공급설비의 구성

　1) 전기자동차 전원공급설비는 수용장소의 책임분기점, 즉 전력량계로부터 충전용
　　 케이블의 커플러까지이다.
　2) 전기자동차 전원공급설비를 시설별로 구분하면 크게 그림과 같다.
　　　①구내전력설비(분전반, 구내배선등),
　　　②충전장치(급속충전기, 완속 충전스탠드, 홈 충전장치 등),
　　　③케이블 및 부속품(충전케이블, 커넥터, 플러그 등)
　　　④부대시설 등 4개 분야

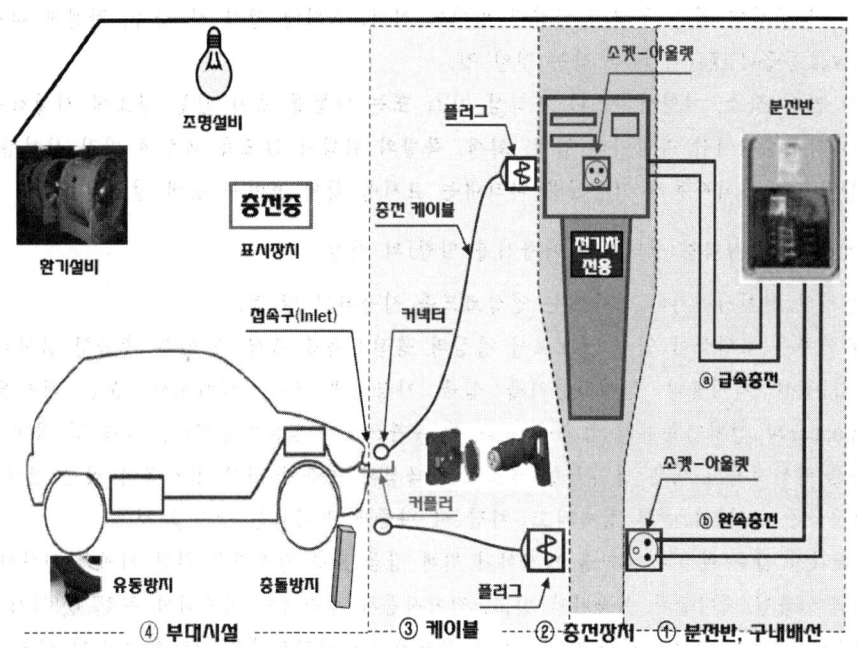

2. 전기자동차 전원공급설비의 시설 기술기준

　1) 전기자동차(도로 운행용 자동차로서 재충전이 가능한 축전지, 연료전지, 광전지 또는
　　 그 밖의 전원장치에서 전류를 공급받는 전동기에 의해 구동되는 것)에 전기를 공급하기
　　 위한 전기설비는 감전, 화재 그 밖에 사람에게 위해(危害)를 주거나 물건에 손상을
　　 줄 우려가 없도록 시설하여야 한다.

3. 전기자동차 전원공급설비의 시설 판단기준(판단기준 286조)

3-1. 전기자동차에 전기를 공급하기 위한 저압전로의 시설

1) 전용의 개폐기 및 과전류차단기를 각 극(과전류차단기는 다선식 전로의 중성극을 제외)에 시설하고 또한 전로에 지락이 생겼을 때 자동적으로 그 전로를 차단하는 장치를 시설할 것.
2) 배선기구는 제170조 및 제221조에 따라 시설할 것.
   ① 수용장소의 구내에 시설하는 전선로 인입선의 시설은 전선로의 규정에 따라 시설할 것.
   ② 일반장소에서 저압의 옥내, 옥측 및 옥외배선은 배선설비의 규정에 따라 시설할 것.
   ③ 전로의 절연 및 저압전로의 절연저항에 따를 것.
   ④ 전기자동차 전원공급설비의 인입구에서 충전장치에 이르는 전로는 전용으로 시설할 것.

3-2. 전기자동차 충전장치의 시설기준

1) 충전부분이 노출되지 않도록 시설하고, 외함은 제33조에 따라 접지공사를 할 것.
2) 외부 기계적 충격에 대한 충분한 기계적 강도(IK07 이상)를 갖는 구조일 것.
3) 침수 등의 위험이 있는 곳에 시설하지 말아야 하며, 옥외에 설치 시 강우, 강설에 대하여 충분한 방수 보호등급(IPX4 이상)을 갖는 것일 것.
4) 분진이 많은 장소, 가연성가스나 부식성 가스 또는 위험물 등이 있는 장소에 시설하는 경우에는 통상의 사용상태에서 부식이나 감전, 화재, 폭발의 위험이 없도록 규정에 따라 시설할 것.
5) 충전장치에는 전기자동차 전용임을 나타내는 표지를 쉽게 보이는 곳에 설치할 것.

3-3. 충전 케이블 및 부속품(플러그와 커플러를 말함)의 시설

1) 충전장치와 전기자동차의 접속에는 연장코드를 사용하지 말 것.
2) 충전케이블은 유연성이 있는 것으로서 통상의 충전전류를 흘릴 수 있는 충분한 굵기의 것일 것.
3) 커플러[충전 케이블과 전기자동차를 접속 가능하게 하는 장치로서 충전 케이블에 부착된 Connector와 전기자동차의 접속구(Inlet)두 부분으로 구성되어있다]는 다음 각 목에 적합할 것.
   ① 다른 배선기구와 대체 불가능한 구조로서 극성의 구분이 되고 접지극이 있는 것일 것.
   ② 접지극은 투입 시 먼저 접속되고, 차단 시 나중에 분리되는 구조일 것.
   ③ 의도하지 않은 부하의 차단을 방지하기 위해 잠금 또는 탈부착을 위한 기계적 장치가 있는 것
   ④ 커넥터(충전 케이블에 부착되어 있고, 전기자동차 접속구에 접속하기 위한 장치)가 전기자동차 접속구로부터 분리될 때 충전 케이블의 전원공급을 중단시키는 인터록 기능이 있는 것일 것.
4) 커넥터 및 플러그(충전 케이블에 부착되어 있으며, 전원측에 접속하기 위한 장치)는 낙하 충격 및 눌림에 대한 충분한 기계적 강도를 가진 것일 것.

3-4. 충전장치의 부대설비의 시설

1) 충전 중 차량의 유동을 방지하기 위한 장치를 갖추어야 하며, 자동차 등에 의한 물리적 충격의 우려가 있는 경우에는 이를 방호하는 장치를 시설할 것.
2) 충전 중 환기가 필요한 경우에는 충분한 환기설비를 갖추어야 하며, 환기설비임을 나타내는 표지를 쉽게 보이는 곳에 설치할 것.
3) 충전 중에는 충전상태를 확인할 수 있는 표시장치를 쉽게 보이는 곳에 설치할 것.
4) 충전 중 안전과 편리를 위하여 적절한 밝기의 조명설비를 설치할 것.
5) 그 밖에 전기자동차 전원공급설비와 관련된 사항은 KS C IEC61851-1, KS C IEC61851-21 및 KS C IEC 61851-22 표준을 참조한다.
6) 전기자동차 전원공급설비에 사용하는 전로의 전압은 저압으로 한다.

응13-100-4-1. VCB의 차단성능과 차단시 이상전압 발생원인에 대하여 설명하시오.
답)
1. V.C.B 란?

   1) 진공의 높은 절연내력과 아크 생성물의 급속한 확산을 이용하여, 부하전류 및 이상상태 발생시에 신속히 회로를 차단하고 회로에 접속된 전기기기, 전선로를 보호하고 안전을 유지시키기 위한 차단기임
   2) VCB는 다른 차단기에 비해 차단능력이 뛰어나 아크전류를 빠르게 소호시킬 수 있고, 안전성이 우수하며, 소형화·경량화·불연성·장수명·유지보수가 편리하여 유도전동기와 같은 유도성 부하의 개폐기로 널리 사용되고 있다.

2. 진공차단기(VCB) 차단 성능

   1) 전압 : 3.6~ 36(kV)   2) 전류[A] : 400~3,000   3) 차단용량 : 50~1500[MVA]
   4) 차단전류 : 8~40[KA]   5) 아크시간 : 1Cycle이하
   6) 전차단 시간 : 3 ~ 5Cycle   7) 재점호 : 없음
   8) 차단능력 : 차단시간 小, 차단성능이 주파수의 영향을 받지 않음
   9) 서지발생 : 개폐서지를 고려할 필요가 있음
   10) 개폐 수명이 길다 (아크 전압과 아크 에너지가 작아 접점의 소모가 적다)
       ① 부하개폐시 수명: 10,000회 정도   ② 무부하개폐시 수명(기계적) : 6,000회 정도

3. VCB를 차단시 이상전압 발생원인
3-1. 재단써지에 의한 이상전압 발생

   1) 재단써지란, 진공차단기 개폐시 음극에서 공급되는 금속증기 이온전자가 진공 중에서 확산되는 양보다 작으면 접점사이아크가 유지되지 못하여 그림1과 같이 아크불안정이 발생하며 전원 주파수 전류가 자연영점에 이르기 전에 조기억제 되는 재단현상
   2) 이는 차단기가 재단시 전류가 완전히 제로가 되기 전에 강제적으로 전류를 끊기 때문에 전류와 임피던스의 곱에 해당되는 써지전압이 부하측에 걸리기 때문에 전동기 권선에는 스트레스로 작용할 수 있다.
      그래서 전동기와 같은 경우 급준파써지에 대해 전압의 크기를 제한하고 있다.

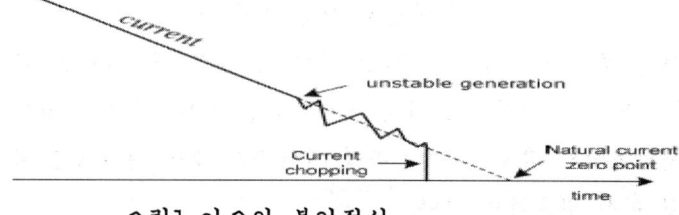

그림1 아크의 불안정성

   3) 전류재단시의 진동주파수는 수㎑의 아크전류가 소호작용으로 유도성 부하의 경우 큰 써지전압이 발생하게 된다.
   4) 이 같은 전류재단시 전동기의 단자에 걸리는 전압(E_S)은 $E_S = I_{ch} \cdot \sqrt{(1-\gamma)Z_m}$ 이다
      여기서, I_{ch} : 전류재단 레벨, $Z_m = \sqrt{L_m/C_m}$: 부하측임피던스, γ : 철손등을 고려한손실계수

3-2. 다중재발호써지에 의한 이상전압 발생

1) 진공차단기가 전류영점 근처에서 개극한 경우에는 소호 직후 전극간 거리가 작기 때문에 절연내력도 낮아지고 과도회복전압TRV)이 크게 되어 재방전이 일어난다.
2) 재방전이 0.25사이클 이내에 발생한 경우를 재발호(reignition)라고 한다.
3) 그림2는 재발호 발생시의 극간내전압과 전류파형을 나타낸 것이다.
4) 차단기의 차단명령이 보통 재단전류의 위상과는 무관하게 출력되기 때문에 전극이 기계적으로 분리되고서부터 전류가 완전히 차단되기까지의 시간(아크소호시간)이 필요하다.
5) 그림2의 개극점 a처럼 아크시간이 주어진 경우 전류가 실제로 차단될 때까지는 전극의 간극이 충분히 열리기 때문에 차단 후 극간에 발생하는 회복전압에 견딜 수 있는 내전압이 된다.
6) 그러나 개극점b처럼 아크시간이 짧은 경우 전극의 간격이 충분하게 확보 되기 전에 과도회복전압TRV)이 전극간의 내압을 상회할 경우 극간이 섬락하여 다시 아크가 이어지게 된다.
7) 이럴 경우 재발호전류가 전류영점을 만들어 내기 위해 흐르기 시작한 발호전류는 다시 차단되어 그림2의d) 전d극간에 전압이 발생한다.
8) 이 전압에 의해 다시 전극이 섬락 그림2e)하고 같은 과정을 반복할 경우 발생전압이 상승하게 된다.

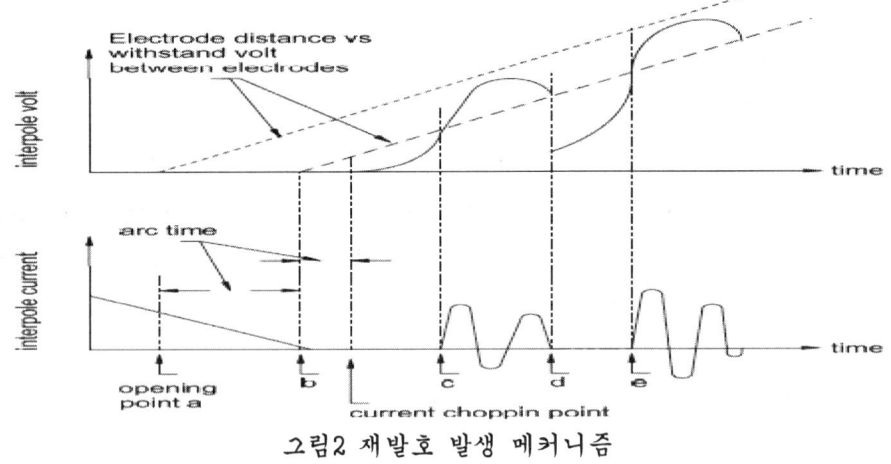

그림2 재발호 발생 메커니즘

9) 재발호가 일어난 경우 전류가 어느 정도 이상 큰 경우에는 그대로 속호續弧)해서 다음 전류영점에서 차단하기 때문에 오히려 써지전압을 억제하지만 적당한 개극위상과 전류값에서 재발호시의 과도고주파전류를 차단해서 그때 나타나는 과도회복전압에 견디지 못하고 다시 발호하게 된다.
10) 이와 같이 극간 절연회복과 과도회복전압의 경쟁에 의해 발호와 소호가 반복되는것을 다중재발호라고 한다.
11) 다중재발호가 일어난 경우에는 전압상승이 발생하기 때문에 전동기의 권선절연에 아주 나쁜 결과를 초래할 수 있다.

3-3. VCB차단시의 대책용 서지흡수기의 설치

1) 진공차단기는 이와 같은 장점에도 불구하고 차단시에 높은 써지전압이 전동기와 같은 유도성부하에 전달 될 경우 권선절연을 열화시키는 경우가 있다.
2) 특히 진공차단기의 높은 소호력으로 다중재발호가 발생할 경우 급준파 써지전압이 전동기 단자에 전달 될 경우 권선의 고장은 더욱 빨라 질 수 있다.
3) 그래서 급준파써지전압을 저감시키기 위해 써지흡수기SA)가 적용되고 있다.
   ① 고압모터나 건식변압기의 경우에는 개폐서지에 대한 대책으로서 서지흡수기를 설치하는 것이 바람직하다.

구 분		22[kV]	11[kV]	6.6[kV]	3.3[kV]
변압기	유입식	×	×	×	×
	Mold식	○	○	○	○
	건식	○	○	○	○
전동기		-	○	○	○

注) ○ : SA 필요   × : SA 불필요

   ② 유입식은 BIL이 높으므로 SA가 필요 없지만, 모울드식이나 건식은 사용BIL이 낮으므로 SA 설치가 필수적이다.
   ③ 서지흡수기는 피보호기 전단, 주로 개폐서지를 발생하는 VCB 후단에 각 상별로 대지간에 설치한다.

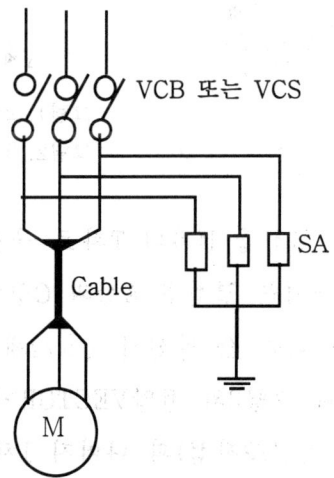

응13-100-4-2. 교류급전방식의 전기철도에서 3상 전원을 2상으로 변환하여 급전하는 스콧트(Scott)결선 변압기에 대하여 설명하시오.

답)
1. 스콧트 결선 정의

    2개의 단상변압기를 결선하여 3상을 2상으로 변환하는 방법으로 T결선으로 통칭함

2. 용도

  1) 전기철도용 전원
  2) 대형 전기용광로용 전원은 3권선 변압기를 이용하나,
     여건상 단상전원이 필요로 하는 소규모의 전기로용 변압기

3. 결선 및 원리

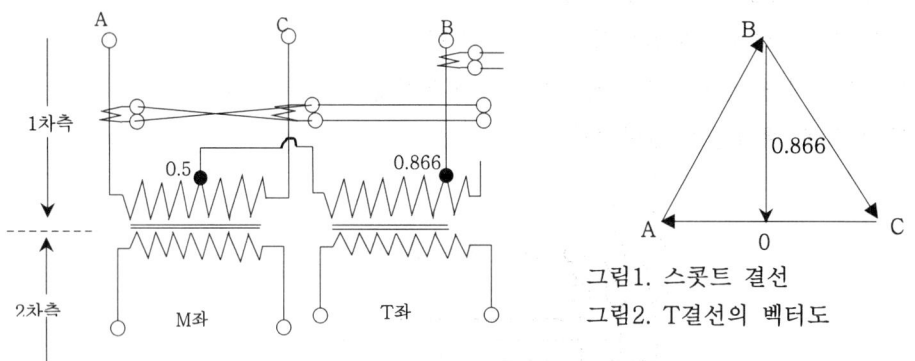

그림1. 스콧트 결선
그림2. T결선의 벡터도

  1) 그림1과 같이 변압기 2차측 결선을 M좌와 T좌로 구분시킨다
  2) M좌 변압기의 1차 측에 해당되는 결선은 A상과 C상에 연결한다
  3) T좌 변압기의 1차 측에 해당되는 全 권선의 $\sqrt{3}/2$에 해당되는 지점에서
  4) 3상전원의 B상으로 인출시켜 그림2와 전압VECTOR가 생기게 함.
  5) M좌 변압기 1차권선의 중간점(1/2지점)과 나머지 1차권선을 연결한다
  6) 단, 나머지 1차권선이라 함은 T좌 변압기의 1차 권선을 말함
  7) 상기와 같이 결선하면 양권선의 유기전압은 그림2 같이 직각위상으로 되는 것임
  8) 동일 부하일지라도 T좌는 M좌 부하보다 1.1547배의 전류가 흐른다
         (∵ T좌의 부하전압은 M좌 부하전압보다 0.866배 전압이므로 전류는
          그 역수인 1/0.866 이 되기 때문임)
  9) M좌 부하일 때 B상은 전혀 관련 없고, T좌 부하인 경우는 B상에만 통전 됨

4. 스콧트 결선의 용량과 이용률

1) 단상 2개의 부하용량 P 및 역률이 동일 할 때는 3상전력은 완전히 평형되고 3상 입력용량은 2P가 된다
2) 스콧트결선의 이용률 : $Y = \dfrac{\sqrt{3}\,VI}{(1+0.866)VI} \times 100 = 92.8[\%]$

5. 스콧트 결선의 CT비와 1차측 전류 크기

1) 스콧트 결선의 1차측에 비율차동계전기(87)의 CT를 차동결선한 경우 CT비
   ① TP 측 CT비를 400대 5로 하고 TS측의 CT비를 800대 5로 정한다고 하면 T좌 CT비 800대 5일 때 T좌 1차측은 $800 \times 1.1547 = 924[A]$가 됨.
   ② M좌 CT비를 800대 5이면 M좌 1차측은 $800 \times 2 = 1600[A]$가 됨

6. 스콧트 결선의 결점

1) 스코트 결선 변압기는 중성점이 존재하지 않아서 계통 중성점 접지가 불가능
2) 스코트 결선 변압기 2차 측 각 상의 불평형이나 변압기 권선의 임피던스 정합이 다소 곤란
3) 충분한 전기적 중성점을 얻기 곤란하므로 초고압 계통의 1차 측 중성점에 전류가 흘러서 통신유도장해 발생

응13-100-4-3. 열전효과에 대하여 설명하시오.

답)

1. 개 요

   금속이나 반도체에서는 열과 전기가 서로 관계하는 물리 현상이 알려져 있다. 이중 대표적인 제어백 효과, 펠티에 효과, 톰슨효과, 주울 열 현상에 대하여 아래와 같이 기술한다.

2. 제벡효과, 펠티에 효과, 톰슨효과 비교

	제 벡 효 과	펠 티 에 효 과	톰 슨 효 과
1)개념	① 금속 또는 반도체에 온도차를 주면 기전력이 발생한다. ② 이것은 열을 전기에너지로 변환할 경우의 기초가 되는 현상. ③ 또, 종류가 다른 두 도체를 접합하여 폐회로를 만들고 두 접합점의 온도차를 달리한 경우 폐회로에 열기전력이 발생되는 현상으로도 말함 ④ 즉, 열기전력을 발생하는 한쌍의 금속을 열전대라 하며, 이 열전대에서 일어나는 열기전력 현상을 말함.	① 열전현상의 반대 현상으로서, 두 종류의 금속을 조합시킨 회로에 전류를 통과시키면 접속점에 열의 흡수 또는 발생이 나타나는 가역적인 현상	① 동일한 금속 중에서도 그 중의 접점간의 온도차가 있다면, 전류의 통과에 의해 열의 발생 또는 흡수가 일어나는 현상
2)개념도	A ← V ← B T_h 가열 T 냉각 콘스탄탄 V T_1 ● ● T_2 $T_1 \neq T_2$ 구리	흡열 또는 발열 열전소자 A → 전- → 열전소자 B	흡열 또는 T_1 → I → T_2 $T_1 \neq T$

	제벡 효과	펠티에 효과	톰슨 효과
3) 원리	① 그림과 같이 금속 또는 반도체로 만들어진 가느다란 선의 양단 A와 B 사이에 온도차 ΔT를 주면 AB간에 열기전력 V가 발생 ② A의 온도를 B보다 고온의 T_h로 유지하고 B의 온도를 T_C라 하자 ③ AB 간의 길이를 L이라 하면 열기전력 V는 ΔT에 비례해서 $V = \alpha \cdot \Delta T = \alpha(T_h - T_C)$ ④ AB 간의 전계를 E라고 하면 윗 식으로부터, $E = \alpha \cdot \Delta T$, 단, α : 제백 계수, E : 제백 전계 ΔT : 양단의 온도구배, ④ 크기 : $H = \dfrac{\Delta V}{\Delta T}$ 여기서, ΔV : 열기전력 변화	$H = P\int I \cdot dt \, [cal]$ 혹은 $Q = \pi \cdot I \, [cal] \, [cal]$ 여기서, H, Q : 접속점에서의 단위시간당 발열량 또는 흡열량 여기서 π, P : 펠티에 계수 I : 폐회로 전류 T : 전류 통전 시간	$H = Q\int_{T_1}^{T_2} \sigma \cdot dt \, [cal]$ 혹은 $\Delta Q = \tau \cdot I \cdot \Delta T$ 여기서, H : 금속 길이L중 한부분에 ΔL에 온도차가 ΔT가 있을 때, 전류 I가 통전하게 되면 발생 또는 흡열하는 열량 Q : 통과한 전기량[C] $\Delta T = T_2 - T_1$: 온도차 σ : 금속의 종류 및 그 점의 온도에 따라 결정되는 톰슨계수
적용	용광로 속의 온도 측정, 온도제어 등에 이용, 열전기 발전 열전도 반도체 화재감지기 등	전자 냉동에 이용	

3. 제에백, 펠티에, 톰슨효과의 상관관계

   1) 이상의 3가지 열전 현상은 어느 것이나 모두 가역 과정이며 또한 각자가 독립된 현상이 아니고 각각의 계수 간에 다음과 같은 관계가 성립하고 있다

   $P = \alpha \cdot T$: 펠티에 계수 = 제백계수 × 온도

   $\tau = T \cdot \dfrac{d\alpha}{dt}$: 톰슨계수 = 온도 × 제백 계수의 변화량

4. 줄(JOULE)열

   1) 전류 I가 흐르고 있는 가는 선의 전기저항을 R이라 하면 발열량 Q는 $Q = I^2 \cdot R$
   2) 재료 중에 온도구배 ΔT가 있으면 열전도가 발생해서 열의 흐름 Q를 발생하게 되는데 이때의 Q는 $Q = K \cdot \Delta T$. 단, K : 열전도율
   3) 여기서 일어나는 2가지 열전현상은 어느 것이나 비가역 과정이다.

응13-100-4-4. 직렬리액터 설치시 콘덴서 단자전압과의 관계를 설명하시오.
답)

1. 3차, 5차 고조파를 제거하기 위한 직렬리액터(SR: series reactor)의 적용

1) 전력전자기기 및 고조파 발생부하로 인한 고조파 전류는 대용량 콘덴서에 의해 고조파의 증대로 이어져서 회로전압이나 전류파형의 왜곡 또는 기본파 이상의 고조파로 재발생 되므로, 직렬리액터의 설치로 제거
2) 콘덴서 투입시 과도 돌입전류 및 과도전압방지
3) 일반적으로 소용량의 콘덴서에서는 별문제 없으나, 인텔리젼트, 자동화 등 전력전자 응용기기에는 고조파 발생이 많아 직렬리액터를 설치함이 바람직 함
4) L.C 공진에 의한 전압, 전류 파형의 왜곡방지
5) 콘덴서 회로의 투입시 과도한 돌입전류에 의한 콘덴서 스트레스 억제
6) 콘덴서 개방 시 선로의 이상전압 방지

2. 직렬리액터 용량 산출

1) 제 3고조파 제거 용

① 기본개념: $Z = R + j(w_n L - \frac{1}{w_n C})$ 에서 허수부가 0이 되면 임피던스는 최소이고, 전류는 최대로 되므로 $(w_n L - \frac{1}{w_n C}) > 0$이면 이러한 현상을 방지할 수 있음

② 즉, 제3고조파가 전력전자 기기 등에서 발생되면 $(w_n L - \frac{1}{w_n C}) > 0$로 하여 고조파의 영향을 감소시킬 수 있음.
그러므로 $w_n L > \frac{1}{w_n C}$ =====> $2\pi(3f)L > \frac{1}{2\pi(3f)C}$

③ 따라서 $wL > \frac{1}{3^2 wC} = 0.11 \frac{1}{wC}$

④ 이론상 직렬리액터 용량은 콘덴서 용량의 11% 이상이나 실제적으로 주파수 변동 등을 감안한 경제적인 측면에서 13%를 표준으로 함

2) 제 5고조파 제거 용

① $w_n L > \frac{1}{w_n C}$ =====> $2\pi(5f)L > \frac{1}{2\pi(5f)C}$ =====> $wL > \frac{1}{5^2 wC} = 0.04 \frac{1}{wC}$

④ 이론상 직렬리액터 용량은 콘덴서 용량의 4% 이상이나 실제적으로 주파수 변동 등을 감안한 경제적인 측면에서 6%를 표준으로 함

3) 직렬 리액터 산정 : 예를 들어 6%의 직렬 리액터는 Capacitor용량의 6%를 곱하면, 직렬 리액터 용량이 산출된다.

4) 직렬 리액터는 고가로서 보통 500[kVA] 이상인 것에 설치 함

3. 직렬리액터와 콘덴서의 단자전압 관계

1) 5고조파 제거용으로 6%의 직렬리액터를 설치하면 콘덴서의 단자전압은 6% 상승, 콘덴서의 용량도 약13% 상승함 ($Q' = \sqrt{3}\,V'I_c' = \sqrt{3} \times 1.0638V \times 1.0638I_c = 1.13Q$)
2) 따라서 큐비클 내 "발열"을 검토시 주의 할 것.
3) 직렬 리액터의 고조파 장해 방지를 위해서는 6%~13%의 직렬리액터가 사용됨.
4) 이유
   ① 직렬 리액터를 콘덴서에 접속하면 콘덴서의 단자 전압은 직렬리액터의 용량에 따라 상승하게 됩니다.

   이때 $V_C = \dfrac{X_C}{X_C - X_L} \times E$

   여기서, V_C : 콘덴서의 단자전압, X_C : 콘덴서의 리액턴스,
   X_L : 직렬리액턴스의 리액턴스, E : 회로전압

   ② 6% 직렬 리액터를 사용 시의 전압상승
   : 위의 식에 대입하면 Vc=1.064E, 즉, 표준품 정격 전압보다 약6% 상승.

   ③ 8% 직렬 리액터를 사용 시의 전압상승
   : 위의 식에 대입하면 Vc=1.087E, 즉, 표준품 정격 전압보다 약9% 상승.

   ④ 13% 직렬 리액터를 사용 시의 전압상승
   : 위의 식에 대입하면 Vc=1.15E. 즉, 표준품 정격 전압보다 약15% 상승.

응13-100-4-5. 전기동력 설비의 에너지 절감(Saving)에 대하여 설명하시오.
답)
1. 개요
   1) 철, 비철금속, 종이, 펄프산업 및 각종의 물처리설비, 기타 기계산업은 에너지로서 전력을 대규모로 소비하고 있으나 이 전력소비의 60%는 전동기를 구동하기 위한 것.
   2) 그러므로 전동기를 효율적으로 이용하는 것이 전동력설비의 전력절감면에서 대단히 대단히 중요하다.

2. 고효율 전동기의 채용

   1) 전동기의 손실분석
      (1) 전동기의 손실은 대표적으로 다음과 같이 나뉜다.
         ① 고정손(철손, 기계손), 부하손(동손), 표유부하손(부하시 전선, 철심 등에 발생하는 손실로 직접 부하손에는 포함되지 않는 것), 기타손실(전동기 부분 등 분리측정이 곤란한 손실)
         ② 전동기 효율 = $\frac{出力}{入力} \times 100 = \frac{입력 - 전손실}{입력} \times 100 [\%]$
      (2) 철손: $W_i = W_h + W_e = k_1 f B_m^{1.6} + k_2 (t f B_m)^2 [W/kg]$
         단, W_h: 히스테리시스손, W_e: 와전류손, k: 관련 정수, B_m: 최대자속밀도
         ① 철손은 고정손 중의 하나로 간헤 또는 자극의 철심 중에 자속이 시간적으로 변화함으로써 발생하는 손실이다.
         ② 윗 식에서 50HZ, 60HZ를 비교하면 히스테리시스손은 1 : 1.2로 60HZ쪽 철손이 적다. 그러나 기계손은 60HZ 쪽이 크다.
         ③ 따라서 고정손 측면에서 보면 소용량 전동기는 60HZ가 손실이 적고, 중용량 전동기는 50HZ편이 손실이 적다.
         (소용량 전동기는 가동손이 크고, 대용량 전동기는 고정손이 더 크다)
   2) 에너지 절약형 전동기의 채택
      (1) 고효율 전동기
         ① 고효율 전동기는 생산설비 중에서 광범위하게 사용되고 있는 저압농형유도 전동기의 효율을 보다 높게 만든 것으로 에너지 절약 효과가 기대된다.
         ② 표 3.5.1과 같이 재료의 사용량을 증가하고 고급 철심재료를 사용하였으며 손실은 종전의 표준 전동기보다 20%~30% 정도 감소되었다.

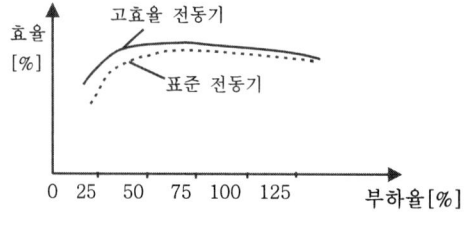

그림3. 고효율전동기의 부하율과 효율

3. 전동기의 가변속 운전방식 채용(VVVF채용)

전력량의 약 70%를 전동기에서 소비하고 있고, 이러한 전동기(약 70%차지)에 대해서 각 에너지 측면이 강력히 추진, 요구되고 있으며 이러한 면에서 전동기 운전에 VVVF방식이 적극 검토, 적용되고 있는 것이다.

VVVF는 Variable Voltage Variable Frequency의 약자로서 일명 '가변전압 가변주파수 장치' 라 부른다.

1) VVVF방식

① 1차 전원의 주파수를 가변(f⇕)하여(전압, 주파수 동시조정), 전동기의 속도를 조정하는 장치로 대개 농형유도 전동기, 동기 전동기에 적용한다.($N_S = \dfrac{120f}{P}$)

② 전압, 주파수를 동시에 VVVF에 의해 가변시킬 경우 인가전압과 주파수를 변화시켜 회전수를 제어하므로 축동력에 적합한 용량이 주어지기 때문에 80%이하의 가변속에 적합하다.

2) VVVF 시스템의 적용 효과

① 직류 및 교류전동기를 1차측에서 전압 또는 주파수를 조정하여 부하에 적합한 속도를 제공할 경우(대표적 교류 브로어 전동기의 경우)

$$Q(풍량) \propto N(회전수), \quad H(풍압) \propto N^3, \quad P(=Q \times H, \ 즉, \ 축동력) \propto N^3$$

즉 축동력은 최면수의 3승에 비례하므로 에너지 절감효과를 가져온다.

② 예 : 정상속도에서 축동력을 P_{100}으로 하고 30% 감속하였을 경우의 축동력을 P_{30}라 하면, $P_{30} = (1-0.3)^3 \times P_{100} = 0.343 P_{100}$

즉 전상동력의 34%로 부하공급을 원활히 할 수 있음을 말한다(66% SAVING)

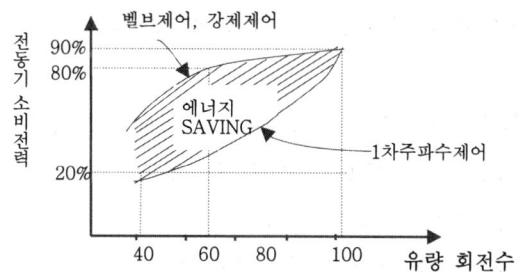

4. 진상용 콘덴서의 채용

진상용 콘덴서의 채용은 주된 목적이 유도전동기, 용접기, 형광등과 같은 부하의 무효전력분을 저감시키는 내용이며 그 효과 또한 크다.

부하의 역률개선은 수전점의 역률개선을 이루어 에너지 대책의 한 방법으로 진상용 콘덴서의 채용이 수전점과 부하측에서 이루어진다.

1) 전력손실의 경감(선로, 변압기 등)

① 역률개선으로 선로 전류가 감소하여 선로손실이 저감된다.

② 변압기의 손실저감 효과   ③ 배전선의 손실저감

5. 전동기의 적합한 기동방식의 채택
   1) 전동기의 기동시에는 정격전류의 5~7배 정도가 되는 큰 기동전류가 흐르고 또한 권선을 소손시킬 위험도 있다. 따라서 용량이 큰 전동기의 경우에는 기동장치를 사용하여 기동전류를 제한할 필요가 있으며, 그 용량에 따라 적합한 기동방식을 채택하여 운영하여야 에너지절약을 도모할 수 있다.

6. 인버터식 승강기
   1) 일반적으로 많이 사용되던 직류 구동방식의 승강기는 교류를 직류로 변환시키는 장치(M-G set)로써 전력 소비가 많았으나 사이리스터를 이용하여 직접 변환시키도록 하여 소비전력을 약 25% 절약시키는 인버터식 승강기의 채용이 요구된다.

7. 전동기 절전기(VVCF)
   1) VVCF는 경부하시 전압을 감소시켜 철손을 줄이고, 동손을 일치시킴으로써 효율을 극대화시키고 전압을 낮춤으로써 입력전력도 감소하는 효과를 가지게 되어 에너지절약을 도모 할 수 있다.

8. 고효율 냉동기
   1) 일반 냉동기에 비하여 성능이 크게 향상된 고효율 냉동기를 설치하는 것이 전력의 사용 합리화 측면에서 매우 유리하다.

9. 전동기의 효율적 운전관리측면의 에너지절약방안
   1) 정격전압 유지 (즉 $T \propto V^2$ 이므로)
      전동기의 단자전압이 저하하거나 상승하여 정격치를 유지하지 않을 시에는 토크 및 전부하 효율이 감소하므로 원인을 분석한 후 변압기의 탭조정이나 역률 향상 등을 도모하여 정격전압이 유지되도록 하여야 할 것이다.
   2) 경부하 운전 지양
      ① 유도전동기는 80~100% 부하에서 효율이 최대가 됨으로 상시 저부하 운전인 경우 적정 용량의 고효율전동기로 교체가 요구된다.
      ② 전부하 (동손 = 철손) ==> 항상 고효율
      ③ 경부하 (동손 < 철손) ==> 효율이 저하하는 원인
   3) 공운전 방지
      전동기는 반드시 부하와 연결되어 있으므로 공운전으로 소비되는 전력은 전동기 단독운전의 경우보다 2~3배 더 전력을 소비한다. 불 필요시에는 전동기를 반드시 정지시키도록 한다.
   4) 전압의 불평형 방지

10. 폐열회수 냉동기의 채용
1) TURBO 냉동기가 갖는 전력(Peak-Cut전력)을 억제하고 폐열을 이용하여 저동력으로 냉각효과를 가지는 폐열회수 냉동기의 채용이 에너지 절약대책의 일환으로 채택되고 있다.

11. Heat Pump의 적용

응13-100-4-6. 단상과 3상 유도전동기의 회전자계 발생원리에 대하여 설명하시오.
답)
1. 개요

유도전동기는 구조가 간단하고, 값이 싸고, 취급이 용이하며, 정속도의 전동기로 부하의 변화에 속도변화가 적은 전동기이다

2. 3상유도 전동기의 회전자계 발생원리

1) 회전원리

: 아라고 원판을 이용한 것으로 비자성체인 동 또는 알루미늄에 따라 와전류가 생겨 전류와 자속 간에 플레밍의 왼손법칙에 따라서 회전력($T=K\phi I$)가 생겨 자석이 움직이는 방향으로 원판은 회전한다.

2) 그림1 같이 아라고 원판 대신에 고정자에 3상권선을 배치하고, 3상 전원을 공급시 회전자장이 만들어진다.

3) 즉, 위상차 120도의 3상교류를 원주상 A,B,C 고정권선에 연결하고, A',B',C'의 끝선을 모아 접속하면 $3A$의 자속이 발생한다.

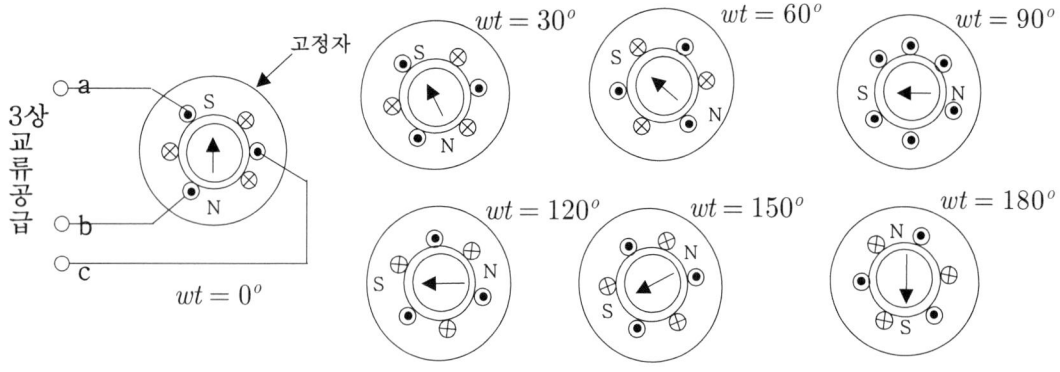

4) 이때 오른나사의 법칙에 의해 자계의 방향은 그림의 화살표의 회전방향과 같이 반시계 방향으로 회전하게 된다.

5) 즉, 합성된 자계는 1사이클 전기각으로 360도 회전하는 회전자계가 된다.

6) 따라서 교류가 1회전하면 자계도 1회전하고, 이때 발생되는 전동기의 속도는 동기속도 $N_S = \dfrac{120f}{P}$ 이다 (단, f : 주파수[Hz], P: 극수)

3. 3상 유도전동기의 회전자계의 크기

1) 3개의 같은 코일을 서로 공간적으로 120°의 각도를 두고 배치하고 여기에 대칭 3상 교류를 흘릴 때

$$i_1 = I_m \sin \omega t, \quad i_2 = I_m \sin(\omega t - \frac{2}{3}\pi), \quad i_3 = I_m \sin(\omega t - \frac{4}{3}\pi)$$

2) 각 코일에는 그림에 표시한 방향으로

$$h_1 = H_m \sin \omega t, \quad h_2 = H_m \sin(\omega t - \frac{2}{3}\pi), \quad h_3 = H_m \sin(\omega t - \frac{4}{3}\pi) \text{의 자계를 만든다.}$$

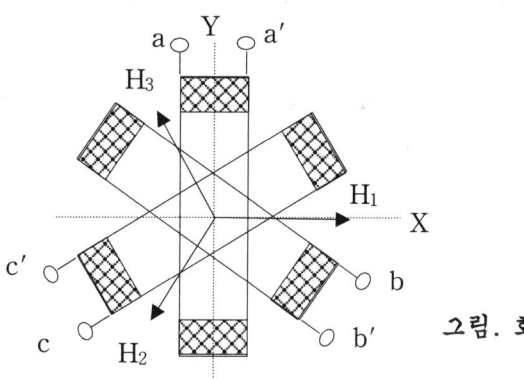

그림. 회전자계

3) 이것을 x축 및 y축의 성분 H_x, H_y로 분리하면

$$H_x = h_1 + h_2 \cos(-\frac{2}{3}\pi) + h_3 \cos(-\frac{4}{3}\pi) = h_1 - h_2 \cos\frac{\pi}{3} - h_3 \cos\frac{\pi}{3}$$

$$= H_m [\sin \omega t - \sin(\omega t - \frac{2}{3}\pi) \cos\frac{\pi}{3} - \sin(\omega t - \frac{4}{3}\pi) \cos\frac{\pi}{3}] = \frac{3}{2} H_m \sin \omega t$$

$$H_y = h_2 \sin(-\frac{2}{3}\pi) + h_3 \sin(-\frac{4}{3}\pi) = h_3 \sin\frac{\pi}{3} - h_2 \sin\frac{\pi}{3} = \frac{3}{2} H_m \cos \omega t$$

4) 따라서 H_x, H_y에 의한 합성자계 H는

$$H = \sqrt{H_x^2 + H_y^2} \angle \tan^{-1}\frac{H_y}{H_x} = \frac{3}{2} H_m \angle \tan^{-1}(\cot \omega t) = \frac{3}{2} H_m \angle (\frac{\pi}{2} - \omega t) \text{ 가 된다.}$$

5) 이와 같은 회전자계를 원형 회전자계라 한다.
   ① 결과적으로, 합성자계의 크기는 한 코일에서 생기는 자계 최대값(H_m)의 1.5배로 항상 일정하며, 교류의 각속도와 같은 회전속도(각속도)를 갖는다.
   이와 같은 회전자계를 원형회전자계라 한다.
   ② 이 회전자계는 회전자와 고정자 사이에서 발생된다.

6) 회전자계의 방향을 바꿔주기 위해서는 어느 두 코일의 전류의 방향을 반대로 해주면 된다.

4. 단상유도전동기의 회전자계

1) 회전원리
   ① 고정자 권선에 단상교류를 가하면, 권선 측 방향으로 교번자계의 크기가 최대자속의 0.5배임.
   ② 서로 반대방향으로 회전하는 2개의 회전자기장이 생기므로 기동토오크가 발생되지 않아 기동할 수 없다.
   ③ 따라서 어떤 방향이든 회전력을 주면 토오크가 발생하며 속도가 가속되고 시간 경과 후 정상속도로 회전한다.

2) 단상유도전동기의 회전자계

① 보조권선을 전기각으로 $\frac{\pi}{2}$만큼 주권선보다 권선 측을 분리하여 배치 후,

② 고저항 또는 콘덴서를 접속하여 주권선 전류보다 앞선 위상의 전류가 흐르도록 하여 회전자계를 발생시킴

③ 단상유도전동기의 회전자계 발생 예

㉠ 그림3과 같이 (주 권선의 굵기 < 보조권선의 굵기)이면 저항으로 인하여 I_M의 뒤진 역률각 Φ_M이 I_A의 뒤진 역률각 Φ_A보다 커진다. (즉, $\cos\Phi_M < \cos\Phi_A$의 의미임)

㉡ 따라서 보조권선의 전류는 주권선의 전류보다 ($\Phi_M - \Phi_A$)만큼 앞선 위상으로 통전되므로, 회전자계가 발생함.

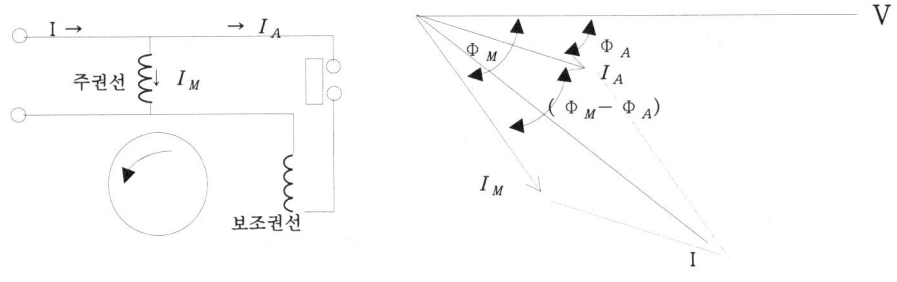

그림3. 분상형 기동형

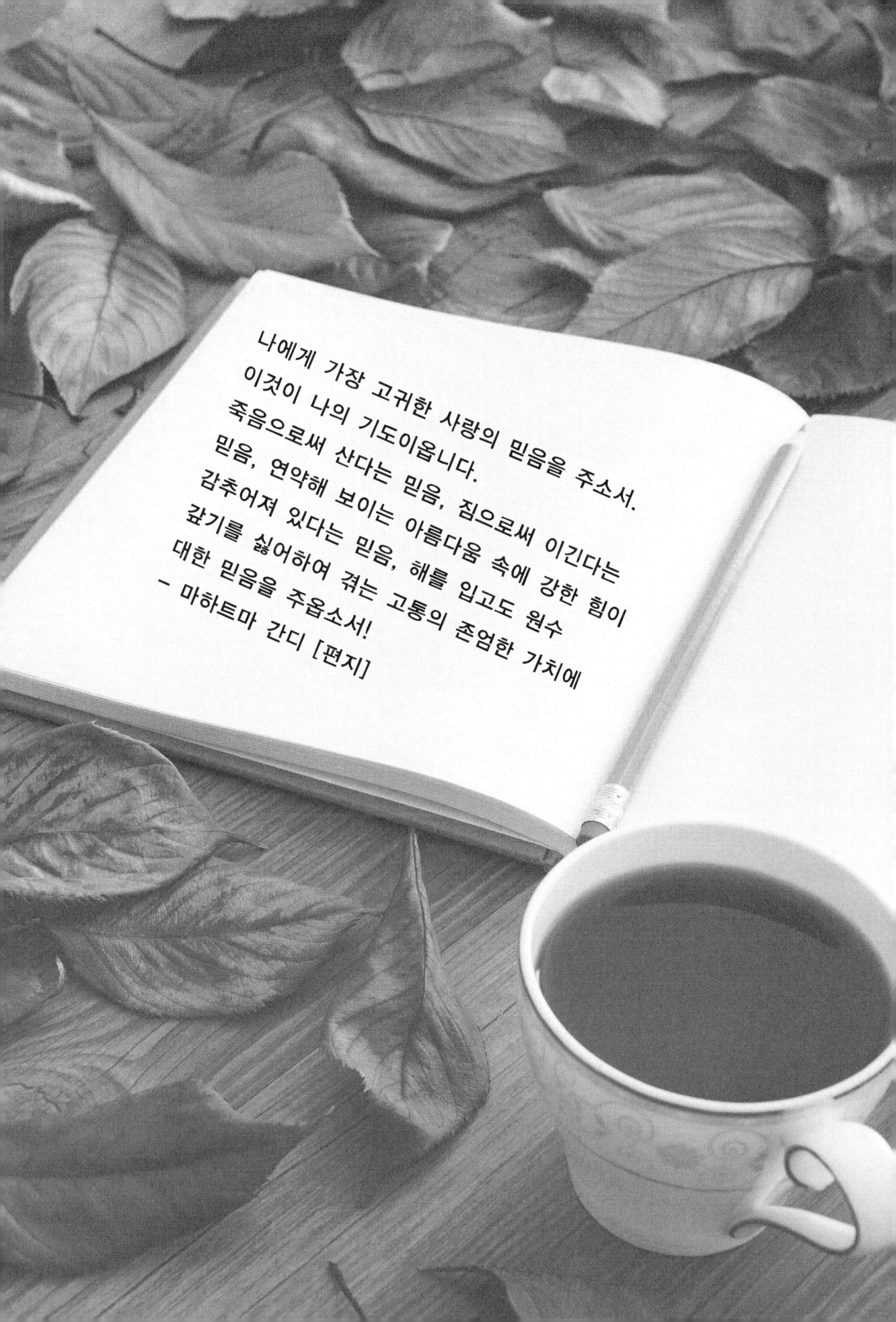

나에게 가장 고귀한 사랑의 믿음을 주소서.
이것이 나의 기도이옵니다.
죽음으로써 산다는 믿음, 짐으로써 이긴다는
믿음, 연약해 보이는 아름다움 속에 강한 힘이
감추어져 있다는 믿음, 해를 입고도 원수
갚기를 싫어하여 겪는 고통의 존엄한 가치에
대한 믿음을 주옵소서!
- 마하트마 간디 [편지]

Professional Engineer Electric Application

Chapter 21

2014년 103회 문제 및 해석

국가기술자격검정시험문제 (기술사. 제103회 / 2014년 5월 시행)

분야	전기	자격종목	건축전기	수험번호		성명	

[제 1교시] 13문 중 10문 선택. 각 문제당 10점 (시험시간: 각 교시별 100분)

응14-103-1-1. 전기화학에서의 애노드(Anode) 및 캐소드(Cathode)에 대하여 설명하시오.

응14-103-1-2. 알칼리 전해액 연료전지에 대하여 설명하시오.

응14-103-1-3. 열전기 발전(Thermoelectric Generation)에 대하여 설명하시오.

응14-103-1-4. 휘도가 $B[cd/m^2]$인 무한대의 한 평면이 있다. 이것과 일정한 거리에서 평행한 평면의 조도 $E[lx]$를 구하시오.

응14-103-1-5. 변류기(CT)의 과전류정수(Over current Constant) 및 부담(Burden), CT의 과전류정수와 부담과의 관계에 대하여 설명하시오.

응14-103-1-6. 현재 운용중인 전기철도에서 부하 급전계통의 특성을 요약하여 설명하시오.

응14-103-1-7. 경관조명에서 장해광의 종류와 방지 대책에 대하여 설명하시오.

응14-103-1-8. LED조명의 장·단점을 설명하고 LED조명과 형광등과의 특성을 비교 설명하시오.

응14-103-1-9. 제강용 아크로와 같이 전류를 조절하기 위해 속도가 빠른 가동전극을 사용하는 경우에 고온용 전극재료가 갖추어야 할 구비요건에 대하여 설명하시오.

응14-103-1-10. 에스컬레이터(Escalator)의 안전장치에 대하여 설명하시오.

응14-103-1-11. 조명설계시 눈부심을 좌우하는 요소와 억제대책에 대하여 설명하시오.

응14-103-1-12. 고조파가 전기기기에 미치는 영향에 대하여 설명하시오.

응14-103-1-13. 열원으로 전기에너지를 사용하는 경우 다른 열원과 비교하여 어떤 특성을 갖는지 설명하시오.

[2교시] 6문 중 4문 선택, 각 문제당 25점, 100분

※ 다음 문제 중 4문제를 선택하여 설명하시오. (각25점)

응14-103-2-1. 실내에서 광속법을 이용하여 전반조명 설계시 설계방법을 순서대로
설명하시오.

응14-103-2-2. 산업현장에서 정전기(靜電氣) 발생과 정전기 방지 대책에 대하여
설명하시오.

응14-103-2-3. 전력용 변압기의 내부 이상 검출을 위한 방법 중 예방보전 최신 기술에
대하여 설명하시오.

응14-103-2-4. 무정전 전원장치(UPS)의 On-Line 방식과 Off-Line 방식의 동작 특성을
설명하시오.

응14-103-2-5. 전기도금의 이론 및 도금의 조건에 대하여 설명하시오.

응14-103-2-6. 서지흡수기(Surge Absorber)를 설치하는 이유와 설치위치 및
정격전류에 대하여 설명하시오.

[3교시] 6문 중 4문 선택, 각 문제당 25점. 100분

※ 다음 문제 중 4문제를 선택하여 설명하시오. (각25점)

응14-103-3-1. 유입변압기 열화 원인에 대하여 설명하시오.

응14-103-3-2. 전기 설비에 Noise 침입시 System의 이상현상에 대한 방지 대책을 설명하시오.

응14-103-3-3. 공장의 조명 설계 시 에너지 절약 방안에 대하여 설명하시오.

응14-103-3-4. 최근 건축물 또는 시설물 프로젝트 등에서 적용하는 VE(Value Engineering)에 대하여 1)정의 2)특징 3)적용대상 4)추진단계 5)시행효과에 대하여 설명하시오.

응14-103-3-5. 초전도 자기부상열차의 원리 및 특징을 설명하시오.

응14-103-3-6. GIS(Gas Insulated Switchgear)의 특징과 진단 기술을 설명하시오.

[4교시] 6문 중 4문 선택, 각 문제당 25점. 100분

※ 다음 문제 중 4문제를 선택하여 설명하시오. (각25점)

응14-103-4-1. 전기용접 방식의 특징과 기계적 접합방식 및 가스용접방식의 특징을 비교하여 장점만을 설명하시오.

응14-103-4-2. 초전도현상(Superconductivity)의 특징과 고온 초전도체 응용에 대하여 설명하시오.

응14-103-4-3. 배선용 저압차단기(MCCB)의 특징, 시설개소, 단락보호 협조방식에 대하여 설명하시오.

응14-103-4-4. 수전용 자가용 변전소에서 적용하는 특고압(22.9kV/저압)변압기로서 적용이 증가되는 하이브리드 변압기의 개념과 권선법을 설명하고, 그 특성을 일반 변압기 및 저소음 고효율 변압기와 비교하여 설명하시오.

응14-103-4-5. 비상발전기를 공장에 설치하는 경우 주의사항과 유지관리에 대하여 설명하시오.

응14-103-4-6. 전력저장시스템(Energy Storage System)을 종류별로 구분하여 특징을 설명 하시오.

응14-103-1-1. 전기화학에서의 애노드(Anode) 및 캐소드(Cathode)에 대하여 설명하시오.

답)
1. 전기화학

: 화학적인 전자전달현상과 전기에너지 혹은 전기신호를 전극을 통하여 관련시키는 영역이며, 전자를 잃는 것을 산화, 전자를 얻은 것을 환원작용을 이용한 것.

2. 전기화학에서의 애노드(Anode) 및 캐소드(Cathode)

2-1. 축전지 방전 또는 전해조에서의 구분

	축전지 방전 또는 전해조
애노드(Anode)	양극, 산화전극(anode), 산화반응이 일어남
캐소드(Cathode)	음극, 환원전극(cathode), 환원반응이 일어나는 전극

2-2. 축전지 충전 작용시 구분

	축전지 충전 작용시
애노드(Anode)	양극, 환원반응이 일어나는 환원전극은 +극
캐소드(Cathode)	산화반응이 일어나는 전극에서 도선을 따라 외부로 전자가 이동되기 때문에 산화전극, 음극

응14-103-1-2. 알칼리 전해액 연료전지에 대하여 설명하시오

답)

1. 알칼리형 연료전지 (AFC : Alkaline Fuel Cell)의 전해질 및 연료와 산화제

   1) 전해질 : 수산화칼륨과 같은 알칼리를 사용한다.
   2) 연료 : 순수 수소를 사용
   3) 산화제 : 순수 산소

2. 운전 온도 : 대기압에서 60~120 'C

3. anode와 케소드

   1) anode의 촉매는 니켈망에 은을 입힌 것 위에 백금-납을 사용
   2) Cathode는 니켈망에 금을 입힌 것 위에 금-백금을 사용.

4. 용도

   1) 알칼리 연료전지의 고효율화의 기본적인 목적 : 자동차 산업의 전원 공급용

5. 특성

   1) 알칼리 연료전지는 알칼리가 이산화탄소에 민감하기 때문에
      인산형 연료전지의 개발보다 늦게 개발되었다.
   2) 알칼리 연료전지 시스템에서 수소의 저장과 이산화탄소의 경제적인 제거는
      알칼리 연료전지의 상업화에 가장 중요한 요소이다.
   3) 알칼리 연료전지 기술 전망
      ① 자동차의 경우에 알칼리 연료전지가 확보할 수 있는 시장 비율은 경쟁성 기술에
         의하여 영향을 받을 것이다.
      ② 수소저장과 대규모 상업화를 시작하기 전에 유통망의 개량이 요구됨
      ③ 수소를 기초한 미래 자동차의 경제성은 알칼리 연료전지의 상업화를 선호 예상됨

응14-103-1-3. 열전기 발전(Thermoelectric Generation)에 대하여 설명하시오.

답)

1. 열전발전기(Thermoelectric generator)의 정의

    열전기쌍과 같은 원리인 제어벡 효과에 의한 열에너지가 전기적 에너지(열기전력)로 변환하는 장치이다.

2. 열전발전기 동작원리

    1) 지금 열전소자의 양단을 일정한 온도 T_h 및 T_C로 유지해서 온도차 $\Delta T(=T_h-T_C)$ 가 있으면 제에벡 효과로 기전력이 발생해서 회로에 전류가 흐르게 된다.

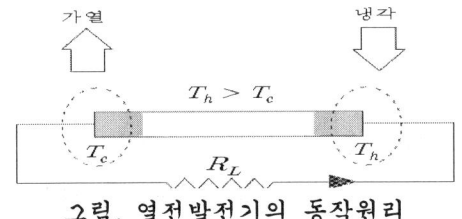

그림. 열전발전기의 동작원리

    2) 전류가 열전소자를 흐르면 전극의 접합부에 펠티에효과가 유기되어 흡·발열반응이 일어나서 양단에 가해진 온도차가 상쇄된다.

    3) 여기서 열전소자의 내부저항을 R_i라고 하면 소자내부에 줄(Joule)열이 발생한다.

    4) 정상상태에서 온도차를 유지하기 위해서 고온부에 가해진 열량을 Q, 열전소자의 고온부 및 저온부의 온도를 T_h 및 T_C, 전류를 I 라고 하자.

    5) 열전소자의 고온부에서의 열은 소자내부에서 발생하는 줄 열의 1/2이 고온부에 유입하는 것으로 가정하고, 펠티에 효과에 의한 흡열 및 열전도를 고려하여 열에너지 평형식을 세우고, 열전소자의 외부로 전류가 통전하게 됨

4. 열전기 발전의 적용

    1) 열전기 발전은 유닛당의 발전용량은 수W로 소용량이지만, 소규모의 열원이더라도 라디오의 전원 정도의 전력은 공급할 수 있으며, 제조코스트도 싸기 때문에 발전 설비가 없는 벽지 등에서의 이용에 적합한 것이다.

    2) 또 유닛수를 늘림으로써 출력의 증강도 용이해서 열병합발전에 적합 함.

    3) 방사성 동위원소의 붕괴열을 열원으로 하는 우주용 전원

    4) 자동차 엔진의 배기열을 열원으로 하는 열전발전기(에너지 절감)

    5) 주로 재료면에서 고온부의 온도가 제한되기 때문에 동위원소를 열원으로 하여 다수의 단위를 짜맞춘 것이 인공위성,

    6) 무인기상대등의 열원으로 사용 7) 사람의 몸에서 나오는 열로 움직이는 자동차와 기차

    8) 사람의 손바닥으로 작동하는 컴퓨터와 휴대폰 등

응14-103-1-4. 광속발산도와 휘도 및 조도의 관계를 설명하시오

답) <u>10점으로 출제되어서 실제는 (휘도의 정의, 광식발산도 정의, 조도의 정의를 기록 후 아래 내용 중 4번 사항만 기록하면 됨)</u>

1. 측광량의 상호관계

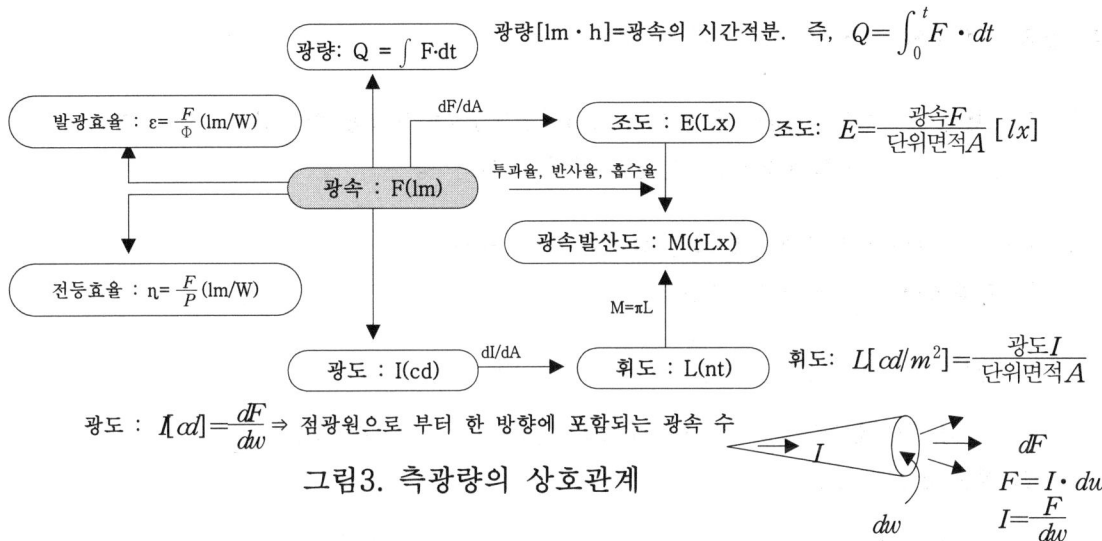

그림3. 측광량의 상호관계

2. 휘도(Luminance) : L

1) 휘도의 정의

: 광원을 보면 그 면이 빛나 보이며, 반투명이면 뒷면에서 보아도 빛나 보인다.

즉, 그 면의 밝기 또는 광도의 밀도를 휘도라 한다.

2) 표현식

어떤 면 dA의 어느 방향 θ의 휘도 L_θ는 그 면의 방향 θ각도에서의

광도를 I_θ라 할 때, $L_\theta = \dfrac{I_\theta}{dA\cos\theta}[cd/m^2]$

3) 단위 및 한계

- $1[nt] = 1[cd/m^2]$ ☞ 니트(nit)
- $1[sb] = 1[cd/cm^2]$ ☞ 스틸브(stilb)
- 눈부심을 느끼는 휘도의 한계 : $0.5[cd/cm^2] = 0.5 \times 10^2[cd/m^2]$

4) 특성

① 휘도는 눈으로부터 광원까지의 거리와 관계없다.

② 물체의 식별은 휘도의 차에 의하며, 역으로 휘도가 균등하면 평면으로 보임을 의미함

3. 광속발산도 (Luminance Emittance) : M 또는 R

1) 단위면적당 발산하는 광속 또는 발산광속의 밀도
2) 표현식 : $M = R = \dfrac{dF}{dA} [rlx]$ ⇒ 의미 : 단위면적당 발산광속

4. 광속 발산도와 휘도 및 조도와의 관계

1) 완전확산면 : 어느 방향에서 보아도 휘도(눈부심)가 일정한 면으로, 맑은 하늘, 산화마그네슘, 양질의 젖빛 유리면 등

2) 완전확산면에서의 광속발산도와 휘도의 관계 증명
   ① 광속발산도 R 또는 M [lm/m²]

   $$R = M = \dfrac{F}{A} = \dfrac{4\pi I}{4\pi r^2} = \dfrac{I}{r^2}, \quad \Rightarrow I = r^2 M \quad \text{---식1)}$$

   단, F : 광속[lm], I : 광도[cd], $A = 4\pi r^2$: 구의 표면적

   ② 휘도 B 또는 L[cd/m²]

   $$B = L = \dfrac{I}{A'} = \dfrac{I}{\pi r^2}, \quad \therefore I = \pi r^2 B \quad \text{---------식2)}$$

   단, πr^2 : 반지름 r이 되는 평면의 원 면적

   ③ 광속발산도와 휘도와의 관계는 식1)의 광도와 식2)의 광도가 같으므로
   $$I = r^2 M = r^2 R = \pi r^2 B \text{가 됨} \text{----------식3)}$$

   ④ ∴ 광속발산도 R은, $R = \pi B \, [lm/m^2]$ --------식4)

3) 반사율 ρ 투과율 τ 및 흡수율 α 와 광속발산도 및 조도와의 관계
   ① $\rho + \tau + \alpha = 1$ ------식5)
   ② $R = \pi B [rlx] = \rho E$ ------------식6)
   ③ ∴ 휘도, $B = \dfrac{\rho E}{\pi} = \dfrac{R}{\pi} [cd/m^2]$ ---------식7)
   ④ ∴ 조도, $E = \dfrac{\rho B}{\pi} = \dfrac{R}{\rho} [lx]$ ----------식8)
   ⑤ 또, $R = \pi B [rlx] = \tau E$ ------식9)
   ⑥ ∴ 휘도, $B = \dfrac{\tau E}{\pi} = \dfrac{R}{\pi} [cd/m^2]$ ------------식10)
   ⑦ ∴ 조도, $E = \dfrac{\pi B}{\tau} = \dfrac{R}{\tau} [lx]$ ------식11)

응14-103-1-5. 변류기(CT)의 과전류정수(Over current Constant) 및 부담(Burden),
         CT의 과전류정수와 부담과의 관계에 대하여 설명하시오.(15-105회 발송기출)
답)
1. 과전류 정수(n)

1) 과전류 정수의 정의
     과전류영역에서는 전류가 어느 한도를 넘어서면 철심에 포화가 생겨 비오차가
     급격히 증가하는데 비오차가 -10[%] 될 때의 1차전류를 정격1차전류값으로 나눈값

2) 비오차 : ① 비오차 $(\varepsilon) = \dfrac{K_n - K}{K} \times 100 [\%]$

   ② K_n : 공칭변류비 ($\dfrac{정격1차전류}{정격2차전류}$)

   ③ K : 측정한 참변류비 ($\dfrac{측정1차전류}{측정2차전류}$)

3) 과전류 정수를 고려해야 되는 사유
     : 사고시 대전류영역에서의 계전기 작동은 변류기의 과전류 영역에서의 특성을
       고려하지 않으면 오동작이 되거나 예정된 시간에 동작하지 않을 우려가 있다

4) 보호용 CT에만 적용

5) 정격 과전류 정수 표준 : n>5, n>10, n>20, n>40

6) 정격과전류정수는 가급적 작은 것을 선택해야 2차권선에 연결된 계기 및
   보호계전기 등의 유입전류가 적어서 좋다

2. CT 부담(Burden)

1) CT2차의 계전기 입력회로의 Impedance 로 소비VA, 소비전력, 부담임피던스
   중에서 하나로 표시됨

2) 표현방법
   ① CT를 사용하는 전류회로와 계기용 변압기(PT)를 사용하는 전압회로의 부담은
      ⇒ [定格VA]로 표시함
   ② 직류회로의 부담은 ⇒ 정격치[소비전력]으로 표시
   ③ 기타 회로부담은 ⇒ 부담임피던스로 표시함

3) 정격부담
   ① CT 2차에 연결될 계전기의 총 부담을 VA_1이라 할 때 CT의 정격부담을 VA라면
      $VA > VA_1$ 이고, $VA_1 = \sum_{i=1}^{n} VA_i$
   ② 여기서는 CT와 보호계전기 사이의 전선로의 부담도 포함되어야 한다

3. 정격부담과 과전류정수의 관계

1) 과전류정수 × 정격부담 ≒ 일정 이므로 과전류 정수가 부족한 경우 비례로
   정격부담을 증가시키는 방향으로 CT의 부담을 수정한다.

응14-103-1-6. 현재 운용중인 전기철도에서 부하 급전계통의 특성을 요약하여 설명하시오.

답)

1. 전기철도용 변전소는 공급부하의 구분 : 크게 전기차 및 역사용으로 구분된다.

2. 전기차의 부하는 아래의 특성을 지니고 있음
   1) 열차운행 특성상 기동, 정지가 빈번함   3) 이동하는 비선형 부하의 특성이 있음
   2) 열차운행 특성상 견인력이 매우 클 것이 요구됨
   4) 교류급전의 경우 단상 급전시 부하전압의 불평형이 발생한다
   5) 전기차의 구동 제어시스템 원리상 인버터 및 컨버터를 사용하므로 고조파가 발생한다.

3. 부하변동이 심하다
   1) 전철변전소의 부하특성은 선로상태, 전기차의 출력 및 특성, 운전다이야 설정, 급전계통에 따라 복잡하고 부하변동이 심하다
   2) 전기차의 운전에 의해 부하점의 이동과 부하의 크기가 격심하게 변동됨
   3) 그림과 같이 전기차의 기동, 역행, 타행 및 정지가 수시로 있어 시공간적으로 부하변동이 매우 심하게 발생한다.

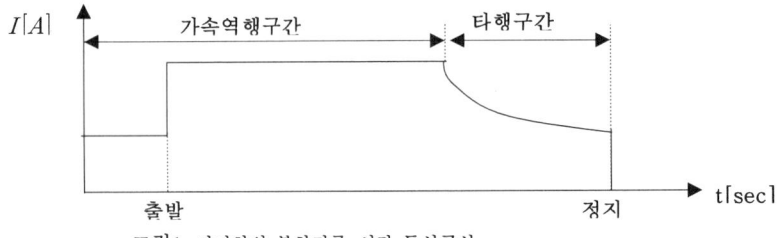

그림1. 전기차의 부하전류-시간 특성곡선

   4) 부하변동이 심하여 일부하율이 낮다
      ① 일부하율= 1일 중의 1시간 평균 전력 / 1일중의 1시간 최대전력
      ② 실례 : 간선철도는 60~80%, 교외철도 : 25~50%, 노면전차 : 40~70%

4. 주전동기 용량결정과 부하의 조건에서 고려할 점은 다음과 같다
   1) 도심전기전철에서 고려할 요소
      ① 기동시의 부하   ② 기동시의 직선가속에 필요한 부하가 된다
   2) 간선전기철도에서 고려할 중요요소 : ① 최대 상향 구배   ② 全구간을 통한 평균 부하

5. 견인 전동기의 전기적 성능은 특히 다음의 특성이 요구됨
   1) 기동시 및 상향구배 운전시 큰 Torque를 발생해야 하며, 속도의 상승과 동시에 토크가 감소되어야 한다.
   2) 속도제어가 용이하고 광범위한 속도범위에서 고효율로 사용가능해야 하며, 전력소비량이 적아야 됨
   3) 과부하 내량이 크고, 전원전압의 급변화에 견디어야 함
   4) 병렬운전시 부하의 불평형이 작아야 된다.

응14-103-1-7. 경관조명에서 장해광의 종류와 방지대책에 대해 설명하시오.

답)

1. 경관조명의 목적

경관조명은 역사적 구조물, 도시, 교량, 광장, 공원 등의 아름다움을 부각시켜 야간에 도시 도시경관의 연출을 극대화 하며 사람과 차량 등의 안전확보, 상업활동 조성 등에 그 목적이 있다.

2. 경과조명 역할

1) 도심의 역사적 풍토와 거리의 문화, 특징 표현
2) 공공시설 및 역사적 건물에 대한 이해와 친밀감 조성
3) 야간 관광의 다양화, 야간 시가지 활성화 → 상업활동 지원
4) 기업이미지 제고
5) 시민생활문화의 다양화, 24시간 도시화

2. 경관 조명 구성(분류)

1) 가로조명: 차량 안전운전 확보, 보행자안전보행, 범죄예방, 안전하고 쾌적한 통행
2) 건축물 조명(투광조명 Up Light): 야간 도시 경관 입체감 연출, 조각적 입체감
3) 광장조명: 광장전체조명, 상징성요구, 등주5[m],보조등주 설치, 활기참, 풍요로움 조성
4) 공원 조명: 주위환경과 조화, 주간 미관 고려, 편안한 분위기 제공, 범죄예방

3. 장해광의 종류 및 그 영향과 대책

종류	영향	대책
동식물 생태계	• 농작물·식물→결실맺지 못함 • 포유류·파충류·조류→야행성 경우 생식에 문제 발생→종의 소멸 • 가축→ 생리나 대사기능 영향 → 생산저하	• 점등시간의 제한 : 심야소등, 연간점등 스케줄 설정 타이머 이용 • 비산광 저감 : 조사대상물 이외에 빛 세어나가지 않도록 기구개선
주거환경	• 수면방해 • 교통안전 방해 • 불쾌감 유발	• 글레어저감-보조기구(후두,루버) • 경관화 조화
천 공	• 천체관측 방해 • 지구온난화 요소(CO_2) • 불필요한 에너지 낭비	• Up Light보다는 Down Light 방식 • 각도를 좁게 한다 • 효율 높은 광원 사용 ← 사용목적 알맞은 광원

응14-103-1-8. LED조명의 장·단점을 설명하고 LED조명과 형광등과의 특성을 비교
설명하시오.

답)

1. 형광등과 LED조명의 차이점

항 목	형광등	LED
내구성	유리관 재질로 충격에 약하다	광반도체 소자로 충격에 강함
환경성	수은등의 유해물질로 환경문제	환경문제 적음
경제성	수명이 1년 정도 고전력 소모	수명 5년 정도 저전력 소모 (초기고가 보상)
시공성	별도의 등기구 필요	모듈형태로 구성이 용이
사용전압	AC : 110~220 V	DC : 15V, AC 220V
길이	제한	다양
흑화현상	있음	없음

2. 일반백열 전구에 비하여 수명이 100배 이상, 가격은 매우 고가이나 최근 제작회사가
   급속한 기술력 신장 및 <u>다수의 제작회사가 있어 가격절감이 경쟁적임</u>

3. LED의 광원의 특성

   ① 구조적으로 기존의 광원과는 달리 작은 점광원으로써 유리전극, 필라멘트,
      수은(Hg)을 사용하지 않아 견고하고 수명이 길며 환경 친화적 이다.
   ② 광학적으로 선명한 단색광을 발광하여 연색성이 나쁜 반면 색을 필요로 하는
      조명기구에 적용 시 빛 손실이 매우 적고 시인성이 향상되며 지향성 광원으로서
      등기구 손실을 크게 줄일 수 있다.
   ③ 전기적으로 특정전압이상에서 점등을 시작하고 점등 후에는 작은 전압변화에도
      민감하게 전류와 광도가 변화한다.
   ④ 온도상승시 허용전류와 광출력이 감소하고 많은 열이 발생하는 등 주위온도
      및 동작온도변화에 대해 매우 민감하게 동특성이 변화한다.

4. 에너지세이빙 측면에서 현재까지 개발된 광원 중 가장 혁신적인 광원임

   ① 30% (형광등을 100% 기준하면 절감효율이 30%로 60~70% 에너지 절감),
   ② 빛에너지로 극대효율(형광등은 열에너지로 전력의 손실 발생)
   ③ 무수은
   ④ <u>수명이 약 100,000시간 (형광등8,000시간)</u> : (실제 현장 여건에 따라 차이가 있어 약65,000시간 정도)
   ⑤ 초저전압, 저전력   ⑥ 유해 전자파 미방출
   ⑦ 파손, 감전, 화재에서 자유로움

5. 점등 또는 소등 속도가 빠르다
6. 다양한 색상의 발광이 가능하다
7. 조명용 다른 광원에 비해 눈부심이 작다
8. 필라멘트가 없으므로 백열등과 같이 필라멘트가 끊어지는 일이 없다(충격에 강함)
9. 소형 발광다이오우드로 공장제품에 다량생산가능

응14-103-1-9. 제강용 아크로와 같이 전류를 조절하기 위해 속도가 빠른 가동전극을 사용하는 경우에 고온용 전극재료가 갖추어야 할 구비요건에 대하여 설명하시오.

답)

1. 일반적으로 발열체의 전극이 구비할 조건

   1) 전기의 전도율이 좋을 것
   2) 열의 전도율이 적을 것
   3) 고온도에 견디고, 또한 고온에서의 기계적 강도가 클 것
   4) 피열물과 화학작용을 일으키는 일이 적을 것
   5) 값이 저렴할 것 등

2. 전기로용 전극
   : 일반적으로 탄소질 재료임

3. 제강용 아크로의 전극조건

   1) 1사항의 일반적인 발열체의 전극 재료조건을 구비할 것
   2) 기계적 강도가 크고
   3) 전류를 조정하기 위해 속도가 빠른 가동전극일 것
   4) 도전성이 좋은 "인조 흑연전극"이 사용된다.

응14-103-1-10. 에스컬레이터의 안전장치에 대하여 설명하시오. (전12-98-1-8)
답)

1. 개요

에스컬레이터는 일정한 속도록 연속적으로 운전되기 때문에 안전장치가 필요하며 어린이들의 장난이나 정상적이 아닌 승차방법에 대해서도 안전대책을 세워야 한다. 또한 건축물의 설치부분과 관련하여 추락되거나 낙하물의 충격 등으로 안전사고가 발생될 수도 있다.

2. 안전장치

  1) 역전방지 장치

   ① 구동체인(Driving chain) 안전장치
    : 구동체인의 상부에 상시 슈가 접촉하여 구동체인의 인장 정도를 검출하고 있으며 구동체인이 느슨해지거나 끊어지면 슈가 작동하여 전원을 차단한다. 이것과 동시에 메인 드라이브의 하강방향의 회전을 기계적으로 제지한다. 그 때 브레이크래치가 순간적으로 스텝을 정지시키면 승객이 넘어져 위험하므로 라쳇트 휠이 메인 드라이브에 마찰되어 계속 유지됨으로써 서서히 정지를 하게 하여 승객의 넘어짐을 방지한다.

   ② 기계 브레이크(Machine brake)
    : 슈(shoe)에 의한 드럼식, 디스코식이 있다. 전동기의 회전을 직접 제동하는 것으로 각종의 안전장치가 작동하여 전원이 끊기면 스프링의 힘에 의하여 에스컬레이터의 작동을 안전하게 정지시킨다. 이때 급히 정지시키면 승객이 넘어질 우려가 있으므로 최저정치거리를 정하도록 규정되어 있다. 일반적으로 무부하 상승인 경우 $0.1[m]$ 부터 $0.6[m]$ 이내로 되어 있다.

   ③ 조속기(Speed regulator)
    : 에스컬레이터의 과부하운전, 전동기의 전원의 결상 등이 발생되면 전동기의 토크 부족으로 상승운전 중에 하강이 일어날 수가 있으므로 하강운전의 속도가 상승되지 않도록 하기 위하여 전동기의 축에 조속기를 설치하여 전원을 차단하고 전동기를 정지시켜야 한다.

  2) 스텝체인 안전장치
   : 스텝체인이 늘어나서 스텝과 스텝 사이에 틈이 생겨서 절단되는 경우에는 스텝 수개분의 공간이 생길 우려가 발생되므로 스텝체인의 장력을 일정하게 유지시키기 위하여 Tension carriage를 설치하여 이상이 발생하면 구동기의 전동기를 정지시키고 브레이크를 작동시킨다.

  3) 스텝이상 검출장치
   : 스텝과 스텝의 사이에 이물질이 끼어 있는 상태로 에스컬레이터가 운행하는 것은 아주 위험하기 때문에 스텝이 $4[mm]$ 이상 떠올라 있으면 검출스위치가 작동하여 에스컬레이터의 운행을 정지시킨다.

4) 스커트가드 판넬 안전장치
    : 스커트가드 판넬과 스템 사이에 이물질이 끼면 위험하기 때문에 스커트가드 판넬에
      불소수지 코팅을 하여 미끄러지게 하여 딸려 들어가는 것을 방지하고 있지만
      스커트가드 판넬에 일정압력 이상 힘이 가해지면 스프링 힘에 의하여 스위치를
      작동시켜 에스컬레이터의 운전을 정지시킨다.

5) 건물측 안전장치
    : 건물측 안전장치로 삼각부 안내판, 칸막이판, 낙하물 위해방지망, 셔터운전 안전장치,
      난간 설치 등이 있다.

응14-103-1-11. 조명설계시 눈부심을 좌우하는 요소와 억제대책에 대하여 설명하시오.
답) (전10-91-1-12)

1. 정의 및 영향

1) 시야내의 어떤 휘도로 인하여 불쾌, 고통, 눈의 피로나 일시적인 시력 감퇴를 (장애) 초래하는 현상
2) 눈부심이 있는 경우 작업능률의 저하, 재해발생, 시력의 감퇴, 눈부심으로 인한 빛의 손실 등이 발생하므로 조명설계의 경우 눈부심의 적극 검토가 고려되어야 함

2. 눈부심의 발생원인

1) 고휘도 광원   2) 반사 및 투과면   3) 순응의 결핍   4) 입사광속의 과다
5) 시선부근에 노출된 광원   6) 물체와 그 주위사이의 고휘도 대비가 있을 때
7) 눈부심을 주는 광원을 오래 동안 주시 할 때.

3. 눈부심의 대책

1) 조명 기구의 선정
   ① 글레어 방지형 조명기구 사용
   ② 보호각 조정 : 직사광이 나오는 범위를 보호각으로 조정하여 직사광을 차단하고 휘도를 저감시킨다.
   ③ 아크릴 루버설치 : 젖 빛 유리이용(글로우버)으로 휘도를 감소시킨다. 조명률은 감소하나 눈부심 방지효과가 크다.
   ④ Glare zone에 기구 선정시는 시선을 중심으로 上下 30도의 범위 내에 눈으로 들어오는 glare를 적게 함
   ⑤ 수평방향의 광도 감소 : 형광램프의 경우는 시선에 세로 방향으로 시설함
   ⑥ 조명기구를 높이 설치함
2) 조명방식의 반간접, 간접, 건축화 조명방식 중 조명대상물과 동시 고려하여 적용.
3) 실내면의 마무리를 무광으로 처리하며, 책상 면에는 유리 설치를 피할 것.
4) 시야 내 밝음의 분포를 고르게 함.

비교항목	공장	학교	비교항목	공장	학교
책과 바닥	20:1	10:1	통로 내의 각부	80:1	40:1
책과 책상면	5:1	3:1	조명기구와 그 부근	50:1	20:1

5) 광원의 선정
   ① 선정 시 휘도가 낮은 광원 선정고려(눈부심 한계 표 응용)

A ≤ 0.2[sb]	0.2[sb] < A ≤ 0.5[sb]	0.5 < A
눈부심이 발생하지 않는다.	때때로 눈부심이 발생한다.	눈부심이 발생하는 영역

   ② 광원의 외관이나 발광면을 크게 한다.
6) 글레어 존 내에는 광원을 설치하지 않는다.
7) 광택이 있는 작업면의 지양

응14-103-1-12. 고조파가 전기기기에 미치는 영향에 대하여 설명하시오.
답)

1. 개요 [개요도 정확히 암기하여 고조파 관련 문항에 이용할 것]

   1) 정의 : 고조파(harmonics)란 기본파의 정수배를 갖는 전압, 전류를 말하며
      일반적으로 50조파 까지임, 그 이상은 고주파(high Frequency)
      혹은 noise로 구분 됨
   2) 전력계통에서 논의되는 고조파는 제5조파에서 37조파 까지임
   3) 전기공급 규정상 고조파 허용치
      ① THD란 식 같이 고조파 전압 실효치와 기본파 실효치의 비로써 백분율로
         나타내며, 고조파 발생의 정도를 나타내는데 사용됨. $V_{THD} = \dfrac{\sqrt{\sum_{n=2}^{n} V_n^2}}{V_1}$,
         여기서, V_1: 기본파 전압, V_2, V_3, V_4 · V_n : 2,3차 · · · n차 고조파 전압
      ② 등가방해전류(EDC: Equivalent Disturbing Current)란 전력계통에서
         발생한 고조파 전류가 인접한 통신선에 영향을 주는 고조파 전류의 한계를
         말하며, $EDC = \sqrt{\sum_{n=1}^{n} S_n^2 I_n^2}$ 여기서, Sn: 통신유도계수, In: 영상고조파 전류

전압	계통	지중선로가 있는 S/S에서 공급하는 고객		가공선로가 있는 S/S에서 공급하는 고객	
	항목	전압왜형률(%)	등가방해전류(A)	전압왜형률(%)	등가방해전류(A)
66kV 이하		5.0이하	-	3.0이하	-
154kV 이상		3.0이하	3.8이하	1.5이하	-

   4) 고조파 전류의 크기 : $I_n = K_n \cdot \dfrac{I_1}{n}$
      단, K_n : 고조파 저감계수. I_1 : 기본파 전류. n : 발생고조파 차수

2. 고조파가 전기기기에 미치는 영향

영향요인		주요현상	
고조파에 의한 과전류 (계통에 미치는 영향)	전류 실효값 증대	저항, 유전손실 증가	기기 과열
	전류 증대	철손증가, 이상음, 진동	
	변전소 계전기 오동작	전력계통의 예기치 않은 정전 유발 : 고조파로 22.9kV-y배전선로의 중성선선전류가 과전류되어 지락고장이 아닌 경우에도 유도형OCGR이 동작하면 지락사고인 것처럼 정전현상 유발	
고조파에 의한 전압파형 변형	등가회로 위상 변형	싸이리스터, 트라이액(TRIAC)등의 위상제어 오동작 or 불안정	
	전압파고 값 저하	전압부족으로 인한 오동작, 부동작	
고조파에 의한 유도피해	유도노이즈	전자회로 오동작, 잡음	

응14-103-1-13. 열원으로 전기에너지를 사용하는 경우 다른 열원과 비교하여
어떤 특성을 갖는지 설명하시오.

답)

1. 열효율이 고효율임

   1) 타 열원에 의한 가열은 연소가스, 과잉공기에서 발생하는 열과 불완전연소 가스가 함유한 열량이 많아 열효율이 좋지 않음
   2) 전기가열에서는 가스발생량이 없고 밀폐보온이 잘되어 고효율임

2. 고온도 발생으로 활용범위가 넓음

   1) 일반연소의 경우 : 1500[℃].   2) 아크발열 : 5,000~6,000[℃]
   3) 플라즈마 연소 : 전류밀도가 높아 수만~수십만 [℃] 이상의 고온도를 얻을 수 있음

3. 내부가열이 가능

   1) 일반연소(연료연소) : 물체의 표면가열 되므로, 피열물의 내부 균일 가열이 곤란함
   2) 전열가열 : 직접 피열물에 통전 또는 유전유도 가열로 피열물의 내부발열 현상을 이용하므로, 피열물이 자체가 최고온도가 되며 열절연도 잘할 수 있어 열효율이 높다

4. 로기제어가 용이함

   1) 발생가스가 없고 2) 밀폐시키면 진공처리도 가능 3) 임의의 로기 성분 유지가능
   4) 고기압 유지가능으로 로기제어가 용이함

5. 온도제어 및 조작이 간단
   : 온도제어 및 조작은 온도계의 지시에 따라 전력조정이 가능하므로 제어가 간단함

6. 방사열의 이용이 가능
   : 방사열의 방향을 임의로 조정가능함

7. 제품의 균일화
   : 온도분포 양호, 온도제어가 용이하여 제품의 균일화 가능 및 원료의 손실 감소.

8. 공해가 극히 적다

응14-103-2-1. 실내에서 광속법을 이용하여 전반조명 설계 시 설계방법을 순서대로 설명하시오

답)

1. 광속법의 활용

 1) 광속법의 정의 : 실내 작업면에 대한 수평 평균조도를 계산하는 실용적 방법이다.
 2) 방의 면적(A), 조도 (E), 감광 보상율(D), 조명율(U), 조명기구수(N), 기구 하나의 광속(F)

  이 결정되면, $FUN = EAD$ 의 식에서 총 소요광속(NF)은, $NF = EAD/U$
 3) 소요 총광속이 산출되면 기구의 배치 및 기구 하나의 광속을 고려, 조명기구의 수를 결정.

2. 광속법에 의한 설계순서

 1) 소요조도 결정 : 조명설계를 하는 장소의 사용 목적과 작업 내용에 적합한 조도가 될 수 있도록 조도 기준을 참조하여 각 실의 조도를 결정한다.
 2) 조명방식 선정: 조명 목적에 맞도록 전반조명, 국부조명, 직접조명, 간접조명, 건축화 조명 등의 조명방식을 선정한다.
 3) 광원 선정
   ① 조명의 목적, 조명 방식, 요구되는 분광분포 등을 고려하여 백열등, 형광등, HID Lamp 등의 광원을 선택한다.
   ② 눈부심과 연색성을 고려하고, 광색, 조도 및 유지보수를 감안하며 경제면에서 조명효율 등이 해당 장소의 조명목적에 부합되도록 광원을 선택한다.
   ③ 백화점, 양품점, 식료품점 등과 같이 색채를 중요시하는 곳의 조명은 우선적으로 연색성을 고려해야 하므로 광색에 특히 신경을 써야 한다.
   ④ 도로나 높은 천정으로부터의 조명 및 투광조명에서는 유지보수와 경제성이 우선하하므로 효율과 수명에 주안점을 두고 광원을 선택해야 한다.
 4) 조명기구 선정
   ① 조명방식, 광원, 명시조명인가, 분위기 조명인가 하는데 따른 조명의 종류 등을 검토하여 안락하고 경제성 있는 조명기구를 선정한다.
   ② 시야 내에 허용되는 휘도의 한계는 작업의 종류와 광원의 노출된 상태에 따라 정해짐.
     ㉠ 단시간 노출의 경우는 휘도가 $0.5 \ cd/cm^2$ 이하면 되지만
     ㉡ 장시간 눈에 노출되는 광원 또는 반사면의 경우는 $0.2 \ cd/cm^2$ 이하
     ㉢ 등 기구와 그 주위의 휘도의 비는 3:1 을 넘지 않는 것이 바람직하다.

③ 경제성 측면에서 등기구 효율이 점등비에 큰 영향을 주므로 기구효율을 충분히 고려해서 기구를 선정하도록 한다.

5) 기구 배치
① 조명기구의 종류, 다른 설비와의 조화, 배광, 휘도 분포, 그늘 등을 고려해서 기구 배치를 결정한다. 균일한 조도를 얻기 위해서는 기구간격을 작게 하는 것이 좋으나 이 경우는 기구수가 많아져서 설치비와 점등비가 많아지므로 경제적인 측면에서 볼 때는 기구 수를 적게 하고 출력이 큰 램프를 사용하는 것이 좋다.
② 직사 조도는 광원 직하에서 가장 높고 직하에서 거리가 멀어질수록 낮아지므로 광원의 최대간격은 작업면으로부터 광원까지 높이의 1.5 배 이하로 하는 것이 좋다.

6) 방지수 결정
① 방의 크기와 형태는 조명에 직접적인 영향을 주게 된다. 천정이 높고 면적이 좁은 방의 경우는 바닥면적에 비해 벽의 면적이 크기 때문에 많은 광속이 벽에서 흡수되어 버리므로 광속의 이용율이 나빠지게 되고, 반대로 천정이 낮고 넓은 방의 경우는 빛의 이용율이 높아진다.
② 따라서 방지수는 방의 가로(X), 세로(Y), 높이(H) 의 관계에서 다음 식으로 표시한다.
 • 방지수 $= XY/H(X+Y)$

7) 조명율 결정 : 실내 마감 재료의 색과 재질에 따른 반사율은 일반적으로 천정의 반사율은 80% 이상, 벽의 반사율은 50~60%, 바닥의 반사율은 15~30%로 하는 것이 쾌적한 광환경을 만드는데 좋다고 한다.

8) 감광 보상율(Depreciation Factor) 결정
① 조명기구는 점등시간이 경과함에 따라 필라멘트의 증발로 인해 광속이 감소하고, 유리구 내면의 흑화, 조명기구 및 실내 반사면의 오염 등으로 반사율도 내려가게 된다.
② 따라서 이러한 조도의 감소를 미리 예상하여 초기의 소요광속에 어느 정도의 여유를 둘 필요가 있는데 이와 같이 여유를 두는 정도가 감광 보상율이다.
  즉, 30%의 여유를 두었다고 하면 감광 보상율은 1.3 이 되고, 100%이면 감광 보상율은 2.0 .

9) 소요 기구수 계산
① 방의 면적(A), 조도(E), 감광보상율(D), 조명율(U)이 결정되면 FUN=EAD.식으로
② 따라서 소요되는 총광속은, NF=EAD/U (단, F: 기구 하나의 광속, N: 기구수)
③ 소요총광속이 산출되면 기구의 배치 및 기구 하나의 광속을 고려, 조명기구의 수를 결정.
④ 등기구 하나의 광속을 크게 하고 기구수를 줄이는 것이 경제적으로는 유리하나, 그늘, 휘도분포 등을 포함한 조명의 질을 감안할 때는 기구수가 많은 것이 좋으므로 상반되는 두 가지 요구사항을 적절한 선에서 절충해야 한다.

10) 점멸방식의 선정 및 배치 : 각 장소에서 사용에 편리하게 점멸방법과 점멸스위치의 배치를 결정

11) 조명요건의 확인 점검 : 조명기구의 배치와 간격 등이 결정된 후에 조도, 휘도 분포, 그늘, 예상되는 기분 등을 점검하여 문제가 없는지를 확인한다.

응14-104-2-2. 산업현장에서 정전기(靜電氣) 발생과 정전기 방지 대책에 대하여 설명하시오.

답)

1. 산업현장에서 정전기(靜電氣) 발생

   1) 마찰에 의한 발생 { 즉, 공장에서 발생되는 정전기의 가장 큰 원인}
      ① 두 물체의 마찰이나 마찰에 의한 접촉위치의 이동으로 전하의 분리 및 재배열이 일어나서 정전기가 발생하는 현상

   2) 박리에 의한 발생
      ① 서로 밀착되어 있는 물체가 떨어질 때, 전하의 분리가 일어나 정전기가 발생

   3) 유동에 의한 대전
      ① 액체류가 파이프 등 고체와 접촉하면 액체류와 고체와의 경계면에 전기이중층이 형성되어 이때 발생된 전하의 일부가 액체류와 함께 유동하기 때문에 정전기가 발생하는 현상

   4) 분출에 의한 발생
      ① 분체류, 액체류, 기체류가 단면적이 작은 분출구를 통해 공기 중으로 분출될 때, 분출하는 물질과 분출구와의 마찰로 인해 정전기가 발생한다.

   5) 충돌에 의한 발생
      ① 분체류와 같은 입자 상호간이나 입자와 고체와의 충돌에 의해 빠른 접촉, 분리가 행하여짐으로써 정전기가 발생하는 현상이다.

   6) 파괴에 의한 발생
      ① 고체나 분체류와 같은 물체가 파괴되었을 때 전하분리 또는 정·부전하의 균형이 깨지면서 정전기가 발생한다

   7) 교반(진동)이나 침강에 의한 발생 (혹은 침(심)강대전 및 부상대전)
      ① 액체가 교반될 때 대전한다.
      ③ 액체 내에 비중이 다른 액상물, 고체, 기포 등이 분산, 흡입되어 이것이 침강 또는 부상될 때 액체류와의 경계면에서 전기이중층이 형성되어 정전기 발생

   8) 유도대전 : 대전물체의 부근에 절연된 도체가 있을 때 정전유도를 받아 전하의 분포가 불균일하게 되며 대전된 것이 등가로 되는 현상

   9) 비말대전 : 공기 중에 분출한 액체류가 미세하게 비산되어 분리하고, 오고 작은 방울로 될 때 새로운 표면을 형성하기 때문에 정전기가 발생하는 현상이다.

2. 산업현장의 정전기 방지 대책

1) 접지와 본딩
   ① 정전기 측정방지를 위한 접지저항은 표준환경(기온 20℃, 상대습도 50%)에서 1×10^3 [Ω] 미만 이어야 하지만 실제 설비에의 적용은 100Ω이하로 관리하는 것이 기본이다.
   ② 본딩은 금속도체 상호간의 전기적 접속이므로 접지용 도체 접지단자에 의하여 접속시킴

2) 인체의 접지
   ① 정전화(Antistatic Shoes)착용:
      구두의 바닥저항이 $10^5 \sim 10^8$[Ω] 정도로 하여 인체에 대전된 정전기를 구두로 통해 방전
   ② 제전용 팔찌: 인체에 대전된 정전기를 대지로 흘려주는 역할을 하며, 역전류에 의한 쇼크방지를 위한 1MΩ 정도의 전류저한용 저항이 내장되어 있다.
   ③ 정전 작업복 착용: 전도성 섬유를 넣어 이 전도성 섬유에서 코로나 방전을 이용하여 전기에너지를 열에너지로 변환시키는 작업복

3) 전도성의 향상(대전방지제 사용)
   ① 대전방지제는 부도체의 대전방지를 위해 사용하는데, 플라스틱이나 화학섬유 등의 정전기방지를 위해 사용한다.
   ② 대전방지제는 섬유나 수지의 표면에 흡습성과 이온성을 부여하여 전도성을 증가시키고 이것에 의하여 대전방지를 도모하는 것이며, 대전방지제로 주로 많이 이용되는 것은 (물질은)계면활성제이다.

4) 가습에 의한 대전방지
   (1) 섬유공업이나 다른 업종에서도 수분 자체가 보유하고 있는 도전성으로 인하여 아주 용이하고 경제적인 정전기 발생방지 및 제전대책으로 가습에 의한 방법이 사용되어 왔고, 또한 현재의 추세이기도 하다.
   (2) 공기 중의 상대습도가 70%정도로 유지하는 것이 대전체의 전기저항치 감소로 대전성이 저하된다. 공기 중의 상대습도를 60 ~70% 정도로 유지하기 위한 가습방법은
      ① 물을 분무하는 방법   ② 증기를 분무하는 방법   ③ 증발법

5) 도전성 섬유에 의한 대전방지
   : 대전된 물체의 가까이에 도전성의 가는 실을 접근시키면 코로나 방전이 일어나고 이때 공기가 전리되어, 전리된 이온이 극성이 다르게 대전된 정전기와 만나서 과부족 전하를 주고 받음으로써 정전기가 제거되는데, 이러한 자기방전작용을 이용하여 도전성 섬유는 각종 섬유의 대전방지에 이용토록 제전복 착용

6) 정전차폐: 대전물체의 표면을 접지한 금속으로 덮으면 정전제가 차폐되면서 전자파에도 효과가 있다.

7) 도전성매트, 도전성 타일 위에서 작업

8) 도전성 재료에 의한 대전방지

9) 배관내 액체의 유속제한
   1) 불활성화 할 수 없는 탱크, 탱커, 탱크 로울리, 탱크차, 드럼통 등에 위험물을 주입하는 배관은 정해진 데이터의 값 이하 되도록 한다.
      ① 저항률이 10^{10}[Ω·cm]미만의 도전성 위험물의 배관유속은 7[m/sec]이하로 할 것
      ② 이황화탄소 등과 같은 유동대전이 심하고, 폭발 위험성이 높은 것은 배관內 유속을 1[m/sec] 이하로 할 것
      ③ 물이나 기체를 혼합한 비수용성 위험물은 배관유속을 1[m/sec] 이하로 한다
      ④ 저항률이 10^{10}[Ω·cm]이상인 위험물의 배관내의 유속은 상기 표 값 이하로 한다.

응14-103-2-3. 전력용 변압기의 내부이상 검출을 위한 방법 중 예방보전 최신 기술에 대하여 설명하시오.

답)

1. 개요

1) 대용량 변압기는 전력의 안정공급에 관련된 중요한 설비이며, 사고를 예방하기 위한 보수관리 및 절연 진단이 필요하다.

2) 최근 변압기 이상 징후를 on-line 상태에서 상시 감시하여 사고를 예측하는 기술로 발전하고 있다.

3) 상기의 개념으로 ① 유중가스 분석법, ② 부분방전 측정법, ③ 적외선 진단법과 ④ 이들을 통합관리 할 수 있는 원격지의 온라인 진단법에 대하여 기술한다.

2. 유중가스 분석법

1) 구성도

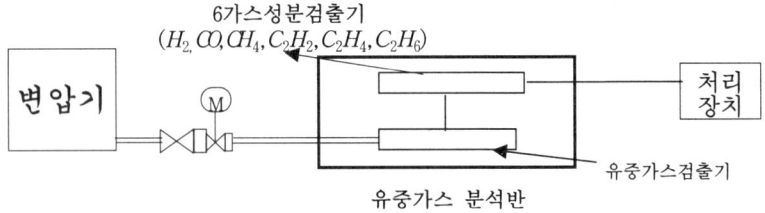

2) 원리

　　변압기 내부에 이상이 발행하면 이상개소에 과열이 발생하게 되고, 절연유가 열에 의해서 분해되어 Gas가 발생되어 유중 Gas분석을 시행하여 열화진단.

3) 목적 : ① 변압기 내부 이상유무 판정, ② 내부 이상상태 진단
　　　　　③ 운전계속 가능성 판단, ④ 해체, 점검 여부의 판단

4) 내부이상시 발생 Gas(이상의 종류에 의한 가스발생 성분)

이상의 종류	주 발생 가스	비 고
절연유의 과열	$H_2, CH_4, C_2H_2, C_2H_6, C_3H_8$	① CH_4: 메탄, C_2H_6: 에탄, C_2H_2: 아세틸렌, C_3H_8: 프로판 C_2H_4: 에틸렌, C_3H_6: 프로필렌 C_4H_{10}: 부탄 ② 도체가열 : CO, CO_2 생성되며, CO_2/CO의 체적비가 클수록 높은 온도 존재
유침 고체 절연체의 과열	$CO, CO_2, H_2, CH_4, C_2H_4, C_2H_6, C_3H_6, C_3H_8$	
절연유 중의 방전	$H_2, CH_4, C_2H_2, C_2H_4, C_3H_8$	
유침 고체 절연체의 방전	$CO, CO_2, H_2, CH_4, C_2H_2, C_2H_4, C_3H_6, C_3H_8$	

5) 유중 Gas의 축출법 : 토리첼리의 진공법, 디플러법

6) Gas 분석방법 : 가스 크로파토 그래프 사용

3. 부분방전 측정법

1) 접지선 전류법

① 변압기 내부에서 부분방전이 발생하고 있는 회로에서 펄스성의 방전전류가 환류하는데 이것을 확인하여 열화진단

② 접지선에 흐르는 펄스전류를 검출하는데 이용하는 기구는 로고스키 코일 이용한 CT 이다.

③ 구성도

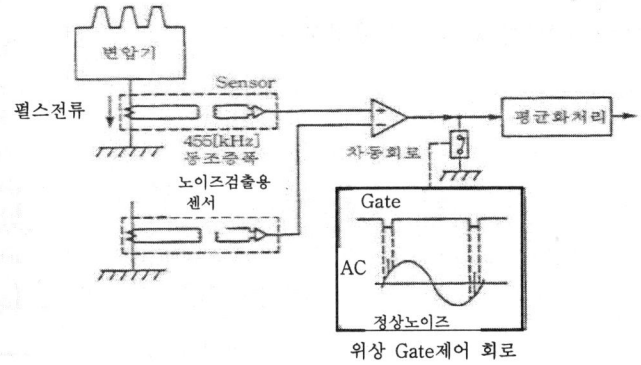

2) 초음파 진단법:
변압기 내부에서 부분방전 발생시 생기는 음향신호를 탱크외벽에 밀착 설치된 초음파센서로 압력진동파를 검출하여 전기신호로 변환하여 열화 진단.

4. 적외선진단에 의한 방법

1) 적외선 카메라로 열을 영상으로 변환하여 열화진다.
2) 주로 배전용 TR의 과부하 또는 열화정도 파악에 사용

5. 변압기 예방보전 시스템

상기의 여러 방법을 통합하여 신호 및 변환처리 프로세스를 경유 후 원방감시 시스템에서 인터넷을 통하여 ON-LINE 감시하는 시스템으로 현재 발전 중에 있음

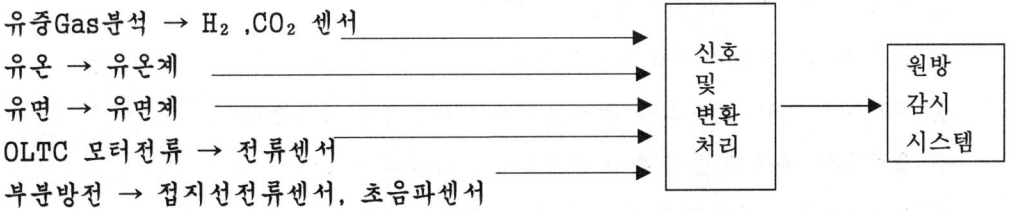

응14-103-2-4. 무정전 전원장치(UPS)의 On-Line방식과 Off-Line 방식의
동작특성을 설명하시오.(응용08-85-2-6에도 동일한 문항)

답)

1. 개요

1) 무정전 전원 설비, 즉 UPS(Uninterruptible Power Supply)란 전원에서 발생되는 왜란에서 기기를 보호하고 양질의 전원으로 변환시켜 main lord에 無停電으로 주어진 discharge time동안 연속적으로 전력공급을 하는 CVCF(Constant Voltage Constant Frequency) 전원 장치이다.

2) 상기의 개념으로 ups의 종류별 동작방식인 On-Line 방식, Off-Line 방식, Line-Interactive 방식에 대하여 설명한다

2. On-Line 방식

1) 방식설명

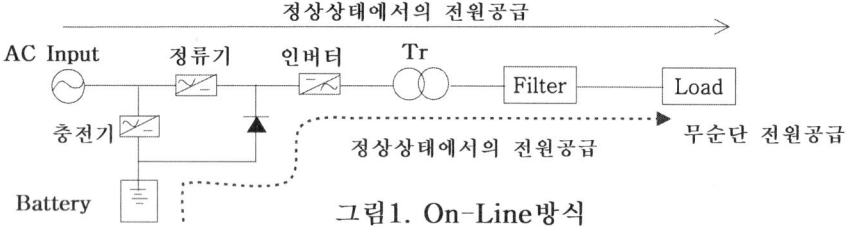

그림1. On-Line방식

① 상용전원이 정상일 경우, 충전기와 인버터에 DC를 공급하여 항시 인버터로 공급하는 방식

② 입력과 관계없이 인버터를 구동하여 부하에 무정전 전원을 공급하는 방식으로 부하전류를 지속적으로 인버터에서 공급하므로 신뢰도를 특히 높게 요구할 때 적용되는 방식임

③ 중용량 이상에서 많이 적용 됨

2) 장점

① 입력전원이 정전인 경우에도 무순단이므로(끊어짐이 없는) 입력과 관계없이 안정적으로 전원을 공급한다.

② 회로구성에 따라 양질의 전원을 공급한다.

③ 입력전압의 변동에 무관하게 출력전압을 일정하게 유지한다.

④ 입력의 서어지, 노이즈 등을 차단하여 출력전원을 공급한다.

⑤ 출력단자, 과부하 등에 대한 보호회로가 내장되어 있다.

⑥ 출력전압을 일정범위(±10%) 내에서 조정할 수 있다.

3) 단점

① 회로구성이 복잡하여 기술력이 요구된다.

② 효율이 Off-Line 방식보다 낮다(전력소모가 많으므로)

③ 외형 및 중량이 증대된다.　　　　　　　　④ 대체로 고가이다.

3. Off-Line 방식 :

1) 방식설명

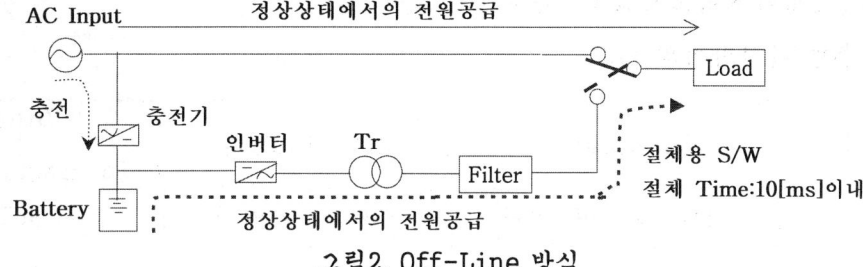

그림2. Off-Line 방식

① 상용전원이 정상일 경우는 부하에 상용전원으로 공급하다가, 정전시에만 인버터를 동작시켜 부하에 공급하는 방식.

② 주로 서버전용의 소용량에 주로 적용됨.

2) 장점

① 입력전원이 정상시에는 효율이 높다(전력소모가 적다)

② 회로구성이 간단하여 내구성이 높다(잔고장이 적다)

③ On-line에 비하여 가격이 싸다.

④ 소형화 가능

⑤ 정상동작시(즉 상용입력시) 전자파(노이즈 포함) 발생이 적다.

3) 단점

① 정전시에는 순간적인 전원의 끊어짐이 발생함(일반적인 부하에는 별문제 없다)

② 입력의 변화로 출력의 변화가 있다(전압조정이 안됨)

③ 입력전원과 동기가 되지 않아 정밀급 부하에는 적합하지 않다.

4. Line Interactive방식

1) 방식설명

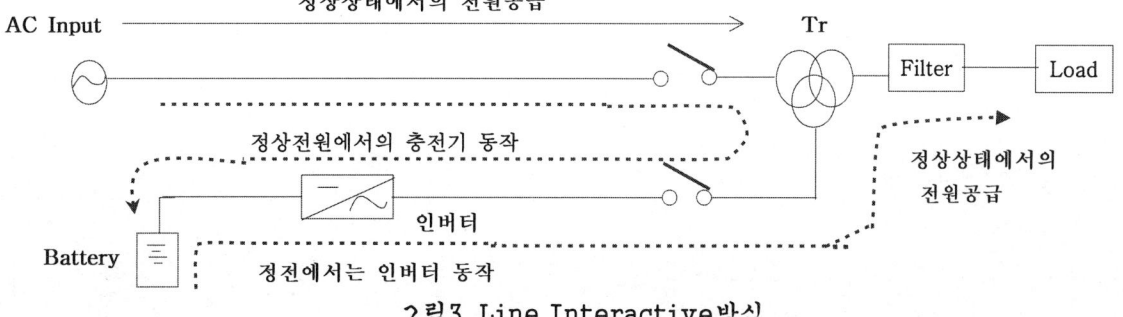

그림3. Line Interactive방식

2) 특징
① 정상적인 상용전원 공급시 인버터 모듈 내의 IGBT를 통한 FULL 브릿지 정류방식으로 충전기능을 하고,
② 정전시는 인버터 동작으로 출력전압을 공급하는 오프라인 방식
③ 일정전압이 자동으로 조정되는 기능이 있음

5. UPS 종류별 운전방식의 비교

구 분	On-Line방식	Off-Line방식	Line Interactive방식
효율	낮다, 70~90% 이하	높다, 90% 이상	높다, 90% 이상
-신뢰도(내구성) -동작	오프라인 방식에 비해 낮다 상시 인버터 구동함	높다, 입력정상시 인버터는 구동안함	중간, 인버터 구동소자의 프리 휠링 다이오드로 충전
절체 타임	4[ms]이하 무순단	10[ms]이하	10[ms]이하
출력전압 변동 (입력변동시)	입력변동에 관계없이 정전압	입력변동과 같이 변동함	5~10% 정도 자동전압 조정됨
입력이상시 (sag,임펄스,노이즈)	완전 차단함	차단하지 못함	부분적으로 차단함
주파수변동	변동 없음(±0.5% 이내)	입력변동에 따라 변동됨	입력변동에 따라 변동됨
제조원가	높다	낮다	낮은 편

응14-103-2-5. 전기도금의 이론 및 도금의 조건에 대하여 설명하시오.
답)
1. 전기도금

 1) 정의
    ① 전기에너지를 이용, 비금속 또는 금속 소지(素地)재에 다른 금속의 피막을 만들어 주는 방법으로서, 전기분해에 따른 석출을 이용하여 도체면의 표면을 금속박막으로 피복하는 기술, 도금하려고 하는 금속의 이온을 포함한 전해액(도금액)을 이용함
    ② 전해액(도금액)을 이용하여 피도금체를 음극으로 하고, 양극에는 도금하려고 하는 금속(가용성 양극) 또는 백금 등의 불용성 양극을 사용, 양극간에 직류전원을 접속하여 적당한 전위차를 두어 음극표면에 금속이온(양이온)에서 환원된 금속이 석출되어 도금피막이 형성되게 하는 기술을 말함.

 2) 목적
    ① 표면의 아름다움 제공   ② 표면 또는 바탕의 화학적 침식에 대한 내구력 향상
    ③ 강, 철 등으로 만든 기계 기구의 파손 또는 마멸된 부분의 수선
    ④ 표면의 기계적 강도 향상

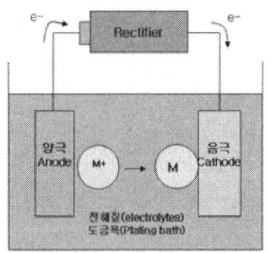

 3) 전기도금의 원리
    ① 전기도금이란 전기분해의 원리를 이용하여 제품 표면에 금속이온을 환원 석출시켜 얇은 피막을 입히는 표면처리 방법으로써,
    ② 전해질의 수용액이나 용융염 등에 직류 전류를 통하면 전해질은 두 전극에 화학변화를 일으키는데 이를 전기분해라고 하며
    ③ 전해질의 수용액 중에서 전기분해가 일어날 때 용액 중의 양이온은 음극으로 이동하고 음이온은 양극으로 이동한다.
    ④ 즉, 전기도금의 원리는 도금시키려는 금속의 염류를 주성분으로 하는 수용액인 전해용액이 담아있는 도금용액 속에서 도금할 물체에 음극을 연결하고, 도금시키려는 금속과 동일하거나 다른 금속에 양극을 연결한 후 직류를 통전해 주게 되면 용액내의 용해된 금속이 제품 표면에 석출되면서 금속의 피막이 입혀지게 됨
    ⑤ 즉, 직류전원의 플러스 극에 아노드를 연결, 마이너스 극에 웨이퍼를 두고 그 사이에 전해액을 넣은 후 직류로 전원을 투입시키면 플러스극의 금속이 전해액을 통과하여 플러스 극의 이론이 마이너스 극인 웨이퍼의 표면에 부착하게 됨
    (웨이퍼 : 피도금 재료 즉, 도금을 입힐 재료)

ⓖ 요약하면, 전기도금의 원리는 금속의 산화 및 환원반응 이용한 것으로 아래와 같다.
  ㉠ 도금할 물질을 양극(Anode)의 반응 : M → M^{Z+}+Ze⁻ (산화 : M의 용해)
  ㉡ 도금시킬 대상을 음극(Cathode)에 반응 : M^{Z+}+Ze⁻ → M(환원 : M의 석출)
  ㉢ 용액 내의 용해된 금속이 음극에 있는 제품표면에 석출되면서 금속의 피막이 입혀짐

4) 전기도금 장점
  ① 대량 생산이 가능   ② 경면에 대한 끝마무리가 가능함
  ③ 금속적 감촉 있음   ④ 도금 두께의 가감이 가능

5) 전기도금 단점
  ① 균일한 두께 불가능   ② 색의 종류가 적지 않음
  ③ 크기, 형상에 제한을 준다. ④ 도금 후 얼룩이 발생할 수 있다.
  ⑤ 강한 독성의 CN을 사용하는 경우 폐수처리가 어렵다.
  ⑥ 장식용은 1 μm 이하, 방식용 장식용은 1~수십 μm 이상으로 핀홀이 발생할 수 있다.

2. 전기도금의 종류

1) 플라스틱도금   2) 동 니켈 크롬 도금   3) 아연도금
4) 금도금   5) 은도금   6) 전기동도금   7) 전기니켈도금

3. 조건

• 개념 : 균일 전착성(throwing power)을 향상시킬 것

1) 전기도금 피막의 각 부분을 균일한 두께로 석출하는 능력을 말하는 것이다.
2) 각 부분이 균일한 두께로 되기 위해서는 음극유효면의 각 점이 금속을 석출하는 데 필요한 분해전압으로 되어 전류 밀도가 균일할 필요가 있으므로 전류 밀도를 균일하게 하는 능력이 높은 것이 높은 균일 전착성을 갖게 된다.
3) 보통 피복력(covering power)이 균일전착성과 똑같은 의미로 쓰이고 있으나 피복력은 도금피막이 음극표면을 석출 피복하는 능력을 나타내는 것이다.
4) 균일전착성은 도금두께의 분포까지를 포함한다.
5) 균일전착성은 표면상의 전류밀도분포의 균일이 중요하거나 전극면의 기하학적인 조건에 의해 생기는 전류분포를 균일하게 하기 위해서는 다음의 전기도금의 조건을 갖출 것
  ① 극간 거리를 넓힌다.
  ② 전극 단면의 각도를 크게 한다.
  ③ 보조극을 사용한다.
  ④ 음극을 움직이게 한다.
  ⑤ 액을 교반한다.

※ 참 고

1. 도금의 주요한 요건은

   1) 바탕 금속과의 밀착력이 강할 것,
   2) 도금면이 평활하고 치밀 불투성(不透性)일 것,
   3) 도금의 두께가 각 부 균일할 것 등이다.

2. 전기도금에 주는 영향 등

   1) 전기도금의 기본조건에서 전류밀도의 변화, $CuSO_4 \cdot 5H_2O$ 농도 변화, 황산농도 변화, ethyl alcohol 의 첨가 여부 등으로 변수를 주어 이들 변수가 전기분해를 이용한 전기도금에 어떠한 영향을 준다.
   2) 전착금속의 이온을 함유하는 수용액을 전해액으로 하여 각각 적당한 것을 선정해야함
   3) 또, 전류조건, 전해액의 온도, 전착시간을 결정해야 함

※ 참고(무전해 도금의 조건)

① 용액 속에서 금속 이온을 환원시키는 환원제의 산화 환원 전위가 그 금속의 평형 전위보다 충분히 낮을 것.(도금반응의 구동력 조건)

② 도금액은 각 성분을 배합한 그대로의 상태로서는 반응이 이러나지 않으며 촉매성 표면에 접촉했을 때에 비로써 일어나는 것이다.
   (도금액이 안정하기 위한 조건)

③ 용액의 pH, 온도 조절로서 환원 반응 속도가 조절할 수 있는 것.
   (도금 속도의 조절조건)

④ 환원 석출되는 금속 자체도 촉매성을 갖고 있을 것.
   (도금막을 두껍게 하는 조건)

⑤ 환원제와 산화 생성물이 도금 반응 진행을 방해하지 않을 것.
   (도금액 수명을 연장시키는 조건)

응14-103-2-6. 서지흡수기(Surge Absorber)를 설치하는 이유와 설치위치 및
정격전류에 대하여 설명하시오.

답)

1. 서지흡수기(Surge Absorber)를 설치하는 이유

1-1. VCB를 차단시 이상전압 발생이 아래와 같이 생김

(1) VCB를 차단시 재단써지에 의한 이상전압 발생

① 재단써지란, 진공차단기 개폐시 음극에서 공급되는 금속증기 이온전자가 진공중에서 확산되는 양보다 작으면 접점사이아크가 유지되지 못하여 그림1과 같이 아크불안정이 발생하며 전원 주파수 전류가 자연영점에 이르기 전에 조기억제되는 재단현상

② 이는 차단기가 재단시 전류가 완전히 제로가 되기 전에 강제적으로 전류를 끊기 때문에 전류와 임피던스의 곱에 해당되는 써지전압이 부하측에 걸리기 때문에 전동기 권선에는 스트레스로 작용할 수 있다.
그래서 전동기와 같은 경우 급준파써지에 대해 전압의 크기를 제한하고 있다.

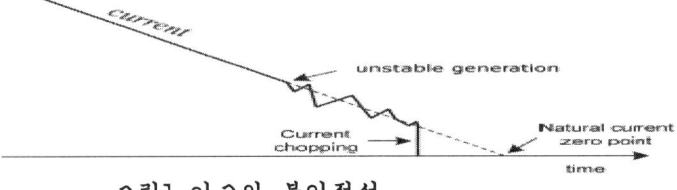

그림1 아크의 불안정성

③ 전류재단시의 진동주파수는 수㎑의 아크전류가 소호작용으로 유도성 부하의 경우 큰 써지전압이 발생하게 된다.

(2) VCB를 차단시 다중재발호써지에 의한 이상전압 발생

① 진공차단기가 전류영점 근처에서 개극한 경우에는 소호 직후 전극간 거리가 작아 절연내력도 낮아지고 과도회복전압TRV)이 크게 되어 재방전이 일어난다.

② 재방전이 0.25사이클 이내에 발생한 경우를 재발호(reignition)라고 한다.

1-2. sa설치 사유

1) 상기와 같이 VCB를 차단시 재단써지에 의한 이상전압과 다중재발호써지에 의한 이상전압이 발생함에 따른 직렬기기의 절연충격이 있어 이러한 급준파써지전압을 저감시키기 위해 써지흡수기SA)가 적용되고 있다.

2) 특히 고압모터나 건식변압기, 몰드변압기의 의 경우에는 개폐써지에 대한 대책으로서 서지흡수기를 설치하는 것이 바람직하다.

3) 유입식은 BIL이 높으므로 SA가 필요 없지만, 몰드식이나 건식은 사용 BIL이 낮으므로 SA 설치가 필수적이며, 이로써 개폐써지 대책을 적용한다.

㉠ 즉, 변압기의 BIL

ⓐ 유입변압기 절연강도 (20호 이상 비유효 접지계 경우)

ⓑ BIL=절연계급× 5+ 50[kV]. ⓒ 22kV인 경우 BIL=20호×5 + 50 = 150[kV]

ⓒ 건식, MOLD 변압기 절연강도

ⓐ BIL=상용주파내전압치×$\sqrt{2}$×1.25, ⓑ 22KV(22.9KV)급 상용주파시험전압=50KV

ⓒ BIL = 50 × $\sqrt{2}$ × 1.25 = 88.38[KV]   ⓓ ∴ 실제 95[KV]를 사용한다.

4) 특히 진공차단기의 높은 소호력으로 다중재발호가 발생할 경우 급준파 써지전압이 전동기 단자에 전달 될 경우 권선의 고장은 더욱 빨라 질 수 있다.

5) 수전설비에서 차단기가 VCB 또는 GCB 이고 변압기가 건식 또는 몰드 변압기인 경우에는 차단기 개폐시에 발생하는 서지에 의해서 변압기 절연이 파괴되는 것을 방지하기 위해서 서지 흡수기를 설치해야 한다.

6) 전압별 SA설치

구 분		22[kV]	11[kV]	6.6[kV]	3.3[kV]	비 고
변압기	유입식	×	×	×	×	○ : SA 필요
	Mold식	○	○	○	○	
	건식	○	○	○	○	× : SA 불필요
전동기		-	○	○	○	

2. 서지 흡수기의 설치 위치

1) 서지흡수기는 피보호기 전단, 주로 개폐서지를 발생하는 VCB 후단에 각 상별로 대지간에 설치한다.

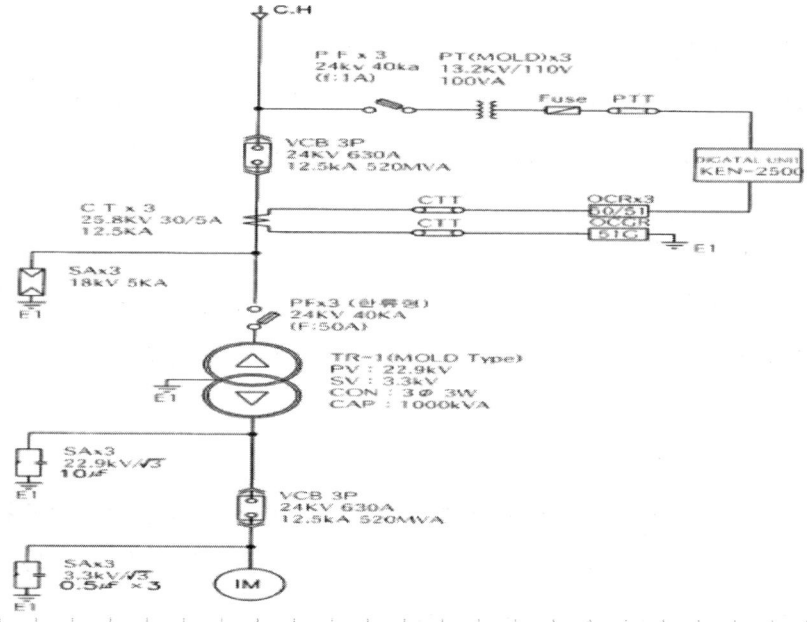

2) 단선도와 같이 VCB 2차이면서 몰드 변압기의 1차측에 설치.
3) 고압모터의 1차측이면서 VCB2차측에 설치
4) 몰드 변압기 2차가 고압인 경우 변압기 2차이면서 VCB 1차측에 설치

3. SA 정격전류

공칭전압	3.3 kV	6.6 kV	22.9 kV
정격전압	4.5 kV	7.5 kV	18 kV
공칭방전전류	5 kA	5 kA	5 kA

응14-103-3-1. 유입 변압기의 열화 원인에 대하여 기술하시오
답)

1. 개요

   1) 유입변압기를 구성하는 주재료에는 도전재료로서의 동, 알루미늄, 철심으로서의 규소강대, 구조재료로서의 강재, 절연재료로서의 절연유, 셀룰로오스를 주재료로 하는 절연지, 프레스보드 등의 절연물이 있다.
   2) 절연유에 대해서는 공기, 수분 등의 침입이 없으면 절연유가 파괴전압에 큰 저하가 없어 장기사용이 가능한 것이 보통이라 할 수 있다.
   3) 또 유침된 절연지, 프레스보드의 내전압도 가열열화로 큰 저하가 없다.

2. 변압기의 열화(劣化) 요인

   ○ 절연물의 주요 열화원인으로 다음 사항을 들 수 있는데, 이들 원인이 많은 경우 중복되어 절연물을 열화시킨다.

   1) 열에 의한 열화
      : 유입변압기가 발생하는 열로 절연물이 산화 및 열분해해서 일어나는 것으로 절연지, 프레스보드 등은 기계적 강도가 저하한다. 열화의 원인 중 가장 큰 요인이기도 하다
      : 아레니우스 식을 기록할 것(변전공학에 있음)

   2) 흡습에 따른 열화
      : 절연지, 프레스 보드가 대기 중의 수분을 흡수해서 절연내력 및 기계적 강도가 저하하는 경우로, 열에 의한 열화를 촉진하기도 한다.

   3) 코로나에 의한 열화
      : 절연물에 가해지는 전계의 강도가 어느 정도를 넘었을 때 발생하는 코로나에 의해 일어나는 것으로 절연물이 탄화하고 절연내력의 저하와 함께 기계적 강도도 저하해서 열화되는 것이다.

   4) 기계적 응력에 의한 열화
      : 단시간의 전자기계력 또는 이상한 진동, 충격에 따라 절연지, 프레스보드 등이 기계적으로 파괴되어 절연내력이 저하하는 경우로 전술한 1)~3)의 원인으로 기계적 저항력이 약해져 있는데다가 기계적 응력이 작용해 파괴되는 경우도 많이 있다.

3. 변압기 열화 예방대책? (응용14-103-2-4을 압축하여 기록할 것)

3-1. 유중가스 분석법의 적용

1) 원리

변압기 내부에 이상이 발생하면 이상개소에 과열이 발생하게 되고, 절연유가 열에 의해서 분해되어 Gas가 발생되어 유중 Gas분석을 시행하여 열화진단.

3-2. 부분방전 측정법

1) 접지선 전류법

① 변압기 내부에서 부분방전이 발생하고 있는 회로에서 펄스성의 방전전류가 환류하는데 이것을 확인하여 열화진단
② 접지선에 흐르는 펄스전류를 검출하는데 이용하는 기구는 로고스키 코일 이용한 CT 이다.

2) 초음파 진단법:
변압기 내부에서 부분방전 발생시 생기는 음향신호를 탱크외벽에 밀착 설치된 초음파센서로 압력진동파를 검출하여 전기신호로 변환하여 열화 진단.

3-3. 적외선진단에 의한 방법

1) 적외선 카메라로 열을 영상으로 변환하여 열화진다.
2) 주로 배전용 TR의 과부하 또는 열화정도 파악에 사용

3-4. 변압기 예방보전 시스템

상기의 여러 방법을 통합하여 신호 및 변환처리 프로세스를 경유 후 원방감시 시스템에서 인터넷을 통하여 ON-LINE 감시하는 시스템으로 현재 발전 중에 있음

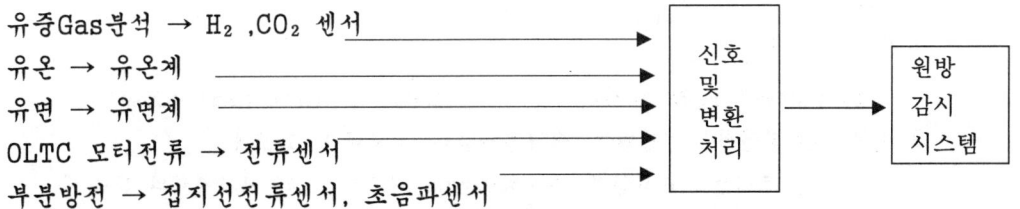

응14-103-3-2. 전기설비에 NOISE 침입시 System의 이상현상에 대한 방지 대책을 설명하시오

답)
1. NOISE의 정의 : 파형의 방해, 왜란을 일으키는 전자기적 현상으로, 목적으로 하지 않는 신호.
2. 전자파 장해발생 메카니즘
   1) EMC의 개념
      ① EMC(Electromagnetic Compatibility) :
         ㉠ 전기, 전자기기나 장치의 동작에 장해를 주는 현상인 전자잡음 현상 또는
         ㉡ 전자간섭이라 부르는 EMI(Electro_Magnetic Interference)를 제어하여
            기기나 장치의 신뢰성을 확보하는 수단을 제공하는 것
      ② 개념도

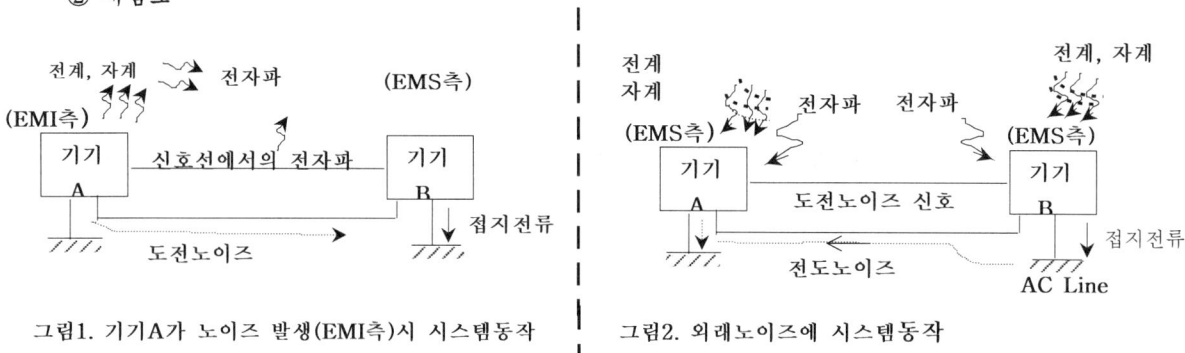

그림1. 기기A가 노이즈 발생(EMI측)시 시스템동작   그림2. 외래노이즈에 시스템동작

   ㉠ EMS : Electromagnetic Susceptibility)로 노이즈의 영향을 받는 장치)
   ㉡ EMI : Electromagnetic Interference)노이즈를 발생하는 장치

   2) 노이즈 성분상 분류 및 원인
      (1) 방사성 노이즈(유도성) : 공간을 통한 노이즈
         ① 전원선의 노이즈가 공간을 통해 정전결합과 전자결합에 의해 2차 유도를 일으켜
            복사 또는 반사되는 노이즈
         ② 원인 : 정전기방전, 과도현상(접점 개폐기 및 전력계통 개폐시의 과도진동전압),
                  외부통신의 전자방사, 방전에 의한 전자방사 등
      (2) 전도성 노이즈(차동성분 + 동상성분)
         ① 차동성분 노이즈(normal mode noise)
            ㉠ 두 전선 타고 들어오는 고조파 노이즈 임. ㉡ 위상차에 의해 전압차가 발생함.
         ② 동상성분 노이즈(Common mode noise)
            ㉠ 전원선과 접지사이에 일어나는 비대칭상의 동상성분의 노이즈

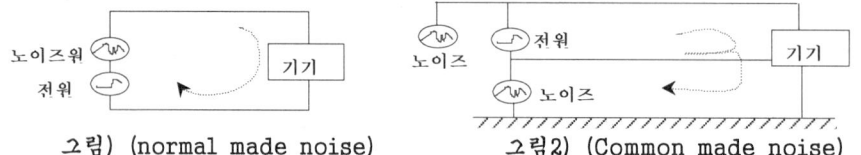

            그림) (normal made noise)   그림2) (Common made noise)
         ③ 원인 : ㉠ 전원선 : 전압변동, 순시전압강하, 과도현상, 고조파
                  ㉡ 통신선 : 순시정전, 유도뇌surge, 유도전압, 타 기기에서의 잡음 등
   3) 전력계통의 EMI 현상
      ① 송변전 배전설비에서는 ELF(Extremely Low Frequence : 50 ~60Hz)의 전자계로 인한 것
         으로 국민들의 관심이 고조되고 있음
      ② 정전유도, 전자유도, 이상전압에 의한 현상도 광의로 해석하여 EMI장해로 간주함.

4. EMI의 영향

1) 전기설비에서의 영향

(1) 방사성의 방해

① 유도장해 :
고조파 전류가 전자유도에 의해 그 주변의 신호선이나 통신선에 방해전압이 발생

② 정전결합 : 선로의 대지용량과 선로간의 정전결합에 의한 등가잡음 전류원이 방해를 받는 회로 내에 존재하는 현상

③ 전자방사 : HVDC와 같이 안테나로서 작용하는 도체에 의한 전자파의 전달로 방해현상

(2) 전도성의 방해

① 고조파 전압왜곡 : Power Electronics에 의한 고조파가 전원 측에 유입되어 내부임피던스의 왜곡으로 인한 장해로, 콘덴서와 공진시 왜곡현상의 증대에 따른 각종 장해(소손, 과열, 소음발생) 발생

② 전압Dip : 밸브동작에 의한 전원의 단락으로 순간적으로 전원전압이 저하하는 현상

③ 3상전압불평형 : 제어기기의 제어불량으로 전압불평형에 따른 고조파의 주요 원인이 됨

5. 노이즈 장해의 대책 (즉, 전자파 장해의 대책)

1) 기본개념

① 전원선이나, 공중을 통한 전자복사의 형태를 전달된다.

② 따라서 下記의 노이즈 3요소를 통한 노이즈의 전달로 이루어진다.

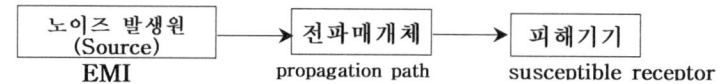

③ 따라서 노이즈 3요소 중 1부분의 경로차단

2) 노이즈 현상의 3요소를 통한 노이즈 내량 강화로 기기의 노이즈 내력을 높임

3) 인체에서의 대책

① SAR(Specific Absorption Rate)이 0.4[w/kg]이므로, 이에 맞춤 안전기준의 철저한 준수

4) 전기설비에서의 대책

(1) 기본원칙

① 차폐 : 방사적인 장해(노이즈)대책 ② 접지 : 방사 및 전도 노이즈대책

③ Line 노이즈 방지부품 사용 : 전도노이즈 방지 대책강구

(2) 기본개념

① 잡음원의 최소화 : 결합의 최소화, ② 회로의 노이즈에 대한 내력증가, ③ 잡음장해방지

(3) 차폐대책 : ① 쉴드(전자쉴드 등) : 자기쉴드, 전자쉴드, ② 차폐선 설치

(4) 접지에 대한 대책

① 전자쉴드용 접지 : 쉴드룸, 쉴드접지. ② 유도장해 방지용접지 : 노멀모드, 코먼모드 장해방지

(5) Line 노이즈 방지
① 필터링 : 노이즈필터 설치 ② 쉴드링 : 금속관 배관
③ Wiring : Twist pair선, 동축케이블, 차폐선, 프린트배선 등 활용
④ Grounding : 안전하고, 확실한 접지시공
⑤ 노이즈 방지용 트랜스 사용 :

절연트랜스	저주파대의 왜형, 고주파 Common mode noise방지용
실드 트랜스	고주파와 저대역의 Common mode noise방지용
노이즈 컷 트랜스	저주파~고주파의 Common mode noise방지 및 고주파 이외는 normal mode noise
서어지 컷 트랜스	뇌서지 전류에 의한 노이즈방지

응14-103-3-3. 공장의 조명 설계 시 에너지 절약방안에 대하여 설명하시오.
답)
1. 개요

조명에너지가 전력에너지의 약 18[%]에 해당하며, 건축물의 에너지 중 약30%를 차지하여 조명분야 에너지 절약이 필수적인 과제임

2. 조명설비 에너지 절약 요소

   1) 최적의 설계조도 결정   (고려사항)
      ① 작업의 정도: 표1에 의한 조도결정   ② 작업의 곤란도
      ③ 작업의 계속시간,   ④ 연령
      ⑤ 개인차가 있는 작업물의 視기능

표1. KSA 3011 작업정도와 조도기준

구 분	최저[lx]	표준조도[lx]	최고[lx]
초정밀 작업	1500	2000	3000
정밀 작업	600	1000	1500
보통 작업	300	450	600
단순 작업	150	200	300
거친 작업	100	125	150

   2) 고효율 광원선정
      (1) 전구식 형광램프
         ① 형광등, 안정기, 스타터를 일체화한 전구형태 형광등
         ② 백열전구에 비해 약 80% 에너지 절감효과
      (2) 대부분의 조명장소에 LED형광등 시공 : 장수명이고 조명 전력비를 대폭 저감시킴
   3) 고효율 조명장치 채용
      (1) 고효율 LAMP의 사용 및 고효율 안정기 사용
         : 연색성, 사용목적 등을 고려하여 종합효율이 높은 램프 사용
      (2) 조명률이 높은 조명기구의 사용 - 배광특성, 눈부심 등을 고려
      (3) 실내마감재를 밝게 계획: 반사 눈부심, 쾌적성을 고려하여, 천장>벽>바닥의 순서로 반사율을 높임
      (4) 저휘도, 고조도 반사갓 채택
         ① 불투명 PET와 반사율이 높은 금속을 혼합, 접축시켜 제작
         ② 저휘도, 기존 반사갓보다 20~30%의 조도향상
      (5) 직접조명기구 채택 및 下面 개방형 조명기구 사용
   4) 조명과 공조의 열적결합에 의한 공조부하의 경감
      (1) 공조 조명기구의 사용,   (2) 조명기구 가까이 환기용 흡기구 설치
      (3) 조명기구 대수증가는 냉방부하 증가로 연결될 수 있다.

5) 효과적인 조명제어방식 및 조광제어 방식 채용
   (1) 시간 스케줄에 의한 제어 및 수시예약제어
   (2) 점멸구분을 세분화(조명기구마다 점멸 용 switch설치)
   (3) 조도검지기 Computer 및 타이머를 이용한 자동 조명제어 방식의 채용
   (4) 창가조명기구의 점멸회로는 수동, 자동으로 점멸, 조광할 수 있도록 설치
6) 센서부착 조명기구 선정
   (1) 밝기 센서를 이용한 에너지 절약 : ① 초기조도보정 : 약 15%, ② 주광이용분 : 약 10%
   (2) 인체감지형 조명점멸 장치적용: 부재상태의 빈도에 따라 전력저감률 변화됨
7) 높은 보수율 유지
   (1) 적절한 Lamp 교환
       ① 개별교환, ② 집단교환, ③ 일정시간 경과 후 교환
           높은 광속을 유지하기 위해서는 일정시간 경과 후 교환 방법이 좋음
   (2) 정기적인 청소실시
   (3) 적절한 보수율을 설정하는 것이 에너지절감의 가장 강력한 수단이 될 수 있다
8) 채광설치 - PSALI 개념도입
   (1) 채광이 유효한 창문을 가급적 많이 설치. (2) 주광을 최대한 이용
9) 조명방식 적용
   (1) 전반조명 + 국부조명의 조화 → 필요에 따른
   (2) 시각작업을 고려한 조명방식 채용
10) 적정전압의 유지: (1) 정격전압 1(%)감소 시, 광속은 2~3(%) 감소
                   (2) 전압강하 2(%) 이내로 유지하고, 공칭전압 유지.

4. 적절한 조명시스템의 적용
   1) 조광설비의 적용(즉 감광제어시스템 적용)
      (2) 조광장치 설치가 필요한 장소 : 용도에 맞도록 단계별조정이 가능하도록
      (3) 조광장치는 Thyrister, 전력용반도체 소자로 구성한 위상제어 방식 사용.
   2) 조명자동제어
      (1) 자동제어
         ① 마이크로프로세서와 센서를 조합 → 주광에 의한 조도레벨유지제어
         ② 업무스케줄에 따라 자동제어가 가능토록 한다.
             (전체 점·소등, 솎음소등, 중식시간소등이 가능한 제어로 한다.)
         ③ 자동제어 system은 중앙 집중방식으로 중앙 감시 실 등 항상 관리인원이
             상주하는 장소에 설치.
   2) 수동제어
      ① 자동제어가 되는 상태에서도 현장여건에 따라 임의로 제어상태를 바꿀 수 있도록
          수동제어장치를 현장부근에 설치.
      ② 수동제어는 조작이 쉬워야 하며 제어대상 구역의 확인에 용이한 표시가 될 것

응14-103-3-4. 최근 건축물 또는 시설물 등에서 적용되는 VE (Value Engineering)에
 대하여 1) 정의 2) 특징 3) 적용대상 4) 추진단계 5) 시행효과에 대하여 설명하시오

답)

1. VE의 정의

"최저의 생애주기비용으로 최상의 가치를 얻기 위한 목적으로 수행되는 건설사업의 기능분석을 통한 대안창출의 노력으로, 여러 전문분야의 협력을 통하여 수행되는 체계적 프로세스"

2. VE의 특징

  1) 생애주기비용(Life Cycle Cost) :
    ① VE의 대안 비교에 다루어지는 비용은 초기비용에 국한되지 않는다.
    ② 시설물의 완성 후 사용기간 동안의 유지, 관리, 교체 비용을 포함한 총비용 (Total Life Cycle Costs)을 사용한다.
    ③ 총비용의 관점에서 대안의 총체적인 평가가 가능하여 진다.
    ④ 이러한 VE의 총비용의 접근방식은 일반적인 설계 검토과정에서 다루어지는 비용에 대한 접근방식과 다르다.

  2) 가치(Value) :
    ① VE의 궁극적인 목표는 해당 건설사업의 가치향상에 있다.
    ② 가치의 향상은 건설 사업의 3대요소인 시간-비용-품질(기능)의 적정한 안배를 통하여 이루어진다.
    ③ 또한 VE의 제안은 반드시 최적안(Optimum Solution)을 의미하지는 않는다.
    ④ 다만 적정안(Satisfactory Solution)에 머무르지 않도록 하는 것이 VE에서 추구하는 가치의 향상이라 할 수 있으며,
    ⑤ 또한 VE는 프로젝트가 요구하는 필수적인 기본기능의 수준을 낮추는 설계의 변경을 추구하지 않는다.

  3) 기능(Function) :
    ① VE는 문제대상의 기능분석을 수반한다.
    ② 대안의 개발에 있어 사용되는 VE 접근방법은 "What does it do?"라는 무형기능을 파악하는 과정을 수반하는 반면에 일반적인 원가절감방법이 사용된다.
    ③ 또는 설계검토 과정에서는 "What else we can use?"라는 유형의 대안을 찾는 방법이 사용된다.
    ④ 이러한 기능중심의 사고는 창조적 아이디어의 개발을 돕는 VE에서만의 독특한 접근이다.

  4) 여러 전문 분야의 협력(Multi-Disciplinary Effort) :
    ① VE는 대상 사업의 제 분야에 전문지식을 가진 팀 또는 그룹에 의해 수행된다.
    ② 팀의 리더에 조정 역할을 통하여 개별 팀 구성원의 전문지식이 효과적으로 활용된다.
    ③ VE 활동을 통하여 얻어지는 최상의 아이디어는 구성원 상호간의 시너지 효과에 의해 창출되어진다.

5) 체계적 프로세스(Systematic Process) :
   ① VE는 Job Plan이라 불리는 시작과 끝이 분명한 체계적인 절차
      (정보수집-아이디어 창출-평가-대안의 구체화-제안)에 의해 수행된다.
   ② 이것은 비체계적인 절차에 의해 수행되는 여타의 원가절감 방법론과 차이를 설명한다.

   상기 설명된 VE의 다섯 가지 핵심요소가 결여된 대안의 개발은 진정한 VE라 할 수 없다.

3. VE 적용대상

   ① VE를 수행하는 데 소요되는 비용 때문에 모든 건설 프로젝트에 VE를 적용하는 것은 비현실적일 수 있다. 따라서, VE를 통하여 최대의 효과를 얻을 수 있는 적절한 프로젝트의 선정이 필요하다.
   ② 고가 프로젝트 : 일반적으로 VE를 통한 절감액은 약 5~10%이다.
      따라서, 고가의 프로젝트에 VE를 적용하는 것은 비용의 효용성 측면에서 바람직하다.
   ③ 복합 프로젝트, 신기술이 적용되는 신규 프로젝트 : VE팀 구성원의 이차적인 의견제시로 다양한 전문지식의 활용가능성이 높다.
   ④ 반복 공사 프로젝트 : 일정 유형의 프로젝트를 여러 지역에서 반복적으로 수행하는 경우, 선행 프로젝트의 문제점 분석을 통하여 후속프로젝트에 비용절감의 가능성을 높일 수 있다.
   ⑤ 제한된 예산을 가진 프로젝트 : 비용 효용성의 극대화는 필수적이므로 VE를 통하여 불필요한 비용의 절감이 가능하다.
   ⑥ 촉박한 설계 일정을 가진 프로젝트 : 설계 단계에 VE를 도입하면 기간은 늘어나지만 설계 작업과 적절한 조화를 이룬다면 불필요한 비용의 절감 효과는 클 수 있다.
   ⑦ 사용자가 대중인 공공 프로젝트 :
      이러한 프로젝트에서의 설계 오류나 부실시공은 치명적이다.
      VE를 통한 여러 전문분야 의견의 폭넓은 수용이 요구된다.

4. 추진단계

   1) 준비단계 : 준비단계는 설계의 경제성등 검토조직의 편성, 설계의 경제성 등 검토대상 선정, 설계의 경제성등 검토기간 결정, 관련자료의 수집을 위한 단계이다.
   2) 분석단계 : 분석단계는 선정한 대상의 정보수집, 아이디어의 창출, 아이디어의 평가, 대안의 구체화, 제안서의 작성 및 발표 순으로 진행이 되며 브레인스토밍, 델파이법, 시네틱스법 등 다양한 기법이 적용된다.
   3) 실행단계 : 실행단계는 분석단계에서 얻어진 기술정보들을 축적하여 재활용할 수 있도록 VE보고체계가 이루어지고 VE제안을 수정설계에 반영한 후 실행과 정상에 발생된 제반 문제점에 대한 분석을 수행하여 향후 VE활동에 반영하는 단계.

5. VE의 시행효과

1) 일반적 적용 효과
   ① 건설 공정의 생산성 향상 제안으로 기업이익 창출에 혁신적 기여
   ② 설계단계 VE기법 활용은 프로젝트의 품질향상과 원가절감에 크게 기여
      : 설계 VE를 하면 통상적으로 10~20%의 원가절감을 얻는다.
   ③ 시공단계 VE기법 활용은 시공성(Constructability)향상 가능
      : 시공 VE는 설계상 특별한 하자가 발견되지 않는 한 설계도서에 반영된 기능과 품질을 손상시키지 않으면서 그 기능과 품질을 유지하기 위한 더 나은 시공방법과 전반적인 관리상의 낭비요인을 찾아 그 기능수행의 최적화 방안을 찾을 수 있음.

2) 비용절감 측면 효과
   ① VE활동에 소요되는 비용 : 건설 프로젝트 비용의 1% 미만
   ② VE적용으로 기대되는 비용절감의 폭 : 건설 프로젝트 비용의 5%~10%

응14-103-3-5. 초전도 자기부상열차의 원리 및 특징을 설명하시오.

답)

1. 개요

1) 자기부상(MAGLEV : Magnetic Levitation) 열차시스템은 자석의 흡인력 또는 반발력을 이용하여, 기존의 차륜식과는 근본적으로 다르게 트랙(궤도) 위를 부상한 상태에서 물리적 접촉없이 주행하는 원리로,

2) 자기부상 열차의 추진 원동력은 대부분 선형유도 전동기(LIM) 원리를 이용한 것으로 원통형의 유도전동기를 수평으로 전개한 형태임

3. 초전도 자기부상열차의 원리

1) 초전도 자기부상열차의 원리도

○ 상전도 흡인식(EMS) : 상전도 자석의 흡인력 이용

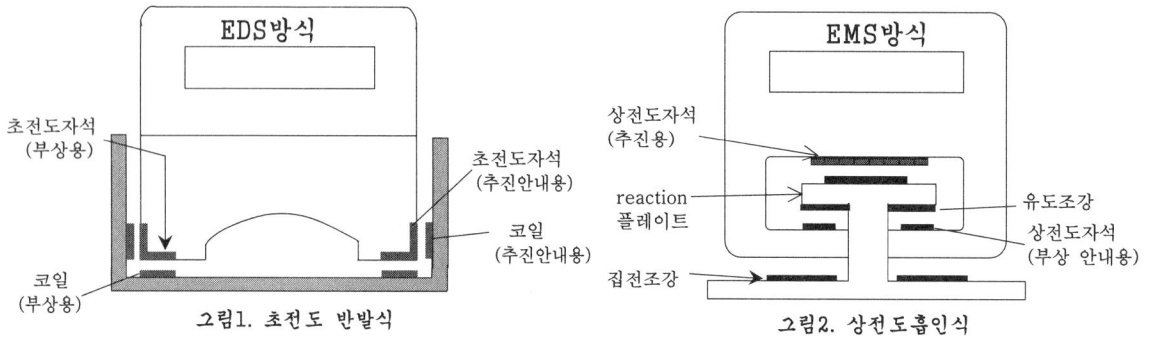

그림1. 초전도 반발식   그림2. 상전도흡인식

2) 초전도 자기부상열차(EDS : Electro Dynamic Suspension)의 원리

① 초전도 자석의 반발력 이용한 부상원리로서, 궤도 바닥에 설치된 부상용 코일의 위를 차량에 탑재된 전자석이 통과하면 전자유도 현상에 의해 궤도 위의 코일에 동일한 극성이 만들어져 이것과 차량의 자석(초전도자석)이 상호 반발하여 부상력이 얻어짐

② 속도가 올라가면 전자유도가 강하게 되고 부상력이 증가되어 최대 10[cm] 까지 부상이 가능함

4. 초전도 자기부상열차의 특징

1) 부상높이가 10[cm]로 크기 때문에 궤도보수가 쉽고 운전용이
2) 1차측 전원이 궤도에 있어 진행 중의 부상차 궤도위 대용량 송전이 불필요함.
   (차상전원은 미리 통전되어 영구자석이 된 상태이므로 차후 송전이 필요 없음)
3) 가·감속 성능이 높고 구배에 강한 이점이 있음
4) 초전도 자석을 이용한 자기부상, 선형전동기 추진 시스템을 공심(空心)의 구조로 초전도 자석이 넓은 공간에 크게 작용하는 것이 가능하기 때문에 효율이 좋고 큰 힘을 발생하는 것이 가능하여 좋은 특성을 얻을 수 있음

응14-103-3-6. GIS(Gas Insulated Switchgear)의 특징과 진단기술을 설명하시오.
답)

1. 기본구조 및 원리

1) GIS(Gas Insulated Switchgear)의 기본구조
   : 철제통(알루미늄 합금 또는 Steel)속에 모선, 차단기, 단로기, 변류기, 피뢰기 등을 내장시키고 SF_6가스를 주입한 가스절연 개폐장치를 말한다.

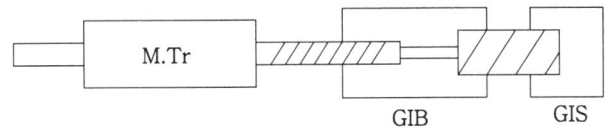

2) 원리 : SF6가스를 충진 밀폐한 것으로 변전소 부피의 대폭축소 및 고신뢰도 확보가 가능 GIS는 설비의 콤팩트화 및 신뢰도 향상을 도모하게 된다.

2. GIS(Gas Insulated Switchgear)의 특징

1) 장점
   ① 설비의 축소화 : SF_6 Gas는 절연내력이 커서(공기의 7배) 충전부의 절연거리를 줄일 수 있어 종래 변전소보다 1/10~1/15 정도로 축소 가능
   ② 주변 환경과 조화 : 소음이 적고, 소형이며, 외부환경에 미치는 악영향이 적다.
   ③ 고성능, 고신뢰성 :
      ㉠ 우수한 절연특성 및 차단성능, 냉각 매체의 우수함
      ㉡ 염해, 오손, 기후 등의 영향을 적게 받음
   ④ 설치 공기의 단축 : 공장에서 조립, 시험이 완료된 상태에서 수송, 반입되므로 설치가 간단하며 공기가 단축
   ⑤ 점검, 보수의 간소화 : 밀폐형 기기이므로 점검이 거의 필요 없다.
   ⑥ 건설공기 단축 : Module 형태로 운반, 조립되므로 설치기간이 단축됨
   ⑦ 종합적인 경제성이 우수 : GIS 자체 가격은 종래기기보다 비싸지만 용지의 고가화 및 환경 대책 비용 등을 고려하면 오히려 경제적이다.

2) 단점
   ① 고장발생시 초기 대응이 불충분하면 대형사고 유발 우려가 있다.
   ② 고장발생시 조기복구, 임시복구가 거의 불가능
   ③ 육안 점검이 곤란하며, SF6 Gas의 세심한 주의 필요
   ④ 한냉지에서는 가스의 액화방지 장치 필요

3. GIS설비 진단기술

1) 부분 방전 검출법
   ① 가스 절연기기의 절연파괴는 처음 국부적인 미소 코로나에서 서서히 절연이 열화되고, 최종적으로 전로방전으로 확대된다.
   ② GIS는 정격가스압 및 상시운전상태서 부분 방전이 없는 상태로 설계되므로, 미소코로나를 검출하여 절연성능을 확인하거나 절연의 열화정도를 예지하는 것이 중요하다.
   ③ GIS 내부의 미립자(Particle) 또는 돌기부 등에서 발생하는 미소코로나를 UHF센서를 이용하여 검출하여 절연성능을 확인하거나, 절연의 열화정도를 예지하는 방법으로는 GPT법, 진동검출법, 연피전극법, 전자커플링법 등이 있다.

2) 초음파 검출법
   ① 절연성능을 저하시키는 원인으로 탱크 내에 도전성 이물이 있는 경우, 異物이 탱크 내에 상용주파수 전계에 의해 운동하게 된다
   ② 이때 운동하는 이물이 탱크에 충돌하여 미약한 초음파가 발생하며, 이 초음파에 의한 탄성파를 측정하면 이물질 검출이 가능하다는 방법.

3) SF6가스 압력측정법 : SF6가스누기 여부를 판정하게 됨.
   ① 가스절연 기기 내의 가스성분 분석은 가스순도, 가스 중의 잔유 수분량 측정 법, 내부의 코로나 방전에 의한 분해가스의 분석법을 이용한 내부절연계의 이상유무를 예측할 수 있다.
   ② 특히 내부아크를 수반하는 고장이 발생한 경우 다량의 분해가스가 발생되므로 고장범위를 판정할 수 있다

4) X선 촬영법 : X선을 투과하여 기기내부의 파손, 볼트이완, 접촉부 상태 등을 진단
   ① 가스절연 기기를 분해하지 않고 내부의 구조적 상태를 판별하는 방법이다
   ② 동일한 강도의 X선을 촬영하여 기기내부의 파손, 볼트이완, 접촉부 및 개극상태, 접촉자의 소모상태, 핀의 장착상태 등을 진단할 수 있다

5) 저속 구동법 : 개폐기의 구동부 외부에서 저속으로 조작하여 기계계통의 외부진단.
   ① 개폐기기의 구동계 외부에서 저속도로 조작하여 기계계의 외부진단을 행함.
   ② 그 원리는 운전을 정지한 개폐기기의 운동계를 통상조작시의 1/100정도 저속으로 구동하여 이때의 구동력과 스트로크를 측정하는 것이다.
   ③ 이때 측정된 구동력의 거의 동작부의 마찰력을 나타내므로 내부이상이 있는 경우 이들이 구체적으로 존재하는 위치와 정도를 검출할 수 있다.

6) 피뢰기 누설전류 측정법 : 피뢰기의 누설전류를 측정하여 피뢰기의 열화상태를 측정하게 됨.

응14-103-4-1. 전기용접 방식의 특징과 기계적 접합방식 및 가스용접방식의 특징을
비교하여 장점만을 설명하시오.

답)

1. 용접의 대분류

① 전기에너지를 열에너지로 바꾸어 금속을 녹여 붙이는 전기 용접이 있으며,

② 산소와 가스를 연소하여 고열을 발생시켜 금속을 접합시키는 산소용접으로 크게 분류됨

2. 전기용접(electric welding)의 분류

1) 아크 또는 전기 저항열을 이용하는 용접법의 일종으로서,
   각각의 원리에 의해 아크 용접, 저항 용접이라 함.

2) 아크 용접방식

   ① 피복 금속 아크 용접

   ㉠ 모재(용접하려고 하는 금속)와 피복 용접봉(융제를 도포한 용접봉) 사이에
   아크를 발생시키고 이 열로 모재의 일부가 용융되며 동시에 용접봉에서 금속이
   혼입함으로써 용접부가 형성된다. 융제를 사용하면 아크가 안정되고 용융 금속은
   발생 가스나 슬래그로 대기로부터 보호된다.

   ㉡ 전원은 교류, 직류 어느 것이나 좋고 설비비도 비교적 염가로 널리 사용함

   ② 서브머지드 아크 용접

   ㉠ 용접봉이 자동적으로 연속 공급되고 그것과 모재간의 아크 발생으로 용접한다.

   ㉡ 용접봉은 융제를 바르지 않고 별도로 콘포지션이라 하는 융제를 공급하고 아크가
   이 안에 파묻혀 외계로부터 차단된다.

   ㉢ 고속도 용접에 적합한데 용접선이 짧은 경우나 비선형에서는 부적당하고 소량씩
   다양한 용접을 하는 데는 적합하지 않다.

   ③ 이너트 가스 아크 용접

   ㉠ 특수한 토치에 의해 아르곤 또는 헬륨 등의 비활성 분위기를 만들고 이 중에서
   텅스텐 전극 또는 모재와 동질의 금속봉과 모재 사이에 아크를 발생시킨다.

   ㉡ 텅스텐을 전극으로 하는 경우는 헤리아크 용접법(Tig법),

   ㉢ 그 이외의 금속봉을 전극으로 하는 것은 시그마 용접법(Mig법)이라고도 부르고
   어느 것이나 간편하고 쉬운 방법이다.

   ④ 기타 아크 전기용접 방식

   : 일렉트로슬래그 용접법, 탄산가스 피포 메탈아크 용접법, 고진공 전자빔 용접법,
   플라스마 제트 이용의 용접법 등이 있음

3) 저항 용접

① 점용접, 심용접, 플래시버트 용접 등을 포함.
② 4000~100000A의 대전류를 0.1~20초간 통하는 것을 특징으로 하고 있다.

3. 전기용접의 특징

1) 강도가 높으며 재료의 중량을 적게 할 수 있다.
2) 이음의 형상이 자유롭다.
3) 두께 제한이 없다.
4) 기밀과 수밀성이 우수하다.
5) 주물과 비교해서 신뢰도가 높다.
6) 작업의 자동화가 가능하다.

2. 기계적 접합방식 및 가스용접방식의 특징과 비교한 전기용접방식의 장점

2-1. TIG용접(tungsten inert gas 의 약자로 텅스텐 불활성 가스, TIG)

1) 개념 : TIG용접은 용융점이 가장 높은 텅스텐 전극과 모재 사이에 아크를 일으키고 용접 중 산화,질화를 막기위해 Ar 가스로 용접부를 보호 하는 용접.
2) TIG용접에서 아르곤 가스의 역활은 전기용접에서 슬래그의 역활과 비슷함.
3) 장점
① 용접 입열조정이 용이하기 때문에 박판 용접에 매우 좋다.
② 용접부의 기계적 성질이 우수하다.
③ 내부식성이 우수하다.
④ 용접 스패터를 최소한으로 하여 전자세 용접이 가능하다.
⑤ 용접부의 변형이 적다.
⑥ 플럭스가 불필요하여 비철금속의 용이하다.
⑦ 텅스텐 전극봉이 비소모성이므로 용가재의 첨가 없이도 아크열에 의해 모재를 녹여 용접할 수 있다.
⑧ 거의 모든 금속의 용접에 이용할 수 있다.
   그러나 용융점이 낮은 금속 즉, 납, 주석 또는 주석의 합금 등의 용접에는 이용하지 않는다.
⑨ 보호 가스가 투명하여 용접작업자가 용접 상황을 잘 파악할 수 있다.

응14-103-4-2. 초전도현상(Super conductivity)의 특징과 고온 초전도 도체의 응용에 대하여 설명하시오.

답)

1. 초전도현상(Sper conductivity)의 특징(초전도 도체의 개념)

   1) 초전도: 어떤 물질이 일정온도이하(약 4K)에서 갑자기 전기저항이 없어지는 현상

   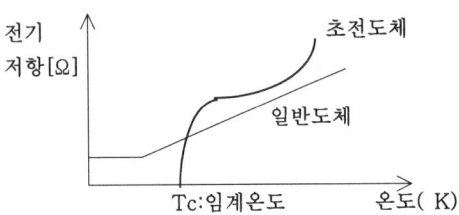

   그림1. 초전도 도체와 일반도체의 온도에 따른 저항특성

   2) 실체적인 초전도 도체의 활용예상

      ① 극저온을 생성하기 위한 비용이 과대하여 일정온도이상에서 초전도현상이 나타나는 물질의 개발이 실용적임

      ② 현재 90[K]근방의 고온초전도체가 개발 중, 154T/L케이블 적용 중

   3) 초전도 도체의 Quench 현상

      ① 초전도체는 3가지 임계값(Critical Value)을 갖는다.

      ② 이 임계값 이란, 임계전류밀도(Critical Current Density:c), 임계자장(Critical Magnetic Field : Hc), 임계온도(Critical Temperature :Tc)를 말하며, 초전도체는 이 범위 안에 존재하여야만 성질을 유지할 수 있다.

      ③ 즉, 초전도체는 이 범위 안에 존재해야지만 전기저항이 0인 초전도체가 되는 것이다.

      ④ 세가지 임계값의 관계

   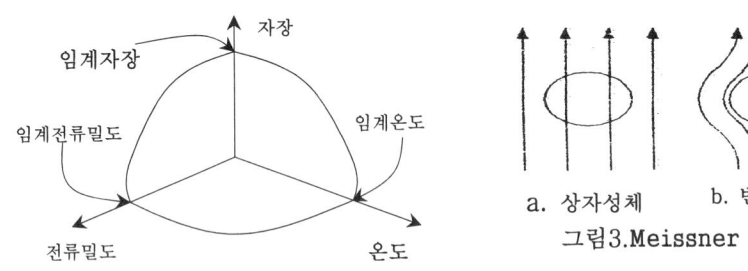

   그림2. Quench 현상   그림3.Meissner Effect(b).완전반자성체

   4) Meissner Effect

      : 정상 전도 상태에서 전도 물질의 내부에 흐르던 자속이 초전도 전이 온도 이하까지 냉각되면 완전히 외부로 배제되어 전도 물질 내부의 자속 밀도가 0이 되어 완전한 반자성체가 되는 자기효과로서, 초전도체 속에는 자기력선이 들어갈 수 없다고 하는 현상(그림3 참조)

   5) 자기장 보존

      ① 초전도 회로에서 나타나는 현상으로 초전도 상태가 되기 전의 초전도 회로 내부의 자기장은 냉각되어 초전도체가 되고,

② 자기장의 변화가 있어도 초전도회로의 **磁氣場**은 원래 냉각되기 **前**의 자기장을 유지

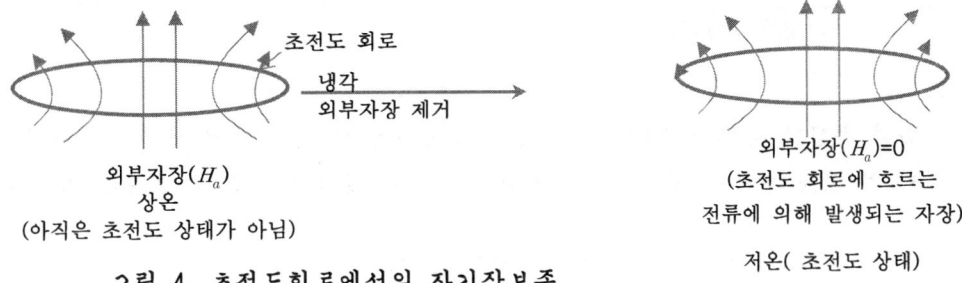

그림 4. 초전도회로에서의 자기장보존

2. 고온 초전도체의 응용

1) 고온초전도체의 특징
   ① 세라믹들이 보통 절연체임에 반해 어떤 종류의 세라믹은 초전도체이다.
   ② 고온 초전도 산화물의 임계 온도는 약 100K이다.
      이 값은 다른 일반적인 금속, 합금, 화합물 초전도체의 임계 온도보다 높은 값이다.
   ③ 이 재료의 초전도성을 완전히 파괴하기 위해서는 4.2K에서 50Tesla정도의
      매우 높은 자기장이 필요하다.

2) 초전도 CABLE의 필요조건

주요특성	초전도 특성발현 조건	상품화를 위한 조건
임계온도, Tc	극저온	77 K이상, 액체질소로 냉각
임계자기장, Hc	低	상향필요
임계전류밀도, Jc	低	상향필요

3) 고온 초전도 도체의 효과별 응용분야
   ① 완전반자성 응용 : 자기차폐, 자기베어링, 초전도 모터
   ② 고자계 응용 : MRI의료진단장비, 자기부상열차, 핵융합장치
   ③ 완전도전성 : 초전도 발전기, SMES, 송전용 케이블(국내는 15kV까지 개발 적용 중)
   ④ 조셉슨 효과 응용 : 연산소자, 고감도 계측소자

4) 미래의 초전도 도체를 응용한 예상 개념도

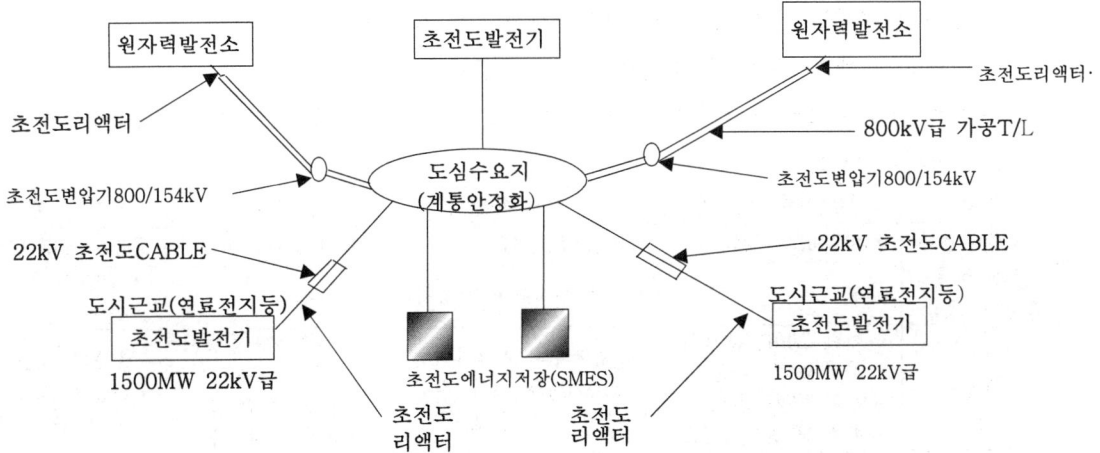

응14-103-4-3. 배선용 차단기(MCCB)의 특징, 시설개소, 단락보호 협조방식에 대하여 설명하시오.

답)

1. 개요
   1) 부하의 특성에 따라 최적의 차단기를 선정하여야 하며, 이렇게 선정된 차단기 간에도 차단 시 보호 협조를 반드시 검토하여 신뢰성과 경제성이 될 수 있도록 하여야 한다.

2. 배선용 차단기(MCCB)의 특징 (저압 차단기 종류)
   1) 기중 차단기(ACB: Air Circuit Breaker)
      ① 아크를 공기 중에서 자력을 소호하는 차단기이다.
      ② 교류 600(V)이하 또는 직류 차단기로 사용한다.
      ③ 설치방법에 따라 고정형과 인출형이 있고, 수동조작방식과 전동기조작방식이 있다.
   2) 배선용 차단기(MCCB:Molded Case Circuit Breaker)
      ① 개폐 기구 및 트립 장치 등을 몰드 된 절연함 내에 수납하여 소형화한 차단기이다.
      ② 교류 600(V)이하 또는 직류 250(V)이하로 사용한다.
      ③ 통전 상태의 전로를 수동, 자동으로 개폐할 수 있고, 과부하 및 단락사고 시 자동으로 전로를 차단한다.
   3) CP (Circuit Protector)
      ① CP는 MCCB와 유사하나 그 전류 용량이 작은 것.
      ② 정격 차단 전류, 0.3(A), 0.5(A), 1(A), 3(A), 5(A), 10(A) 등이 있다.
      ③ MCCB의 경우에는 최소 차단 전류가 15(A)이기 때문에, 전류 용량이 작은 것은 차단하지 못한다.
   4) 저압용 퓨즈
      ① 퓨즈는 검출부, 판정부, 동작부의 역할을 동시에 가지고 있다.
      ② 전로의 단락 보호용으로, 후비보호 및 말단부하 보호에 적합하다.
      ③ 퓨즈는 반복 사용이 불가능 하다.
      ④ 3상중 1상만 용단되면 결상이 될 우려가 크다.
   5) 전자 개폐기
      ① 전자 개폐기는 전자 접촉기에 열동 계전기를 조합한 것이다.
      ② 부하의 빈번한 개폐 및 과부하용으로 사용한다.
      ③ 전자 개폐기 1차 측에서는, 일반적으로 MCCB 또는 FUSE가 후비보호를 담당한다.
   6) 저압 차단기 비교

항목	저압/기중 차단기	배선용 차단기	저압 한류 퓨즈	전자 개폐기
정격차단전류	최대200KA(AC)	최대200KA(AC)	최대200KA(AC)	정격사용전류 10배
동작 전류 설정치 조정	가능	가능과 불가능한 것 있음.	불가능	시연TRIP만 가능
특징	-주로 1000(A)이상 간선용에 사용 -보수 점검 용이 -선택 협조 상위CB	-회로개폐와 과부하전류의 반복차단에 특히 우수 - 충전부 노출 없음	-한류차단성능이 가장 좋음 -보호 효과 큼 -차단 전류 큼	-전동기 보호 -고빈도 개폐가 가장 큰 장점

2. 배선용 차단기의 시설개소

1) 시설 개념도

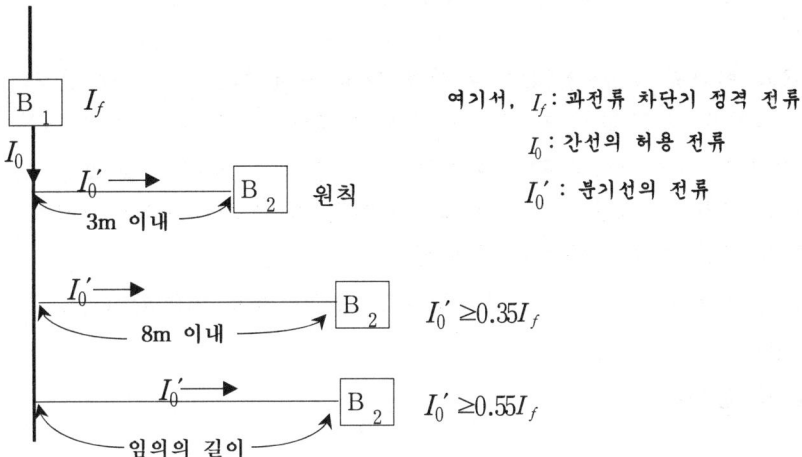

여기서, I_f : 과전류 차단기 정격 전류
I_0 : 간선의 허용 전류
I_0' : 분기선의 전류

2) 3[m] 이하의 장소에 개폐기 및 과전류 차단기 설치
: 분기 회로에는 저압 옥내 간선과의 분기점에서 전선의 길이가 3[m] 이하의 장소에 개폐기 및 과전류 차단기를 설치함이 원칙이다.

3) 3[m]를 초과하는 경우
① 분기선의 허용 전류가 I_1의 35[%] 이상인 경우로서, 간선과의 분기점에서 개폐기 및 과전류차단기까지의 길이가 8[m] 이하에 설치 가능하다.
② 분기선의 허용전류가 I_1의 55[%] 이상인 경우 간선과의 분기점에서 개폐기 및 과전류 차단기까지의 길이를 임의의 길이로 조정 가능하다.

4) 과전류 차단기의 시설 제한
① 접지공사의 접지선 ② 저압 가공전선로의 접지측 전선 ③ 다선식 전로의 중성선

3. 단락보호 협조방식 (배선용 차단기 (MCCB) 차단 협조)

1) 선택 차단 방식
① 사고 시 사고 회로에 직접 관계된 보호 장치만 동작하고, 다른 건전선로는 급전을 계속하는 방식
② 조건
㉠ 분기 회로용 차단기 전차단 시간은 주회로용 차단기 릴레이 시간 미만 일 것.
㉡ 분기 회로용 차단기의 전자트립 전류값은 주 회로용 차단기의 단한시 픽업전류 값보다 작을 것.
㉢ 주 회로용 차단기 설치 점에서 단락 전류는 주 회로용 차단기의 정격차단용량을 초과하지 않을 것.
㉣ 분기 회로용 차단기 설치 점에서 단락 전류는 그 차단기의 정격차단용량을 초과하지 않을 것.

2) Cascade차단 방식
   ① 정의 : 분기 회로 단락 전류가 분기 회로 차단기의 정격 차단 용량을 상회한 경우, 상위 차단기로 후비 보호를 행하는 방식
   ② 조건
   ㉠ 통과 에너지 i^2t가 MCCB2의 허용 값을 넘지 않을 것.(열적 강도)
   ㉡ 통과전류 파고 값 I_P가 MCCB2의 허용 값을 넘지 않을 것.(기계적 강도)
   ㉢ MCCB2의 [아크에너지]는 MCCB2의 허용 값을 넘지 않을 것.
   ㉣ MCCB2의 전 차단 특성 곡선과 MCCB1의 개극시간과의 교점이 MCCB2의 정격 차단용량 이하 일 것.
   ㉤ 고압 회로에서는 적용이 불가능하고, 고장전류가 10(KA)이상인 경우 1회에 한하여 적용 가능.
   ③ 회로 및 동작특성

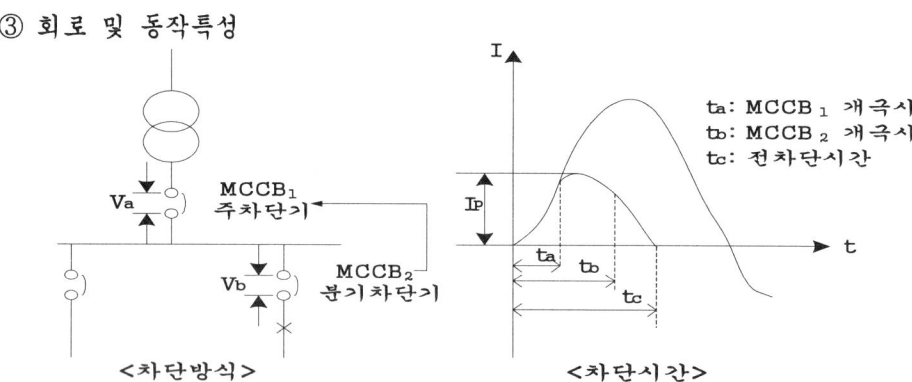

<그림 1. 차단방식 및 차단시간>

   • 동작시간 특성 : MCCB1의 동작시간은 MCCB2보다 빠르거나 같은 특성을 가질 것
   ④ Cascade 동작 Flow-chart 및 보호협조

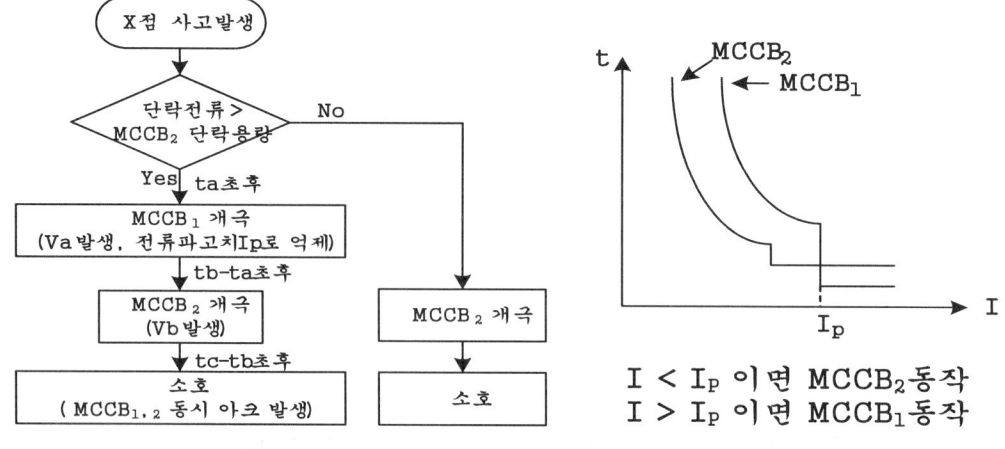

   <Flowchart>   <보호협조>

3) 선택차단과 Cascade차단 비교

구 분	선택차단 방식	Cascade차단 방식
차단방법	사고회선만 차단	주차단기와 차단협조
설비가격	높음	낮음
MCCB 차단용량	높음	낮음
정전구간	사고회선에 한정	주차단기 이하 전체
적용선로	신뢰성 요구장소	경제성 요구장소

응14-103-4-4. 수전용 자가용 변전소에서 적용하는 특고압(22.9kV/저압)변압기로서
              적용이 증가되는 하이브리드 변압기의 개념과 권선법을 설명하고,
              그 특성을 일반 변압기 및 저소음 변압기와 비교 설명하시오.
답)

1. 하이브리드 변압기의 개념

   1) 고조파와 불평형 감쇄를 위하여 별도의 설비를 필요로 하는 일반 변압기와 달리
      하이브리드 변압기는 권선의 결선방법을 Zig-Zag로 사용하여 고조파와 불평형 개선
      기능을 갖는 변압기이다.
   2) 즉, 하이브리드 변압기는 2차 결선을 Zig-Zag 권선 방법을 사용하여 고조파와
      불평형 감쇄를 하기 때문에 별도의 고조파 대책용설비가 필요 없으며,
   3) 기존의 변압기에 비하여 투자비용 절감과 설치 공간 축소 그리고 전기설비의 효율을
      개선시켜 계통의 품질을 향상에 일조를 기할 수 있다.

2. 하이브리드 변압기의 권선법

   1) (기존의) Zig-Zag 권선법
      ① 그림 1과 같이 각 상 레그에서 권선이 상호 교차하는 형태이며,
         각 상 자속이 정상과 역상이 되도록 설계됨
      ② 따라서 각 상에서 정상과 역상이 교차하고 Zig-Zag 권선을 통해 30° 위상이 제어
         됨으로써 부하에서 발생하는 고조파전류는 상쇄되며, 불평전류를 억제시키게 됨
      ③ 이 결선에서 가장 주의할 요소는 절연에 관한 설계 부분으로 아래와 같다
         ㉠ 설계 기술에 따라 변압기 외형과 안전성에 큰 영향을 미친다.
         ㉡ 제조비용에도 직결되는 요소이다
      ④ 이러한 제조상의 기술적 부분을 해결하고 변압기의 효율성과 경제성을 극대화하기
         위해 1차 권선을 △결선으로, 저압부문인 2차결선을 Zig-Zag 권선법으로 하면
         누설자속의 감소와 부분방전으로 인한 기술적 과제를 최소화 할 수 있다.
      ⑤ 권선에서 발생하는 전자기계력을 감소시켜 변압기 권선을 보호할 목적으로 당초
         적용되었으나, 현재는 주로 접지용변압기 용도나 영상고조파 필터 기능으로 이용 중.
      ⑥ 단권변압기로써 제작이 간단한 장점이 있으나, 수직 권선법에 의한 누설자속의
         증가, 절연문제, 외형 확대 등 기술적 한계점이 존재하게 된다.

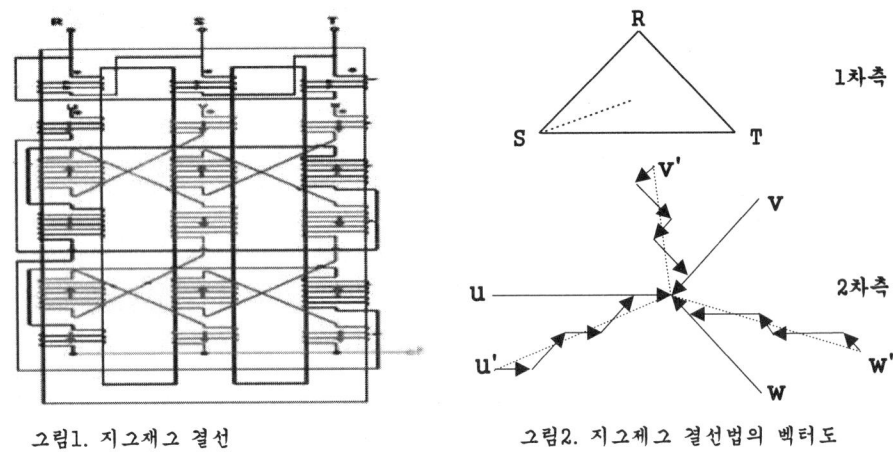

그림1. 지그재그 결선   그림2. 지그재그 결선법의 벡터도

2) 하이브리드 변압기의 권선법
   ① 기존의 일반 Zig-Zag 방식의 기술적 단점을 보완하여 효율과 성능을 크게 개선시켜 전력용변압기 제작은 물론 자가용 수전용 설계용량을 크게 향상시킬 수 있음.
   ② 수평 권선법으로 설계되어 Zig-Zag 결선에서 가장 큰 문제인 누설자속과 절연문제를 해결하고 제품의 소형화가 가능함
   ③ 권선의 방법은 그림4와 같이 권취함
      ㉠ 2차 권선의 제 1권선 : 제 1 레그, 제 3 레그, 제 1 레그 순으로 반복 권치함
      ㉡ 2차 권선의 제 2권선 : 제 2 레그, 제 1 레그, 제 2 레그 순으로 반복 권치함
      ㉢ 2차 권선의 제 3권선 : 제 3 레그, 제 2 레그, 제 3 레그 순으로 반복 권치함
      ㉣ 제1권선~제3권선을 권취 후 각각 중성선(N)에 연결되게 결선한다.
   ④ 또한 권치시는 방향을 다음과 같이 한다
      ㉠ 2차 권선의 제1권선은 제 1 레그 및 제 3 레그에서 서로 반대방향으로 권취함
      ㉡ 2차 권선의 제2권선은 제 2 레그 및 제 1 레그에서 서로 반대방향으로 권취함
      ㉢ 2차 권선의 제3권선은 제 3 레그 및 제 2 레그에서 서로 반대방향으로 권취함
   ⑤ 이러한 권선의 설계를 통해 각각의 레그 상에서 자속의 크기는 동일하나 부하에서 발생한 전류의 위상이 서로 반대가 되어 영상분 자속을 상쇄시킴으로써 고조파 및 불평형 전류는 자연적으로 감소하게 됨

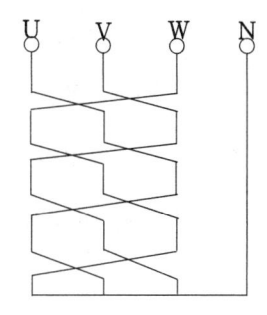
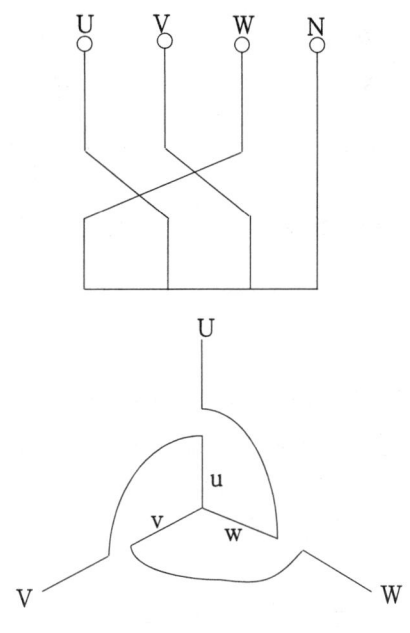
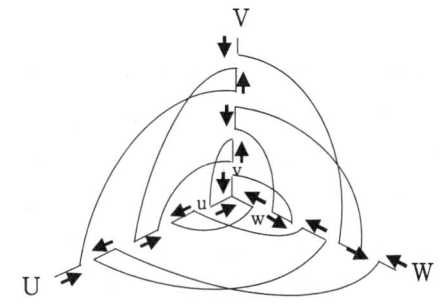

그림3. 기존 Zig-Zag 권선법   그림4. 하이브리드 Zig-Zag 권선법

그림5. 기존 Zig-Zag 권선도   그림6. 하이브리드 Zig-Zag 권선도

3. 하이브리드 변압기와 일반변압기 및 저소음 변압기의 특성 비교(3,000[kVA] 기준)

항목	하이브리드 변압기	일반변압기	저소음 변압기
① 철심	자구미세화	규소강판	자구미세화+아몰퍼스
② 권선	DOUBLE 지그재그	직권	직권
③ 고조파감쇄	큼	없음	없음
④ 불평형개선	있음	없음	없음
⑤ 전기요금개선	큼	중간	(-)
⑥ 손실경감효과	대	소	중
⑦ 소음	중	대	소(아주 작다)
⑧ 과부하내량	중	소	아주 크다 115% 연속운전 가능
⑨ 제작용량	소(3000kVA)	소형~대형(2000MVA)	중간(20MVA)

⑩ 가격	고가	저렴	중간
⑪ 서지 강도	중	대	중
⑫ 제작의 용이성	어렵다	용이함	일반 변압기보다는 조금 뒤짐
⑬ 고조파 발생	저 고조파	고조파 발생 많음	저 고조파

4. 결론

1) 이 변압기의 현장 사용으로 고조파 감쇄와 불평형 개선을 위한 기능 보유로
   에너지절약, 전력품질개선, 설비효율향상 등 일석삼조의 효과를 기대할 수 있다.
2) 현장테스트를 위해 당진화력발전소에 1년간 설치 테스트 결과,
   약 12% 이상 에너지를 절약할 수 있는 데이터를 확인되어서,
   향후 적용이 많을 것으로 예상된다.
3) 무상설치 후 ESCO상환(설치 후 전기요금 절감분만 상환) 가능하므로,
   설계시 적극 검토해야 할 것이다.
4) 다만, 일반변압기에 비해서 고가이므로, 품질 개선과 제작 공정개선으로
   가격의 저하가 주요 관건으로 볼 수 있을 것이다.

응14-103-4-5. 비상발전기를 공장에 설치하는 경우 주의사항과 유지관리에 대하여 설명하시오.

답)
1. 비상발전기를 공장에 설치하는 경우 주의사항

  1) 고압발전기
     ① 발전기에서 부하에 이르는 전로에는 발전기의 가까운 곳에 개폐기, 과전류 차단기, 전압계, 전류계를 아래와 같이 시설하여야 한다.
        - 각 극에 개폐기 및 과전류 차단기를 설치할 것.
        - 전압계는 각 상의 전압을 각각 읽을 수 있도록 시설할 것.
        - 전류계는 각 상(중성선은 제외한다)의 전류를 읽을 수 있도록 시설할 것.
     ② 예비전원으로 시설하는 고압발전기의 철대·금속제 외함 및 금속프레임 등은 규정에 따라 접지하여야 한다.
  2) 상시전원의 정전시에 비상전원으로 절환하는 경우에는 양전원의 인입측 접속점에 절환스위치를 설치하여, 상시 전원과 비상전원이 상호 혼촉되지 않도록 하여야 한다.
  3) 2)항의 절환스위치는 비상전원에서 공급하는 전력이 상시전원 계통으로 역가압 되지 아니 하도록 설치하여야 한다.
  4) 상시전원의 일시적인 전압강하와 상시 전원차단시에 비상발전기의 우발적인 기동을 방지하기 위하여 기동시간 지연장치(타이머)를 설치하여야 한다.
     (대부분의 경우 1초간의 공칭 시간지연을 두는 것이 적당하다.)
  5) 원동기의 종류선정
       고압 비상용 발전기는 디젤엔진과 Gas 터빈 엔진의 두 가지가 주로 쓰인다.
     ① 단위기의 용량은 디젤엔진은 1000kW 정도가 한도이고 그이상이면 Gas 엔진을 써야한다.
     ② 전기품질은 주파수 및 전압 변동 율 모두다 Gas 터빈 우수하다.
     ③ 기동에 요하는 시간은 디젤엔진이 빠르다.(10초정도)
     ④ 소음 및 진동은 들다 Gas 터빈이 작다.
  6) 설치장소의 결정
     ① 비상발전기는 내화도가 2시간 이상인 방화구획된 전용실에 설치하거나, 눈이나 비의 침입을 방지할 수 있는 적절한 곳에 설치하여야 한다.
     ② 비상발전기를 설치한 전용실 또는 분리건물은 소화활동으로 인한 침수, 홍수, 하수구 역류, 이와 유사한 형태의 재난으로부터의 손상 가능성이 최소화되는 곳에 위치하여야 한다.
     ③ 비상발전기실은 축전기에 의한 비상조명을 확보하여야 하며, 실내의 조도는 100룩스 이상이여야 한다.
     ④ 비상발전기는 연료, 배기 또는 윤활유 배관의 처짐과 연결부에서의 누출을 유발하는 부품은 손상이 일어나지 않도록 견고하게 받침대에 설치하여야 한다.

⑤ 진동 방지장치는 회전장치와 미끄럼 방지기초 사이, 미끄럼 방지기초와 기초 사이에 설치하여야 한다.
⑥ 설계시 적용 가능한 소음 제어장치를 고려하여야 한다.
⑦ 비상발전기에서 방출되는 열로 인하여 발전기실내의 온도가 상승하는 것을 방지하기 위한 적절한 환기 조치를 강구하여야 한다.
⑧ 충분한 연소용 공기를 비상발전기에 공급하여야 한다.
⑨ 배기설비는 배기가스 연무가 근로자가 있는 방이나 건물안으로 침입하는 것을 방지하는 기밀구조이어야 하고, 특히 창문·환기구 입구 또는 엔진 공기 흡입설비를 통해 건물이나 구조물에 독성 연무가 환류되지 않도록 하여야 한다.
⑩ 비상발전기실은 창고 등 타용도로 사용되어서는 안된다.
⑪ 비상발전기실에는 비상발전기 운전절차 및 비상전원 공급계통도(전기단선도) 비치

7) 엔진 기동방식의 선정
   : 기동에는 전기식과 압축 공기식이 사용되는데 전기식은 고속 예열식에, 압축 공기식은 중고속 직접분사식에 많이 채용된다.

8) 냉각 방식의 선정
   : 디젤엔진의 경우 냉각 방식은 수 냉식 으로 단순 순환식, 냉각탑 순환식, 방류식 및 Radiator식 등이 있다. 라지에이터방식은 소용량 기에 사용되고 대용량기가 되면 냉각탑 순환식을 쓰며, 냉각수의 다량 보급이 가능한 경우는 방류 식을 적용한다.

9) 발전기의 대수 선정
   ① 1대로 단독 운전을 할 것인지 아니면 2대 이상으로 병렬 운전을 할 것인지를 결정한다
   ② 병렬운전시에는 각 발전기의 전압 및 주파수가 같아야 함은 물론이고 동기투입 장치가 있어야 한다.

10) 회전수 선정
    ① 고속형(1200rpm이상)은 체적이 적고 설치 면적도 작아서 경제적이나 소음 및 진동이 크고 수명이 짧으며, 고속기는 소용량, 고압에 유리하다.
    ② 저속형은(900rpm이하)전압 안정도가 좋고 소음 진동이 작고 수명이 긴 장점이 있으나 가격이 비싸고, 장기 운전, 저전압에 유리하다.

11) 소음에 대한 대책 : 소음기를 사용하고, 방음 카바로 차음하며 방음벽을 설치한다.

12) 진동에 대한 대책 : 방진고무, 방진 스프링을 사용하고, 발전기 설치용 콘크리트 패드와 바닥 본체 사이에 완충재를 삽입

13) 대기 오염 방지 대책 : 유황분이 적은 연료를 사용하여 SO_x의 발생을 줄이고 배기가스 중의 NO_x를 분리 제거하는 탈질 장치를 고려한다.

14) 발전기용 냉각설비는 전부하 정격에서 원동기(엔진) 냉각에 충분한 용량이어야 한다.

15) 연료탱크의 용량선정은 비상발전기의 기동시간, 상시전원의 정전 지속시간, 제작상의 권장 유지보수 시간을 고려하여 선정하여야 한다.
    (일반적으로 4~8시간 운전 가능한 용량으로 선정하는 것이 바람직하다.)

16) 비상전력공급장치가 낙뢰로 인하여 손상되지 않도록 적절히 보호하여야 한다.

2. 비상발전기를 공장에 설치하는 경우의 유지관리

[KOSHA CODE E - 21 - 2004의 부록2 참조]

1) 비상발전기의 유지관리 및 운전시험은 제조자의 지침서의 "비상발전기의 유지관리계획" 등을 참고하여 적절한 기준 및 주기를 정하여 실시하여야 한다.

2) 비상발전기의 유지관리(검사, 시운전, 작동, 보수 등) 계획은 서면으로 정하여 해당 구내에 비치하여야 하며 다음사항을 포함하여야 한다.
   ① 유지관리 보고서의 작성 날짜
   ② 담당직원의 신분
   ③ 교체된 부품을 포함하여 모든 부적합한 상태와 취해진 시정조치에 관한 기록

3) 비상발전기는 주 1회 무부하 상태에서 30분 이상의 운전을 실시하여야 한다

음14-103-4-6. 전력저장시스템(Energy Storage System)을 종류별로 구분하여
특징을 설명 하시오. (발10-105-4-1). 전력저장에 대하여 설명하시오

답) 실제 문의 답은 1,4 ,5,6사항만 기록해도 됨

1. 개요 (건축전기 14년도 25점, 발송배전25점 10년도, 발송배전15년도 25점)

1) 에너지 저장설비는 부하평준화를 도모하고자 비첨두(야간) 시간대의 전기에너지를 다른 에너지로 변환, 저장해서 주간 첨두시에 전기에너지로 변환하는 기술임

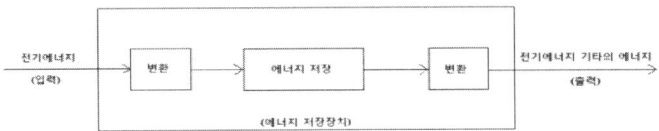

2. 에너지저장설비의 필요성

1) 신규발전설비 투자억제
: Peak cut과 Valley filling을 동시 수행하여 신규 발전설비의 투자 억제

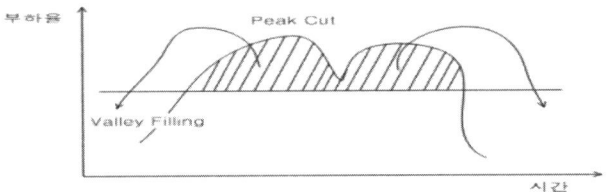

그림2. Peak cut과 Valley Filling

2) 전력생산비 절감
: 전력생산비가 높은 피크부하용 발전설비의 가동을 줄일 수 있어 전력생산비 절감

3) 전력시스템 안정도 향상
: 긴급시에 저장에너지를 활용하면 전력시스템 안정도에 크게 공헌할 수 있음.

3. 구비조건

① 값싼 저장원가, 높은 저장밀도
② 큰 저장 에너지량, 오랜 저장기간
③ 높은 입·출력 변환효율, 입·출력에서의 높은 속응성
④ 고효율 저장, 높은 안전성과 신뢰성

4. 각종 에너지 저장방식별 종류

구 분	저장 에너지 형태	저장기술 분류
역학적 에너지	• 운동 에너지 • 위치 에너지 • 탄성 에너지 • 압력 에너지	• 플라이 휠 • 양수발전 • 용수철 • 압축공기(기체)
열에너지	• 현열 • 잠열(증발, 융해, 승화)	• 현열 축열(암석, 물) • 잠열 축열(용융염)
전자기 에너지	• 정전 에너지 • 전자(電磁) 에너지	• 콘덴서 ($\frac{1}{2}CV^2$) • 초전도 코일 ($\frac{1}{2}LI^2$)
화학 에너지	• 전기화학 에너지 • 화학 에너지	• 축전지 • 합성연료, 화학 축열 등

6. 각 방식의 특징 [전력저장 기술의 비교(수치는 개략적인 값임)]

	항목	양수발전	전지	초전도 전력저장
저장 특성	규모[MWh]	100~5,000	0.1~100	1~10,000
	저장시의 에너지형태	위치 에너지	화학 에너지	자기 에너지
	에너지밀도[kWh/m³]	0~3	40~200 정도	3 정도
	저장효율	70[%]	65~80[%]	80~90[%]
운전 특성	최대 저장시간	일·주 단위	분~일 단위	일·주 단위
	운전 시스템	용이	용이	입·출력 장치가 약간 복잡함. 지하암반 등 견고한 수납용기가 필요함
	기동·정지시간	수 분	순시	순시
	신뢰성(운전실적)	많은 실적있음	실적있음, 신형전지는 개발 중	연구개발 중
	수명	40년 이상	5~10년	30년 정도(전망)
안전 입지	환경 보전성	자연환경과의 조화가 필요함	오물질 누설방지	자기 대책이 필요함
	안전성	댐 유지 안전성에 우선	충격에 약함	Quench 대책이 필요함
	입지	한정됨	제약없음	한정됨

	항목	플라이휠 저장	축열	압축공기 저장
저장 특성	규모[MWh]	1~10	0.1~1,000	수100~수1,000
	저장시의 에너지형태	운동 에너지	열 에너지	압력 에너지
	에너지밀도[kWh/m³]	수 10	수10~수100(열로서)	5 정도
	저장효율	60~70[%]	60~80[%]	70~80[%]
운전 특성	최대 저장시간	분·시 단위	시간·일 단위	일 단위
	운전 시스템	입·출력 장치, 보조기기 시스템이 복잡함	열교환기, 보조기기가 복잡함	지하공동 등 내압용기가 필요함 화력발전에서의 운전이 필요함
	기동·정지시간	순시	수분	20~30분
	신뢰성(운전실적)	일부에서 실적 있음	빙축열은 실적있음	해외에서 실적있음
	수명	20년 정도	10~20년 정도	20년 이상
안전 입지	환경 보전성	진동 소음 대책이 필요함	양호	양호
	안전성	회전 이상 대책이 필요함	증기, 용융점 등의 누설 대책이 필요	압축공기의 누설 대책이 필요함
	입지	제약은 적은 편임	제약없음	한정됨

※ 에너지 저장의 원리 [참고로 암기할 것]
1) 역학적 에너지
   ① 시스템으로부터 외부로 끄집어 낼 수 있는 에너지(W), $W = \int F dx$
      여기서, F : 시스템이 외부에 대해 작용하는 힘, x : 변위량
   ② 양수로 물을 높은 곳에 퍼올려서 저장하였을 경우의 위치에너지 증가(W)
      $$W = \int_o^h F dx = \int_o^h Mg dx = Mgh$$
      여기서, h : 낙차 M : 양수량(질량) g : 중력 가속도 $F : Mg$
   ③ 운동에너지 형태로 에너지를 저장할 경우 회전체의 축적에너지(W)
      $W = \dfrac{1}{2} I w^2$ 여기서, I : 회전체의 관성 모멘트, w : 회전체의 각운동 속도

2) 열에너지 : 저장에너지 $W = m \int_{i(T_1)}^{i(T_2)} di$
   ① 여기서, m : 축열재 총중량, $i(T)$: 온도 T의 축열재의 엔탈피
      T_1, T_2 : 축열 전후의 축열재 온도
   ② 엔탈피 변화는 크게 현열형 축열(축열재의 온도변화에만 의할 경우)와 잠열형 축열
      (상변화를 일으키는 잠열이 가해질 경우)로 나뉨.

3) 전자기 에너지
   ① 평행평판 콘덴서에 저장될 정전 에너지(W) : $W = \dfrac{1}{2} C(EI)^2 = \dfrac{1}{2} CV^2$
      여기서, V : 전극간 전압
   ② 자기회로에 저장될 자기(磁氣) 에너지 (W) : $W = \dfrac{1}{2} LI^2$
      여기서, L : 무단(無端) 솔레노이드의 인덕턴스, I : 솔레노이드 코일의 전류

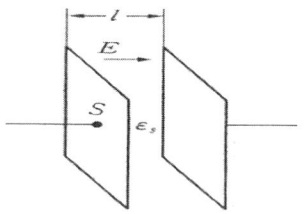

E : 전계, ε_s : 비유전율
S : 전극 면적, l : 전극간 거리
         (a) 정전 에너지

N : 코일의 권수 l : 평균 자로장
μ_s : 비투자율
         (b) 무단 솔레노이드

그림3. 정전에너지와 무단 솔레노이드

4) 화학 에너지 : 에너지를 화학에너지 형태로 저장하는 방식은 2가지가 있음.
   ① 화학전지 : 화학에너지를 전기에너지로서 끄집어 낼 수 있는 장치로서 전극과 활성화
      (전해)물질로 이루어짐.
      ㉠ 1차전지 : 전해물질이 전지에 내장되어 있는 장치로서 충전이 불가능한 것
      ㉡ 2차전지 : 충전에 의해 활성화 물질을 재생할 수 있는 전지

② 합성연료 : 합성연료중 원료(물)가 풍부하게 있고 본질적으로 깨끗한 연료인 수소가 장래에너지 시스템에서의 에너지원으로 주목을 받고 있음.
  ㉮ 넓은 의미의 합성연료 : 화석연료 이외의 연료
  ㉯ 좁은 의미의 합성연료 : 화학에너지 이외 형태의 에너지를 연료로서 화학에너지로 변환했을 때의 연료

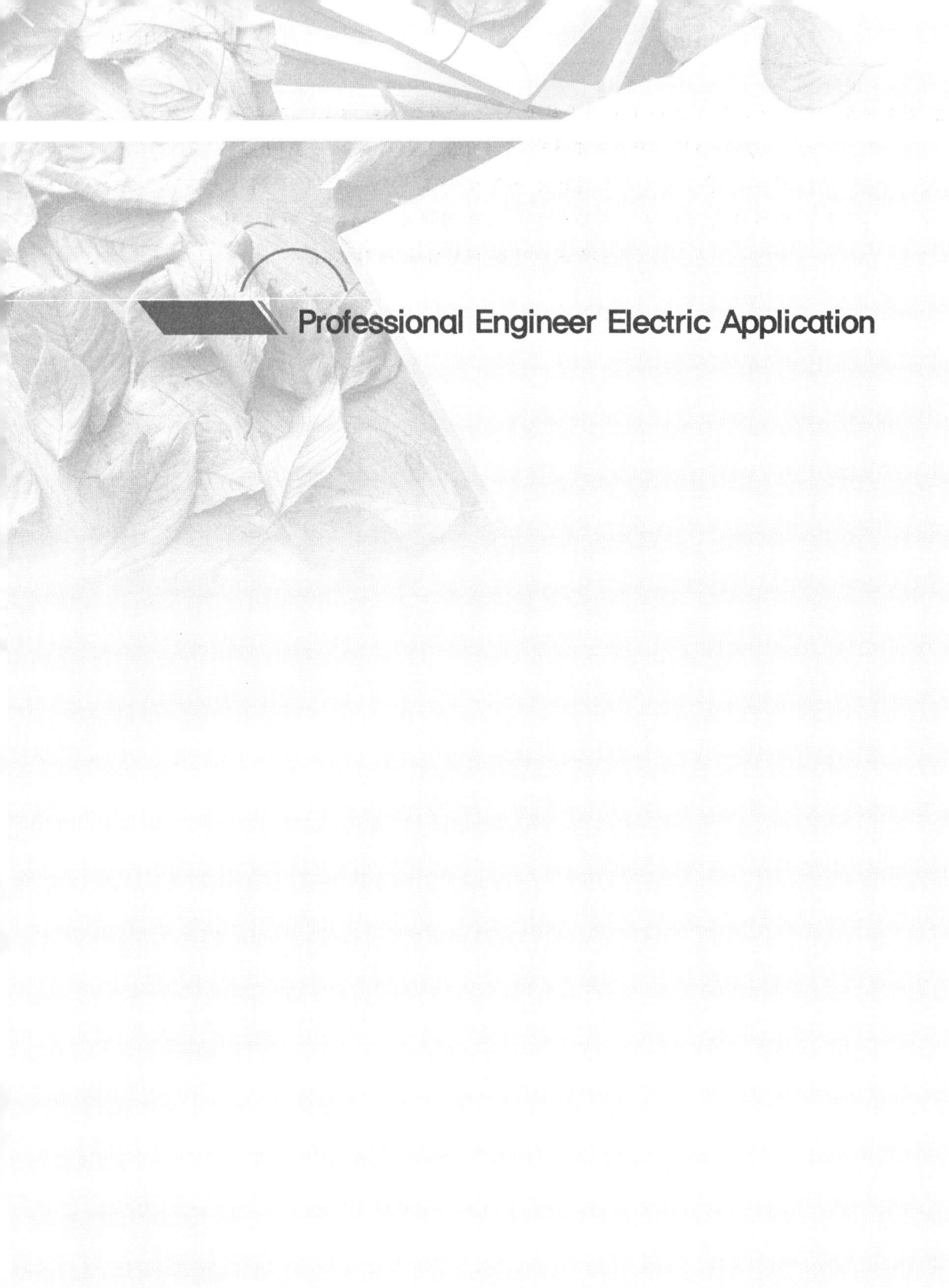

Professional Engineer Electric Application

Chapter 22

2015년 106회 문제 및 해석

2015년 제106회 전기응용기술사(2015년 5월 시행)

응15-106-1-1. 전기철도에서 이선(異線)방지 대책에 대하여 설명하시오.

응15-106-1-2. 변전소에 설치하는 계기용 변류기(CT)의 과도특성에 대하여 설명하시오

응15-106-1-3. 접지 설계시 보폭전압 및 접촉전압이 감전방지 한계치보다 높을 경우 전위경도 완화대책에 대하여 설명하시오.

응15-106-1-4. 태양광 발전시스템 설계 시 발전량을 산출하는 절차에 대하여 설명하시오.

응15-106-1-5. 전자회로 및 제품의 정전기 방지 대책 중 ESD에 대하여 설명하시오.

응15-106-1-6. 대형 플랜트(plant) 현장에 설치되는 계측기기를 선정하는데 있어서 주요 고려사항에 대하여 설명하시오.

응15-106-1-7. 전력용차단기(CB)의 정격구분에 대하여 설명하시오.

응15-106-1-8. 다음 용어를 기호와 단위가 포함된 내용으로 설명하시오.
(광속, 광효율, 광도, 조도, 조도 균제도, 광속유지율)

응15-106-1-9. 제어 전원 측 Sag대책으로 설치하는 DPI(Voltage-Dip Proofing Inverters)의 구성 및 동작원리에 대하여 설명하시오.

응15-106-1-10. 가스절연개폐장치(Gas Insulated Switching)의 종류에 대하여 설명하시오.

응15-106-1-11. 변압기의 Y-Zig Zag 결선에 대하여 설명하시오.

응15-106-1-12. 유도전동기 기동 시 기동전류와 역률의 상관관계를 설명하시오.

응15-106-1-13. 어떤 코일에 단상 100 V의 전압을 인가하면 20 A의 전류가 흐르고 1.5kW의 전력을 소비한다. 이 코일과 병렬로 콘덴서를 접속하여 합성역률이 1이 되기 위한 용량리액턴스를 구하시오.

6문 중 4문 선택, 각 문제당 25점. 100분

[2 교 시]

응15-106-2-1. 전기철도의 교류 급전계통에서 발생하는 고조파 억제대책에 대하여 설명하시오.

응15-106-2-2. 유기발광다이오드(OLED) 대하여 설명하시오.

응15-106-2-3 전자파(EMC)시험에 대하여 설명하시오.

응15-106-2-4. 전력용 반도체 스위칭 소자에 대하여 설명하시오.

응15-106-2-5. ATS(Automatic Transfer Switch)와 CTTS(Closed Transition Transfer Switch)의 특징 및 차이점에 대하여 설명하시오.

응15-106-2-6. 비상발전기 보호방식에 대하여 설명하시오.

6문 중 4문 선택, 각 문제당 25점. 100분

[3 교 시]

응15-106-3-1. 케이블의 열화(劣化) 현상 중에서 전기 트리잉(treeing)과 트랙킹(tracking)에 대하여 설명하시오.

응15-106-3-2. 보호계전기의 신뢰도 향상방법과 정지형(static type) 및 디지털(digital type)계전기에 대하여 설명하시오.

응15-106-3-3 고주파 케이블의 사용용도, 문제점 및 성(省)에너지 설계에 대하여 설명하시오.

응15-106-3-4. 유도전동기 벡터제어에 대하여 설명하시오.

응15-106-3-5. 광원의 연색성(Color Rendition)평가와 연색성이 물체에 미치는 영향에 대하여 설명하시오.

응15-106-3-6. CNT(Carbon Nano Tube)광원에 대하여 설명하시오.

6문 중 4문 선택, 각 문제당 25점. 100분

[4 교 시]

응15-106-4-1. 교류 전기철도에 사용하는 단권변압기(AT)에 대하여 설명하시오.

응15-106-4-2. 태양광 발전시스템에서 인버터회로 방식에 대하여 설명하시오.

응15-106-4-3. 회로 및 시스템설계시 사용하는 리던던시(Redundancy), 디레이팅(Derating) 및 페일세이프(Fail-safe)에 대하여 사용방법, 특징 및 적용사례를 설명하시오.

응15-106-4-4. 제어기기에서 노이즈 대책용 소자들의 회로구성 및 특성에 대하여 설명하시오.

응15-106-4-5. 고압 유도 전동기의 보호를 위한 계전기 정정에 대하여 설명하시오.

응15-106-4-6. 좋은 조명요건에 대하여 설명하시오.

응15-106-1-1. 전기철도에서 이선(離線)방지 대책에 대하여 설명하시오.

답)

1. 개요

   1) 전차의 속도가 높아지면 압상력이 증가되어 전차선과 팬터그래프 사이에 접촉하여 습동하는 것이 곤란하여 도약(이탈)하여 불안전한 접촉상태를 "이선"라 함

2. 이선방지 대책

   1) 전차선 가선특성을 향상하여 집전성능을 향상시킴
      ① 등고 : 구배와 구배변화를 줄여 전차선의 높이를 균일하게 유지
      ② 등장력 : 전차선과 조가선이 장력을 일정하게 유지
      ③ 등요 : 전차선 밀어 올리는 힘을 균일하게 유지(압상력 균일유지)
      ④ 전차선의 국부적인 경점축소 : 접속부분을 줄이고 접속금구 경량화
      ⑤ 팬터그래프의 공기저항이 최소화 되도록 구성

   2) 아크방전 발생을 적게 함
      ① 두 대의 팬터그래프를 모선으로 연결하여 1대가 이선해도 다른 1대로 집전되기 때문에 습동판의 마모경감에 효과(직류고속구간에서 효과가 큼)

   3) 내 아크성 재질사용
      : 아크방전에 의한 내구성이 우수한 재질 사용하여 수명연장
      ① 팬터그래프에는 耐아크성이 우수한 Carbon 습동판 사용.
      ② 전차선에는 특별한 대책 없음

응15-106-1-2. 변전소에 설치하는 계기용 변류기(CT)의 과도특성에 대하여 설명하시오.
답)
1. 변류기의 과도특성

   1) 계통의 고장전류에는 일반적으로 직류분이 포함되어 있으며, 이 직류분은 시간이 지남에 따라 계통의 저항 R과 인덕턴스 L에 의해 정해지는 시정수 $T=\dfrac{L}{R}$ [sec]로 감쇠하는 성분이다.

   2) 여자전류를 무시하는 경우에는 직류분에 의한 자속은 한쪽 방향으로만 자화되므로 시간이 지남에 따라 증가하고, 최종적으로는 교류분에 의한 자속의 $\dfrac{\omega L}{R}=\dfrac{X}{R}$ 배 임 따라서 합성자속은 다음처럼 증가한다.

   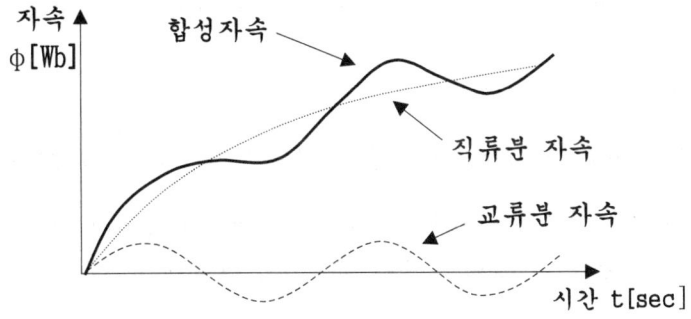

   3) 예를 들어서 과전류정수가 40인 CT를 $\dfrac{X}{R}=3$ 인 계통에 사용할 때 만약 여자전류를 무시하고, 잔류자속이 0인 상태에서 사고가 발생하였다면 CT가 포화되지 않는 전류의 최대치는 정격전류의 $\dfrac{40}{1+3}=10$ 배로 크게 줄어든다.

   4) 이와 같은 고장전류의 직류분에 의한 포화현상에 대비하여 과전류정수 및 정격부담에 여유를 두는 것이 바람직하다.

응15-106-1-3. 접지 설계시 보폭전압 및 접촉전압이 감전방지 한계치보다 높을 경우 전위경도 완화대책에 대하여 설명하시오.

답)

1. 보폭전압과 접촉전압의 개념

1) 보폭전압
   ① 사람의 양발사이에 인가되는 전압으로서, 이것은 접지극을 통하여 대지로 전류가 흘러나올 때, 접지극 주위의 지표면에 형성되는 전위분포 때문에 양발사이에 인가되는 전위차
   ② 전로에 어떤 원인으로 지락전류 발생시 두 발 사이(1m간격)에 나타나는 전위차
   ③ 보폭전압 발생이유 : 지락전류시 지락전류가 접지극을 통하여 대지를 귀로할 때 접지극 주위의 지표면은 전위분포을 갖게 되며, 이때 양발사이의 전위차인 전압이 발생함.

2) 접촉전압
   ① 대지에 접촉하고 있는 발과 발이외의 다른 신체부분과의 사이에 인가되는 전압
   ② 접지를 한 구조물에 사고전류가 흘렀을 때 접지전극 근처에 전위가 생기는데, 이때 인축이 근처에 있는 철구 등에 인축이 접촉시의 전위차

2. 보폭전압 및 접촉전압의 저감대책

1) 전위경도를 작게 한다.
   ① 전위분포나 전위경도는 접지전극의 모양에 따라 그 양상이 다르다.
   ② 또 전위분포는 매설깊이에 따라 변화한다.
   ③ 즉, 깊이 매설하면 전위경도를 낮게 할 수 있다.
   ④ 그 방법으로는 75cm이상 깊이로 접지극의 매설 또는 망상접지에서 망의 간격을 좁게하는 방법 등의 적용.

2) 접촉저항을 크게 한다.
   ① 접촉저항과 관계되는 접촉부위는 손 ~ 구조체, 다리 ~ 대지의 2종류가 있음.
   ② 따라서, 이 접촉부위의 저항을 크게 함으로서, 접촉 및 보폭전압의 허용한 도치를 크게 할 수 있다.
   ③ 그 방법으로는 구조체 주위의 대지의 표면을 절연물로 덮는 방법인 것이며, 변전소 구내에 자갈과 아스팔트 포장을 시행한다.

응15-106-1-4. 태양광 발전시스템 설계 시 <u>발전량을 산출하는 절차</u>에 대하여 설명하시오.
답)   [아래의 내용 중 4번 사항만 기록하면 10점용임. 전체로 25점용]

1. 설계시 고려 사항

고려할 항목	일반적 사항	기술적 사항
시스템 구성	최적 시스템 구성, 실시 설계, 사후관리, 복합시스템 구성방안	성능과 효율, 어레이 구성 및 결선방법 결정, 계통연계 방안 및 효율적 전력공급 방안, 모니터링 방안
태양전지 모듈 선정	시장성, 제작 가능성	설치 형태에 따른 적합한 모듈 선정, 건자재로서의 적합성 여부
어레이	고정형, 가변형	경제적 방법을 고려, 설치장소에 따른 방식
구성요소별 설계	최대 발전 보장, 기능성, 보호성	최대발전 추종제어(MPPT), 역전류방지, 최소전압 강하, 내외부 설치에 따른 보호기능
디자인 결정	실용성, 설계의 유연성, 실현 가능성	경사각, 방위각의 결정, 구조 안정성 판단, 시공방법
계통연계형 시스템	안정성, 역류방지	지속적인 전원공급, 상호계측 시스템
독립형시스템	신뢰성	최대공급 가능성, 보조전원 유무
설치 위치	양호한 일사 조건	태양고도별 비음영 지역 선정
설치방법과 면적 및 시스템 용량	설치의 차별화, 건물과의 통합성, 모듈의 크기	태양광 발전과 건물과의 통합 수준, BIPV 설치 위치별 통합방법 및 배선방법 검토, (BIPV : 빌딩부착형 태양광) 유지보수의 적절성, 모듈 크기에 따른 설치면적 결정, 어레이 구성 방안 고려

2. 태양전지 발전량 계산 시 고려할 사항

  1) 일사량의 변동 및 적운, 적설에 대한 손실을 고려할 것
  2) 오염, 노화, 분광일사, 변동에 의한 손실을 고려할 것
  3) 그늘에 의한 손실을 고려할 것
  4) 표준온도 상태에서의 태양전지 효율을 고려할 것
  5) 직병렬 법속의 불균형, 직류회로 손실을 고려할 것
  6) 최대출력동작점에서의 차이에 의한 손실을 고려할 것
  7) 축전지의 충방전에 의한 손실을 고려할 것
  8) 인버터 및 발전기 손실을 고려할 것
  9) 지역별의 일평균 및 경사면의 일사량에 대한 고려할 것
  10) 전압강하에 대한 고려

3. 태양전지 모듈 선정시 고려사항

1) 효율
① 변환효율은 단위면적당 들어오는 태양광에너지가 얼마만큼 전기에너지로 변환되는 효율을 말하며, 일반적으로 위의 식으로 표시한다.

② 변환효율 $= \dfrac{P_{\max}}{A_t \times G} \times 100 = \dfrac{P_{\max}}{A_t \times 1,000\,[W/m^2]} \times 100\ [\%]$

여기서, A_t : 모듈 전면적[m²], G : 방사속도[W/m²], $P_{\max}$: 최대출력[W]

2) Power Tolerance
① Power Tolerance(다수의 셀을 직렬 또는 병렬로 연결한 경우 각 모듈의 최대출력이 이론상의 출력과 차이가 발생하게 되는 차이)를 검토한다.

② 모듈을 직렬로 구성할 경우 가장 낮은 전압이 발전되는 스트링(string)이 다른 높은 전압을 발생하는 스트링에 영향을 미쳐 전체적으로 발전전압이 낮아지므로 이를 검토한다.

3) 신뢰성
: 모듈은 설치 후 내용 수명동안 사용이 가능토록 기계적, 전기적, 환경적으로 뛰어난 신뢰성을 갖추어야 한다.

4) 인증
: 국내의 공인인증기관에서 인증받은 모듈을 사용하고, 결정계 및 박막계는 한국산업표준에 적합해야 한다.

5) 설치 분류
: 건축물에 설치하는 태양전지 모듈은 설치 부위, 설치 방식, 부가 기능 등의 차이에 의해 분류되며, 건축물의 설치여건을 고려하여 선정한다.

4. 태양광 발전시스템의 발전 가능량 산출

4-1. 계통연계형과 독립형 태양광 발전가능량 산출 절차(순서)

1) 계통연계형 태양광 발전시스템의 발전가능량 산출 절차
   ① 설치면적결정→ ② 태양전지 모듈 선정 → ③ PCS(인버터) 선정→
   ④ 모듈수량결정(직렬수×병렬수)→ ⑤발전가능량 산출

2) 독립형 태양광 발전시스템의 발전가능량 산출 절차
   ① 전력수요량 산정→ ② 설치면적 고려 → ③ 어레이 용량 산출→
   ④ 설치장소의 일사량 적용→ ⑤설계계수 고려→ ⑥ 발전가능량 산출

4-2. 태양광 발전시스템의 발전 가능량 산출

1) 실제의 태양전지 어레이 필요용량 P_{AS}(kW) 산출
   ① **출력 전압** : 태양전지 모듈의 공칭 최대출력 동작전압 ×모듈 직렬연결 수
   ② **출력 전력** : 태양전지 모듈의 공칭 최대출력 ×모듈 직렬연결 수
   ③ **어레이 출력**(P_{AS}) 산출 : 출력전력 ×모듈 병렬연결 수

2) 월간 발전 가능량 산출(시스템 발전전력량), E_{PM}

$$E_{PM} = P_{AS} \times \left(\frac{H_{AM}}{G_S}\right) \times K \, [kWh/월]$$

여기서, P_{AS} : 표준상태에서의 태양전지 어레이(모듈 총 수량) 출력[kW]

H_{AM} : 월 적산 어레이 표면(경사면) 일사량[kWh/(㎡·월)]

G_S : 표준상태에서의 일사강도[kW/㎡](=1[kW/㎡])

K : 종합설계계수(태양전지 모듈 출력의 불균형 보정, 회로손실,
　　　 축전지 손실(독립형), 기기에 의한 손실 등을 포함)

$K = K_d \times K_t \times \eta_{INV}$

K_d : 직류보정계수(태양전지 표면의 오염, 일사강도 변화에 따른 손실의
　　　 보정, 태양전지 특성차에 의한 보정값, 축전지 손실률)

K_t : 태양전지 온도상승에 따른 보정계수(계절별로 상이, 약 0.85)

η_{INV} : 인버터 변환 효율(약 0.9)

5. (독립형) 태양전지 어레이 필요용량[kW] 산출 방법

$$P_{AS} = \frac{E_L \times D \times R}{\left(\dfrac{H_A}{G_S}\right) \times K}$$

여기서, E_L : 어느 기간에서의 부하소비전력량(전력수요량) [kWh/기간]

D : 부하의 태양광발전시스템에 대한 의존률=1-(백업전원의 의존률)

R : 설계여유계수

H_A : 어떤 기간에 얻을 수 있는 어레이 표면(경사면) 일사량 [kWh/(㎡·월)]

G_S : 표준상태에서의 일사강도 [kW/㎡] (=1[kW/㎡])

K : 종합설계계수(태양전지 모듈 출력의 불균형 보정, 회로손실,
    축전지 손실(독립형), 기기에 의한 손실 등을 포함)

$K = K_d \times K_t \times \eta_{INV}$ (독립형은 0.5~0.6, 계통연계형은 0.7~0.8)

K_d : 직류보정계수(태양전지 표면의 오염, 일사강도 변화에 따른 손실의
    보정, 태양전지 특성차에 의한 보정값, 축전지 손실률)

K_t : 태양전지 온도상승에 따른 보정계수(계절별로 상이, 약 0.85)

η_{INV} : 인버터 변환 효율(약 0.9)

6. 태양광 시스템의 종합 효율

○ 어레이 경사면에 도달한 일사량의 태양 에너지는 아래 요소들이 작용하여
  최종적으로 실제의 발전량으로 출력되고 있다

1) 설치환경에 기인한 손실의 고려할 요소
   ① 일사량의 변동, 적운, 적설에 의한 손실
   ② 오염, 노화, 분광 일사 변동에 의한 손실
   ③ 온도변화에 의한 효율변동

2) 설치·제어에 기인한 손실의 고려할 요소
   ① 그늘에 발생에 의한 손실   ② 직병렬 접속의 불균형·직류회로 손실
   ③ 최대출력동작점에서의 차이에 의한 손실   ④ 축전지 충방전에 의한 손실

3) 인버터 및 발전장치 손실

4) 표준상태(25℃, AM1.5)에 대한 태양전지 모듈의 효율.
   여기서, AM1.5(Air Mass 1.5) : 태양이 떠 있는 위치에 따른 스펙트럼으로서,

※ AM 0 : 태양빛이 통과하는 공기의 양이 제로, 즉 대기권 밖일 경우
※ AM 1.0 : 태양빛이 통과하는 공기의 양이 적은 경로, 즉, 내 머리 위로 태양광 있는 경우
※ AM 1.5 : 태양빛이 통과하는 공기의 양이 수직기준 48.2도일 경우의 공기의 양 , 현재 세계적으로 통용되는 값임

응15-106-1-5. 전자회로 및 제품의 정전기 방지 대책 중 ESD에 대하여 설명하시오

답)
1. 반도체 공정에서 먼지오염에 의한 정전기의 영향

    1) 먼지가 대전되는 경우 이의 제거가 곤란하여 반도체의 수율에 영향을 미친다.
    2) 정전기가 존재하는 Class 100의 청정실은 클래스 1,000정도의 수율밖에 되지 않는다고 하며, 즉 정전기가 미치는 영향이 매우 크므로 이의 제거가 필요함.

2. ESD가 자동화설비에 미치는 영향

    1) 로봇, FA 설비의 오동작
        ① 로봇의 오동작. ② 자동화 창고의 오동작 ③ 시험장비, 계측장비의 오동작
    2) 자동화설비의 오동작 방지대책
        ① 제전복, Wrist Strap, 정전화, 도전성 매트, 도전성 타일
        ② 가능한 경우 습도의 증가
        ③ 기기의 ESD 내량의 증가(차폐, Filter 등을 이용)

3. 자동화설비 및 전자제품의 ESD 장해

    - 정전기는 컴퓨터, 로봇, 교환대, FA 기기 등에 ESD 장해를 주어 설비의 오동작, 사고의 발생, 생산성 및 품질의 저하 등이 발생하므로 이를 예방하기 위한 ESD 장해대책이 필요하다.
    1) 컴퓨터 장해의 종류
        ① 데이터의 입력오류 또는 데이터의 상실
        ② 프로그램의 오동작
        ③ 프린터 오동작에 의한 출력이상(중복출력 또는 겹침 발생)
        ④ 퓨즈의 절단
        ⑤ 기관의 손상

4. ESD 방지대책

    컴퓨터 회로가 고밀도 고집적화 저전압 구동에 의해서 ESD 장해가 발생하며 다음과 같은 대책이 필요하다.
    ① 카펫 등 정전기를 발생시키는 것은 설치하지 않는다.
    ② 상대습도의 향상
    ③ 도전성 플라스틱을 사용
    ④ 도전성 매트, 정전화, 제전복의 착용

응15-106-1-6. 대형 플랜트(plant) 현장에 설치되는 계측기기를 선정하는데 있어서 주요 고려사항에 대하여 설명하시오.

답)

1. 개요

계장설계는 처리공정의 안정화, 조작의 확실성, 처리효율의 향상, 작업환경의 개선, 인건비 절감 등을 통하여 합리적인 관리의 원활한 운전 및 자원이나 에너지를 절감을 도모한다.

2. 계장기기의 선정 시 고려사항

1) 요구정밀도와 신뢰도
2) 주위환경
3) 계측목적
4) 관리성
5) 재질선정
6) 측정범위
7) 전송방식
8) 경제성
   계장설비의 기기 구매비 뿐만 아니라 이의 설치에 따른 소요자재(배관, 배선, 지지물 등) 및 장래의 보수유지를 위한 비용까지를 고려하여 종합적인 경제성 검토가 필요하다.

응15-106-1-7. 전력용차단기(CB)의 정격구분에 대하여 설명하시오.

답)

1. 차단기의 정격

   1) 차단기 정격의 정의 : 규정된 책무, 조건 및 특정한 조건하에서 차단기가 갖는 성능의 보증 한계를 말하는 것임

2. 차단기의 정격구분

순번	구분	내 용
1)	정격전압	규정의 조건아래에서 그 차단기에 과할 수 있는 사용회로 전압의 상한값으로 선간전압(실효값)으로 표현 함.
2)	정격차단전류	모든 정격 및 규정의 회로 조건하에서 규정된 표준 동작책무와 동작상태에 따라서 차단할 수 있는 지상역률의 차단전류의 한도를 말함.
3)	정격차단용량	1) 3상 교류일 경우 정격차단용량이란 그 차단기의 정격차단전류와 정격전압을 곱한 것에 $\sqrt{3}$을 곱한 것 - 정격차단용량 = $\sqrt{3} \times$ (정격전압) $\times$ (정격차단전류) 단, 단상의 경우에는 $\sqrt{3}$을 생략함 2) 차단 용량의 단위는 KVA 또는 MVA로 표현 함.
4)	정격전류 (定格電流, Rated Normal continuous Current)	1) 정격전압 및 정격주파수, 규정한 온도상승 한도를 초과하지 않는 상태에서 연속적으로 흐를 수 있는 전류의 한도를 말하며 2) 표준으로 적용하고 있는 차단기의 정격전류는 600, 1200, 2000, 3000, 4000, 8000A가 있다.
5)	차단시간 (Breaking (Interrupting) Time)	1) 開極時間과 아크시간을 합한 것을 차단시간이라 하며, 2) 정격차단시간이란 정격차단전류를 정격전압, 정격주파수 및 규정한 회로조건에서 규정한 표준 동작책무 및 동작상태에 따라서 차단할 경우 차단시간의 한도를 말한다. 3) 정격차단시간은 정격 주파수를 기준으로 하여 사이클수로 나타낸다. 4) 정격차단시간은 아래표의 값을 표준으로 하고), 차단기는 정격전압 下에서 정격차단전류의 30% 이상의 전류를 차단할 때의 시간은 정격차단시간을 초과할 수 없다. 5) 차단기의 정격차단시간 | 정격전압(kV)	7.2	25.8	72.5	170	362	800
---	---	---	---	---	---	---
정격차단시간(cycle)	5	5	5	3	3	2	

음15-106-1-8. 다음 용어를 기호와 단위가 포함된 내용으로 설명하시오.
(광속, 광효율, 광도, 조도, 조도균제도, 광속유지율)

답)

No.	용어	용어 설명	기호 및 단위
1	광속	사람의 눈에 보이는 파장의 빛의 양으로 단위 시간당에 통과하는 빛의 총량.	$F = dQ/dt$ 단위 : [lm]
2	광효율	어떤 광원으로부터 방사되는 방사속에 대한 육안으로 느끼는 광속 비	$\varepsilon = F/\varnothing$ 단위 : [lm/W]
3	광도	어느 방향에서의 빛의 밝기로서 단위 입체각(ω)당 발산 광속수	$I = \dfrac{dF}{d\omega}$ 단위 : [Cd]
4	조도	단위면적당 입사광속으로, 미소 면적 dA (m²)에 투사되는 광속	$E = \dfrac{dF}{dA}$ 단위 : $[lm/m^2]$ $= lx$
5	조도 균제도	밝은 부분과 어두운 부분의 밝음의 비	U_1, U_2 단위 : [%]
6	광속 유지율	시간이 지난 후 처음의 밝기보다 밝기가 감소하는 정도	LLMF 단위 : [%]

- 광속유지율 (LLMF : Lamp Lumen Maintenance Factor)

응15-106-1-9. 제어전원 측 Sag대책으로 설치하는 DPI(Voltage-Dip Proofing Inverter)의 구성 및 동작원리에 대하여 설명하시오.

답)

1. 개요

DPI는 순간적인 전원 장애로 인한 전력 공급중단을 방지하는 순간전압강하 보상기이다.

2. 구성도

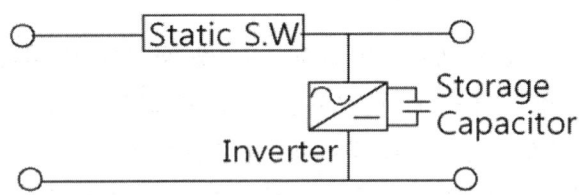

- 부하와 직렬로 Static Switch, 병렬로 Inverter 연결
- Inverter를 통하여 콘덴서에 에너지를 충전하고 순간 정전 시 방전 되도록 연결한다.

3. 동작 원리

1) 정상적일 때는 Static Switch를 통하여 부하에 직접 전력 공급(Inverter는 Off됨)
2) 순간 전압 강하가 일어나면 Static Switch는 Off되고, $600\mu S$ 이내에 Inverter가 구형파 전력을 공급한다.
3) 전압이 회복되고 Inverter를 통한 전압과 전원이 동기되면 Inverter는 Off 되고, Static Switch를 통하여 전력이 공급 되고, 이때 콘덴서는 1초 이내에 재충전 된다.

응15-106-1-10. 가스절연개폐장치(Gas Insulated Switching)의 종류에 대하여 설명하시오

답)
1. 개요

   금속용기(Enclosure)내에 모선 및 개폐장치, 변성기, 피뢰기등을 내장시키고 절연 및 소호특성이 우수한 SF6가스로 충진, 밀폐하여 절연을 유지시키는 종합 개폐장치로서, 22kV급에서 1200kV급까지 환경조화 및 신뢰성이 요구되는 변전소에 주로 사용되고 있다.

2. GIS의 종류
 1) Hybrid GIS
   ① 차단기, 단로기 등의 개폐기와 모선, 계기용 변성기 및 피뢰기 등을 SF6 가스로 절연된 밀폐 금속 용기 내에 장치한 Unit(GIS)와 변압기간을 내장모선, 지지모선 또는 케이블 등으로 연결시켜 공기절연형(AIS)과 가스절연형(GIS)을 복합화 한 형식
   ② 피뢰기나 계기용 변압기 등 일부 기기를 GIS 내장형(탱크형)이 아닌 애관형으로 설치하는 경우도 있다. ③ 이 형식은 현재 국내 345kV변전소에 주로 적용.
 2) Full GIS
   ① 차단기, 단로기 등의 개폐기와 모선, 계기용 변성기 및 피뢰기 등을 SF6 가스로 절연된 밀폐금속 용기 내에 장치한 Unit(GIS)와 변압기간을 SF6 가스로 절연된 모선(GIB)으로 연결시키며 송전선 인입 전단의 붓싱을 제외하고는 활선부분 노출이 없는 형식의 변전소
   ② 옥외 Hybrid GIS형 변전소에 비해 다음과 같은 특징이 있다.
     ㉠ 인입철구 부분 이외에는 구내에서 공기절연거리의 확보가 필요 없으므로 옥외 Hybrid GIS형에 비해 소요면적이 더욱 축소된 Compact형 변전소이다.
     ㉡ 충전부가 모두 SF6 Gas로 절연된 Tank내에 내장되어 있으므로 감전에 대한 위험이 거의 없다.
     ㉢ 설치면적 축소로 용지비 및 토목공사비는 상당히 절약되지만 자재비가 매우 고가
   ③ 이 형식은 현재 국내 154kV변전소에 주로 적용하고 있다.
 3) Cubicle형 GIS
   ① GIS는 정격가스압력이 0.5kgf/㎠·G 정도의 압력을 가진 Enclosure내에 모선, 차단기, 단로기, 변성기, 접지장치, 피뢰기 등을 넣은 배전용 종합개폐장치
   ② MCSG(Metal Clad Switch Gear)를 대체하여 사용되고 있으며 25.8kV GIS 또는 MV(Medium Voltage) GIS, C-GIS로도 불려진다.
   ③ 이 형식은 현재 국내 22.9kV급 수용가 변전소에 주로 적용하고 있다.

   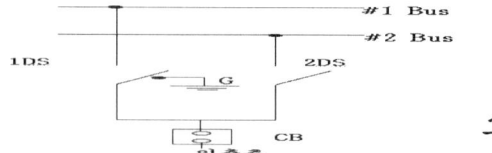

   그림1. C-GIS구성

   ④ C-GIS의 기본 Feeder구성은 그림1과 같이 차단기와 모선용 단로기만으로 구성됨
   ⑤ GIS와 달리 접지개폐기가 생략되는 대신 모선단로기에 접지연결이 가능토록 3단개폐기를 채용하고 있다.

응15-106-1-11 변압기의 Y-Zig Zag 결선에 대하여 설명하시오 (아래는 25점용, 10점용은 큰 제목만)

답)

1. 개요

1) 현대 사회 전반에 걸쳐 개인용 컴퓨터와 같은 비선형 부하가 증가하여, 중성선에는 많은 고조파 전류가 흐른다.
2) 3상 4선식 배전계통을 채용하는 중성선에 과다한 고조파 전류가 흐르면 여러 가지 고조파 장해를 일으킨다.
3) 중성선 고조파 저감 대책으로 지그재그 변압기를 이용하는 영상필터가 사용 중임.

2. Zig Zag TR 원리

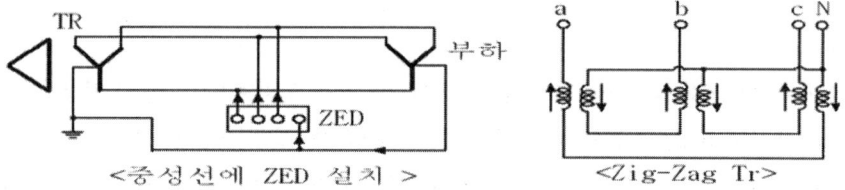

<중성선에 ZED 설치>   <Zig-Zag Tr>

1) 동일한 철심에 2개의 반대방향 권선(Zig-Zag 결선) 한 것으로 영상분 전류에 의한 영상자속은 서로 상쇄되고, 정상, 역상분 자속은 상쇄 없이 증가되어 정상, 역상분 전류의 벡터 합성이 크게 되는 것이다.
2) 즉, 지락사고시 영상전류의 3배는 지락전류이므로 영상임피던스를 작게 하여 영상분 전류는 Zigzag 변압기로 잘 흐르게 하고, 지락전류 검출을 용이하게 한다.
3) 3상 부하가 평형 되어 있으면, 이와 같은 단권변압기에는 전류가 흐르지 않는다. 그러나, 불평형 부하에서는 중성선의 불 평형 전류가 3등분되어서 각 상에 1/3씩 흐른다.

3. Zig Zag TR 적용

1) 영상전류 제거장치 NCE (Neutral Current Eliminator)
   ① ZED (Zero Hamonic Eliminating Divice) 라고도 함.
   ② NCE는 같은 철심에 2개의 권선을 반대방향으로 감은 것(Zig Zag TR)으로 영상분 전류는 위상을 같게 하여 제거 되게 하였으며 정상, 역상분 전류는 벡터합성이 크게 되게 한 것이다
   ③ 즉, 영상임피던스를 작게하여 영상분 전류를 NCE로 잘 흐르게 하고, 정상 및 역상 임피던스는 크게 하여 정상, 역상분 전류가 NCE로 흐르지 않게 한 것이다.
2) 또한 zig zag 결선 방식을 적용하여 3상4선식 계통에서의 중성선 영상분 고조파 전류의 제거
3) 엇걸린 결선은 계통의 중성점을 다른 곳에 구할 수 없을 때에 3상 4선식 운전을 위한 중성점을 인출하는데 쓰인다.
4) 중성점 접지용
   ① 일반적으로 zig zag결선 방식을 적용하는 변압기의 목적은 계통에서 중성점을 구할 수 없을 때 사용하기 위함이며, 보통 접지용 변압기라고 한다.
   ② Zig zag 변압기를 설치하고 최대 지락전류를 일정전류로 제한하기 위하여 중성점에 저항을 설치함.
   ③ 각 Feeder 의 지락 사고시 선택 차단을 위하여 기존의 ZCT(200/1.5mA)와 67G(지락방향 계전기) 대신 동작전류와 동작시간을 정정할 수 있는 51G (지락 과전류 계전기)를 설치함.

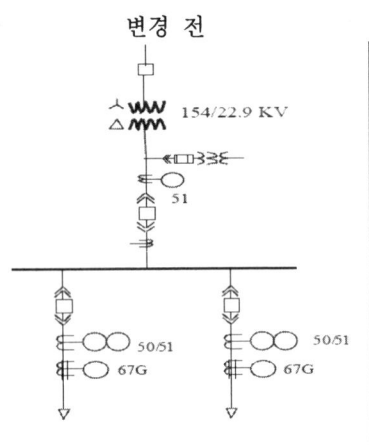
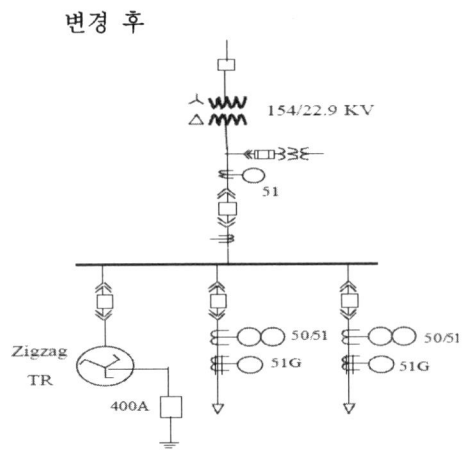

5) 하이브리드 TR
① 기존의 일반 Zig-Zag 방식의 기술적 단점을 보완하여 효율과 성능을 크게 개선시켜 전력용변압기 제작은 물론 자가용 수전용 설계용량을 크게 향상시킬 수 있음.
② 수평 권선법으로 설계되어 Zig-Zag 결선에서 가장 큰 문제인 누설자속과 절연문제를 해결하고 제품의 소형화가 가능함

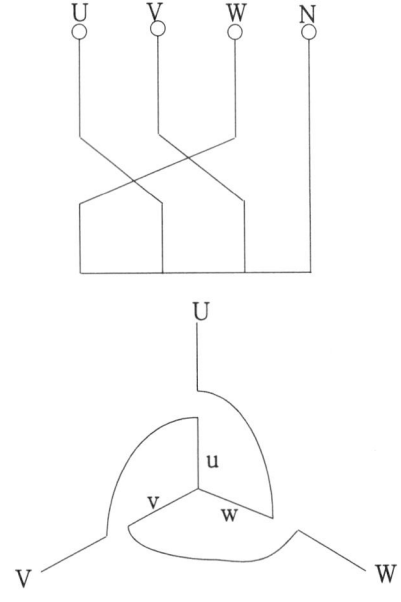
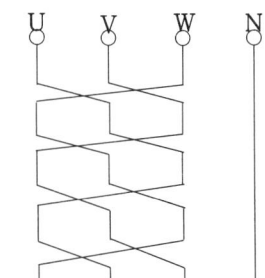

그림3. 기존 Zig-Zag 권선법   그림4. 하이브리드 Zig-Zag 권선법

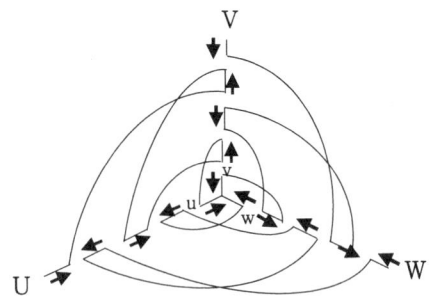

그림5. 기존 Zig-Zag 권선도   그림6. 하이브리드 Zig-Zag 권선도

③ 하이브리드 변압기와 일반변압기 및 저소음 변압기의 특성 비교(3,000[kVA] 기준)

항목	하이브리드 변압기	일반변압기	저소음 변압기
① 철심	자구미세화	규소강판	자구미세화+아몰퍼스
② 권선	DOUBLE 지그재그	직권	직권
③ 고조파감쇄	큼	없음	없음
④ 불평형개선	있음	없음	없음
⑤ 전기요금개선	큼	중간	(-)
⑥ 손실경감효과	대	소	중
⑦ 소음	중	대	소(아주 작다)
⑧ 과부하내량	중	소	아주 크다 115% 연속운전 가능
⑨ 제작용량	소(3000kVA)	소형~ 대형(2000MVA)	중간(20MVA)
⑩ 가격	고가	저렴	중간
⑪ 서지 강도	중	대	중
⑫ 제작의 용이성	어렵다	용이함	일반 변압기보다는 조금 뒤짐
⑬ 고조파 발생	저 고조파	고조파 발생 많음	저 고조파

4. 효과

1) 중성선(N상)에 전류 대폭감소로 인한 손실 감소 및 중성선 과열 위험 요소 대폭 경감
2) 중성선의 대지전위가 대폭감소로 중성선과 연결된 저압 부하의 절연 협조용이
3) 역률 및 유효전력이 감소되어 에너지 절약효과도 있다.
4) 변압기 소음 및 온도상승이 현저하게 감소.
5) MCCB 발열 및 케이블 중성선의 발열량 감소

응15-106-1-12. 유도전동기 기동 시 기동전류와 역률의 상관관계를 설명하시오.

답)

1. 유도전동기 기동 시 역률저하 사유

   1) 유도전동기는 회전자계를 만드는 고정자 권선과,
      도체에 유도전류가 흘려서 회전토크가 생기는 회전자로 되어 있다.
   2) 따라서 회전자계를 만드는 여자전류가 전원측으로부터 흐르기 때문에
      전동기가 기동시에는 역률의 저하현상이 일어남

   3) 기동전류 증대와 역률저하 연관성
      ① 기동 초기의 기동전류는 거의 X에 의하여 제한되어 있고, 기동전류도 과도현상으로
         증대되고, 역률도 저하됨
      ② 즉, 기동초기에는 여자전류 I_0를 무시한다면 근사적으로

         $$I_1 \fallingdotseq \frac{V_1}{X} \ \text{-----식1)}$$

         로 되어 거의 일정하다.
         여기서, I_1 : 1차전류(유도기의 1차전류), V_1 : 단자전압, X : 등가리액턴스
      ③ 식1)의 형태는 변압기의 2차 단락과 동일한 상태가 되므로 기동시
         역률이 급속히 나쁘게 되고, 큰 전류가 흐른다.

응15-106-1-13. 어떤 코일에 단상 100 V의 전압을 인가하면 20 A의 전류가 흐르고
1.5kW의 전력을 소비한다. 이 코일과 병렬로 콘덴서를 접속하여
합성역률이 1이 되기 위한 용량리액턴스를 구하시오.

답)

1. 콘덴서 설치전의 역률

   1) W=IV
   2) P= I V cos θ = 20[A] ×100[V]cos θ =1500[W]
   3) cos θ = 1500[W]/ (20[A] ×100[V]) = $\frac{1500}{2000} = \frac{3}{4} = 0.75$

2. 콘덴서 용량 산출

   1) 백터도 : 스스로 작성할 것

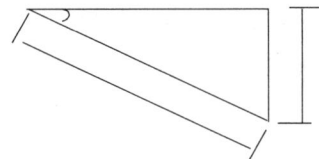

   2) 계산

$$Q_C = P(\tan\theta_1 - \tan\theta_2) = 1.5\left(\frac{\sqrt{1-\cos^2\theta_1}}{\cos\theta_1} - \frac{\sqrt{1-\cos^2\theta_2}}{\cos\theta_2}\right)$$

$$= 1.5\left(\frac{\sqrt{1-\cos^2\theta_1}}{\cos\theta_1} - \frac{\sqrt{1-1.0}}{1.0}\right)$$

$$= 1.5\left(\frac{\sqrt{1-\cos^2\theta_1}}{\cos\theta_1}\right) = 1.5\left(\frac{\sqrt{1-0.75^2}}{0.75}\right) = 2 \times \sqrt{1-0.75^2} = 1.32287[kVAR]$$

응15-106-2-1. 전기철도의 교류 급전계통에서 발생하는 고조파 억제대책에 대하여 설명하시오.

답)

1. 개요

1) 정의 : 고조파(harmonics)란 기본파의 정수배를 갖는 전압, 전류를 말하며 일반적으로 2조파에서 50조파 까지임, 그 이상은 고주파(high Frequency) 혹은 noise로 구분 됨

2. 고조파 발생원인

1) 변환장치 (주원인)
① 변환장치 (정류기, 인버터, 콘버터 등)內의 전력전자에 의한 고조파는 2차 부하 측의 DC, AC 변환시 구형파가 전원으로 유입되어서 발생
② 변환장치와 변압기 및 아크전등에서 과도현상에서 Vector가 합성된 전류에 의한 것
③ 특히, 최근 전기차량의 전력변환 시스템인 컨버터와 인버터의 위상제어 및 펄스 폭 변조방식제어 등에 의한 것
④ 전기차는 정류기 또는 PWM 콘버터를 지닌 이동부하로, 고조파가 급전선을 타고 전파(Propagation)되어 왜형파로 작용함
⑤ ④의 경우에서 문제가 되는 것은 급전회로 계통의 "회로공진(Resonance)으로 고조파전류의 확대현상이며, 따라서 고조파전류 억제대상은 저차수 고조파의 전력계통 유입을 제한하는 것임.

2) 회전기: 회전기 內의 slot에 의한 slot harmonics라 하며, 고차조파가 主가 되며 발생량은 小

3) 변압기의 히스테리시스 손에 의한 고조파 발생: 히스테리 현상으로 기수의 고조파가 함유된 왜형파가 된다.

4) 과도현상 : 전압의 순시동요, 계통서지, 개폐surge 등에 의한 일시적 현상에 의해 발생

5) 고조파 공진의 발생
① 고조파의 공진의 발생 이유
 : 전철의 급전회로에 있는 인덕턴스와 정전용량에 축적되는 energy가 상호작용하는 주기에 맞게(matching) 외부에서 다른 전기에너지기 공급 시, L, C간의 진동에너지 증대로 과전압이 발생되는 현상이 공진현상으로서, 이로써, 전철급전 회로의 고조파가 확대 발생됨
② 공진주파수 : $wL = \dfrac{1}{wC}$ 에서 $w^2 LC = 1$, $2\pi f = \dfrac{1}{\sqrt{LC}}$, $f = \dfrac{1}{2\pi \sqrt{L \cdot cS}}$

단, L:급전회로의 인덕턴스. S: 급전회로의 긍장,
c : 급전회로 단위 길이당 표유정전용량, $C = c \cdot S$

3. 전철에서의 고조파 대책

1) 대책의 기본적 개념
   ① 고조파 발생원인의 제거 : 발생량을 저감대책 적용을 원인 측에 사용함
   ② 대상회로의 임피던스 제어: 임피던스 조정을 원인 측, 피해 측 및 전력공급 측에 적용
   ③ 대상기기의 고조파 내량 증가 : 고조파 내량의 증가대책을 피해 측에 적용

2) 급전 및 가선 측에서의 대책
   (1) 리액터 설치(ACL. DCL)
       : 고조파 발생원 부하의 1차측에 설치로 저차수의 고조파 억제
   (2) RC 뱅크 설치
       ① 급전선로의 길이가 길어진 교류구간에서 인덕턴스와 정전용량 성분으로
          저차 고조파에서 공진하는 현상이 있어 이를 RC Bank 설치로
          장거리 급전구간에서의 저차고조파를 억제시킴
       ② 국내철도는 AT급전구간과 BT급전구간에 적용

   (3) 수동필터(Passive Filter)
       ① 동조필터 : 통상 주파수대의 고조파 제거용이며, 콘덴서 뱅크와 리액터를
          직렬로 구성시켜 3,5,7조파를 제거하는 목적(최근 전철 S/S에 적용 중)
       ② 고역필터 :
          ㉠ 고주파 대역은 통과시키고 저주파 대역에는 억제시키는 작용으로,
             1차형, 2차형,3차형 및 C형으로 구분되며,
          ㉡ 온도변화 및 주파수 변화에 민감하지 않아 광대역 주파수 영역에서는
             작은 임피던스를 제공함

   (4) 능동필터(Active filter)
       ① 일반 필터에 비해 고가이어서 경제성 분석후 적용할 것
       ② 발생된 고조파 파형과 반대의 파형을 전력전자에서 발생시켜 발생된
          고조파를 상쇄시키는 역할을 함.
       ③ 자기 소호형 전자소자를 적용시켜 PWM제어를 수행할 수 있으며,
          자기용량 범위 내에서 고조파를 보상한다.

3) 전기차량 측의 대책
   : 차량 PWM 콘버터의 입력단에 AC 필터를 크게 하여, 차량입력 **轉流**의 변화율을
     저감시켜 고조파를 감소시키는 방법 채택

응15-106-2-2. 유기발광다이오드(OLED) 대하여 설명하시오.
답)
1. 개요

   1) OLED : Organic Light Emitting Diode의 약자
   2) 형광성 유기화합물을 발광층으로 이용
   3) 발광층에 전류가 흐르면 빛을 내는 전계 발광현상
   4) 스스로 빛을 내는 자체발광형 유기물질로 유기 다이오드 또는 유기 EL
      (Electro Luminescence) 이라고도 함.
   5) 유기물을 발광층으로 사용하며 소자의 전기적 특성이 다이오드의 전기적 특성과
      유사하여 유기발광다이오드라 불리우며, 유기EL, OLED, OELD 등 다양한 명칭 중
      2004년 국제표준협회에서 OLED로 공식 명칭을 통일함.
   6) OLED는 청색, 녹색, 적색 위주의 기술에서 백색 OLED(WOLEA)의 개발로
      조명의 가능성이 매우 크게 부각되고 있고 향후 10년 이내 상용광원의 주축으로 전망됨

2. 발광원리

   1) OLED는 발광성 유기 화합물을 양극과 음극사이에 박막으로 형성한 후 전기적
      여기에 의한 발광현상을 이용한 Display임
   2) OLED 소자에 전기장을 가했을 때 음극에는 전자(Electro)가 양극에는
      정공(Hole)이 주입되어
   3) 몇몇 기능층(정공 주입층, 정공수송층, 전자수송층)등을 거쳐서 발광층으로
      이동한 후 전자와 정공이 재결합하는 경로를 통하여 발광함

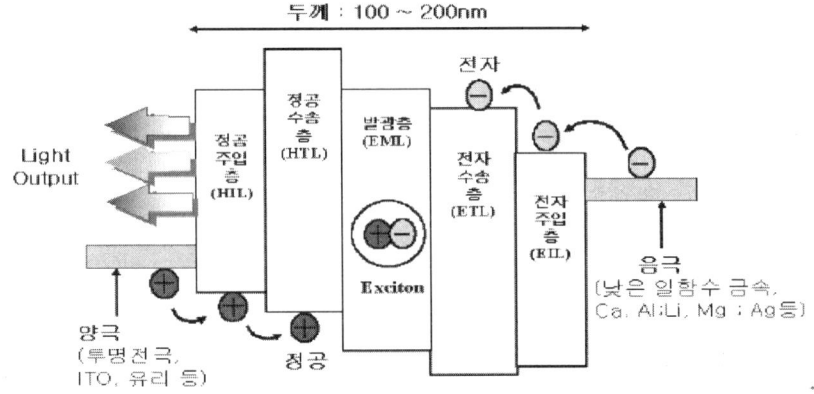

그림) 유기EL 발광 메카니즘

3. OLED 용도
   1) 휴대폰, 디지털카메라, 캠코더, PDA, 차 네비네이션, 오디오 등
   2) 노트북, 컴퓨터, 벽걸이 TV, 자동차 앞유리에 계기판과 네비게이션도 가능

4. OLED 특징

1) 적층형 구조
   ① 정공과 전자의 재결합을 통해 가능한 최고의 발광 효율을 구현할 수 있는 적층형 구조를 가지고 있음.
   ② 일반적으로 기판은 유리를 사용하지만 경우에 따라서는 구부림이 가능한 플라스틱이나 필름 종류를 적용 가능함
2) 자체 발광형: ① 소자 자체가 스스로 빛을 냄
   ② 어두운 곳이나 외부의 빛이 들어올 때도 시인성이 좋은 특성
3) 넓은 시야각
   ① 화면을 보는 가능한 범위를 시야각 이라 하며,
   ② 일반 브라운관 TV와 같이 옆에서 보아도 화질이 변하지 않음
4) 빠른 응답속도
   ① 응답속도가 100만분의 1초 수준으로(μs) TFT LCD보다 1000배 이상 빠름.
   ② 동영상을 구현할 때 잔상이 거의 나타나지 않음
5) 초박, 저전력 : ① 백라이트가 필요없음.   ② 저소비전력과 초박형이 가능

5. OLED 구분

1) 구동방식에 따른 구분
   (1) 수동구동형 OLED(PM : Passive Matrix) : PMOLED
   (2) 능동구동형 OLED(AM : Active Matrix) : AMOLED
2) TFT기판 종류에 따른 구분
   (1) 아몰퍼스 방식
      ① 비정질 실리콘 이용해 TFT 기판을 제조함
      ② 노트북, PC, 모니터, PC용 디스플레이로 사용함
   (2) 저온폴리 방식
      ① 제조, 프로세스가 복잡하고 균일성 확보가 어려움
      ② 휴대폰, PDA 등 이용
3) 유기물층의 발광재료에 따른 구분
   (1) 저분자 OLED : ① 형광형 저분자 OLED(4층 유기막구조, 현재 많이 사용)
      ② 인광형 저분자 OLED(5층 유기막구조)
   (2) 고분자 OLED : 2층 유기막 구조로 사용

6. 결론

1) OLED는 형광성 유기화합물에 전류가 흐르면 빛을 내는 전계발광현상을 이용하여 스스로 빛을 내는 자체발광형 유기물질을 말한 것으로서,
2) LCD 이상의 화질과 단순한 제조공정으로 가격경쟁에서 유리하고, 차후 꿈의 Display 로서 그 활용도가 향후 광원의 주축으로 다양하게 적용될 것으로 판단된다.

응15-106-2-3 전자파(EMC)시험에 대하여 설명하시오.
답)
1. 전자파적합성시험의 정의
   1) 전자파 적합성은 일정한 양의 전자파 간섭에 내성이 되도록 하는 동시에 기기에서 발생하는 간섭이 지정 제한치 이내로 유지되도록 하는 방식으로 기기를 설계하고 운용하는 것과 관련된 과학 및 공학분야이다.
   2) 주위의 환경 및 기기에 대해 전자파 장해를 일으키지 않고, 주위의 전자파 환경에서도 안전하게 동작할 수 있는 장치의 능력을 말한다.
   3) 즉, 전자파를 발생시키는 기기로부터 나오는 전자파가 다른 기기의 성능에 장해를 주지 아니하는 전자파 장해 방지기준과 동시에 다른 기기에서 나오는 전자파의 영향으로부터 정상 동작 할 수 있는 능력의 전자파 내성 기준에 적합하여 전자파의 보호기준에 적합한 것을 말함.

2. 전자파 적합성의 연구목적
   설계의 개념 형성 단계에서부터 전자파 적합성 문제를 참작하도록 하고 최소의 비용으로 현명한 선택을 할 수 있도록 하기 위해, 시작부터 최적의 전자파 적합성 설계 절차가 설계 과정에 통합되도록 하는 방법과 틀을 개발하는 것이다.

3. 전자파 적합성에 대한 접근 방법
   1) 설계하기 전에 기기의 전자기적 기호와 외부 발생 간섭을 견뎌내는 기기의 능력을 예측하기 위해 완전한 전자파 적합성 연구를 실시하여야 한다.
   2) 전자파 적합성은 본질적인 문제로서 이 분야에서 발생할 수 있는 어떤 문제도 특별하게 다루는 것이 최선이라고 생각할 수 있다.
   3) 전자파 적합성은 전기, 전자 및 기계 등 모든 설계분야에 영향을 미치는 문제로 간주할 것.

4. 전자파 적합성 시험
   1) 전자파 장해시험 (2가지): 전도 잡음시험, 방사 잡음시험
   2) 전자파 내성시험(6가지) : 정전기 방전시험, 방사내성 시험, 전도내성 시험, 전기적 빠른 과도 시험, 서어지 시험, 전압변동시험

5. 전자파적합성시험(EMC test)에 대한 4가지 항목

1) 방출시험의 개념과 종류
   - 지정된 주파수 범위상에서 지정된 대역폭 수신기를 이용하여 지정된 거리에서 방출된 전자기장에 대한 측정이 이루어진다.
   ① EMI 전압을 측정하는 도전성 방출시험(CONDUCTED EMISSION TESTS)
      : 측정된 양은 지정된 제한치 보다 낮아야 한다.
   ② EMI 전압을 측정하는 복사형 방출시험(RADIATED EMISSION TESTS)
      : 측정된 양은 지정된 제한치 보다 낮아야 한다.

2) 내성 시험의 개념과 종류
   - 기기는 지정된 외부 발생 전자기장 또는 도체에 주입된 간섭 전류에 노출되어야 하며, 요구사항은 기기가 작동되는 상태를 유지하고 있어야 한다.
   - 내성시험은 넓은 주파수 범위(전형적으로 1GHz까지)를 대상으로 함.
   ① 과도방전을 검사하기 위한 펄스형 입사 전자기 신호에 대한 시험
   ② 정전기 방전에 대한 기기의 응답에 대한 시험.

응15-106-2-4. 전력용 반도체 스위칭 소자에 대하여 설명하시오.
답)
1. 개요

  1) 반도체 소자(Semiconductor Device)란 도체도 절연체도 아닌 성질을 가지고 있는 물질로 만들어진 전자회로 부품
  2) 반도체 소자를 이용한 전력 변환 장치
    ① 전력용 반도체 Device를 이용하여 전력의 흐름을 제어하고, 전압, 전류, 주파수들의 행태를 변환하는 장치이다.
    ② 전력 변환 장치의 종류

종 류	기 능
순변환 장치, 정류기, Converter	AC -> DC
역변환 장치, Inverter	DC -> AC
초퍼, DC/DC Converter	DC -> DC
Cyclo Converter, 교류 전력 조정기	AC -> AC

2. 주요 전력용 반도체 스위칭 소자

  ○ Symbol(그림 기호)

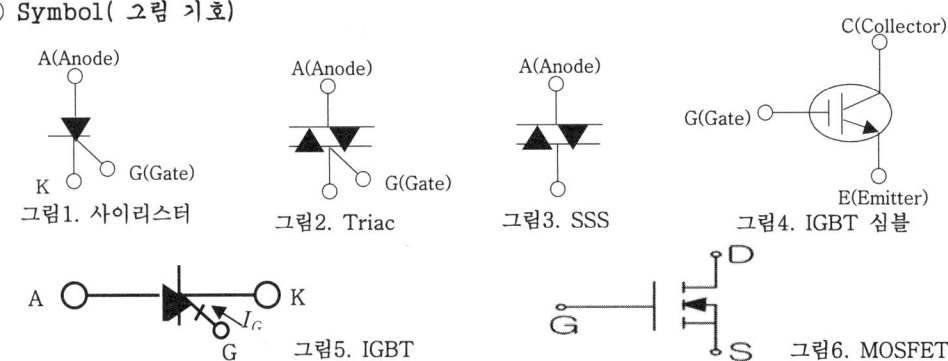

그림1. 사이리스터   그림2. Triac   그림3. SSS   그림4. IGBT 심볼
그림5. IGBT   그림6. MOSFET

2-1. Thyristor(SCR)

  1) 실리콘 제어정류기(silicon controlled rectifier: SCR)라고도 한다.
  2) 양극(anode) 음극(cathode) 게이트(gate)의 3단자로 구성되어 있다
  3) 게이트에 신호가 인가되면 양극과 음극사이에 전류가 흐르고, 게이트 신호가 없어도 Turn On상태가 된다. 이를 Turn Off하기 위해서는 아노드와 캐소드 사이에 (-)의 전류를 흘려주어야 한다.
  4) 단방향만 Gate전류에 의해 제어하며, 자기 소호가 안되고 단방향 동작
  5) Gate전류 Ig 인가시 Turn-On하고, 유지전류 I 이하일 때 Turn-Off한다.
  6) 사이리스터는 PNPN 또는 NPNP 4층 구조로 된 정류기이다
  7) 용도 : 정류기 회로, 위상제어에 사용

2-2. TRIAC (Triode AC Switch) = 3극 쌍방향

  1) 트라이액(Triode AC Switch)은 게이트 단자에 주는 신호에 의해 어느 방향으로나 전류를 통전할 수 있는 사이리스터로 교류회로의 스위칭에 사용된다. 즉, 용도는 교류 전력 제어에 사용
  2) 트라이액의 구조는 사이리스터 두개를 역병렬로 접속한 것이다
  3) 쌍방향 모두 Gate전류에 의해 제어되며, 자기 소호가 안되고 쌍방향 동작
  4) Gate전류 Ig 인가시 Turn-On하고, 유지전류 I 이하일 때 Turn-Off한다.

2-3. SSS(Silicon Symmetrical Switch)= DIAC(Diode Alternative Current) (2극 쌍방향 소자)
   1) SSS(Silicon Symmetrical Switch)는 TRIAC에 사용된 사이리스터의
      PNPN 4층 구조를 PNPNP 5층 구조로 하고 게이트를 없앤 2단자 구조이다.
   2) 제어는 게이트를 통해서 하는 대신 양 단자간에 순시전압을 가해서 행한다.
      즉, 게이트 전류대신 양단자간에 순시 전압을 가하거나, 상승률이 높은 전압을 인가해서
      Break Over 시켜 제어한다.
   3) 트라이액과 같이 양방향성 소자로서 교류 스위칭에 사용된다.
   4) 쌍방향성 소자임.   5) 용도 : 교류 스위치, 조광장치에 사용

2-4. IGBT(Insulated Gate Bidirectional Transister) ==> 이것자체가 10점 예상.
   1) MOSFET와 BJT 장점을 조합한 소자이다.
      ① 입력특성: MOSFET특성(전압구동, 고속스위칭), 즉 Gate에 전압 인가시 On 됨.
      ② 출력특성: BJT특성(전류조절, 대전류 처리용)
   2) 게이트가 얇은 산화실리콘 막으로 격리(절연)되어 있어서 게이트에 전류를
      흘려서 On-Off 하는 대신 전계(Field Effect)를 가해서 제어한다.
   3) IGBT의 특징 : IGBT의 주요 특징은 바이폴라 트랜지스나 GTO사이리스터에 비해 다음과 같은
                 5가지 및 기타의 특성을 갖고 있다.
      ① 전압구동이기 때문에 구동회로부분의 소형화, 경량화 그리고 에너지 절약화가
         실현될 수 있어 현재 많은 전력전자 기기에 이용되고 있다.
      ② 고속스위칭 특성을 갖추고 있기 때문에 고주파동작이 가능하다.
      ③ 바이폴라 트랜지스터 및 GTO사이리스터와 비교했을 때 콜렉터, 에미터간 전압의 高내압화가 가능.
      ④ GTO사이리스터와 비교했을 때 스너버회로가 생략되어 소형화가 가능하다.
      ⑤ GTO사이리스터와 비교했을 때 전류상승율(di/dt) 제한용 리액터가 불필요하다.
      ⑥ 고효율, 고속의 전력시스템에 사용
      ⑦ IGBT는 출력 특성면에서는 바이폴러 트랜지스터 이상의 전류 능력을 지니고
         있고, 입력 특성면에서는 MOS FET와 같이 게이트 구동 특성을 가지고 있다.
      ⑧ 따라서 IGBT는 MOS FET와 바이폴러 트랜지스터의 대체 소자로서 뿐만 아니라 새로운 분야도
         점차 사용이 확대되고 있음.
      ⑨ 바이폴라 트랜지스터의 일종이지만 바이폴라 트랜지스터가 베이스 전류를 통해 컬렉터 전류를
         제어하는 전류구동형소자인데 비해 IGBT는 게이트전압을
         통해 컬렉터 전류를 제어하는 전압구동형소자이다.
      ⑩ 구동 주파수 : BJT < IGBT < MOSFET   ⑪ 손실이 적다   ⑫ 용도 : 인버터에 적용

2-5. GTO(Gate Turn-Off Thyrister)
   1) SCR은 게이트에 신호를 Turn Off해도 계속해서 통전상태에 있으나,
      GTO는 게이트에 부의 전류를 흘려주면 Turn Off 된다.
   2) 즉, 일반적인 Thyrister와 같은 Turn-On기능을 가지고 있으나 게이트에 음(-) 전류를
      인가하면 Turn-Off된다.
   3) 스너버 없이는 유도성부하에 사용할 수 없다.
   4) 용도 : GTO는 높은 전압에 사용할 수 있고, 전류도 사이리스터 정도까지 사용할 수 있으므로
            대용량 CVCF 또는 UPS에 적합함

2-6. POWER MOSFET (Metal Oxide Semiconductor Field Effect Transistor)

1) Drain(D), Gate(G), Source(S)단자를 가짐.
2) MOSFET은 Gate를 이용하여 Drain와 Source사이에 흐르는 전류를 조절하게 되며 MOSFET의 Gate에는 전류가 흐르지 않음.
3) 전압 제어 소자로 스위칭 속도가 빠르고 작은 온저항을 가지고 있다.
4) 정온도 특성과 함께 SOA(Safe Operation Area)가 넓다.

<u>이 문제는 너무 많이 나온 기초적인 문제로서 부분적으로도
10점으로 과거 나온 것이어서 완전 암기요함</u>

응15-106-2-5. ATS(Automatic Transfer Switch)와 CTTS(Closed Transition Transfer Switch)의 특징 및 차이점에 대하여 설명하시오.

답)
1. 개요
   1) 최근 통신기지국, 전산실, 병원 등 안정적인 전원 공급이 필수적인 산업현장에서는 상용 전원과 예비전원 간의 전원공급 상태에 따라 두 전력 공급원의 선택 개폐를 가능하게 해주는 비상 전원 절체기(Automatic Transfer Switch, ATS)와,
   2) 인입 측 양 전원의 부족전압 및 부하 측의 단락, 과전류 및 지락 등을 검출, 차단하여 전력계통 및 부하기기를 보호하는 전력 차단기(Circuit Breaker)를 사용하여, 전원 공급의 신뢰성을 확보하고자 노력하고 있다.

2. ATS와 CTTS 비교
   1) 절체방법 비교도

   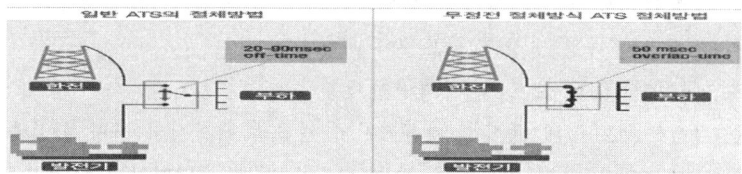

   2) ATS의 특징
      ① 한전전원이 끊길 경우 한전 측으로 이어져 있던 연결을 발전기 측으로 옮기는 역할임
      ② 한전 계통에서 연결을 분리한 뒤 발전기로 옮기는 방식이기 때문에 순간적으로 정전이 발생할 수밖에 없는 구조다.
      ③ ATS는 두 개의 다른 전원 요소 간 부하를 전환시켜주는 장치로, 한전이 정전되고 발전기가 가동될 때 발전 전원 쪽으로 부하를 절체 하는 시스템이다.
      ④ 일반적인 ATS는 한전 전원이 끊길 경우 연결을 분리한 뒤 발전기로 옮기는 방식이기 때문에 0.01~0.10초가량 정전이 발생할 수밖에 없다.

   3) 전원절환 절체 개폐기(CTTS)의 특징
      ① 비상발전기를 먼저 연결한 뒤에 한전 계통을 분리한다.
      ② ATS에서 불가피하게 발생하는 순간적인 틈이 없기 때문에 무정전 절체가 가능하다
      ③ CTTS는 한마디로 순간정전 없는 ATS로 정의할 수 있다.
      ④ CTTS는 ATS와 기본적인 개념은 비슷하나, 전환시 개방형이 아닌 폐쇄형이라는 것이 가장 큰 차이다.
      ⑤ CTTS는 극히 짧은 절체 순간에 양 전원을 동시 투입했다가 하나의 전원을 끊어버리는 구조이기 때문에 무정전 절체가 가능하다.
      ⑥ 과전압 돌입방지 기능이 있음
      ⑦ 중첩 절체방식 이다 : A전원과 B전원, B전원과 A전원 간 절체시 50[ms] 이내에서 동기 중첩상태에서 절체되는 내장형 ATS로 볼 수 있음
      ⑧ 상용전원 정전시에는 일반 ATS와 동일한 방법으로 개방되어 절체 됨

3. CTTS의 필요성

1) 현재 비상 발전기의 부하 절체는 대부분 자동절체스위치(ATS)로 진행된다.
2) ATS를 이용해 절체 할 경우 해당 건물의 모든 전원이 순간적으로 끊긴다.
3) 컴퓨터와 서버 등 각종 전자제품을 이용해 업무를 처리하는 경우가 대부분인 요즈음 아무리 짧은 정전도 고객에게는 치명적인 영향을 줄 수 있다.
4) ATS와 기본적인 개념은 비슷하지만 일반 ATS와는 달리 전환시 개방형이 아닌 폐쇄형이다. ATS처럼 개방형일 경우에는 0.02~0.09초 가량의 정전이 불가피하다.
5) 그러나 CTTS는 발전기와 상전, 상전과 상전, 또는 발전기와 발전기 양 전원이 모두 살아있어야 한다는 전제하에 0.1초(100ms)라는 짧은 시간동안 양 전원이 동기 되면서 어느 한 전원에서 다른 전원으로 부하를 전환시킬 수 있는 스위치이다.
6) 즉, 무정전 전환 방식 스위치이다.

4. CTTS 장점

1) 발전기 보호
   : CTTS는 무정전으로 동기를 맞추어 전환되기 때문에 발전기 측에 스트레스를 주지 않으며 그에 따른 발전기 수명 연장에도 도움이 된다.
2) UPS 및 UPS BATTERY의 보호 및 수명연장가능
   : CTTS는 무정전으로 절체 동작이 이루어지기 때문에 축전지의 사용 확률을 낮춤과 동시에 UPS Inverter의 오동작 가능성을 감소시킬 수 있어 수명연장과 기기보호가 가능하다.
3) 전동기, 기타 전산장비의 보호 및 수명연장 가능
   : 항온 항습기 등과 같이 정전과 복전에 따른 reset을 할 필요가 없어지므로 관리가 용이하다.
4) UPS Inverter 고장시 중요부하 보호가능
   : UPS의 Inverter 고장시 발전기를 미리 가동 시킨후, UPS의 SBS(Static Bypass Switch)를 이용하여 발전 측으로 미리 무정전 절체시켜 놓으면 한전의 순간정전이나 주파수 변동에 대하여 대처가 가능하다.
5) By-pass Type
   ① Bypass Isolation Switch는 상기 일반ATS 및 CTTS가 가지고 있는 모든 특성들을 지니고 있음
   ② 일반 ATS 및 CTTS의 테스트 또는 수리시 필연적으로 발생하는 부하 측의 정전을 방지하기 위하여 기존 일반ATS 및 CTTS에 Bypass Isolation Switch를 추가하여 작동함으로써 Test 또는 Repair를 부하 측에 지장없이 무 정전으로 시행 할 수 있는 스위치이다.

5. CTTS의 용도

1) 정전시간 예고 시 무정전 절체
2) 돌발적인 기후 변화 등으로 순간정전 예상 시 무정전 절체
3) 비상발전기에서 상용전원으로 재(再) 절체시
4) 발전기를 무정전 상태에서 시험시

6. 결론

CTTS는 폐쇄형 전환 구조를 이용해 비상용 발전기와 한전 전원 등 양 전원을 순간정전 없이 절체 할 수 있는 기기로, 최근 비상용발전기를 공급자원으로 활용하는 데 필수 설비로 주목받고 있다.

응15-106-2-6. 비상발전기 보호방식에 대하여 설명하시오.

답)

1. 개요

   1) 발전기는 사용 목적에 따라 비상용 발전기, 상용 발전기, Peak Cut 발전기, Co- Generation 용 발전기 등이 있으며
   2) 원동기 종류에 따라 디젤형 발전기, 가솔린형 발전기, 가스 터빈 발전기
   3) 냉각 방식에 따라 수냉식 발전기, 공냉식 발전기
   4) 운전 방식에 따라 단독 운전 방식, 병렬 운전 방식, 전력 회사와 계통 연계 방식
   5) 회전수에 따라 고속형, 저속형 등이 있다.

2. 발전기 보호 방식

   (1) 단선도

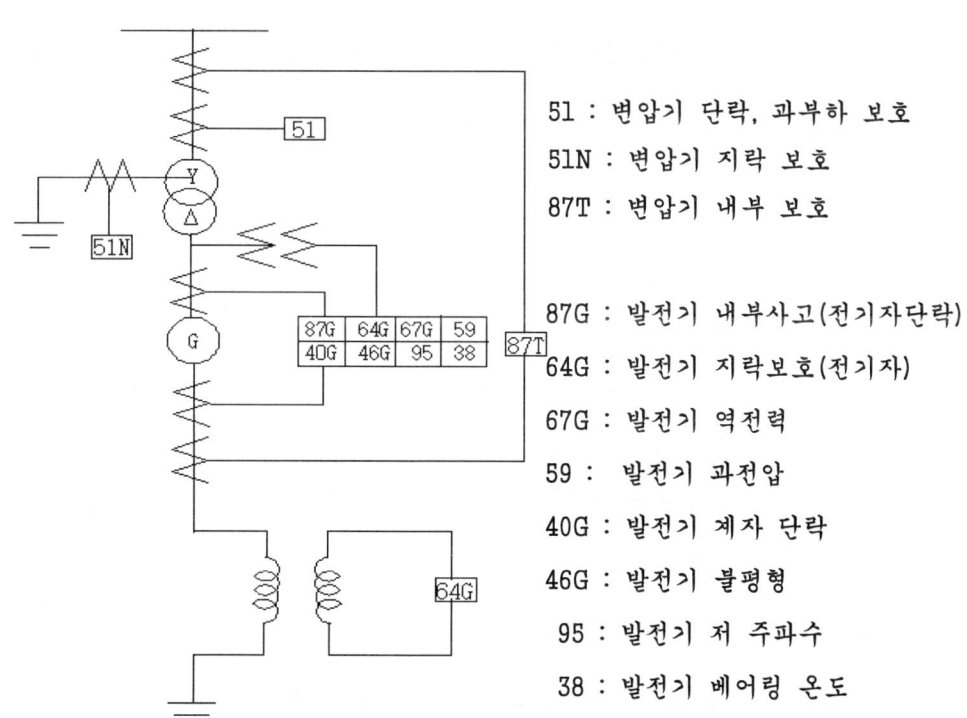

51 : 변압기 단락, 과부하 보호
51N : 변압기 지락 보호
87T : 변압기 내부 보호

87G : 발전기 내부사고(전기자단락)
64G : 발전기 지락보호(전기자)
67G : 발전기 역전력
59 : 발전기 과전압
40G : 발전기 계자 단락
46G : 발전기 불평형
95 : 발전기 저 주파수
38 : 발전기 베어링 온도

(2) 발전기 보호용 계전기의 특징

1) 전기자 단락 보호 (87G. 비율 차동 계전기))
   ① 87G의 동작 범위 : 10% 이하, 고속도 형
   ② 계전기로 유입되는 동작 전류, 억제 전류 비율에 따라 동작

2) 전기자 지락 보호 (64G. OVGR)
   ① 접지용 변압기 2차측에 설치
   ② 고조파 전압에 대한 오동작 방지 위해 필터 설치

3) 계자 상실 보호 (40G. 거리 계전기)
   ① 계자 단락
   ② Brush 접촉 불량
   ③ AVR 고장 등 계자 상실시 동작함.

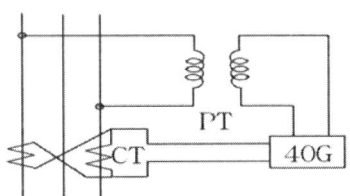

4) 계자 지락 보호 (64G. 계자 지락 계전기)
   ① 종류 : Bridge 식, 직류 중첩식

5) 단락 후비보호 (51G. 전압 억제부 OCR) : 모선, T/L 등 외부 단락시 동작

6) 불평형 전류 보호 (46G. 역상 계전기)
   ① 불평형 고장시 고장 전류중 역상 전류에 의해 동작
   ② 원인
      ㉠ 불평형 고장 (단선 사고, 차단기 결상 등)
      ㉡ 불평형 부하 (전철, 유도로 등)
      ㉢ 선로 연가 미흡, 계통 임피던스 불안정 등

7) 모터링 보호 (역전력 보호:67G, 유효 전력 계전기)
   : 발전기가 원동기의 입력 상실시 계통에서 전력을 받아 동기 전동기로 작동하는 것을 방지.

8) 과전압 보호 (59) : 자기 여자 등으로 이상 전압 상승시 동작

9) 저 주파수 보호 (95) : 계통분리, 발전기 탈조등에 의한 저 주파수에서 동작

10) 계자의 과 여자 보호 (V/F계전기)
    ① 자기 회로 내 자속 : 전압에 비례하고 주파수에 반비례 ($E = k\phi Nf$)
    ② 따라서 전압이 증가하거나 주파수가 감소하면 과 여자가 됨.

응15-106-3-1. 케이블의 열화(劣化) 현상 중에서 전기 트리잉(treeing)과 트래킹(tracking)에 대하여 설명하시오.(타 종목에서도 자주 출제 됨)

답)

1. 개요
   1) TREE현상이란 전기적 화학적 또는 수분에 의해 절연이 파괴되는 현상으로 그 진행이 나뭇가지 모양으로 형성해 간다.
   2) 도체 계면의 불량, VOID, 이물질, 화학약품등에 의해 부분 방전이 발생되어 열이 발생하여 케이블이 열화하게 된다.

2. CV케이블의 V-t곡선

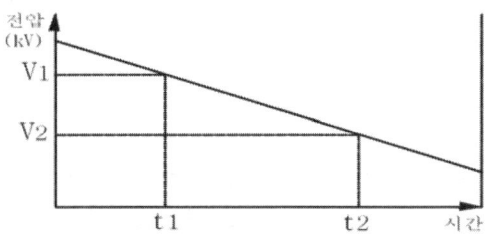

   1) $\dfrac{V_1}{V_2} = (\dfrac{t_2}{t_1})^{\frac{1}{n}}$ (여기서, V1, t1 : 초기 시험 전압 및 시간, V2 : 사용시 전압
         t2 : 수명, n : 수명지수)
   2) 정상적인 운전시 n : 9정도
      t2 > 30년 이므로 자연 열화에 의한 수명 감소는 거의 무시
   3) 실제 케이블은 약10년 정도 경과한 케이블에서 트리현상 가속화 됨.

3. TREE의 종류

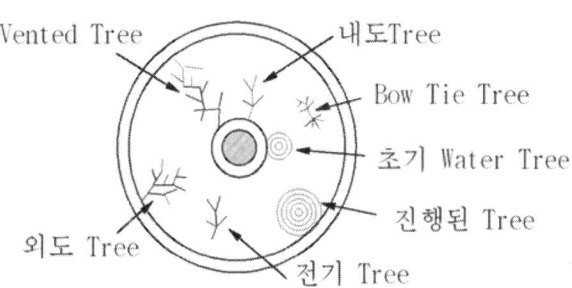

   1) 전기 TREE
      ① 케이블 절연체내의 극소 고전계부에서 수지형으로 열화되어 간다.
      ② 케이블에 인가되는 전압이 낮더라도 극소 고 전계를 발생하는 부분이 있으면 전기 트리는 진전되어간다.
   2) 수 TREE
      ① 수트리(WATER TREE)는 물과 전계의 공존 상태로 발생하는데 전기트리에 비해 저 전계에서 발생하고 건조하면 트리 부분이 사라진다.

※ 수트리 특성
　① 고압 이상의 케이블에서 주로 발생한다.
　② 전기 트리를 유도한다.
　③ 직류에서는 보기 어렵고, 교류에서 주로 발생하며 특히 고주파에서 심하게 발생.
　④ 수트리 발생부에는 고분자 사슬이 끊겨 기계적인 왜형이 생긴다.
　⑤ 온도가 높으면 열화가 촉진된다.

3) 화학 트리
　① 폴리에틸렌, 가교 폴리에틸렌, 비닐등의 고분자 물질이 기름이나 약품에 의해서 용해, 화학적 분해, 변질 등의 발생으로 절연재의 성능이 저하되게 된다.
　② 특히 유황과 동이 만나 절연체 중에 발생하는 화학트리는 케이블의 절연성능을 저하시키는 원인이 된다.

4) 모양에 따른 종류
　① 내도 트리 : 케이블의 내부에서 외부로 발전되어가는 트리
　② 외도 트리 : 케이블의 외부에서 내부로 발전되어가는 트리
　③ BOW TIE 트리
　　㉠ 절연층 내부에서 시작되며, 절연층 내부의 Void나 불순물에 의해 발생한다.
　　㉡ 도체와 외부 양쪽으로 성장해 나가며 케이블 수명에는 큰 영향을 주지는 않는다.
　　㉢ 내도트리 > 외도트리 > BOW TIE 트리 순으로 영향이 크다.
　④ Vented Tree
　　㉠ 절연층과 반도전층의 계면에서 발생하는 트리로 외부 반도전층에서 생기는 외도 트리와 내부 반도전층에서 생기는 내도트리가 있다.
　　㉡ 주로 돌출물 등에 의해 발생되며 절연층 내부로 성장한다.
　　㉢ 이 트리는 국부적인 전계를 집중 시키므로 수명에 매우 나쁜 영향을 미친다.

4. 트리 방지 대책

1) 도체와 반 도전층 사이에 돌기가 발생하지 않도록 한다.
2) 내외 반 도전층과 절연체에 공극이 생기지 않도록 3층 압출방식으로 제조한다.
3) 절연체 내부에 수분이 들어가지 않도록 습식 가교방식을 배제하고 건식 가교 방식으로 제조한다.
4) 시공도중 및 사용중 수분이 침투하지 않도록 한다.
5) 화학물질이 있는곳에 포설을 피하고 부득이한 경우는 오염물질 대상에 따라 아연 시스, 알루미늄 시스등을 사용하는등 시스 구조의 변경으로 내 화학성을 만든다.

5. 트래킹 현상

1) 트래킹 현상이란
   ① 고체 절연물 표면에 수분을 포함한 먼지, 전해질의 미소 물질 등이 부착되면 그 표면에서 방전이 발생하고
   ② 이런 현상이 반복되면 절연물 표면에 점차 도전성 통로, 즉 Track이 형성되는데 이런 현상을 Tracking이라 한다.
   ③ 도자기나 애자등 무기절연물은 이런 현상이 적으나 플라스틱과 같은 유기 절연물은 탄화되어 흑연 등의 도전성 물질을 생성하기 쉬우므로 화재의 원인이 된다.
   ④ 케이블의 트래킹 현상 발생 예상개소 : 종단접속재

2) Tracking 진화과정
   ① 제1단계 : 표면 오염에 의한 도전로 형성
   ② 제2단계 : 미소 발광, 방전 현상 발생
   ③ 제3단계 : 표면에 열화개시 및 Track 형성

3) 케이블에서의 Tracking 현상 방지 대책
   ① 연결 부위의 오염 물질 주기적 제거
   ② 방진 제품 사용
   ③ 정기적 안전 관리.

응15-106-3-2. 보호계전기의 신뢰도 향상방법과 정지형(static type) 및
 디지털(digital type)계전기에 대하여 설명하시오.

답) : 정지형은 간단히 설명하고, 디지털형 위주로 설명함

1. 보호 장치의 신뢰도 향상 방법

1) 계전기의 디지털화로 H/W의 신뢰도 향상
   ① 고성능, 다기능화 가능 - 단락보호, 지락보호, 과전류보호, 결상보호, 운전감시기능 등
   ② 소형화, 축소화 - Analog(정지형) 대비 30%축소
   ③ 고 신뢰도화 - 자동점검, 상시감시기능으로 고신뢰도 구축
   ④ 융통성 - 기능 개선시 메모리 변경만으로 가능
   ⑤ 표준화 - 다양한 보호방식 구성 가능
   ⑥ 저부담화 (PT, CT회로의 부담 저감)
   ⑦ 경제성, 장래성이 밝음
   ⑧ 이는 부품의 고 신뢰화는 물론 전산시스템과 연계를 원활하게 하는데 필수적으로
      대규모 전력설비를 보호하는 시스템에 대부분 이용되고 있다.

2) 시스템의 다중화
   ① 전력설비의 확실한 보호를 위하여 오 동작 및 부동작을 감소 시키기 위한 보호계전 시스템의
      다계열화 및 다중화방안이 채택되고 있다.
   ② 주보호 및 후비보호, 다양한 보호방식의 적용, 주요장치의 이중화등을 들 수 있다.

3) 자동감시 기법 도입
   ① 부품의 정지형 채용으로 인력으로는 점검이 불가능한 요소가 많이 발생되고 있다
   ② 그러므로 자동감시 기법 도입이 필수적이라 할 수 있고 그 기능은 다음과 같다.
      ㉠ 각 계전기의 오출력 감시   ㉡ 아날로그 오차의 감시
      ㉢ 수신레벨의 저하   ㉣ Error 검출   ㉤ 최소감도 저항등

4) 고조파 억제
   ① Filter 설치 (Active, Passive)   ② Phase Shift TR, UHF, ZHED, NCE 등 설치
   ③ 변환기 다상화, PWM 방식 채택   ④ 리액터설치, 단락용량 증대
   ⑤ 고조파 상시감시장치 설치

4) 보호계전기로 유입되는 Noise, Surge 대책 시행
   ① 보조 계전기나 접점에 Surge Killer를 설치하여 외부에서 침입하는 Surge 를 억제
   ② CT, PT에 Shield 처리하여 내부에서 발생하는 Surge 억제
   ③ Noise, Surge 발생부하의 배선의 분리, Shield Wire 채택하여 전자 회로의 Surge 억제
   ④ Surge, Noise 에 강한 검출 방식 채택
   ⑤ 대용량인 경우 광케이블 사용
   ⑥ 제어선, 통신선은 Shield 케이블 사용
   ⑦ 제어선, 접지는 짧게 배선
   ⑧ 제어전원은 절연 Tr을 통해 공급
   ⑨ 제어전원부에는 SA, Varistor, Filter설치

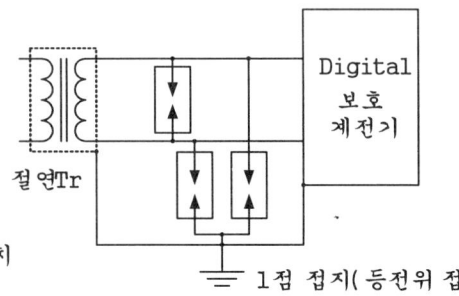

○ 대책 개념도 예

2. 정지형(static type) 및 디지털(digital type)계전기

2-1. 디지털형 구성

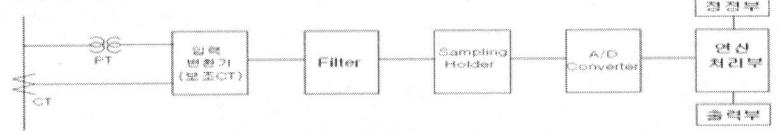

1) 입력 변환기 : 전압, 전류등의 입력 정보를 보조 CT에서 처리하기 쉬운 값으로 변환
2) FILTER : 고조파 제거 및 샘플링에 따른 중첩 성분 제거
    (LPF : Low Pass Filter, BPF : Band Pass Filter)
3) S/H(Sampling Holder) : 입력치를 일정시간 Hold 하는 기능(표본화)
4) A/D Converter : 12 BIT소자로서 1 BIT 는 파형의 정부를 나타내며,
    나머지 11 BIT는 입력 정보를 표현한다.
5) 연산 처리부 : 보호계전기의 동작실행을 하며 CPU에서 연산처리 한 다음,
    Memory부에 전송, 기억한다.
6) 정정(입력)부 : 각종 원하는 데이터 값을 입력
7) 출력부 : 계전기 등이 작동하게 되면 차단기를 작동 또는 각종 데이터를 출력하는 부분임

2-2. 디지털형 기능

1) 계전기 기능
    : 기존의 과전류 계전기, 지락 계전기, 부족 전압 계전기, 과전압 계전기, 역상계전기,
    주파수 계전기 등 모든 계전기의 기능을 집합화 함(컴퓨터 개념의 계전기로 볼 수 있음)
2) 계기 기능 : ① 계기를 간소화하면서도 정밀화 함.
    ② 기존 아날로그 계기에 비하여 전류, 전압, 역율 등 기록이 가능
3) 사고 분석 기능 : 디지털 계전기의 메모리 기능으로 사고 기록 및 분석이 명확해짐
4) 자기 진단 기능 : 마이크로 프로세서에 의한 자기 진단 기능을 실현함.
5) 데이터 통신 기능
    ① 각 Digital Relay로부터 Data를 수집하여 중앙으로 고속 전송한다
    ② 이후 중앙 감시반에서 Graphic 화면처리, 기록 작성을 가능케 하고, 제어명령을
    받아 동작함으로서 원방 감시와 원격 제어가 가능토록 한다

3. Analog 계전기(정지형, 유도형)와 Digital 계전기와의 특성 비교

분류	Digital 계전기	Analog 계전기	
		정지형	유도형 (전자기계형)
耐환경성	서지, 노이즈, 온도상승에 대한 대책 필요. 진동에 강함	서지, 노이즈, 온도상승에 대한 대책 필요. 진동에 강함	잡음에 강하나 진동에 약함
신뢰성	높음	높음	낮음
성능	고감도, 고속도, 고기능	고감도, 고속도	저속도, 저기능
크기	소	중	대
경제성	고가	중간	저가
기능확장	용이	곤란	불가능
자동점검	S/W로 가능	기능에 따라 다름	곤란
동작원리	CPU에 의해 입력을 Digital 신호로 계산	트랜지스터 증폭 스위칭 작용 이용	입력전자력을 기계적 변위로 작용
사용소자	u-processor, S/H	트랜지스터, Op-amp	가동철심, 유도원판
Noise, Surge	대책필요	H/W에 따라 필요	대책 필요
보수성	자동점검(무보수 기능) 자기진단기능 구비	자동점검, 전기점검 필요	정기적 점검필요

응15-106-3-3 고주파 케이블의 사용용도, 문제점 및 성(省)에너지 설계에 대하여 설명하시오.
답)

1. 고주파 케이블의 개념

   1) 다중(多重) 전화나 텔레비전 따위의 고주파 신호를 보내는 케이블.
      중심 도체를 절연 재료, 외부 도체, 외피로 싼 동축(同軸) 구조로 만든다.
   2) 동축케이블은 고주파 신호를 전송할 수 있는 케이블로, 케이블 가운데 신호를 전송하는
      도체가 위치하는데, 절연체가 이 도체 주위를 감싸고 있어 잡음 없이 신호를 깨끗하게
      전송할 수 있도록 해준다.

2. 고주파 케이블(High-frequence cable)의 사용 용도

   1) 주파수에 따라 저주파, 고주파 케이블로 나뉘며 커넥터와 연결되어 케이블 조립체로
      테스트 장비, 장비내의 모듈간 연결용, 레이다, 항공기 등 여러 분야에 적용된다.
   2) 고주파 저손실 동축 케이블은 레이더 및 각종 무선통신장비에서 고주파 신호 손실을
      최소화하여 최적의 신호를 전달 해주는 조립체로 설계부터 케이블 조립까지 정밀한
      설계 및 제작기술과 더불어 국방 신뢰성 검사규격에 의거한 환경조건에 부합하여야 함
   3) 고주파 케이블 설계를 위한 유전체 제작 기술, 고주파 전송선로 설계기술,
      동축커넥터와 케이블 임피던스 매칭기술, 금속 도금 및 후처리 기술을 적용한다.
   4) 무선통신의 공중급전선
   5) 텔레비전과 다중전화 등의 광대역 전송선로 등에 사용됨.
   6) 소방활동설비의 무선통신 보조설비에 적용

3. 고주파 동축 케이블의 구조

   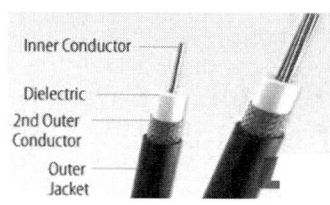

   1) 내부도체 : 연동선
   2) 외부도체 : 연동선 편조
   3) 절연 : PE(폴리에틸렌)

4. 고주파 케이블의 문제점

   1) 커넥터와 케이블 접합부도 밀봉하기 때문에 커넥터 분리 불가
   2) 중간 접속이 고도의 기술을 요함
   3) 차폐가 정밀하지 하지 않을 때 주위의 전자 및 전기설비에 EMI 장해 발생
   4) 변환장치 접속장치에 먼지 및 오염물질에 고주파 가열 현상이 나타나서 화재원인이 됨
      (실제로 일본의 화재조사에서도 발견된 사항임)

5. 고주파 케이블의 성(省)에너지 설계

1) 40 GHz의 고주파 설계로, 저효율, 초고속, 고주파 신호 전달 기술
2) 저 손실
   ① 외부에서 작동되는 시스템으로 온도, 습도, 기압 변화에 반사/삽입손실(Insertion Loss)이 변할 경우 전력 전송 오류가 발행하게 되어 시스템 체계에 치명적인 결과를 초래할 수 있다.
   ② 따라서 움직임이나, 진동에도 삽입손실의 변화가 적다.
3) 위상 안정 (Phase Stable)
   ① 외부에서 작동되는 시스템으로 온도, 습도, 기압 변화에 위상이 크게 변할 경우 신호전송 오류가 발행하고, 손실저하로 인하여 시스템 체계에 치명 적인 결과를 초래할 수 있다.
   ② 따라서 가장 문제가 되는 온도 변화에 덜 민감한 동축 케이블이 필요하다.
4) 내 수밀성
   ① 항공용 외부 노출 동축케이블의 경우 수증기가 침투하지 않게 하기 위해 vapor sealing 된 케이블을 사용하며
   ② 동축 커넥터와 결합되는 연결부도 sealing을 한다.
   ③ 또한 사용 중 커넥터 손상 및 Type 변경을 위해 Glass Bead 등 밀폐성이 높은 부품을 사용하는 동축 커넥터 설계가 필요하며, 완벽한 밀봉 구조를 갖춘 제품이다.
5) 유도가열에 적용 용이함
   ① 발열원리
      ㉠ 교번자계 내에 도전성 물체를 두면 전압이 유기되고 이 전압에 의해서 도전성 물체 내에는 와류(Eddy Current)가 흐른다.
      ㉡ 유도가열은 이 와류에 의한 저항손으로 발생하는 줄열과 히스테리시스손을 이용하는 것
   ② 용도: 금속의 열처리, 열가공, 표면처리 등에 사용된다.
   ③ 특성 : 전극을 필요로 하지 않는 무접촉 가열이고, 급속가열 및 고온가열이 가능하여 省에너지 측면에서 유리함
6) 유전가열 : 유전체에 고주파 전계를 가하면 열이 발생한다.
   ① 이 열은 유전체 내부에 발생한 전기쌍극자를 고속으로 회전시켜 분자간의 마찰에 의해서 발생하는 것이다
   ② 용도 : 목재, 합판 등의 건조, 비닐 시트 등의 용접 등에 사용된다.
   ③ 특성 : 피열체 내부를 균일하게 가열할 수 있고, 표면이 손상되지 않으며 가열시간이 짧아도 되므로, 省에너지 측면에서 유리함
7) 전자카플링 측면의 省에너지
   ① 고주파로 갈수록 선로자체에서 누설되는 전자파 에너지량이 증가하는 Coupling현상이 증가됨.
   ② 이를 이용하여 고주파 커플링 회로를 제작하고 있다.
   ③ 이로써 다음의 省에너지 설계가 가능함
      ㉠ 하나의 신호전력을 두 개 이상의 특정 신호전력으로 배분할 수 있다 : divider 역할
      ㉡ 특정 신호전력원의 일부 전력만 추출할 수 있음 : sampler 역할
   ④ 크플러의 장점으로는 입력출 단위의 VSWR(전압정재파비)이 1정도임. 즉, 반사없이 신호를 수신하므로 능동회로의 입출력 매칭 대용으로 많이 이용됨

응15-106-3-4. 유도전동기 벡터제어에 대하여 설명하시오.

답)

1. 개요

   1) 벡터제어는 벡터 인버터에 의한 제어를 말하며
   2) 일반 인버터와는 달리 벡터 인버터는 속도 검출 소자(엔코더나 Taco-Generator)의 신호를 제어부에서 받아 유도 전동기의 속도를 제어하는 방식임

2. 벡터 제어 원리

   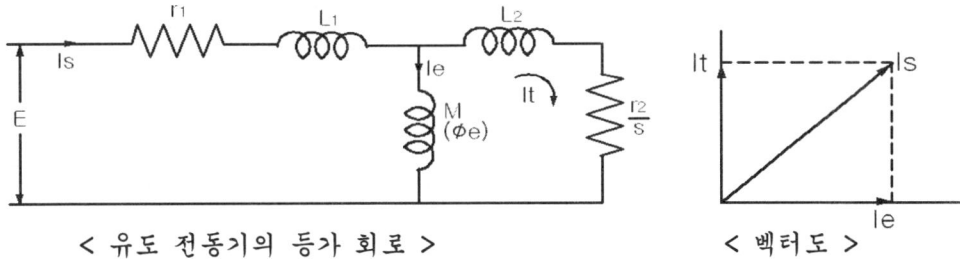

   < 유도 전동기의 등가 회로 >   < 벡터도 >

   1) 일반 유도 전동기는 자속과 전류가 쇄교하여 토오크를 발생할 때 자속과 전류가 직각으로 쇄교 할 수가 없으나
   2) 벡터 제어(위상제어)는 자속을 일으키는 전류(Ie)와 토오크를 일으키는 전류(It)가 직각으로 되도록 인버터에서 공급하는 전류를 위상 제어함.
   3) 위 벡터도에서 횡축은 고정자 권선에 자속을 일으키는 여자전류이고 종축은 회전자를 회전시키는 토오크 전류임.
   4) 벡터 제어에서는 여자전류는 일정하게 하고 토오크 전류분을 가감하여 속도를 제어함.
   5) 모터의 속도를 속도 검출 소자(엔코더나 Taco-Generator)의 신호를 제어부에서 받아 유도 전동기의 속도를 제어함.

3. 구성

   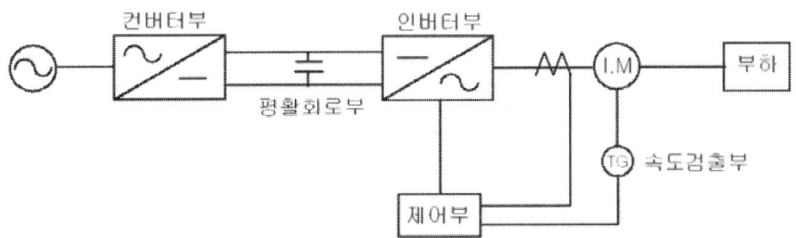

   1) 컨버터부 : 상용의 교류 전력을 정류기를 통해 직류전력으로 변환
   2) 평활회로부 : 정류기에서 직류로 변환한후 리플을 제거
   3) 인버터부 : 전력 반도체를 이용하여 직류 전력을 교류로 변환
   4) 속도 검출부 : 엔코더나 Taco-Generator를 이용하여 모터 속도 검출
   5) 제어부 : 속도 검출부의 신호를 받아 유도 전동기의 속도를 제어함.

4. 특징

1) 고 신뢰성, 고 정밀도
2) 최적의 에너지 절감
3) 연속적으로 속도를 변속할 수 있음.
4) 광범위한 속도 제어
5) 정밀한 속도제어
6) 시동 전류가 작다
7) Soft Start 가능
8) 유지보수가 용이 등

5. V/f제어와 벡터제어 비교

구 분	V / f 제어	벡터 제어
제어 방식	전압, 주파수 제어	전류 제어
Loop 방식	Open Loop 방식(개루프 방식)	Closed Loop방식(폐루프 방식)
원 리	속도 검출 소자없이 입력된 신호에 의해 속도 제어	속도 검출 소자에 의해 속도를 검출하여 Feed Back시켜 속도제어
회로 비교	(회로도)	(회로도)

6. 최근 동향

1) 최근에는 속도 검출부의 오차를 줄이기 위해 Senserless 벡터제어 인버터가 개발됨.
2) Sensor less 벡터제어
   : 토오크 성분의 전류를 검출하여 회전속도로 변환하기 때문에 정밀도가 우수하고 수명이 길어지고 유지 보수가 간단함.

응15-106-3-5. 광원의 연색성(Color Rendition)평가와 연색성이 물체에 미치는 영향에
대하여 설명하시오.[수험장에서는 1. 3-1). 4만 기록할 것]
건11-94-1-9. 광원의 특성을 평가할 때 사용하는 연색성 평가지수
(CRI : Color Rendering Index)에 대하여 설명하시오.

답)

1. 연색성(Color rendition)의 정의

1) 연색성이란 광원에 의하여 비추어질 때, 그 물체의 색의 보임을 정하는 광원의 성질
2) 조명이 물체의 색을 충실하게 재현해 낼 수 있는 능력
3) 조명한 물체색의 보임정도를 나타내는 광원의 성질로서 빛의 분광특성이 색의 보임에 미치는 효과
3) 같은 색이라 하더라도 조명한 빛에 따라 다르게 보이는 것으로서,
   즉, 낮에 태양빛과 밤의 형광등 밑에서 본 경우와는 조금 다른 색으로 보이는 현상
4) 이와 같이 빛의 분광 특성이 색의 보임에 미치는 현상

2. 연색성 (Color Rendition) 평가

1) 빛의 분광특성이 색의 보임에 미치는 현상인 연색성을, 연색 평가지수로 나타낸 것.
2) 연색성 평가지수(Color Rendition Index)
   ① 물건의 색을 자연광(Ra: 100)과 램프로 봤을 때의 차이를 평가하여 수치로 표시한 것
   ② 광원들의 스펙트럼 성분을 균분하여 각 광원을 0에서 100까지 등급을 매긴 것으로,
      평가치가 100에 가까울수록 연색성이 좋은 것을 의미한다.
   ③ 연색평가수(Ra) : 어떤 광원 밑에서의 색의 보이는 모양이 얼마만큼 기준상태에
                     가까운가 또는 달라지고 있는가를 나타내는 기술
   ④ 연색평가법 : CIE(국제 조명 위원회)법, KS(KSA0075)의 광원 연색성 평가법이 사용됨
   ⑤ Ra측정방법: 정해진 8종류의 시험색을 측정 광원과 기준광원 하에서의 차이로
                측정하며, 측정광원이 기준광원과 같으면 Ra는 100으로 나타냄
2) 평균 연색성 평가지수(Ra)
   ① 기호 "Ra"로 나타내는 연색성 평가수를 "평균 연색성 평가지수" 라 함
   ② 평균적인 색채형성의 정도를 나타내는 지수.
   ② 분광방사율 및 먼셀 기호와 색도를 갖는 8종류 시험색 (R1~R8)을 평가한 색에
      대해서 균등색 공간의 색채형성의 정도를 평가하는 것.
3) 특수 연색성 평가지수(Ri)
   ① 광원 또는 조명하는 빛의 특정한 색에 대한 색채형성을 평가용 지수.
   ② 분광 방사율 및 먼셀 기호와 색도를 갖는 7색에 대해서 균등색 공간의 색채형성의
      정도를 평가하는 것
   ③ 즉, 개개의 시험색을 기준 광원으로 조명했을 때와 시료 광원으로 조명 하였을
      때의 색 차이로 시험색은 다음과 같이 7가지가 있다.
      R_9 : 적색, R_{10} : 황색, R_{11} : 녹색, R_{12} : 청색
      R_{13} : 서양인 피부색, R_{14} : 나뭇잎 색, R_{15} : 동양인 피부색

3. 연색성 특성

1) 광원연색성과 용도

연색성그룹	연색평가지수 Ra 의 범위	광원색의 느낌 [색온도(광색)와 관계]	사용처(적용장소)
1	Ra > 85	서늘하다	직물공장, 도장공장, 인쇄공장
		중간	점포, 병원,
		따뜻하다.	주택, 호텔, 레스토랑 등
			일반적으로 연색성을 중요시하는 장소
2	70 ≤ Ra ≤ 85	서늘하다	사무실, 학교, 백화점, 미세한 작업공간 (고온지대)
		중간	" (온난지대)
		따뜻하다.	" (한냉지대)
3	Ra < 70	-	연색성이 중요하지 않는 장소 (그러나 일반 옥내의 작업에 충분한 연색성 램프)
S(특별)	특수한 연색성	-	특별한 용도

2) 먼셀 색표계
① 색상(H) : 적색, 청색, 황색 등과 같은 색의 종류를 나타낸다.
② 명도(V) : 색의 밝은 정도를 나타내며 어두운 흑색부터 밝은 백색에 이르기까지의 느낌의 정도를 나타낸다.
③ 채도(C) : 색에 대한 선명 정도를 나타내며 선명하고, 흐린 정도의 느낌.

$$색 = \frac{색상 \times 명도}{채도} = \frac{H \times V}{C}$$

4. 연색성이 물체에 미치는 영향

1) 물체색의 변화 :
   ① 광원의 분광분포가 변화하면 비추인 물체에서 반사 또는 투과된 색의 보임이 달라진다.
   ② 즉, 광원의 색상이 달라짐으로써 물체색도 달라져 보인다.
2) 예를 들면 같은 색채의 물체라도 백열등 아래에서는 노랗거나 붉게 보이고 형광등 아래에서는 파랗게 보인다.
3) 태양광선 아래에서 본 것보다 색의 보임이 떨어질수록 연색성은 떨어진다.
4) 연색성에 영향을 주는 광원의 성질은 주로 분광에너지 분포 이므로, 연색성을 좋게 하기 위하여 색의 분포를 넓게 하면 밝기가 떨어진다.
5) 이와 같이 연색성은 효율과 밝기와의 밀접한 관계가 있으므로 광원의 선택시 사용 장소에 따라 각별한 주의가 요구된다.
6) 이렇게 조명이 자연광과 비교하여 색이 다르게 보이는 정도의 기준을 연색평가수(Ra)는 조명디자인 때 적용한다.
7) 연색평가수 100은 자연광에 충실한 조명으로 쾌적한 느낌을 준다.
8) 조명계획시 2종류 이상의 광원을 혼합하여 사용하는 것이 연색성을 좋게 하는 데 효과적이다. 이다. 이 지표에 의하면 숫자가 높을수록 자기의 색 온도에서의 연색성이 더욱 더 정확하다.
9) 여러가지 램프의 연색성을 비교할 경우 색의 온도가 같을 때에만 비교될 수 있다
10) 방송 촬영시 중요한 인자로 작용한다.
11) 순응색의 변화 : 눈의 색순응에 따라 물체색의 연색성이 다르게 느껴진다.

4. 연색성이 물체에 끼치는 효과

1) 상품구매 의욕의 변화
   ① 백화점에서 조명한광원에 따라 제품의 색깔이 달리보임
      즉, 고객의 입장에서는 옷 구매시 낮에 해야 함.
2) 백화점 : Ra 100인 할로겐전구로 국부조명 필요
3) 연색성이 나쁜 광원으로 조명하면 물체의 색은 다르게 보인다.
4) 우리 일상생활에서 보면
   ① 옷 가게 : 백열등이나 할로겐 계통의 광원 사용
   ② 정육점 : 붉은색 계통의 광원 사용
   ③ 사무실, 학교 : 백색 계통의 조명으로 침착한 분위기 연출(형광등, LED등)
   ④ 도장공장, 인쇄 공장 : 연색성이 높은 광원 사용

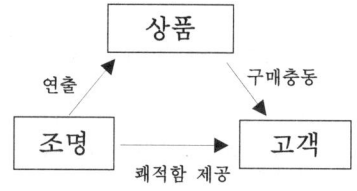

그림) 연색성 효과

응15-106-3-6. CNT(Carbon Nano Tube)광원에 대하여 설명하시오.

답)

1. 개요

최근 지구환경에 관심이 높아져 무수은 고효율 박막 발광에 의한 관심이 높아지면서 차세대 광원으로 LED, OLED, 무수은 형광램프, CNT 램프 등이 개발되어 적용되고 있다.

2. 탄소 나노 튜브 원리

2-1 전자방출 이론

1) 열전자 방출: 열에 의해 에너지를 전달하므로 효율이 낮음
2) 광전자 방출: 빛에 의해 방출되는 에너지 전달이 작아 양자 효율이 낮다.
3) 2차 전자에 의한 방출
4) 전계방출: 양극과 음극 사이의 전위차에 의해 방출되는 냉전자를 이용하여 효율이 높다

2-2. 전계 방출의 원리

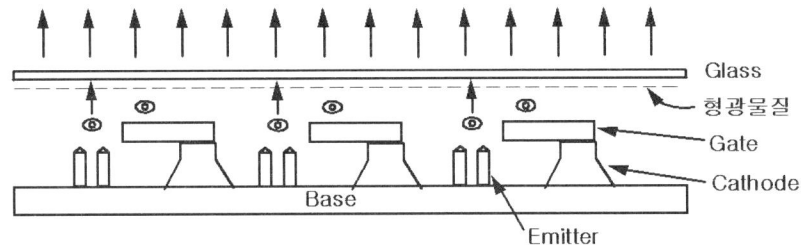

1) 위 그림과 같은 3극관 구조와 2극관 구조의 FED(Field Emission Display)가 있다.
2) 게이트 전극에 수십~수백V의 전압을 인가하면 Emitter의 전자가 여기 된다(들뜬상태)
3) 다음 양극(Emitter)에 수kV의 전계를 인가하면 전자가 패널내부의 진공으로 방출되어 발광이 된다.
4) 형광 물질에 따라 적, 녹, 청, 백색의 발광이 됨.
5) 에미터의 구조가 뾰족할수록 전계방출이 잘 일어나는데, 탄소나노튜브의 직경이 나노 크기이므로 전계방출이 적합하다.
6) CNT는 탄소동위원소를 전자방출소자로 이용한 전극과 형광체를 도포한 전극사이에 고압의 전계를 가하면 전자가 방출하여 형광체를 여기시켜 발광하는 광원이다.
7) 즉, 탄소나노튜브의 전계방출 원리를 이용한 탄소나노튜브 BLU 이용 광원임

3. 구조 및 종류

① CNT에서 하나의 탄소원자는 3개의 다른 단소원자와 SP2결합의 육각형 벌집 무늬를 이루며 직경이 수nm정도(1~2mm정도)

② 종류: 단일벽 탄소 나노 튜브. 이중벽 탄소 나노 튜브

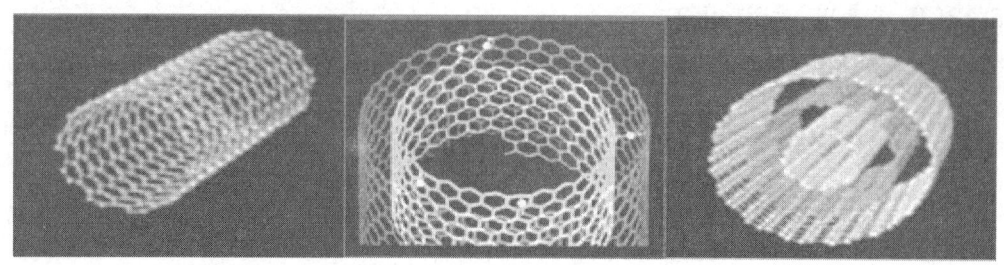

그림1. 탄소나노튜브의 구조

3) 특징
① 고효율: 120(lm/w)　　② 고연색성이다　　③ 소비 전력이 적다.
④ 형광등과 달리 전압인가 즉시 점등
⑤ 전압, 전류조정으로 밝기(조광)조절이 용이
⑥ 수은을 함유하지 않아 형광등을 대체하는 친환경적 광원이다
⑦ 고휘도광원 : 30,000[cd/㎡]　　⑧ 초박형으로 두께는 약 2~3(nm)
⑨ CNT 신광원은 원리상 저소비 전력형 고효율광원으로 적합
② 탄소나노튜브의 전계방출 원리를 이용한 탄소나노튜브 BLU는 수은을 전혀 사용치 않아 환경친화적이며, 구조 단순하고, 두께도 더욱 얇아진다.

4) 광원의 형태 : ① 평판형(flat) - 집중개발 중　　② 벌브형(bulb)
　　　　　　　　③ 직관형(cylinder)등 다양한 형태로 개발 중 이다.

5) 용도: TV 브라운관, LCD의 백라이트, 광고용, 일반조명용으로 사용.

6) 탄소나노튜브의 응용분야

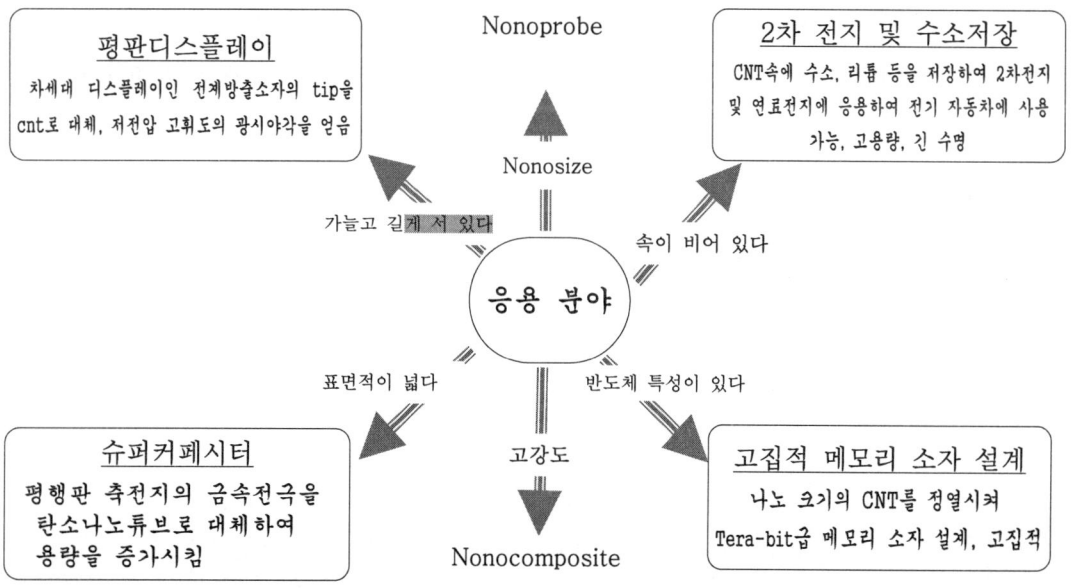

6) BLU 종류별 특성 비교

40" 기준		LED-BLU	CCFL	FFL	CNT-BLU 목표
소비전력 (W)		230	150	180	150
휘도 (cd/m²)		8,500	9,000	9,000	15,000
균일도 (%)		85	75~80	90 이상	90 이상
색재현성 (%)		105	92	92	92
수명 (hrs)		50,000	30,000	35,000	30000
Dynamic Control		Local Dimming Impulse Driving	제한적 Dimming	불가능	Local Dimming Impulse Driving
친환경성		無수은	수은 포함	수은 포함 → 無수은	無수은
구조					
주요소재	BLU 본체	LED : 수백 개 DC-DC 컨버터 : 1개	CCFL : 16개 Inverter : 16개	면광원 : 1개 Inverter : 1개	면광원 : 1개 SMPS : 1개
	기타	LED간 휘도편차 보정회로	-	-	-
	Sheet	프리즘 Sheet : 2개 확산 Sheet : 1개 (도광판 : 1개) 반사 Sheet : 1개	프리즘 Sheet : 2개 확산 Sheet : 1개 반사 Sheet : 1개	프리즘 Sheet : 1개 확산 Sheet : 1개	프리즘 Sheet : 0~1개 확산 Sheet : 0~1개

3. 향후전망

1) 전도도와 투과도를 ITO 수준으로 높혀야 한고, 필름이 아닌 유리 표면에 전극을 형성시키는 방법에 대한 연구가 필요하다.

2) 탄소나노튜브는 개발되지 않은 어플리케이션이 많은 물질이다.

3) 디스플레이 업계 뿐 아니라 의학, 의류, RFID, 반도체 등 많은 분야, 특히 발전소자로서 탄소나노튜브를 활용하는 방안이 연구되고 있다.

4) 이 외에도 탄소나노튜브의 연구가 진행되어 갈수록 더욱 많은 응용분야가 있을 것이다. 또한 어느 업체에서 선도적으로 수소 저장의 상용화 길을 열면 대단히 큰 부가가치가 높을 것으로 생각된다.(왜냐하면 자동차는 미래에는 궁극적으로 수소차로 가야하므로)

응15-106-4-1. 교류 전기철도에 사용하는 단권변압기(AT)에 대하여 설명하시오.
답)
1. 개요
   1) 교류 전기철도에서는 유도장해를 줄이기 위하여 흡상 변압기 방식과 단권변압기 방식의 급전 방식을 채용하고 있다.
   2) 태백선이나 중앙선처럼 과거의 급전 방식은 흡상 방식을 많이 사용하였으나 최근에는 장점이 많은 단권변압기 방식을 대부분 사용하고 있다.

2. 단권변압기(AT : Auto Transformer) 급전방식
   1) 원리

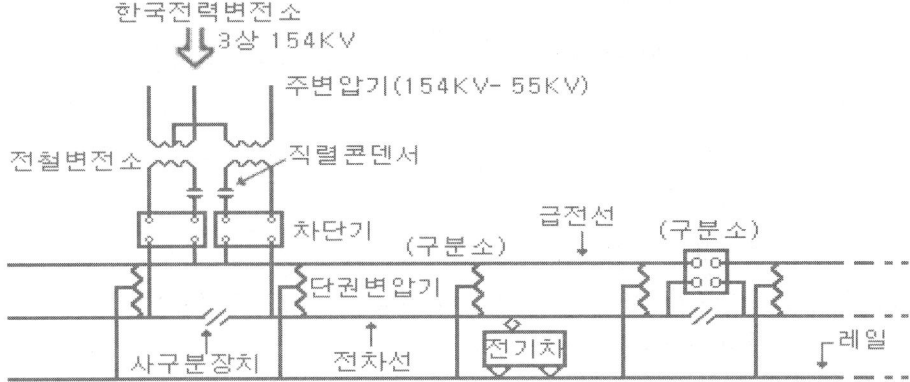

   ① AT급전방식은 급전선과 전차선 사이에 약 10Km간격으로 AT를 병렬로 설치하여 변압기 권선의 중성선을 Rail에 접속하는 방식.
   ② 대용량 열차부하에서도 전압변동, 전압불평형이 적어 안정된 전력공급이 가능하여 고속전철에도 이 방식을 채택함
   ③ 레일에 흐르는 전류는 차량을 중심으로 각각 반대방향의 AT쪽으로 흐르기 때문에 통신선에 대한 유도장해를 적게 받는 장점이 있음.
   ④ 이 방식에서는 AT를 각 회선마다 설치하지 않고 공용으로 사용하며
   ⑤ 각 급전선에 차단기를 설치하여 고장구분을 하도록 하고 있다.
   2) 특징
   ① 단권변압기의 설치 간격은 약 10-15[km]이다.
   ② 아크를 발생시키는 Section이 필요없고, 유지관리가 간단하다.
   ③ 급전전압을 전차선전압보다 2배로 하므로 대전력의 공급이 가능하다.
   ④ 대전력 급전이 가능하므로 대단위, 고속, 고밀도 수송에 적용된다.
   ⑤ 부하(귀선)전류가 좌우의 AT에 흡상 되므로 인접 긴 통신선에 대한 유도전압이 상쇄되고 레일 전류를 제한하게 되므로 유도장해 경감 효과가 크다.
   ⑥ 변전소 간격은 약 40-100[km]이나, 실제 적용은 50[km] 이하가 적당하며, 그 이상은 연장급전이 어렵다.
   ⑦ 전철변전소를 한전 변전소 근처에 설치가 가능하므로 송전선 건설비가 절감된다.
   3) 적용 : 수도권전철, 중앙선의 제천~영주, 경부고속철도, 일본, 프랑스

3. BT방식과 AT방식 비교 [이 자체가 25점 가능함]

구 분	BT 급전방식	AT 급전방식	비 고
급전전압 및 급전거리	AC 25kV로 변전소 간격이 좁다(약30km) 전기차 급전전압은 AT와 같은 25kV 임	AC 50kV 변전소 간격이 넓다 (40~100km)	급전가능거리는 급전전압의 2승에 비례하므로, AT방식이 전력회사로부터의 송전선 건설비가 BT방식보다 매우 싸다.
전차선로	간단, 저렴	복잡, 고가	
전압강하	급전방식이 AT에 비해 낮아 전기차에 공급하는 전류가 크게 되며, 전차선로의 전압강하가 커진다.	BT방식의 1/3 이면 된다. (장거리 대용량 적합)	급전전압이 2배로 되면 전류는 1/2로 되며, 전압강하는 1/4로 됨.
회로보호	급전전압이 낮으므로 고장전류가 적어 보호가 어렵다	전압이 높으므로 보호가 비교적 용이	고장전류는 전압에 비례
통신유도		BT방식보다 적다	
고장점 발견	회로가 단순하므로 쉽다	회로가 복잡하여 어렵다	
경제성	수전점이 원거리일 경우에는 송전선 건설비가 증가함.	전철변전소의 장소를 수전점 측으로 접근시켜 설치할 수 있으므로 경제적	송전선을 고려하면 AT측이 경제적임.

응15-106-4-2. 태양광 발전시스템에서 인버터회로 방식에 대하여 설명하시오.
[시험 때는 1, 2, 3 만 기록해도 됨]

답)
1. 태양광 발전의 구성

○ 태양광 발전 시스템에서 가장 중요한 파워콘디셔너(인버터)는 아래와 같이 구성됨.

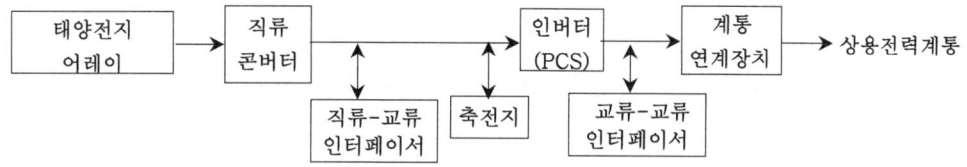

① 태양전지 어레이 : 일사하는 태양광을 집결하여 직류전력으로 변환, 얇은 Cell로 구성
② 인버터(PCS)부 : 직류 →교류
③ 축전지 : 일사량이 많은 주간에 잉여전력을 축전하여 흐린 날이나 야간에 공급
④ 보호장치 : 계통측에 이상 발생시 안전하게 정지
⑤ 필터부 : 인버터에서 발생되는 고주파를 제거

2. 태양광 발전의 인버터(PCS) 기능

1) 태양전지에서 출력된 직류전력을 교류 전력으로 변환
2) 한전의 전력 계통 (22.9KV 또는 380/220V)에 역 송전
3) 태양전지의 성능을 최대한으로 하는 설비
4) 이상시나 고장시 보호기능 등을 종합적으로 갖춤.
5) 자동운전 정지기능
6) 단독운전 방지기능
   ① 수동적 방식
      ㉠ 전압위상 도약 검출방식.   ㉡ 제3차 고조파 전압 급증 검출방식
      ㉢ 주파수 변환율 검출방식
   ② 능동적 방식
      ㉠ 주파수 시프트 방식.   ㉡ 유효전력 변동방식.   ㉢ 무효전력 변동방식
      ㉣ 부하 변동방식
7) 최대전력 추종제어 기능
8) 자동전압 조정기능(진상무효전력제어, 출력제어): 무효전력제어는 매우 중요한 기능임
5) 직류검출기능
6) 지락전류 검출기능
7) 소음저감, 노이즈억제, 고조파억제

3. 핵심부인 인버터(PCS : Power Conditioning System)의 회로방식

1) 상용주파 절연 변압기 방식
   ① 태양전지의 직류 출력을 상용주파의 교류로 변환 후 변압기로 전압을 변환하는 방식임.
   ② 변환방식을 PWM 인버터를 이용해서 상용주파수의 교류로 만드는 것이 특징
   ③ 상용주파수 변압기를 이용함으로 절연과 전압변환을 하기 때문에 내부 신뢰성이나 Noise-Cut이 우수함
   ④ 장점 : 회로 구성이 간단함, 신뢰성 우수, 노이즈 컷 우수, 누설전류 감소, 사용범위 넓음, 변압기절연으로 안정성 우수, 용 량 : 10kW 이상
   ⑤ 단점 : 변압기 손실증가(트랜스리스 대비), 크기 및 무게증가, 가격 고가로 경제성 미흡, 효율 저하

2) 트랜스리스(Trans less) 방식
   ① 2차 회로에 변압기를 사용하지 않는 방식
   ② 전자적인 회로를 보강하여 절연변압기를 사용한 것과 같은 제품이 출현됨
   ③ DC-DC컨버터 : 정전력 출력 특성으로 승압을 목적으로 한다.
   ④ DC-AC인버터 : 상용 주파 교류로 전환
   ⑤ 장점 : 변압기를 사용하지 않아 소형, 경량으로 가격적인 측면에서는 안정되고 신뢰성이 높고, 고효율로 사업성이 유리, 경제성 : 양호
   ⑥ 단점 : 상용전원과의 사이가 비 절연임. 인버터와 인버터 간에 비 절연이므로 직류의 유출 가능성, 누설전류 증가로 오동작 우려, 일부 모듈에 사용불가, 추가 보호장치 필요, 대용량에는 잘 사용하지 않음, 안정성은 미흡

3) 고주파(HF) 변압기 절연방식
   ① 태양전지의 직류 출력을 고주파의 교류로 변환한 후 고주파 변압기로 변압한다.
   ② 이후 고주파 교류->직류, 직류->상용주파 교류로 변환하는 방식이고
   ③ 고주파 절연 변압기가 직류 유출을 방지한다.
   ④ LF방식에 비하여 전력 손실이 적어 효율이 좋음.
   ⑤ 효율, 경제성 및 안정성 : 보통
   ⑥ 장 점 : 계통과 절연으로 안정성 우수, 고효율화, 소형 경량화, 용 량: 100kW 이상
   ⑦ 단 점: 회로 구성이 복잡함. 직류성분 유출 우려

4) 회로방식별 회로도 비교

방식	회로도	개념
트랜스리스 (Trans less) 방식	PV - DC-DC 컨버터 - DC-AC 인버터	태양전지의 직류출력을 DC-DC컨버터로 승압하고 인버터에서 상용주파의 교류로 변환하는 방식임
상용주파 절연변압기 방식	태양전지 - 인버터 - 상용주파 절연변압기	태양전지 직류출력을 상용주파의 교류로 변환한 후 변압기로 절환하는 방식
고주파 변압기 절연방식	태양전지 - 고주파 인버터 - 고주파 절연변압기 - 컨버터 - 인버터	태양전지의 직류출력을 고주파의 교류로 변환한 후 소형의 고주파변압기로 절연을 함. 그 후 일단 직류로 변환하고 재차 상용주파의 교류로 변환하는 방식.

4. PCS의 선정 및 무 PCS방식의 직류공급 방식 검토

   1) 태양광발전시스템은 무엇보다 종합적인 효율을 향상시키고, 고장을 최소화 하며, 유지보수가 용이해야 한다.
   2) 갈수록 반도체 기술이나 변환기술이 향상되어 인버터 효율이 올라가고 있지만, 그래도 태양광발전소의 가장 큰 손실 중 하나이다.
   3) 대용량 발전소나 전국단위로 볼 때에는 많은 손실부분에 해당하므로 인버터 선정과 설치조건 등을 종합적으로 검토하여 선정하여야 한다.
   4) 또한 PCS없이 직류 배전을 옥내 또는 전기공급자에게 할 수 있도록 여러 전력기술적인 측면의 법적 조건의 구비와 아울러 기술기준의 변경도 적극 산학협동으로 검토하여 할 시점으로 볼 수 있다.

5. 인버터 요구 기능

   1) 최대 전력 추종 제어 기능

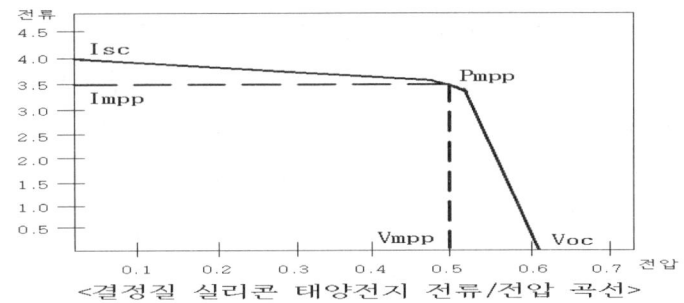

   <결정질 실리콘 태양전지 전류/전압 곡선>

   ① 태양전지는 일사량에 따라 출력 특성이 많이 변동됨.
   ② 인버터의 최대 전력점에서 응답제어 하도록 최대 전력 추종 제어가 요구됨.

   2) 고 효율 제어 기능
      : 스위칭 손실 및 고정 손실도를 최대한 억제 할 수 있는 제어기 적용

   3) 고조파 및 고주파 억제 기능
      ① 주로 IGBT를 고속으로 ON, OFF 하기 때문에 고주파 노이즈 발생
      ② 다상 펄스 방식 및 필터를 이용하여 제거

   4) 계통 연계 보호 기능
      : 인버터의 고장이나 계통 사고시에 피해 범위를 최소화하기 위해 사고시 계통 분리 또는 인버터 정지등 기능

   5) 보호 시스템
      ① 단락 및 과전류 보호.   ② 지락 보호   ③ 과전압 및 저전압 보호 등

   6) 소음 저감 기능 : 동작 주파수를 가청 주파수(20 kHz) 이상으로 동작

응15-106-4-3 회로 및 시스템설계시 사용하는 리던던시(Redundancy), 디레이팅(Derating) 및 페일세이프(Fail-safe)에 대하여 사용방법, 특징 및 적용사례를 설명하시오.

답)

1. 리던던시(Redundancy)대한 용어 정의 및 특징

   1) 한 메시지에서 그 핵심적 정보의 상실이 없이, 다만 그 잡음이나 왜곡만을 없앰으로써 제거하거나 제거할 수 있는 부분으로 용장성(또는 잉여분)을 말함. 즉, 필요량 이상이 있음을 나타내는 말
   2) 어떤 시스템의 신뢰도를 개선하기 위해 두 개의 동일한 요소를 사용하는 것.
   3) 동일 네트워크(network)에 속한 두 개의 텔레비전 방송국이 하나의 케이블 텔레비전 시스템을 통해 전파를 송신하는 것.
   4) 어떤 기계장치가 고장 날 경우에 대비하여 동일한 기계장치를 두 개 이상 부착하거나 사용하는 것.
   5) 리던던시/여유도라 함은 정상 동작에 필요한 정도 이상의 여분의 장치/기능을 부가하여 안정성을 높이고자 한 것으로 이 값이 클수록 고장에 의한 기능정지 등의 가능성이 적다.
   6) 커뮤니케이션이나 통신에서 불필요하고 중복적인 정보의 전송.
   7) 한 메시지에서 그 핵심적 정보의 상실이 없이, 다만 그 잡음이나 왜곡만을 없앰으로써 제거하거나 제거할 수 있는 부분.
   8) 정보이론 관점에서 Redundancy의 특징
      ① 용장도는 오류없이 정보를 전달하는데 있어서, 정보량에 따른 필요량 이상의 수단이 어느 정도 준비되어 있는가를 나타내는 값을 말한다.
      ② 이론적으로는 실제의 엔트로피와 가능한 최대 엔트로피의 비를 n 으로 할 때 용장도는 1 - n 으로 정의한다.
      ③ 용장도(율: Redundancy) 및 부호율(Coding Rate)과의 관계
         : (n, k) 블록부호일 때 용장율은 부호율의 역수(Redundancy= 1/R =n/k)
   9) 시스템설계 관점
      ① 리던던시/여유도라 함은 정상 동작에 필요한 정도 이상의 여분의 장치/기능을 부가하여 안정성을 높이고자 한 것으로 이 값이 클수록 고장에 의한 기능정지 등의 가능성이 적다.

2. 디레이팅(Derating)에 대한 용어 정의 및 특징

1) 일반적 용어
   Derating이란 신뢰성을 개선하기 위해 계획적으로 내부스트레스를 감소시키는 일
2) 저항기를 사용할 때 주위의 온도가 높은 경우 발열을 줄이기 위하여 정격전력을 낮추어 사용하는 것.

3. fail-safe에 대한 용어 정의 및 특징

1) 정의
   : 시스템의 일부에 고장이 발생해도 시스템 전체에 미치는 영향이 적고, 어느 기간 동안 시스템의 기능을 계속하는 것이 가능한 상태로서 고장을 재해까지 발전시키지 않는 기구의 시스템.
2) 특징
   ① 시스템에서 고장이 발생하여도 시스템 전체에 미치는 영향이 적고,
   ② 어느 기간 시스템의 기능을 계속하는 것이 가능한 상태로서 재해로까지 진행되지 않도록 하는 시스템이다.
4) Fail - Safe의 원리 : 下記의 4가지 모델로 설명됨.
   ① 다경로 하중구조 : 중복구조 또는 병렬(redundant)구조로 여러 개의 Unit로 병렬구조와 M out of N 구조를 만들어, 첫 번째가 파손되더라도 두 번째가 안전하다면 파괴되는 일이 없도록 된 것.(그림 1 참조)
   ② 분할구조 : 조합구조로, 1개의 T자 부재를 下記 그림처럼 2개 이상 분할하여 두고, 그들 분할부재가 결합하여 T자 부재의 역할을 하도록 함으로써 파괴가 발생해도 그것은 분할 부재 한쪽만으로 그치고, 전체의 파괴가 없도록 한 구조를 의미함.(그림 2 참조)
   ③ 교대구조 : 대기병렬구조 또는 지원구조로, 최초는 왼쪽 부재가 하중에 견디고 있으나, 이것이 절단되면 그때까지 하중에 없던 오른쪽 부재가 당겨져서 하중을 담당하게 되는 구조.(그림 3 참조)
   ④ 하중 경감 구조 : 좌측을 우측에 비교해서 고의로 강도를 약하게 하여두고, 좌측이 파손하여도 하중이 우측으로 옮겨져서 치명적인 파괴로 되지 않도록 하는 구조(그림 4참조)

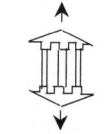 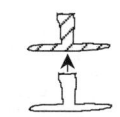  

그림1.다경로 하중구조   그림2. 분할구조   그림3 교대구조   그림4. 하중경감구조

그림) Fail-safe 설계의 사고

5) 실적용 예 : 원자로의 다중방호, 보호계전기 Back-up 시스템 등

응15-106-4-4. 제어기기에서 노이즈 대책용 소자들의 회로구성 및 특성에 대하여 설명하시오.

답)

1. 개요

   1) 전력계통에 사용되는 계전기도 아날로그 방식의 전자 기계식 계전기에서 디지털 계전기로 대체되어 가고 있으므로 이들 또한 반도체 소자를 내장하고 있다
   2) 문제는 이러한 반도체 소자가 서지와 노이즈에 매우 취약해서 서지나 노이즈에 의해 부품이 파손되거나, 오동작 또는 오부동작 등을 함으로써 심한 경우에는 대형 사고에 까지 이를 수 있다는 점이다.

2. 노이즈 종류

   1) 정전 유도 노이즈
      : 상용 주파 전원선과 신호선과 사이에 정전용량 때문에 발생하고, 유입량은 전압에 비례하고 거리에 반비례한다.

   2) 전자 유도 노이즈
      : 대형 모터등에 전류가 흐르면 자계가 발생하고 그 주위에 누설자계가 생겨 신호선에 전류의 크기에 비례하는 노이즈를 발생 시킨다.

   3) Spark 노이즈
      1) 모터 등 유도성 부하를 Off하는 순간에 고 전압의 역기전력 발생
      2) 콘덴서 투입 시 큰 돌입 전류 발생하여 Noise원이 됨.

   4) 접지에 의한 노이즈
      : 접지 단자에 접지 전류가 흐르면 접지 저항에 의해 접지 단자에 전압이 발생하여 노이즈원이 된다.

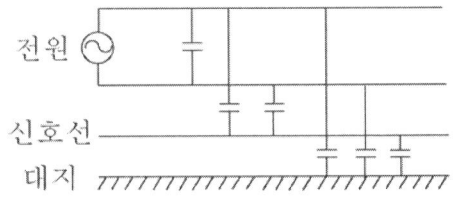

그림1. 정전 유도 노이즈

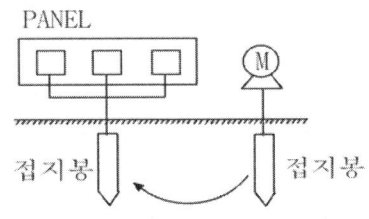

그림2. 접지에 의한 노이즈

4. 노이즈 경감대책

   1) 노이즈 필터 사용

   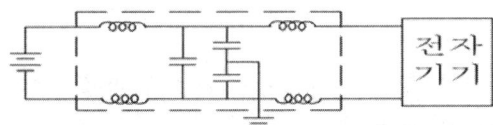

   : 전도성 노이즈 경감 대책으로 주로 사용되는 방법으로 선로를 타고 들어오는 노이즈를 필터로 분리하여 접지를 통해 방전시킴.

   2) Shield 차폐 및 접지

   ① 제어 케이블에 실드 차폐 케이블을 사용하고 실드를 접지한다.

   ② 접지에는 편단 접지와 양단 접지가 있는데

   ㉠ 편단 접지는 정전유도에 의한 노이즈 침입 방지에 효과적이다.

   ㉡ 양단 접지는 전자유도에 의한 노이즈 방지에 효과가 크다.

   3) 외함 차폐

   : 도전성이 좋은 금속제 외함을 사용하거나 합성수지 외함이면 표면에 도전성물질을 도금하는 등의 방법으로 도전성을 부여하여 외함을 접지.

   4) 제어 케이블의 분리포설, 이격

   : 자동화 설비에 연결되는 신호선, 제어선에는 가까이 병행되는 전력케이블이 없도록 다른 선로와 분리하여 포설한다.

   5) Twist Pair선 사용

   : 신호선에 Twist Pair선을 사용하여 신호선의 불균형에 의한 노이즈의 침입을 막고 평형도를 높여서 Normal Mode에 의한 노이즈의 발생 및 침입을 억제한다.

   6) 설비의 접지

   : 복수접지를 하면 외부 노이즈 전류가 접지점의 한쪽으로 흘러 들어와 다른 접지점으로 흘러나가기 때문에 자동화 설비가 노이즈에 노출되어 노이즈에 극히 취약한 시스템이 되므로 자동화 설비는 어떤 경우에도 1점 접지를 해야 한다.

   7) 서지 흡수기 사용

   : 회로에 제너 다이오드(Zener Diode) 등을 넣어서 서지 흡수기로 동작하도록 한다.

   8) NOISE CUT TR 사용

   ① 외부의 노이즈로부터 기기를 보호함과 동시에 기기에서 발생하는 노이즈를 전원측에 전달되지 않도록 하는 가능이 있음

   ② 1,2차가 완전히 분리되어 접지측의 임피던스에 의한 영향을 받지 않는다.

   ③ 절연이 강화되어 있어 기본파의 누설 전류가 거의 없다.

   ④ 결점 : 절연변압기와 실드변압기에 비해 고가, 온도 상승이 약간 크고 부피가 커짐.

응15-106-4-5. 고압 유도 전동기의 보호를 위한 계전기 정정에 대하여 설명하시오.
답)

1. 개요

전동기의 특성은 변압기와 같은 정지기와는 다르게 기동전류가 상당히 커서 기동 시 계전기가 동작하지 않아야 한다.
또한 과부하시에는 물론 2차 측의 단락이나 지락시에도 정확히 동작할 필요가 있다.
특히 대용량의 고압 전동기는 그 보호 장치가 더욱 중요하며 만약 소손 등 고장이 발생하면 그 피해는 이루 말할 수 없이 크게 된다.

2. 유도 전동기 보호 이론

1) 전동기 권선의 과전류특성은 열적한계곡선(Thermal Limit Curve) 또는 구속안전시간(Safe stall time)라고도 한다.
2) 전동기는 기동할 때마다 권선의 온도가 올라가며 이는 기동간격과 기동회수에 따라 달라진다.
3) 그러므로 제작자는 기동전류와 관련하여 Cold start 또는 Hot start로 회전자의 열적시간한계(Thermal Limit Curve)를 정한다.
4) 열적한계는 100% 정격전압의 경우와 80% 전압의 경우에 대하여 표시하며, 특히 원자력용의 경우 75%의 전압에 대해서도 표시한다.

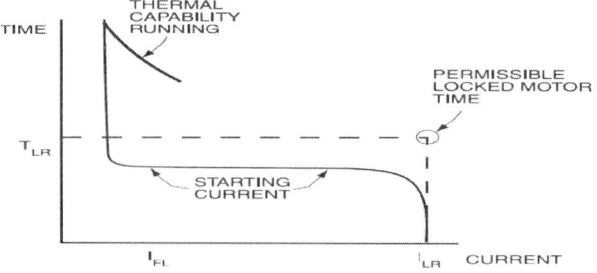

그림1. 일반적인 전동기의 열적한계곡선

4. 전동기 보호계전기 정정

1) 과전류 보호
 (1) 한시요소
  전동기 전부하 전류의 115~125%에 정정한다.
  한시정정은 전동기 기동전류에 동작되지 않도록 하여야 하며,
  전동기의 열한계곡선 아래쪽에서 동작하도록 정정하여야 한다.
  일반적으로 전동기 기동시간의 120%에 동작하도록 정정한다.
 (2) 순시요소
  과전류 계전기의 순시요소는 비대칭 전류가 발생하는 경우에 Trip되지 않도록 충분히 높게 정정 하여야 하며, 3상 단락전류에는 동작하도록 하여야 한다.
  일반적으로 전동기 기동 전류의 2배에 정정한다.

2) 지락보호
   (1) 한시요소
      ① 전동기 정격전류의 10~20%에 정정한다.
      ② 한시 정정은 1선 지락 전류에서 0.2초에 동작하도록 정정한다.
   (2) 순시요소 : 한시 Tap의 10배에서 동작하도록 정정한다.

3. 보호계전기의 정정시 고려할 사항

1) 오동작 하지 않는 범위 내에서 가장 예민한 검출 감도를 가질 것
   : 일반으로 보호 계전기의 검출 감도를 너무 예민하게 하면 계통 사고가 아닌 작은 동요에도 오동작 할 수 있다.

2) 가장 빠른 속도로 동작할 것
   : 사고가 생겼을 때 전기 기기의 피해를 최소로 하고 또 계통 안정도 등에 미치는 영향을 최소로 하기 위해서 사고는 최단 시간 내에 제거되어야 한다.

3) 계통 전체로서 보호 협조가 되어야 한다.
   ① 주보호와 후비 보호간의 보호 협조
      : 주보호 장치는 가장 예민한 감도로 가장 신속하게 동작하도록 정정하나, 후비 보호 계전기는 주보호 장치의 동작 실패 시에만 동작되도록 해야 한다.

   ② 검출 감도면에서의 보호 협조
      : 예를 들어 후비보호 계전기 보다는 주보호 계전기의 검출감도가 더 예민할 것

   ③ 전기 설비의 강도에 대한 보호 협조
      : 전류-시간 곡선에서와 같이 계전기의 보호 범위는 설비의 위험 한계선보다 아래에 있어야 한다.

   ④ 차단 범위 국한을 위한 보호 협조
      ㉠ 계통에 고장이 발생한 경우 계통 전체에 영향이 파급되지 않도록 제한적으로 최소 부분만을 차단해야 함
      ㉡ 이는 주로 보호 계전기간의 검출 감도와 동작 시간을 상호 협조 되도록 정정함으로써 가능해 진다.

   ⑤ 보호 구간별 보호 협조
      : 설비 단위별로 보호 계전기가 설치된 경우 그 보호 구간이 일부 서로 중첩되도록 보호 범위를 설정해서 보호 맹점이 생기지 않도록 한다.

응15-106-4-6. 좋은 조명요건에 대하여 설명하시오.

답)

1. 명시적 및 장시적 조명의 좋은 조건 비교

항목 \ 분류	명시적 조명	점수	장식적 조명	점수	비 고
목적	물체의 보임, 장시간 작업에 피로를 적게 할 것		심리적 분야의 경우, 단시간의 작업, 오락		
조 도	필요한 밝기로서 적당한 밝기 좋다.	25	필요한 밝기	5	표준조도
광속발산도 분포 (휘도분포)	얼룩이 없을수록 좋다.	25	계획적인 배분	20	추천 값
정반사 (눈부심)	글레어(직시, 반사)가 없을 것.	10	눈부심이 주위를 끈다.	0	조명방법
그 림 자	방해되면 나쁘다	10	입체감, 원근감 표현시 의도적	0	조명방법
분광분포 (광색이 좋고, 방사열이 적을 것)	표준주광이 좋다.	5	심리적으로 광색을 이용한다.	5	광원선택
심리적 효과 (기 분)	맑은 날 옥외의 감각이 좋다.	5	목적에 따른 감각을 유도한다.	20	
미적효과 (배치, 의장)	단순하고, 간단한 배열	10	계획된 미적 배치 및 조합	40	
경제, 유지보수	광원효율이 높을 것	10	효과 달성도	10	
총 점수		100		100	

2. 좋은 조명의 조건

1) 조도(KSA 3011)

조도는 시력에 영향을 미치며 조도가 증가하면 시력도 증가한다.
일반적인 사무실이나 작업실에서 적합한 만족도는 약 500~1,000(lx) 정도이지만
방의 용도와 작업 성질, 작업자 연령등에 따라 적당한 조도를 설계하여야 한다.
다만, 분위기 조명에서는 의도적으로 조도를 낮출 수가 있다.

2) 광속 발산도 분포

대상물과 그 주위의 시야 내에 조도는 균일 할수록 좋으나 실제로는 그 분포를 완전히
고르게 할 수는 없으므로 허용 한도를 아래 표 이내 정도로 한다.(미국 조명학회 기준)
다만 분위기 조명에서는 오히려 변화가 있을 때도 있다.

내 용	사무실, 학교	공장
작업 대상물과 그 주위(책과 책상면)	3 : 1	5 : 1
작업 대상물과 떨어진 면(책과 바닥)	10 : 1	20 : 1
조명기구와 그 부근면 (천장, 벽면)	20 : 1	50 : 1

3) 눈부심(Glare)

시야 내 어떤 휘도로 인하여 불쾌, 고통, 눈의 피로 등을 유발시키는 현상으로 작업 능률의 저하, 재해 발생, 시력의 감퇴 원인이 된다.

다만, 분위기 조명에서는 의도적인 눈부심이 요구되기도 한다.

원 인	방 지 대 책
고휘도의 광원이 직접 보일 경우	보호각이 충분한 반사갓 사용
광택이 심한 반사면이 있을 경우	루우버 타입 등기구
시야 내 휘도 대비차가 심할 경우	젖빛 유리구 사용하여 휘도가 0.5 cd/cm^2 이하가 되도록 함.

4) 그림자

물체를 입체로 보기 위해서는 적당한 그림자가 필요하며 밝은 부분과 어두운 부분의 비가 3:1이 적당하다. 다만, 분위기 조명에서는 입체감이나 원근감이 필요하여 의도적인 그림자가 필요할 때도 있다.

5) 분광 분포 및 연색성

자연 주광색이 가장 이상적이지만 일반적으로 조도에 따라 색온도를 달리할 필요가 있다.
- 낮은 조도에서는 색온도가 낮은 따뜻한 빛(붉은색 계통)이 좋고
- 높은 조도에서는 색온도가 높은 흰색광이 더 편안하다.

또한 연색성은 연색 지수 Ra로 판단하는데 장소별로 적당한 연색지수로 설계할 것.

6) 심리적 효과 : 조명 방식에 따라 심리적으로 안락할 수도 있으며 불안할 수도 있고
  그 방법은
- 천장과 벽을 밝고 부드럽게 조명하면 : 안락한 느낌
- 천장을 밝게 벽을 어둡게하면 : 침착성을 잃게 된다.
- 벽을 밝게 하며 다운라이트 병행하면 : 좋은 분위기가 연출된다.

특히 분위기 조명에서는 대부분 심리적으로 안정감을 줄 필요가 있어 이 부분에 대한 조명 설계가 중요하다.

7) 미적 효과

전반 조명에서는 일반적으로 기구의 의장이 단순한 것이 좋지만 분위기 조명에서는 의도적으로 조명 기구를 통하여 미적 효과를 가지게 할 수도 있고 건축물의 양식과 조화를 이루게 하고 미적 효과가 있는 것이 더 좋다.

8) 경제성

가격 저렴, 램프효율이 좋으며 유지보수가 용이한 등기구가 좋지만 분위기 조명에서는 미적 효과를 중요시하여 경제성 보다는 분위기 연출에 더 중요도를 둘 수도 있다.

4. 결론

1) 조명의 목적은 물체를 있는 그대로 명확하게 보이게 하고 눈의 피로를 최대한 줄여서 정신적 육체적으로 만족함을 얻어야 한다.

2) 좋은 조명의 조건은 주어진 장소의 사용 목적에 따라 주관적인 광 환경 측면과 객관적인 시 환경 측면을 종합적으로 평가 후 설계 반영 하여야 한다.

평균수명100세 | 인생2모작을 위한 전략적인 투자 | 바로 기술사 취득

전기안전 기술사 大 개강

(제102회 전기안전기술사 필기합격자)
필기합격(5명중 본원출신 5명 100%합격)
원대O, 임종O, 고석O, 김태O, 손명O

개강안내

▶ 개 강:

기본반 매월 첫째주 (일) 14:00
연구반 매월 첫째주 (일) 09:30
파이널반 매월 첫째주 (일) 09:30

▶ 교 육 비 : 6개월 125만 원(동영상 강의 무료제공), 3년회원 350만원
지방거주자를 위한 동영상 강의 6개월 90만원

▶ 교육과정 : ① 정규이론 과정(기본이론 6개월)
② 연구반 과정(기출문제 풀이 6개월)
③ 파이널 과정(매주 모의고사, 신기술 및 실전문제풀이 특강)

▶ 전기안전기술사의 Merits
① 전기안전 기술사는 발송배전,건축전기설비 기술사와 활용도 면이나 승진시 가산점이 동일하나 상대적으로 취득이 가장 용이한 기술사 자격임.
② 전기분야 자격이 취득종목에 관계없이 모두 전기기술사라는 명칭으로 일원화 예정(출처 : 한국 기술사회)
③ 수학,공학적인 배경이 약하신분들은 발송배전,건축전기설비 기술사 보다 전기안전 기술사 취득을 적극 권장

BIG EVENT
하나. 3년수강료=720만원
기본,연구반, 과정수강시 240만원
➡ 350만원 (선착순 100명)
둘. 실 수강시 인터넷동영상 무료제공

환급자 과정 접수 재직자, 실업자

전기안전기술사 기출문제풀이

전기안전기술사 문제해설집(상, 중, 하)

전기안전기술사 최종합격자 본원수강생
손기봉, 임맹택, 김 영, 김기군, 최 철, 안태석, 신형O
박성호, 고현욱, 허태원, 장상복, 손기원, 이정수, 김석O
신이희, 조성숙, 최은부, 박동네, 곽상영, 조필규, 이호O
이종필, 최정곤, 송석종, 김주석, 송영상, 정연대, 이광일
김일형, 임대령, 성기명, 이청민, 이팽현, 박양권, 안대식, 장재경
합격을 축하드립니다!

전기응용 기술사 大 개강

개강안내

▶ 개 강: **기본반** + **연구반** 매월 첫째주 (일) 14:00

▶ 교 육 비 : 6개월→125만원(동영상 강의 무료제공) **3년회원 350만원**
지방거주자를 위한 동영상 강의 6개월 90만원

▶ 교육과정 : ① 정규이론과정(기본이론 6개월)
② 연구반 과정(기출문제 풀이 6개월)

▶ 교육특징 : ① 국내기술사 교육기관 중에서는 가장 쉽게, 가장 자세하게 교육
② 정규수업과 별도로 개인 지도식 workshop을 통한 실전능력배양
③ 시간이 없어 정기적 출석이 어려운 수강생을 위한 동영상 강의무료제공
④ 스터디그룹 활동 및 세미나를 위한 전용스터디실 제공

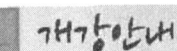

EVENT 1.
실수강시 인터넷 동영상 무료제공!

전기응용기술사
저자직강!!
합격의 지름길
김기남 공학원

김기남 공학원

교육안내문의 02-836-3543~5
홈페이지 www.ginamedu.co.
영등포 전철역 4번출구 1분거리